U0311623

全球油气资源评价丛书

全球非常规油气资源评价

王红军 马 锋 等著

石 油 工 业 出 版 社

内 容 提 要

本书依托国家科技重大专项课题"全球重点地区非常规油气资源潜力分析与未来战略选区",重点介绍了全球363个盆地重油、油砂、致密油、油页岩、页岩气、煤层气和致密气可采资源评价成果,并以大量研究区实例介绍了评价过程中采用的GIS空间图形插值法、成因约束体积法、双曲指数递减法和参数概率分布法等非常规油气资源评价方法,系统整理出一套全球主要含油气盆地各类非常规油气资源基础参数评价表,初步总结了全球非常规油气资源分布的地质特征,评价和预测了一些有利的富集区,是一部技术方法与大量基础资料紧密结合、对全球非常规油气勘探开发有借鉴意义的参考书。

本书可供从事石油与天然气地质的研究人员及相关院校师生参考阅读。

图书在版编目(CIP)数据

全球非常规油气资源评价 / 王红军等著 .—北京:

石油工业出版社,2017.12

(全球油气资源评价丛书)

ISBN 978-7-5183-2361-6

Ⅰ.① 全… Ⅱ.① 王… Ⅲ.① 油气资源评价—世界

Ⅳ.① TE155

中国版本图书馆 CIP 数据核字(2017)第 311845 号

出版发行:石油工业出版社

    (北京安定门外安华里 2 区 1 号　100011)

    网　　址:www.petropub.com

    编辑部:(010)64523544　　图书营销中心:(010)64523633

经　　销:全国新华书店

印　　刷:北京中石油彩色印刷有限责任公司

2017 年 12 月第 1 版　2017 年 12 月第 1 次印刷

787×1092 毫米　开本:1/16　印张:22.75

字数:560 千字

定价:200.00 元

《全球非常规油气资源评价》

编写人员名单

王红军　马　锋　刘祚冬　张新顺　米石云　习海燕
吴珍珍　刘亚明　王　勃　李登华　单玄龙　高先志
卢双舫　王朋岩　汪永华

前言
Preface

目前全球实现商业开发利用的非常规油气类型主要包括重油、油砂、致密油、油页岩、页岩气、煤层气和致密气7种。近年来非常规油气产量持续增长，2015年全球非常规油年产量达到3.7亿吨，占全球石油年产量的9%；非常规气年产量9273亿立方米，占全球天然气年产量的27%。全球非常规油气资源正在逐步成为常规油气资源的重要接替。

目前，USGS，EIA，Hart Energy等全球多家研究机构以及国际石油公司都在不断更新全球非常规油气资源数据。USGS 2007年评价了全球重油和油砂的资源潜力，Zhenzhen Dong等2014年评价了全球煤层气的资源为45万亿立方米；EIA 2002年评价了全球油页岩的资源，2011年评价了致密油的资源，2015年评价了页岩气和致密油的资源。Hart Energy2011—2014年先后评价了页岩气、重油和致密油的资源。各家对评价对象的定义存在差别，采用的评价方法与关键参数数据并不公开，很难甄别评价结果的准确性。

2011年1月，国家科技部启动"全球重点地区非常规油气资源潜力分析与未来战略选区"重大专项课题，同时中国石油天然气集团公司科技管理部配套启动"全球非常规油气资源评价技术与有利区优选"科技专项课题，依托中国石油天然气集团公司，项目起止时间从2011年1月至2015年12月。中国石油勘探开发研究院、中国石油大学（北京）、吉林大学、中国石油大学（华东）、东北石油大学等单位40余人参与研究，中国石油勘探开发研究院王红军、马锋任课题负责人。

本次开展的全球非常规油气资源评价，首先是明确定义，考虑国际通用性和地质评价可操作性两方面因素，给出7类非常规资源的定义和筛选标准；第二，按照定义和标准，在全球含油气盆地范围内开展各类非常规油气资源分布的详查，落实到每一个盆地和岩层组合；第三是根据筛选结果和资料翔实程度，把评价对象划分为可以进行详细评价和统计评价的两类，详细评价的盆地要编绘各评价参数的等值线图；第四是选择评价方法，改进目前通用的体积法，在地理信息系统（GIS）平台上实现多个评价参数的空间插值运算，计算出评价单元的可采资源丰度等值线图。对于北美地区致密油、页岩气开发程度较高的盆地，采用单井最终可采储量（EUR）丰度评价方法，得到评价单元可采储量丰度的分布；

最后是有利区优选，在获取评价单元内可采资源丰度和储量分布的基础上，根据丰度值区间，划分出不同潜力区的级别，供进一步优选。

整个研究过程历时五年，购置了全球含油气盆地研究方面的主要数据库，专门订制了北美、南美等地区非常规油气钻井数据库与地质研究报告，开展了重点盆地野外地质考察、取样分析与岩心观察等工作，收集各类研究报告 29204 份，编制基础数据表格 701 张、基础地质图件和评价图件 2702 幅，取得三方面重要成果：（1）提出全球非常规油气受六套主要烃源岩层系控制，分布在 363 个盆地 476 套成藏组合中；（2）吸纳、融汇国内外不同评价方法的优点，改进、集成、发展和创新 GIS 空间图形插值法、成因约束体积法、双曲指数递减法和参数概率法等评价方法，实现了对全球非常规油气可采资源的评价；（3）获得一套与国际接轨的全球非常规油气可采资源评价结果（油 4421 亿吨，天然气 227 万亿立方米），揭示了不同非常规矿种资源的大区、国家、盆地和富集层系的分布特征。评价优选出西西伯利亚致密油等 15 个以上勘探开发有利区。同时我们也清楚地认识到，在地质认识、资料获取、方法采用方面存在的不足，得到的资源评价结果只能是一个阶段性成果，还有待于不断改进和深化。

本书由王红军负责组织编写与定稿，马锋、张新顺、刘祚冬参与统稿。前言由王红军编写；第一章绪论由王红军、马锋编写；第二章非常规油气资源评价方法由王红军、米石云、吴珍珍、刘祚冬编写；第三章全球致密油资源评价由王红军、马锋、张新顺、卢双舫编写；第四章全球页岩气资源评价由王红军、马锋、刁海燕、张新顺、李登华编写；第五章全球重油和油砂资源评价由王红军、刘祚冬、单玄龙、马锋、刘亚明编写；第六章全球油页岩资源评价由高先志、王红军编写；第七章全球致密气和煤层气资源评价由王红军、王朋岩、王勃编写；第八章全球非常规油气资源分布由王红军、马锋、张新顺、汪永华编写。

本次研究得到了中国石油天然气集团公司科技管理部的大力扶持，承担单位中国石油勘探开发研究院给予了全方位的支持，参加研究的科技人员付出了艰苦的劳动，参与指导的专家组给予了严格的技术把关和指导，为顺利完成任务作出重要贡献，IHS、C&C、Tellus 公司、美国犹他大学、科罗拉多矿业学院等多位专家在学术交流中给予了很多宝贵的建议，在此一并表示衷心的感谢！最后，要特别感谢"全球油气资源评价"项目的项目长童晓光院士对本书编写工作的指导。

由于编写人员水平有限，书中不妥之处，敬请读者批评指正。

目 录
Contents

第一章 绪 论

全球非常规油气资源勘探开发程度总体较低，资料获取难度大，开展全球范围内非常规油气资源评价存在很大的困难。如何在众多含油气盆地中查明非常规油气资源类型，哪些盆地可能富集非常规油气资源，如何按照资料详实程度进行针对性的分级评价，如何突出资源的可采性，如何体现出非常规油气资源富集的地质主控因素等，对这些问题的思考并形成有效解决方案，构成了本次开展全球非常规油气资源评价的特色。

第一节 评价对象

本书选择重油、油砂、致密油、油页岩、页岩气、致密气和煤层气 7 类非常规油气资源（不含天然气水合物），分布在全球 363 个盆地中。

一、非常规油气资源的定义

目前，对 7 类资源的定义存在差异，尤其是重油、油砂、致密油、致密气的定义，不同国家和机构，从自身应用的角度出发，都给出了相应定义。本书对 7 类资源进行了统一的定义（表 1–1），以满足全球尺度资源评价需求为准则，部分采用了国家能源局颁发的标准和国际通用的标准，部分表述根据实际情况和评价应用的需求，进行了调整。

表 1–1 本书对非常规油气资源类型的定义

资源类型	定义	界定标准
重油	油藏温度下，黏度为 100～10000mPa·s，相对密度为 0.934～1.0，10°API＜重度＜20°API 的石油	
油砂	油藏温度下，黏度＞10000mPa·s，相对密度＞1，重度＜10°API 的石油	
致密油	聚集于泥岩或页岩生油岩内、夹层中及其顶底部接触层中，储层主要为致密碎屑岩和碳酸盐岩，渗透率＜1mD，必须经过大型压裂改造等措施，才能获得经济产量的连续聚集石油	TOC＞2%，R_o 为 0.5%～1.3%，有机质类型以 I 型和 II 型为主，有效厚度均值＞10m，脆性矿物含量＞30%，重度＞38°API，高杨氏模量低泊松比，常伴异常高压，埋深浅
油页岩	一种高灰分的固体可燃有机矿产，有机质含量较高，低温干馏可获得油页岩油，其含油率＞3.5%，发热量一般大于 4.18MJ/kg	
页岩气	特指赋存于富有机质页岩、页岩组合层系内的天然气；富有机质页岩地层系统以富有机质页岩为主，由薄的粉砂岩、砂岩、碳酸盐岩等夹层组成	TOC＞2%，R_o 为 1.3%～3.5%，有效厚度＞15m，孔隙度＞2%，脆性矿物含量＞30%，埋深浅，含气面积 ≥ 50km²

资源类型	定义	界定标准
致密气	致密砂岩储层地质评价标准为孔隙度<10%、原地渗透率<0.1mD 或空气渗透率<1mD、孔喉半径<1μm、含气饱和度<60%；如果一套砂岩储层 80% 以上物性(原地渗透率)小于 0.1mD,形成的气藏定义为致密砂岩气藏,储层分布区为致密砂岩气分布区	
煤层气	煤化作用过程中生成的,主要以吸附态赋存于煤层或煤系地层之中,是与煤炭共生的矿产资源	主要成分是甲烷,含量>85%

二、评价盆地的选取

依据表 1-1 非常规油气资源的定义标准,依托全球油气田数据库油气藏参数,将符合上述定义的非常规油气田筛选出来,再根据评价精度的差异,分为重点评价盆地、详细评价盆地和一般评价盆地。其中重点评价盆地为资料比较丰富、非常规油气资源已获勘探开发的盆地；详细评价盆地为资料相对充分、非常规油气资源尚未进行商业开发的盆地；一般评价盆地为资料有限、只能满足概要性评价的盆地。本次评价共选出重点评价盆地 74 个,详细评价盆地 66 个,一般评价盆地 223 个。针对不同评价级别的盆地,分别作了编图、评价方法等方面的要求（图 1-1）。

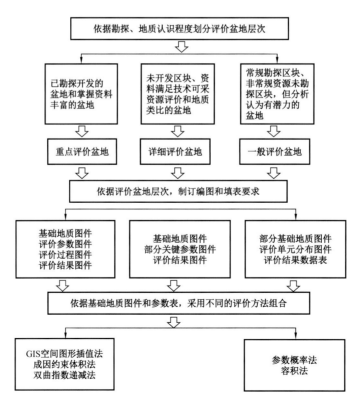

图 1-1 非常规油气富集盆地分级评价流程图

第二节 资料和数据来源

有效的资料来源包括六个方面：一是依托国内外各种专业地质调查局和大学研究机构的网站，例如美国能源信息署（EIA）、国际能源署（IEA）、美国地质调查局（USGS）、世界能源署（WEC）、加拿大地质调查局（GSC）的研究报告及国内外最新发表的科研论文和期刊；二是与国外专业的能源咨询机构合作，通过订购专项研究报告来获取资料，数据更有针对性，例如从 Hart Energy，Tellus 订制的专项研究报告；三是获得一些国际能源组织专项研究的会员资格，快速获取目前国际上非常规油气资源研究项目的进展和成果认识，为此研究团队先后推动了与 EGI，GTI，GFC 等机构的合作与交流，扩展了资料来源范围；四是取长补短，与国内在非常规油气开发技术方面具有丰富经验和数据的专业咨询机构合作，订制专项的研究报告，以此推动非常规油气开发技术动态的跟踪；五是购买 IHS，C&C 和 WoodMac 等专业数据库的油气田数据及井数据，从中筛选出非常规油气田的基础地质资料和开发数据；六是订阅国外的非常规油气期刊杂志，以周报、季报的形式，获取全球非常规油气的最新动态（表 1–2）。

表 1–2 研究关键基础资料与数据包支持

数据包 / 报告	来源	具体内容	数量	适用类型
全球页岩气专项报告	Hart Energy	全球页岩气富集盆地基础评价	161 页	页岩气
全球页岩油专项报告		全球页岩油富集盆地基础评价	260 页	致密油
全球重油专项报告		全球重油研究分析及未来展望	201 页	重油
北美页岩在线数据库		北美 17 个区块勘探开发动态	500 余份	区块评价与动态
欧洲页岩气专项报告	Frogi	欧洲页岩气展望	414 页	欧洲页岩气研究
南美页岩气专项报告		南美非常规油气地质分析	341 页	南美非常规油气研究
北美致密油前缘分析	IHS	致密油基础地质研究	226 页	致密油基础地质
全球未来致密油革命		全球未来致密油展望	114 页	
美国非常规井数据包		美国 22 个区带井数据	14077 口	页岩油气
全球非常规油气动态跟踪周报	NewBase	每周全球勘探开发动态	283 份	动态跟踪研究
油气行业在线多媒体库	PLS	全球油气公司报告材料	12000 份	公司区块、经济评价
苏联油气田数据库	Blackbourn	油田地质与储量等	4176 个	重油、油砂资源评价
中亚重点盆地分析报告		中亚俄罗斯油砂研究	7 个区带	重油、油砂研究

数据包/报告	来源	具体内容	数量	适用类型
非常规油气专题报告	C&C	煤层气、页岩油气和致密气研究报告	34个区带	非常规油气基础地质
全球非常规油气地质研究数据	EGI	全球各大区地质报告	26G资料	非常规油气地质研究
全球页岩油气评价结果	EIA	历年EIA公布报告	17份	评价结果对标
Wolfcamp致密油区块数据	新项目	二叠盆地Wolfcamp致密油生产数据	5.2G资料	新项目区块评价
非常规油气展望	WoodMac	全球各大区非常规油气资源展望报告	281份	7类资源
非常规油气勘探开发技术报告	金正纵横	非常规油气勘探开发技术报告	60份	7类资源开发技术

第三节　基础数据整理与编图

为了实现研究目标，使评价的结果尽可能反映真实情况，并切实控制每一个评价结果的来源和评价环节，针对每类资源，组织不同类型资源的勘探开发专家进行反复论证，设计了7套参数表格（表1-3至表1-9），累计填表701张。

（1）单类资源单个盆地多个层系的基础地质参数填表共计538张，填写关键参数数据2万多条；

（2）单类资源综合填表工作，依据单个评价层系的基础地质参数表，分资源类型统计分布大区、国家、盆地类型、层系时代、岩性、产量、可采资源量等方面的数据形成分析数据表；

（3）多类型资源综合评价填表工作，依据每个盆地采用不同方法评价的结果填表，然后将评价结果按照非常规油、非常规气综合填表，形成基于大区、国家、盆地的综合评价结果表。

以盆地为单元的资源评价编图是本次研究的重要基础工作，按照全球尺度编图、大区尺度编图、盆地尺度编图和重点层系编图依次制订了相应的规范和要求。

（1）全球尺度编图主要包括7类资源分布图，比例尺1∶1500万，以盆地为级别，附可采资源评价结果表和直方图；

（2）大区尺度的编图主要反映大区内烃源岩层系分布、储层分布、盖层分布及沉积环境变化等；

（3）盆地尺度和重点层系的编图突出 7 类资源主控地质参数的差异、不同层系的平面分布，以及参数平面分布。

表 1–3　重油可采资源评价参数（以典型盆地为例）

盆地名称	东委内瑞拉盆地				西阿拉伯盆地			
所属国家	委内瑞拉				沙特阿拉伯、叙利亚、伊拉克、约旦			
盆地类型	前陆盆地				被动陆缘盆地			
评价单元名称	Oficina 组				白垩系			
评价单元编号	5015–01–01				2005–01–02			
评价单元时代	古近纪—新近纪				白垩纪			
开发情况	已开发				已开发			
储层岩性	砂岩				石灰岩、白云岩			
盖层岩性	泥岩				泥岩、膏盐岩			
有机质类型	腐泥型				腐泥型			
沉积相	河流相、三角洲相				浅海相			
圈闭类型	岩性—地层、构造、复合型圈闭				地层圈闭			
成藏模式	缓坡远距离阶梯式成藏				断层输导成藏			
评价参数	最小值	最大值	平均值	说明	最小值	最大值	平均值	说明
储层埋深（m）	150	1900	900	奥里诺科重油带 MPE3、胡宁 4 区块	850	2125	1489.29	7 个油田
含油面积（km²）	5000	20000	18000		15000	25000	20000	预测区面积
储层有效厚度（m）	15	240	75		4	20	11	4 个油田
油层有效孔隙度（%）	25	35	28		15	25	20	6 个油田
油层平均渗透率（D）	2	20	5		0.01	0.3	0.15	3 个油田
含油饱和度（%）	80	95	85		70	80	75	2 个油田
原油重度（°API）	7	20	10		17	20	18	2 个油田
原油密度（g/cm³）	0.93	1.02	0.96		0.93	0.95	0.93	计算获得
原油黏度（mPa·s）	1000	8000	5500		200	400	300	4 个油田
原油体积系数	—	—	1.04		1.1	1.15	1.13	计算获得
可采系数（%）	7	20	10	冷采、蒸汽吞吐	10	20	15	蒸汽吞吐

表 1–4　油砂可采资源评价参数（以典型盆地为例）

盆地名称	阿尔伯达盆地				东西伯利亚盆地			
所属国家	加拿大				俄罗斯			
盆地类型	前陆盆地				克拉通盆地			
评价单元名称	曼维尔组				奥列尼克隆起构造带			
评价单元编号	6018-02-01				4015-02-02			
评价单元时代	早白垩世				寒武纪—文德纪			
开发情况	已开发				未开发			
储层岩性	砂岩				砂岩、白云岩			
盖层岩性	层间页岩、烃浓度封闭				泥岩			
有机质类型	腐泥型				腐泥型			
沉积相	河流相、浅海相				开阔海相			
圈闭类型	地层、岩性圈闭				构造圈闭			
成藏模式	古生新储				隆起破坏型			
评价参数	最小值	最大值	平均值	说明	最小值	最大值	平均值	说明
储层埋深（m）	0	1500	750		0	890	800	Blackbourn
含油面积（km²）	90000	96000	94500		5000	6000	5850	IHS
储层有效厚度（m）	5	80	25		5	48	20	C&C
油层有效孔隙度（%）	15	30	20		8	20.4	15	FSU Database
油层平均渗透率（D）	0.02	12	2	3个油砂矿	0.01	1.400	1	C&C
含油饱和度（%）	55	70	60		40	60	50	FSU Database
原油重度（°API）	6	12	7		8.5	10	9	C&C
原油密度（g/cm³）	1	1.08	1.04		1.00	1.01	1.007	IHS
原油黏度（mPa·s）	3000	400000	200000	45°F	2000	20000	15000	C&C
原油体积系数	1.005	1.005	1.005	3个油砂矿	1.005	1.005	1.005	预测
可采系数（%）	5	50	10	原地开采 露天开采 蒸馏	35	60	50	SAGD

表1-5 致密油可采资源评价参数(以典型盆地为例)

盆地名称	威利斯顿盆地				内乌肯盆地			
所属国家	美国、加拿大				阿根廷			
盆地类型	克拉通盆地				前陆盆地			
盆地面积(km²)	285000				190000			
评价单元名称	Bakken组				Vaca Muerta组			
评价单元编号	6028-03-01				5056-03-01			
评价单元时代	晚泥盆世—早石炭世				早白垩世			
开发情况	已开发				勘探初期待开发			
页岩类型	海相页岩				海相页岩			
页岩组合	两套页岩层夹一套致密白云质砂岩				碳酸盐岩斜坡含沥青页岩			
有机质类型	腐泥型				腐泥型			
压力系统	超压				超压			
裂缝发育程度	发育				垂直裂缝发育			
评价参数	最小值	最大值	平均值	说明	最小值	最大值	平均值	说明
储层埋深(m)	1500	3400	2848	IHS	914	3048	1524	EIA
含油面积(km²)	50000	70000	65200	USGS	100000	160000	148600	EGI
油层有效厚度(m)	12	70	21	Wood2012	45	450	99	EGI
油层有效孔隙度(%)	2	9	4.9	USGS	7	12	9	C&C
油层基质渗透率(mD)	0.001	1.000	0.040	Wood2012	120	6000	1250	C&C
含油饱和度(%)	75	85	80	Wood2012	40	80	60	C&C
溶解气油比(m³/t)	10	1500	500	IHS	4	100	65	C&C
原油重度(°API)	39	46	43	USGS	30	40	35	C&C
原油密度(g/cm³)	0.7	0.9	0.81	Hart Energy	0.8	0.85	0.81	EGI
原油体积系数	1.35	1.35	1.35	Wood2012	1.00	1.10	1.05	C&C
氢指数(mg/g)	100	650	300	Tellus	70	487	250	Tellus
有机质成熟度(%)	0.40	1.50	0.85	Wood2012	1.4	1.8	1.6	Tellus
有机质丰度(%)	10	14	11	Wood2012	3	14	5	Tellus
地层压力(MPa)	38	40	39	Wood2012	5.5	30	20	C&C
脆性矿物含量(%)	50	90	75	New Base	20	65	30	EGI
黏土矿物含量(%)	10	40	25	New Base	10	25	20	EGI
可采系数(%)	3	10	4	New Base	3.5	7	5	EGI

表 1–6   油页岩可采资源评价参数（以典型盆地为例）

盆地名称	波罗的海盆地				皮申斯盆地			
所属国家	爱沙尼亚				美国			
盆地类型	克拉通盆地				前陆盆地			
评价单元名称	Estonia Deposit Kukersite 组				绿河组 Parachute Creek 段			
评价单元编号	8009–04–01				6054–04–01			
评价单元时代	晚奥陶世				始新世			
开发情况	1918 年开发，世界持续开采时间最长，历史最悠久的油页岩矿				研究阶段，未规模开发			
油页岩成因类型	腐泥型、腐殖—腐泥型				腐泥型			
沉积环境	浅海相				深湖相			
围岩岩性	石灰岩				泥岩、粉砂岩、砂岩			
有机质类型	Ⅰ型、Ⅲ型				Ⅰ型			
矿物组合	低镁方解石>50%，白云石<10%，硅质碎屑矿物（石英、长石、伊利石、绿泥石、黄铁矿）<10%				主要矿物为白云石、方解石、石英；次要矿物为黄铁矿、长石、方沸石、蒙皂石、伊利石			
水体性质	还原				高盐度、高碱性			
评价参数	最小值	最大值	平均值	说明	最小值	最大值	平均值	说明
储层埋深（m）	7	170	100	EIA	0	1500	600	南部 25，中部 70
油页岩分布面积（km²）	3000	3700	3500	IHS	1500	3000	2600	Tellus
油层有效厚度（m）	0.1	5.0	2.0	C&C	40	400	313	Mahogany，612.7
油页岩密度（t/m³）	1.30	1.80	1.65	C&C	1.50	2.74	2.12	绿河组露头
含油率（%）	19	47	23	Tellus	3.8	15	8.3	USGS
灰分含量（%）	25	70	55	Tellus	20	50	42	C&C
热值（MJ/kg）	10	20	15	Tellus	0.58	25	6.7	USGS
全硫含量（%，质量分数）	1.2	2.0	1.7	IHS	0.5	1.5	0.71	C&C
有机质成熟度 R_o（%）	0.20	0.40	0.32	C&C	0.10	0.55	0.40	EGI
有机质丰度（%）	3.0	6.0	3.9	C&C	10	35	16	EGI
可采系数（%）	25	80	76	EIA	20	45	21	EGI

表 1–7 页岩气可采资源评价参数（以典型盆地为例）

盆地名称	阿巴拉契亚盆地				福特沃斯盆地			
所属国家	美国				美国			
盆地类型	前陆盆地				前陆盆地			
页岩名称	Marcellus 页岩				Barnett 页岩			
页岩层位	泥盆系				下石炭统			
页岩类型	海相				海相			
页岩气类型	热成因型				热成因型			
压力系统	低压—中度超压（0.8～1.4）				常压			
评价参数	最小值	最大值	平均值	说明	最小值	最大值	平均值	说明
含气面积（km²）	41600	63000	52000	Tellus	6400	9600	8000	C&C
含气页岩层厚度（m）	15	105	45	Hart Energy	30	210	90	Hart Energy
含气页岩埋深（m）	1200	2590	2100	EIA	1980	2590	2285	EIA
地层压力（MPa）	14	40	25	Hart Energy	25	30	22	Hart Energy
地层温度（℃）	45	80	68	AAPG	65	80	72	IHS
含气孔隙度（%）	3.0	7.0	5.0	AAPG	2.0	7.0	4.5	IHS
含气饱和度（%）	60	70	65	AAPG	60	70	65	IHS
含气量（m³/t）	1.7	4.2	2.8	URtec	5.0	10.0	8.0	IHS
吸附气比例（%）	10	30	20	URtec	10	30	20	IHS
吸附气含量（m³/t）	0.17	1.26	0.56	URtec	0.50	3.00	1.60	IHS
可采系数（%）	20	30	25	New Base	20	30	25	New Base

表 1-8 致密气可采资源评价参数（以典型盆地为例）

盆地名称	阿尔伯达盆地	圣胡安盆地
所属国家	加拿大	美国
盆地类型	前陆盆地	前陆盆地
评价单元名称	Milk River 组	Pictured Cliffs 组
评价单元编号	6018–06–01	6059–06–01
评价单元时代	晚白垩世	晚白垩世

盆地名称	阿尔伯达盆地				圣胡安盆地			
沉积相	海相				海相			
烃源岩时代	晚白垩世				晚白垩世			
烃源岩层位	Milk River 组				Fruitland 组			
烃源岩岩性	页岩				碳质页岩			
烃源岩成熟度(%)	>0.5				0.5～1.5			
烃源岩有机质丰度(%)	0.6～1.2				24～72(煤);<10(碳质页岩)			
烃源岩有机质类型	Ⅱ型、Ⅲ型				Ⅲ型			
致密气范围圈定原则	下倾方向无气水界面、储层致密、源储密切接触,R_o>1.1%,排除构造圈闭							
其他单位资评结果	$4952 \times 10^8 m^3$(阿尔伯达地质调查局)				$1585 \times 10^8 m^3$(USGS)			
开发情况	已开发				已开发(6809 口井)			
评价参数	最小值	最大值	平均值	说明	最小值	最大值	平均值	说明
储层埋深(m)	300	600	450	产气深度	0	1067	457	产气深度
有利区面积(km²)	133200	162800	148000	总面积	16353	17389	17021	总面积
无测试面积比例(%)	30	30	30	开发状态	20	20	20	开发状态
无测试面积贡献率(%)	7	7	7	成藏条件	12	12	12	成藏条件
预测有效含气面积(km²)	96037	117379	106708	折算	13475	14329	14025	折算
储层总厚度(m)	61	91	76	地层厚度	10	122	61	地层厚度
储层净厚度(m)	10	30	20	资料估算	10	30	20	资料估算
有效孔隙度(%)	8	12	10	资料估算	8	12	10	资料估算
平均渗透率(mD)	0.01	1.00	0.10	资料估算	0.01	1.00	0.10	资料估算
含气饱和度(%)	40	60	55	资料估算	40	60	55	资料估算
地层压力(MPa)	3	6	4	0.43psi/ft	0.1	12	6	0.5psi/ft
地层温度(℃)	16	27	22	C&C	36	50	44	资料
原始气体偏差系数	0.8873	0.9337	0.9183	C&C	0.8573	0.9982	0.9082	C&C
体积系数	0.0156	0.0316	0.0238	C&C	0.0081	1.0000	0.0168	C&C
可采系数(%)	12.0	12.0	12.0	C&C	22.0	22.0	22.0	C&C

表 1–9 煤层气可采资源评价参数（以典型盆地为例）

盆地名称	圣胡安盆地				博恩—苏拉特盆地			
所属国家	美国				澳大利亚			
盆地类型	前陆盆地				克拉通盆地			
评价单元编号	6018–07–01				7134–07–01			
评价单元时代	侏罗纪—白垩纪、古近纪—新近纪				晚侏罗世—晚白垩世			
开发情况	开发程度较高				开发程度较高			
煤阶	高挥发分烟煤至半无烟煤				长焰煤到气煤			
煤层气成因类型	热成因气和部分生物成因气				生物成因气和热成因气			
宏观煤岩类型	镜质组70%，惰质组20%，其他10%				镜质组和壳质组为主			
评价参数	最小值	最大值	平均值	说明	最小值	最大值	平均值	说明
煤层埋深（m）	800	2800	1800		100	400	300	
含气面积（km²）	2050000	2750000	2400000		190000	420000	300000	
煤层净厚度（m）	7	55	40		20	30	25	
煤层渗透率（mD）	5	38	32		1	500	20	
煤层孔隙度（%）	1	5	3		2	19	5.6	
煤层变质程度 R_o（%）	1.2	11.6	6.4		0.35	0.70	0.48	
空气干燥基视密度（t/m³）	0.7	2	1.6	据USGS，EIA，AAPG，C&C等数据库数据整理	1.24	1.39	1.34	据中国公司区块数据整理
空气干燥基含气量（m³/t）	1.42	1.64	1.53		1.38	8.56	5.8	
干燥无灰基视密度（t/m³）	2.86	9.26	6.06		1.20	1.35	1.30	
煤的干燥无灰基含气量（m³/t）	1.18	1.42	1.30		1.56	9.84	7.72	
煤的原煤基含气量（m³/t）	3.14	11.38	7.56		1.15	14.48	5.33	
平均灰分含量（%）	4	12	8		18	30	24.4	
平均原煤基水分（%）	15	23	19		1.5	6.5	3.6	
煤层压力（MPa）	16	32	24		4	8	5	
煤层压力梯度（MPa/100m）	6.48	30.56	18.52		—	—	—	
煤层气体积系数	0.96	1.38	1.17		3.6	4.8	3.9	
可采系数（%）	2.0	6.0	4.5		0.37	0.68	0.60	

第四节　评价方法

非常规油气资源的评价受不同类型资源的富集规律和不同盆地勘探开发程度及开采方式的限制，开展可采资源的评价时不能采用统一的方法进行评价。非常规油气资源连续富集的特点也有别于常规油气，需要分析不同类型资源的形成条件，针对不同类型资源采用不同的方法，不同评价级别的盆地采用不同的评价技术来开展评价。

本次评价依据对盆地的分级和资料掌握程度，同时结合每个类型资源地质因素特点，改进传统的资源评价技术，集成创新形成成因约束体积法、GIS 空间图形插值法、双曲指数递减法和参数概率法综合应用的非常规油气可采资源评价体系（表 1-10）。

表 1-10　非常规油气资源评价技术对比分析

资源类型	常用方法（关键参数）	国际上常用方法	本次采用的改进方法
重油、油砂	体积法和类比法（面积、厚度、孔隙度、密度、含油饱和度和采收率）	阿尔伯达地质局用体积法计算资源量；储量采用单层体积法计算地质储量 × 采收率	资源量：GIS 空间图形插值法 储量：基于开采技术的重油—油砂可采资源量和储量计算方法
		局限性：精度低、不能体现同一产层不同段冷采、SAGD 和蒸汽驱的可采量	
油页岩	体积法和类比法（面积、厚度、含油率、密度和采收率）	成因法、类比法和体积丰度法	资源量：GIS 空间图形插值法、成因法 + 体积法和资源量 / 储量分级预测评价法 储量：依据 PRMS 标准，基于单井 EUR 分析的双曲指数递减法 适用性：（1）参数矢量图形化，揭示资源丰度空间分布；（2）单层多段采用不同技术开采，引入不同的采收率，精度高；（3）应用统计法界定致密层物性标准并标明含气面积、孔隙度和渗透率等参数范围；（4）划分"甜点区"和扩展区，采用不同的可采系数 局限性：对资料和数据要求高
		局限性：未揭示资源空间分布丰度	
致密油	体积法和类比法（面积、厚度、孔隙度、含油饱和度、采收率）	USGS, GSC 等机构采用随机模拟法、Forspan 法、资源密度网格法及热模拟成因法；国内采用面积丰度和刻度区类比法	
		局限性：参数难以确定、未考虑参数空间相关性	
页岩气	体积法和类比法（面积、厚度、孔隙度、含气饱和度、吸附气量、游离气量）	USGS, EIA 以成因法为核心，还包括 Tissot 法、体积丰度类比法、随机模拟法和 Forspan 法等	
		优点：对于已有开发单元的预测较为准确 缺点：未开发单元的预测仍以体积法为主	
致密气	体积法和类比法（面积、厚度、孔隙度、含气饱和度、采收率）	Rogner 和 EIA 采用资源三角法和体积法	
		局限性：评价结果较粗，未能揭示具体区带的资源丰度分布	
煤层气	体积法、类比法（面积、厚度、密度、干燥基含气量、采收率）	体积法、类比法、数值模拟法和产量递减法	GIS 空间图形插值法、等温吸附曲线法 + 地质因素加权类比法计算可采资源量
		局限性：采收率的确定采用等温曲线法和产量模拟，未能与地质因素结合分析可采性	适用性：引入类比矩阵类比法考虑具体的地质因素

研究中不同的方法适用的对象也存在差异。成因法＋体积法适用于以烃源岩为储层的页岩气、油页岩和致密油的可采资源评价；GIS 空间图形插值法适用于以储层为主的重油、油砂、致密气和煤层气等关键地质参数较全的盆地；双曲指数递减法主要用于掌握大量井数据的成熟区；参数概率法主要借助于自主开发的全球数据信息库软件平台评价一般评价盆地。

本次非常规油气可采资源评价的特色主要体现在以下三个方面。

（1）充分考虑非常规油气资源富集的地质因素，将地质参数和开发参数融入评价参数系列中，以烃源岩为核心开展页岩油气的评价。首先利用成因法计算出烃源岩的生烃量、排烃量和滞留烃量，进而估算页岩油气的地质资源量，在此基础上，利用地球化学图版，评价页岩油气的可采资源量，同时圈定"甜点区"和扩展区的范围，充分考虑埋深、厚度、岩性及脆性矿物含量对开发技术的要求，调研不同开发技术的可采系数，最终计算出重点盆地的可采资源量。

（2）强调关键评价参数的图形矢量化，完成参数的空间插值运算，使评价结果得以在空间分布上体现。针对不同类型资源的关键评价参数，以体积法为基础，作出评价参数的等值线图，同时考虑不同区域的可采系数分布，编制可采系数等值线图，实现评价参数的等值线图空间叠加插值运算，最终计算出可采资源丰度，为重点盆地和区带非常规油气资源的区带优选提供直接依据。

（3）考虑非常规油气连续富集和存在"甜点"的特点，评价成熟区块的 EUR 丰度。在资源量 / 储量分级预测的基础上，大量应用单井生产曲线，利用双曲指数递减法计算出单井的 EUR，然后结合基础地质评价参数的等值线图，在空间上完成目标层"甜点区"的单井 EUR 丰度图，进而计算出成熟区块的可采储量，与不同级别的资源富集区进行地质类比，估算出全区的可采资源量 / 储量丰度。

综上所述，本次研究形成的非常规油气可采资源评价方法体系，与目前国内外 7 类资源评价相比，将地质因素、开发因素结合，建立评价结果与地质因素之间的关联，充分考虑不同开采技术对可采系数的影响，完成了可采资源评价结果的空间分布。

第二章　非常规油气资源评价方法

非常规油气资源具有受烃源岩和致密储层控制、连续聚集分布的地质特征，体积法是最适用的资源评价方法。本次主要采用两种体积法进行非常规油气可采资源的评价：一是参数概率分布体积法，适用于所有类型盆地，在完成基本地质参数评价表的基础上普遍采用这种方法；二是改进的体积法，即 GIS 空间图形插值法，适用于重点盆地，各评价参数的平面等值线图通过插值运算得到可采资源丰度平面等值线图，更为直观地表现出该盆地可采资源的分布和富集特征，较参数概率分布体积法更加准确和直观，便于进一步筛选有利区带。

第一节　参数概率分布体积法

对于参与体积法资源量计算的各个参数项按给定的最小值、平均值、最大值（或单值）构建概率分布，利用蒙特卡罗法计算资源量概率分布结果。

一、油砂、重油、页岩油资源量计算方法

地质资源量（10^6bbl）= 含油面积（km²）× 油层厚度（m）× 孔隙度（%）× 含油饱和度（%）× 原油密度（t/m³）÷ 原油地层体积系数（m³/m³）×7.3（t 转换为 bbl）×10^{-4}。

可采资源量（10^6bbl）= 地质资源量（10^6bbl）× 采收率（%）÷100。

评价参数：含油面积（km²）、油层厚度（m）、孔隙度（%）、含油饱和度（%）、原油密度（t/m³）、原油地层体积系数（m³/m³）、采收率（%）。

二、页岩气资源量计算方法

页岩气资源包括赋存于页岩孔隙中的游离气及吸附在岩石表面的吸附气，体积法计算页岩气资源量时，两部分资源量分别计算。

可采资源量 =（游离气地质资源量 + 吸附气地质资源量）× 采收率（%）÷100

游离气地质资源量（10^9ft³）= 含气面积（km²）× 气层厚度（m）× 孔隙度（%）× 含气饱和度（%）× 地面标准温度（293 K）× 地层压力（MPa）÷ 地层温度（K）÷ 地面标准压力（0.101MPa）÷ 原始气体偏差系数 ×35.315（m³ 到 ft³ 转换系数）×10^{-7}= 含气面积（km²）× 气层厚度（m）× 孔隙度（%）× 含气饱和度（%）× 地层压力（MPa）÷ 地层温度（K）÷ 原始气体偏差系数 ×1.0245×10^{-2}（综合转换系数）

吸附气地质资源量（10^9ft³）= 含气面积（km²）× 气层厚度（m）× 岩石密度（t/m³）× 单位岩石吸附气量（m³/t）×35.315（m³ 到 ft³ 转换系数）÷ 原始气体偏差系数 ×10^{-3}

评价参数：含气面积（km²）、气层厚度（m）、孔隙度（%）、含气饱和度（%）、地层压力（MPa）、地层温度（K）、原始气体偏差系数、岩石密度（t/m³）、单位岩石吸附气量（m³/t）、采收率（%）。

三、煤层气资源量计算方法

煤层气即吸附在煤层中的甲烷气，通过排水造成煤层压力下降，相当部分吸附气将从煤层中解吸出来而成为可流动的游离气。但在地层原始状态下，煤层本身只含少量游离气，而且煤层疏松，即使有游离气存在，也迅速运移出去而无法保存。因而有开采价值的煤层气（中浅层）就是指煤层中的吸附气。故煤层气资源量计算就是要计算出在通过排水造成煤层压力持续下降条件下，能解吸出来的吸附气量。

煤层气地质资源量（10^9ft^3）= 含煤面积（km²）× 净煤厚度（m）× 煤岩密度（t/m³）× 煤的空气干燥基含气量（m³/t）× 35.315（m³ 到 ft³ 转换系数）× 10^{-3}

其中，煤的空气干燥基含气量（m³/t）= 煤的干燥无灰基含气量（m³/t）×（100 – 水分 – 灰分）÷100。

煤层气可采资源量（10^9ft^3）= 煤层气地质资源量（10^9ft^3）× 采收率（%）÷100

评价参数：含煤面积（km²）、净煤厚度（m）、煤岩密度（t/m³）、煤的空气干燥基含气量（m³/t）、采收率（%）。

四、致密气资源量计算方法

致密气是指特低渗透条件下的致密砂岩气，在成藏条件及机理等方面与常规油气藏基本相同，只是因其储集条件太差，导致在空间展布与开采方式不同于常规油气藏。

致密气地质资源量（10^9ft^3）= 含气面积（km²）× 气层厚度（m）× 孔隙度（%）× 含气饱和度（%）× 地面标准温度（293 K）× 地层压力（MPa）÷ 地层温度（K）÷ 地面标准压力（0.101MPa）÷ 原始气体偏差系数 × 35.315（m³ 到 ft³ 转换系数）× 10^{-7} = 含气面积（km²）× 气层厚度（m）× 孔隙度（%）× 含气饱和度（%）× 地层压力（MPa）÷ 地层温度（273+ 摄氏度）÷ 原始气体偏差系数 × 1.0245 × 10^{-2}（综合转换系数）

致密气可采资源量（10^9ft^3）= 致密气地质资源量（10^9ft^3）× 采收率（%）÷100

评价参数：含气面积（km²）、气层厚度（m）、孔隙度（%）、含气饱和度（%）、地层压力（MPa）、地层温度（K）、原始气体偏差系数、采收率（%）。

或者，致密气地质资源量（10^9ft^3）= 含气面积（km²）× 气层厚度（m）× 孔隙度（%）× 含气饱和度（%）÷ 致密气体积系数（m³/m³）× 35.315（m³ 到 ft³ 转换系数）× 10^{-7}

致密气可采资源量（10^9ft^3）= 致密气地质资源量（10^9ft^3）× 采收率（%）÷100

评价参数：含气面积（km²）、气层厚度（m）、孔隙度（%）、含气饱和度（%）、致密气体积系数（m³/m³）、采收率（%）。

五、油页岩资源量计算方法

油页岩是指现今未成熟的富含有机质的高品质烃源岩，通过人工高温干馏（人工催熟）能工业提取石油，因此油页岩资源实际上是指潜在的油页岩生油量。评估可工业开采的油页岩油资源一般先估算油页岩地质储量，再乘以油页岩可采系数，得到可采油页岩储量，在此基础上乘以油页岩含油率，得到油页岩油可采储量。

油页岩地质储量（t）= 油页岩面积（km^2）× 油页岩厚度（m）× 油页岩密度（t/m^3）× 10^6

油页岩可采储量（t）= 油页岩地质储量（t）× 油页岩可采系数（%）÷ 100

油页岩油可采储量（10^6bbl）= 油页岩可采储量（t）× 含油率（%）÷ $100 × 7.3$（t 转换 bbl）× 10^{-6}

因此，油页岩油可采储量（10^6bbl）= 油页岩面积（km^2）× 油页岩厚度（m）× 油页岩密度（t/m^3）× 油页岩可采系数（%）× 含油率（%）× 7.3（t 转换 bbl）× 10^{-4}

评价参数：油页岩面积（km^2）、油页岩厚度（m）、油页岩密度（t/m^3）、油页岩可采系数（%）、含油率（%）。

在本次评价中，参数概率分布体积法评价是基于中国石油自主研发的"全球油气资源评价系统"来实现的，该平台是一套以全球油气资源信息库为底层平台，对含油气盆地进行资源评价的软件的集合，用户可根据不同评价对象及其不同的勘探程度，选用不同的评价方法。

以重油为例，在软件界面中输入含油面积、油层厚度、孔隙度、含油饱和度、原油密度、原油地层体积系数和采收率百分比，即可计算出该评价层的重油资源量及其概率分布图（图 2-1、图 2-2）。

图 2-1　重油参数概率分布体积法软件界面

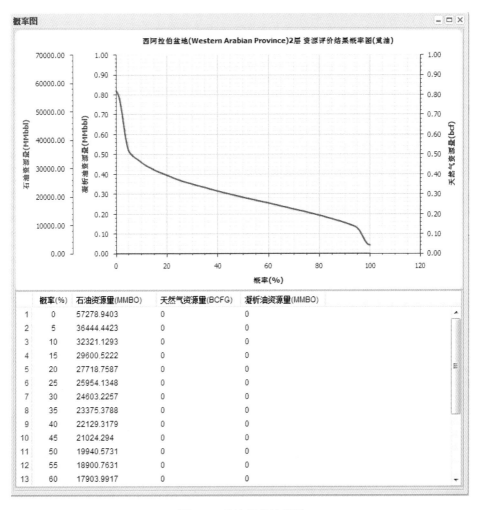

图 2-2 重油概率计算图

第二节 GIS 空间图形插值法

一、基本原理

为了提高非常规油气资源评价的精度及实用性，本次研究在搜集整理了全球 400 余个含油气盆地基础地质参数的基础上，提出一种适用于全球非常规油气可采资源评价的方法，即改进体积法后形成的 GIS 空间图形插值法，针对范围包括页岩气、致密油、致密气、煤层气、重油、油砂、油页岩，优点及先进性是能够快速计算非常规油气资源评价区地质资源量和可采资源量，并对资源的三维空间分布作出较为精细的刻画和直观的显示。改进后的方法可以最大程度地克服体积法计算资源量时没有考虑参数的非均质性的局限，评价结果能够体现出评价单元内资源分布的非均质性及优劣等级。

新方法基于地理信息系统（GIS）实现对空间地质信息的管理与分析，该系统由计算机系统、地理数据和用户组成，通过对地理数据的集成、存储、检索和操作分析，生成并输出各种地理信息。地理信息系统与传统的信息系统相比，最大的优势在于其能对空间位置信息进行管理、分析处理和成图。在油气资源评价中，地理信息系统能够为地质数据资料的存储管理、可视化和分析处理提供一个通用的平台。由于非常规油气分布的参数空间差异明显，用传统方法并不好进行表征；而 GIS 平台的这些优势，使其非常适合用来对非常规油气资源分布特征进行处理和表征。

二、方法步骤

该方法原理上可分为 8 个步骤实施（图 2-3）。

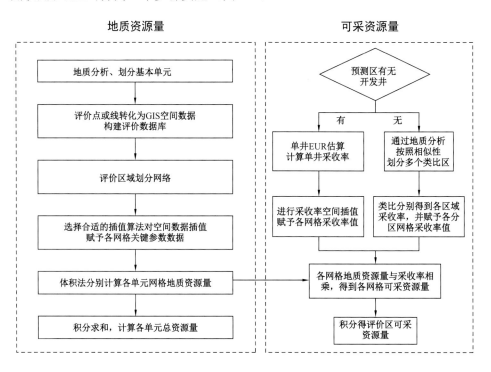

图 2-3 地质资源量及可采资源量计算流程图

（1）开展地质研究，对盆地构造、沉积演化及基本石油地质条件进行分析，明确油气总体分布，确定平面含油气范围和纵向含油气层位，根据地质属性的相似性在空间上划定若干个基本评价单元，如重油比较接近常规油气成藏，可以将某一套储层作为基本单元进行评估；页岩气、致密油等主要以某一页岩层作为基本评价单元进行评估。

（2）确定每个基本评价单元的关键参数，并搜集该参数的相关数据（通常为评价井的参数值或等值线图），再转换为 GIS 格式空间数据。这些原始数据以不同的格式存在，包括地图扫描、矢量化、空间校正等，最终将原始数据转换为空间坐标一致、格式统一的空间数据，并建立评价区空间数据库，各矿种所选择的关键参数依据参与各体积法计算的参数而定。

本次设定的基准面为 WGS 84。评价区基础地理信息数据包括盆地边界、油气田边界等文本文件，通过 ArcGIS 的 Shape 格式文件进行最后存储。

数据源包括评价区基础地理信息数据、重要数据点坐标数据等，这些数据以不同格式的数据文件保存，因此需要对这些数据进行预处理，以适应建立空间数据库的要求。

井的生产数据或是测井资料，通过空间坐标转换到统一的空间参考中，再通过 Python 的格式转换程序，转为 Shape 格式文件。孔隙度、渗透率、含油饱和度等地质参数，以属性数据的形式保存。

（3）考虑资源非均质性强的特征，对基本评价单元的平面分布范围划分等大网格，当网格划分足够细时，可以描述资源的空间分布情况。

（4）已有钻井地区，利用井产量数据可进行 EUR 计算，若无钻井数据，可跳过此步骤。

（5）对关键参数的空间数据进行网格化插值，得到各网格关键参数的值（参照第二章第一节所列公式，按照不同矿种所需参数进行选择）。对于插值方法的选择，可根据源数据的分布特征、统计特征等来定。

该步骤中，不同的数据格式需要经过不同的处理，数据点必须经过验证，需要对空间上不同的参数进行分析，找出源数据的分布特征和统计特征，便于选择最恰当的插值方法；面数据取几何中心后同点插值，线数据直接插值，使用的算法基于澳大利亚国立大学 Hutchinson 等研究人员开发的 Anudem。

空间点数据的插值方法有多种，按插值的数据范围划分，可以分为整体插值和局部插值两类方法。整体插值方法用研究区所有采样点的数据进行全区特征拟合，其特点是不能提供内插区域的局部特性，结果较为粗略。整体插值方法通常不直接用于空间插值，而是用来检测不同于总趋势的最大偏离部分，典型方法如全局趋势面分析。局部插值方法用邻近于未知点的少数已知采样点的特征值来估算未知点特征值，其特点是可以提供内插区域内的局部特性，且不受其他区域的内插影响，结果精确性较高。在对离散数据进行网格化时，一般选择局部插值方法。局部插值算法较多，如样条函数插值法、反距离加权法（Inverse Distance Weighted，IDW）、克里金（Kriging）插值等。

按数学模型来划分，可以分为确定性插值和地质统计学插值。确定性插值方法是基于样本点之间的相似程度或整个曲面的光滑性来创建一个拟合曲面的插值方法。如全局多项式插值、反距离加权插值、径向基插值、局部多项式插值等方法。地质统计学插值方法基于样本点的空间自相关性，根据测量数据的统计特征产生曲面，例如克里金插值方法。克里金方法依赖于数学模型和统计模型，正是由于引入了包括概率模型在内的统计模型，使克里金方法与确定性插值方法区分开来。在克里金方法中预测的结果将与概率联系在一起，即用克里金方法进行插值，一方面能生成预测表面，另一方面能给出预测值的误差。地质统计学插值方法由于建立在统计学的基础上，不仅可以产生预测曲面，而且可以产生误差和不确定性曲面，可用来评估预测结果的好坏。

（6）分别对每个网格采用各矿种对应的体积法公式计算地质资源量。对于可采资源量的计算，可根据实际情况进行调整。勘探程度较低的区域，可通过类比其他区域的采收率得到该地区的总体采收率，倘若该地区分异性较强，则可以划分为若干个相似区域分别进行类比；在勘探程度较高的区域，如可以获得井产量数据，则可以通过计算单井EUR和GIP，从而求得单井采收率，最后通过插值赋予整个评价区域各网格采收率，与网格的地质资源量相乘可得到各网格可采资源量。

（7）对所有网格进行积分，计算出整个评价区的地质资源量和可采资源量。

（8）根据各网格的资源量值，绘制评价区资源量分布图。

三、新方法的先进性

GIS图形插值法是一种改进的体积法，将地理信息系统技术引入非常规油气资源评价中，有效提高了非常规油气资源评价的精度。将评价区按照地质相似性进行单元划分，解决了现有技术方案中大面积进行单一评价的局限点；采用平面网格展示的方法，直观展示了"甜点区"与"非甜点区"的位置分布，解决了现有体积法无法展示资源富集情况的难点，便于在后期区块优选中快速识别有利区，进而指导工作区勘探过程中"甜点区"的预测。

将体积法与插值相关联，使该方法不受数据存在形式的限制，无论是点数据、线数据或是面数据，都能够根据具体情况在GIS中进行统一并插值。插值方法实现了利用局部某些数据预测周围地区，不同于以往类比法进行主观判断，解决了类比法需要大量类似数据的难题，同时兼顾了地质因素；运用井数据与插值方法相结合，通过单井产量得到EUR值，与井控面积内的地质资源量相结合，得到可采资源丰度分布，优于传统体积法靠单一采收率求取整个地区可采资源量。

第三节　实　例　分　析

以北美福特沃斯盆地Barnett页岩气地质资源量和可采资源量评价为例，说明GIS空间图形插值法的应用。该实例中具备井产量数据，因此可以进行上述步骤（4）的计算，利用双曲模型计算EUR。

（1）选取Barnett页岩层作为处理对象，该页岩层分布在福特沃斯盆地，位于美国得克萨斯州中北部。福特沃斯盆地面积约$38100km^2$，是古生代晚期沃希托造山运动形成的前陆盆地，整个盆地是一个向北变深的楔形坳陷（图2-4）。针对北美福特沃斯盆地地质情况，确定页岩气产出主要层段、岩石类型、岩石组合类型；利用地球化学资料确定区块烃源岩的特征，包括烃源岩厚度、有机质丰度（TOC）、有机质类型、有机质的平面分布情况，分别反映区块烃源岩生油能力及区块储层特征，包括厚度（部分地区等同于烃源岩厚度）、孔隙度、压力系数、含油饱和度、埋深、裂缝的平面分布特征。

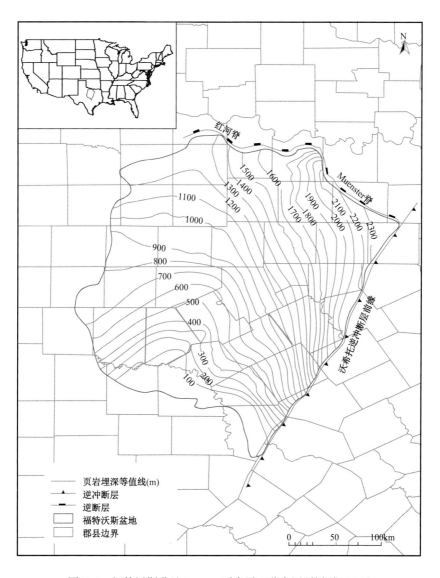

图 2-4　福特沃斯盆地 Barnett 页岩平面分布图（数据据 EIA）

研究分析可得，Barnett 页岩 R_o 自西向东逐渐增加，西北部和西南部最低，R_o 小于 0.7%，随着向东推移，R_o 逐渐增大，在页岩区带中央地区 R_o 达到 1.0%，向东进入生气窗口，到东部地区 R_o 最大增加到 1.8%～1.9%，页岩气产区从西向东也经历了生油区、湿气区和干气区（图 2-5）。Barnett 页岩有机质含量从西向东北逐渐增加，在东北部 Muenster 背斜处最高，达到 5.2%，西北部和南部地区相对较低（图 2-6）。Barnett 页岩平均厚度为 91m，在东北部靠近 Muenster 背斜处最厚，达 300m，页岩向西北、西南及南部方向变薄，有的地区厚度不足 15 m（图 2-7）。通过以上 3 个地质参数叠加，可以厘定页岩气区带主要分布在东部 R_o 大于 1.0%、页岩厚度大于 30 m 的地区（图 2-8），即确定本次 Barnett 页岩 GIS 空间插值的平面范围。

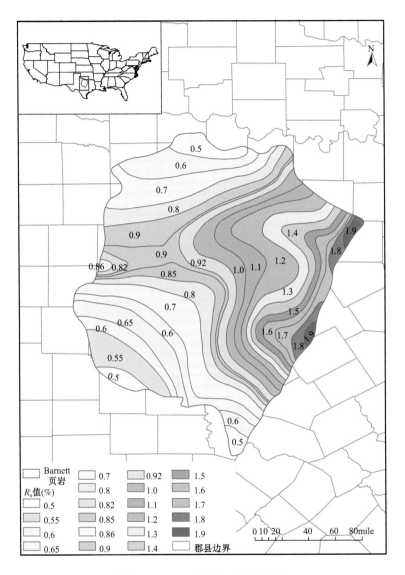

图 2-5　Barnett 页岩 R_o 等值线图

（2）根据页岩气游离气体积法公式，关键参数包括厚度、含气饱和度、有效孔隙度等。前期分析表明 Barnett 页岩的游离气比例为 45%，体积系数为 0.003。对其他评价关键参数进行数字化，赋予其地理坐标、投影系等参数，该例中搜集到的关键数据以等值线格式为主（图 2-5 至图 2-8）。根据开发数据、井数据等资料，编制了孔隙度和含气饱和度等值线图（图 2-9、图 2-10）。

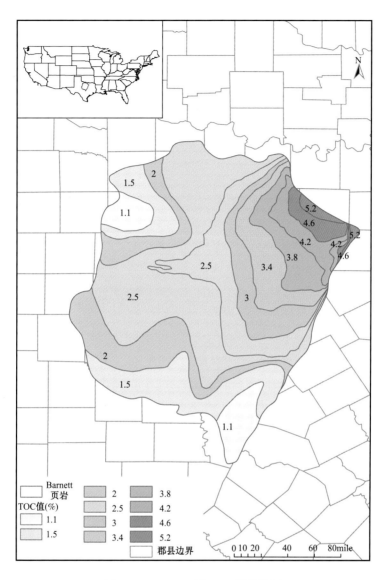

图 2-6　Barnett 页岩 TOC 等值线图

（3）对 Barnett 页岩层划分网格。划分网格的个数并没有具体规定，但可以根据研究区资料的详实程度自行定义。该例中，将其划分为 2094 个网格。

（4）根据现有钻井资料，确定不同单井的 EUR 值，从而推算出已有钻井地区的采收率。在该例中，采用最广泛的是双曲递减模型，针对生产数据进行拟合分析，确定递减率、递减指数和初始产量（图 2-11）。该方法的优点是能对产量变化规律给出确切的预测，但对于无生产数据的区块进行预测可能具有较大风险，因为页岩气井之间的产量差异很大，即使在同一井场上的井，产量有时也会差异很大。

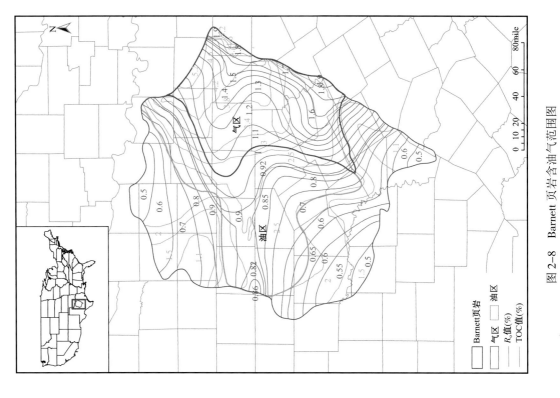

图 2-8　Barnett 页岩含油气范围图

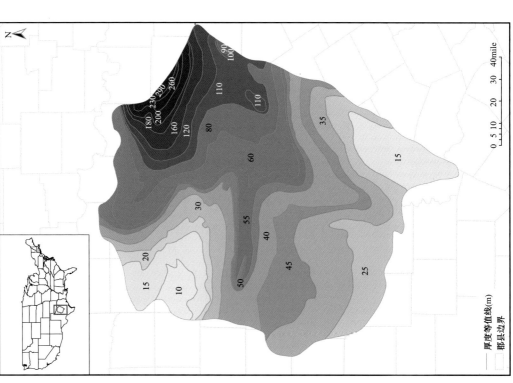

图 2-7　Barnett 页岩厚度等值线图

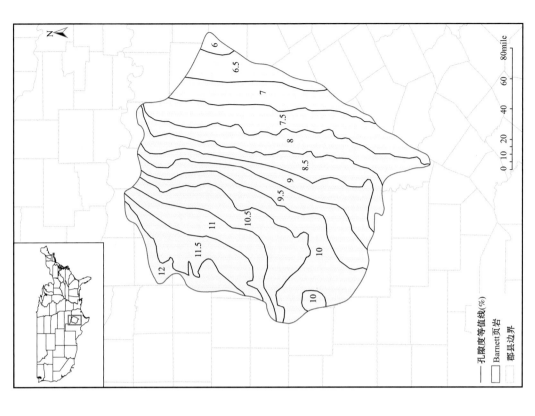

图 2-10　Barnett 页岩孔隙度等值线图

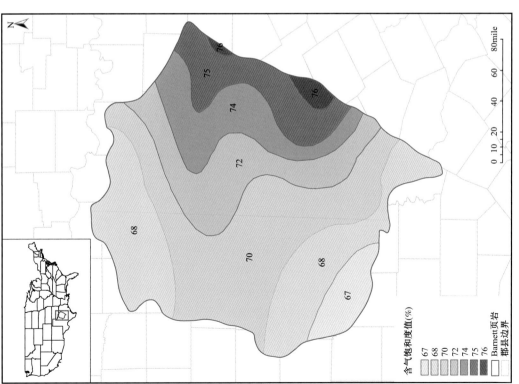

图 2-9　Barnett 页岩含气饱和度等值线图

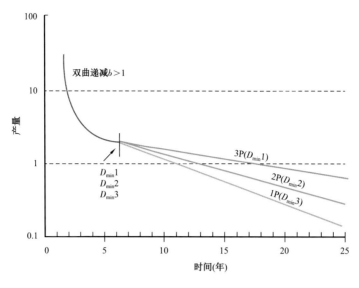

图 2-11 产量递减曲线

双曲递减曲线具体计算方法如下。

产量递减率微分方程为

$$D=-\frac{\mathrm{d}q}{q\mathrm{d}t}=kq^{n} \tag{2-1}$$

对式（2-1）求解即可得到 Arps 产量递减曲线，根据递减指数 n 的取值不同可以分为指数递减、双曲递减和调和递减 3 种形式，其中双曲递减曲线为

$$q=q_{i}(1+Dnt)^{-1/n}, 0<n<1 \tag{2-2}$$

其中，D 为递减率；n 为递减指数；q_{i} 为初始产量。

其最终可采储量（EUR）为

$$N_{p}=\frac{1}{1-b}\frac{q_{i}}{D}\left[1-(1+nDt)\right]^{n-1/n} \tag{2-3}$$

指数递减曲线为

$$q=q_{i}\mathrm{e}^{-Dt}, n=0 \tag{2-4}$$

其最终可采储量（EUR）为

$$N_{p}=\frac{q_{i}}{D}(1-\mathrm{e}^{-Dt}) \tag{2-5}$$

一般情况下，采用双曲递减计算，初始产量越高最终可采储量可能就越高。从典型曲线的递减规律来看，同一曲线的递减指数越大，最终可采储量的结果也就越大。因此，随着初始产量的增加，递减指数增大的可能性也就越大。另外，双曲递减函数的递减率随着开发时间的增长而降低，可能会过高预测后期产量。为此，S. Robertson 等引入修正的双曲递减方法，解决了最终可采储量高估的问题。该实例计算采用 IHS 公司的产量递减模型，在计算过程中，当产量递减曲线的瞬时递减率小于 10% 时，递减模型将自动由双曲递减曲线变为指数递减曲线，从而避免了双曲递减到最后无限保持恒定产能的问题。

利用该步骤对 Barnett 页岩区 783 口页岩气井进行 EUR 计算并得出结果。图 2-12 为其中一口气井的模拟曲线，依此类推，得到评价区域所有钻井 EUR，从而形成 EUR 资源丰度图（图 2-13）。

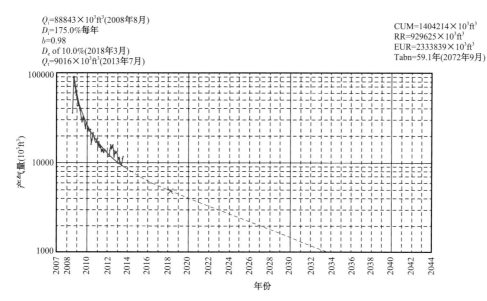

图 2-12　Barnett 页岩气井产量双曲—指数递减模拟曲线

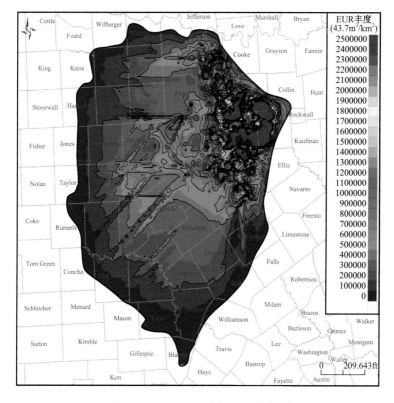

图 2-13　Barnett 页岩 EUR 丰度图

（5）选择合适的插值方法对关键参数进行插值。根据各参数特点，分析数据源，寻找最合适的插值方法，对网格进行赋值。

该例中，Barnett 页岩的 TOC、厚度、孔隙度、R_o 的数据都以等值线图形式存在。采用澳大利亚国立大学 Hutchinson 等研究人员开发的 Anudem 算法，将等值线转换为栅格数据，再从栅格数据中提取出各网格点值。

但采收率无等值线数据，通过点的插值得到评价区内所有网格点值。由于 Barnett 页岩已有钻井，因此可以通过已知钻井的 EUR 及该井井控面积所对应的地质资源量，得到783 口井的采收率值。将 783 个采收率点进行插值，得到整个评价区各网格的采收率分布。

针对得到的采收率点作数据点分析，以此为例展示如何选择插值方法，其余各参数都照此方法进行确认。

① 样本点总数为 783 个，见图 2-14。

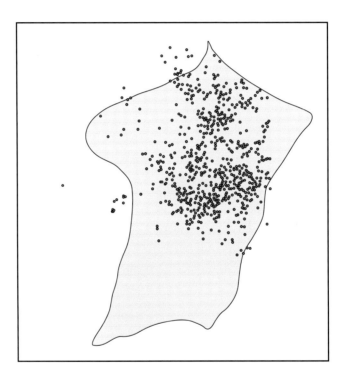

图 2-14　Barnett 页岩气井井位分布图

② 原始数据处理（探索性数据分析）。

利用 ArcGIS 对上述 783 口井的采收率数据进行直方图分析，最大值为 12.256%，最小值为 0.0329%，平均值为 2.1543%，标准差为 1.5795，偏度为 1.6452，峰度为 7.3066（图 2-15）。从图 2-15 中可看出数据严重偏斜。对采收率数据作对数变换（图 2-16），标准差为 0.8176，偏度为 –0.8074，峰度为 4.4311。对数变换后的分布图形为钟形曲线，接近于正态分布。

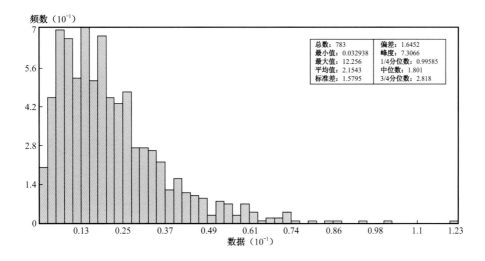

图 2-15　采收率数据点直方图分析

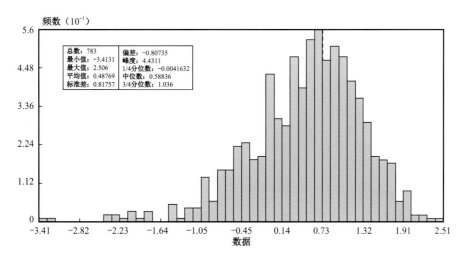

图 2-16　采收率数据点直方图对数变换

在对数据进行直方图分析时，发现该数据有明显离群值。经验证，有 4 口井因为生产数据较少，造成推算出的采收率数据偏低，剔除上述数据。

③ 插值方法及结果验证方法。

本研究中，分别采用反距离加权插值（IDW）、局部多项式插值（LPI）、规则样条函数插值（Rspline）、张力样条函数插值（Tspline）、普通克里金插值（OK）、泛克里金插值 (UK) 进行分析。普通克里金插值方法选取球面半变异函数模型、指数半变异函数模型、高斯半变异函数模型和线性半变异函数模型分别计算。普通克里金法和泛克里金法都假定数据服从多元正态分布，因此在采用普通克里金和泛克里金方法时需要对采收率数据作对数变换，使其呈正态分布。插值获得结果后再作反对数变换得到预测值。

为了对插值结果进行验证，将原始数据分为训练组和测试组。随机选取 70% 的数据作为训练组，其余为测试组。即随机选取 545 个井的采收率数据作为训练数据用来插值，另外 234 个数据用来验证结果（图 2-17）。

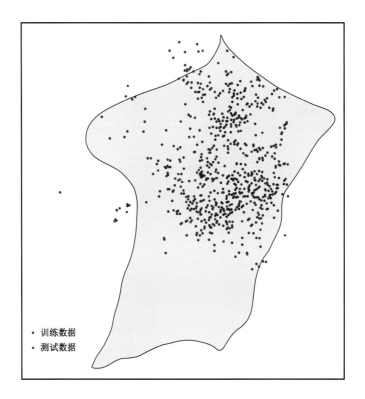

图 2-17　随机的训练数据和测试数据分布

通过比较测试组实际采收率与预测采收率的误差来评判插值方法的优劣。采用平均误差（ME）、平均绝对误差（MAE）、均方根误差（RMSE）作为评估几种插值方法的插值效果的标准。平均误差是所有预测值的随机误差的算术平均值，总体可反映误差的大小，但是误差正负可能会相互抵消，从而低估实际误差。平均绝对误差是所有预测值随机误差的绝对值的平均。平均绝对误差由于误差被绝对值化，与平均误差相比，可以更好地反映实际预测误差的大小。均方根误差（RMSE）是预测值与实际值误差的平方和与预测值个数比值的平方根，对误差的极值敏感，能够很好地反映出估值的精密度。

平均误差公式：

$$\mathrm{ME}=\frac{1}{n}\sum_{i=1}^{n}\left[P'(x_i)-P(x_i)\right] \tag{2-6}$$

平均绝对误差：

$$\mathrm{MAE}=\frac{1}{n}\sum_{i=1}^{n}\left[P'(x_i)-P(x_i)\right] \tag{2-7}$$

均方根误差：

$$\text{RMSE}=\sqrt{\frac{1}{n}\sum_{i=1}^{n}\left[P'(x_i)-P(x_i)\right]^2} \tag{2-8}$$

其中，n 为测试点个数；$P'(x)$ 为预测值；$P(x)$ 为实际值。

④ 插值结果分析及方法确定。

各插值方法的误差计算结果见表 2-1。

表 2-1 各插值方法误差计算结果

插值方法	方法参数	均方根误差	平均绝对误差	平均误差
规则样条函数插值		1.3450	0.9958	0.0191
张力样条函数插值		1.5048	1.0647	−0.0188
局部多项式插值		1.3645	1.0368	−0.0309
趋势面		1.4844	1.1184	−0.0536
反距离加权插值	幂指数为 3	1.4646	1.0517	0.0181
	幂指数为 2	1.4310	1.0319	0.0120
普通克里金插值	高斯模型	1.4417	1.0497	−0.3263
	线性模型	1.4377	1.0467	−0.3262
	指数模型	1.4364	1.0456	−0.3258
	球面模型	1.4372	1.0462	−0.3262
泛克里金插值		1.4731	1.0687	−0.3124

从表 2-1 可以看出，规则样条函数插值的均方根误差和平均绝对误差最小，为该实例插值的最优方法。因此，该实例选择规则样条函数插值。图 2-18 为 Barnett 页岩采收率点插值后的结果。

（6）利用插值后各网格的参数，采用页岩气游离气体积法计算得到 Barnett 页岩地质资源量和可采资源量丰度图（图 2-19、图 2-20）。Barnett 页岩气资源主要分布在盆地的东部和南部地区，其东北部背斜区域页岩气资源丰度最高，技术可采资源丰度达到 $2.86\times10^8\text{m}^3/\text{km}^2$。随着向南推进，页岩气资源丰度逐渐降低，中东部地区技术可采资源丰度约为 $1.43\times10^8\text{m}^3/\text{km}^2$，南部页岩气资源丰度最低，约为 $0.17\times10^8\text{m}^3/\text{km}^2$。

（7）对所有网格计算结果进行积分，得到总地质资源量及总可采资源量，分别为 $138972\times10^8\text{m}^3$ 和 $15287\times10^8\text{m}^3$，并绘制 Barnett 页岩资源分区图（图 2-21）。根据 TOC、R_o、页岩厚度、构造埋深等地质参数和页岩气富集主控因素，结合页岩气资源丰度分布，选出资源丰度依次递减的 I 类区、II 类区、III 类区，其中 I 类区也是页岩气的开发核心区，目前油公司多集中在 I 类区和 II 类区部分地区进行页岩气勘探开发，III 类区是页岩气开发的外围区，由于资源丰度低，一般没有生产井分布。

全球非常规油气资源评价

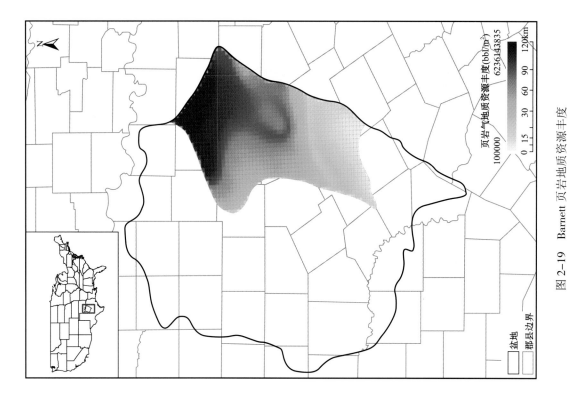

图 2-19　Barnett 页岩地质资源丰度

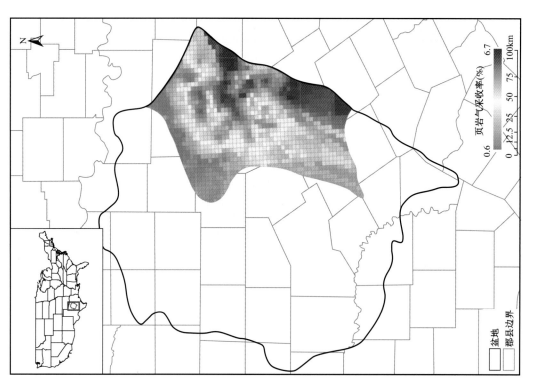

图 2-18　Barnett 页岩采收率插值

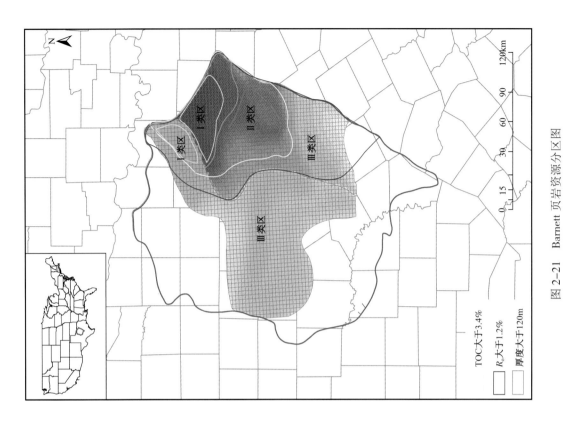

图 2-21 Barnett 页岩资源分区图

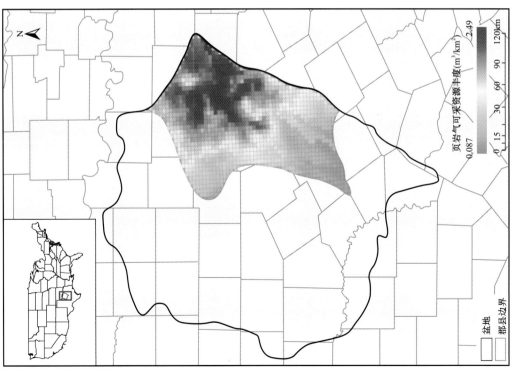

图 2-20 Barnett 页岩可采资源丰度

第三章　全球致密油资源评价

近十年以来致密油在北美的勘探开发中已经获得历史性突破，为北美石油工业的再次兴起带来了新动力。目前全球致密油产量自 2000 年以来，从年产 528×10⁴t，持续增长到 2014 年的 1.74×10⁸t；2015 年，全球致密油年产量持续增加到 2.9×10⁸t，产量主要集中分布在二叠盆地和威利斯顿盆地（图 3–1）。其中二叠盆地 Wolfcamp 区带，2015 年年产量达到 7468×10⁴t，2016 年其年产量预计为 6767×10⁴t；威利斯顿盆地 Bakken 区带 2016 年年产量预计为 5537×10⁴t。预计到 2030 年将达到致密油产能高峰，年产量达 4×10⁸t，占全球原油供应量的 9%。

国内致密油勘探开发也在逐步发展，目前年产量也已近百万吨，其中鄂尔多斯盆地长 6—长 7 段为目前最主要的产区之一。2015 年在鄂尔多斯盆地姬塬地区发现了巨大的致密油可动用资源，初步计算储量大于 5000×10⁴t。另外，松辽盆地青山口组、准噶尔盆地二叠系和四川盆地侏罗系的致密油已相继获得勘探突破，但规模开发尚不成熟。以北美致密油经济高产区为研究重点，形成一套适用的评价标准和评价方法变得非常重要。

前人多关注不同区域内致密油层系孔喉特征、发育环境、分布情况等方面的研究，认为致密油近源或源内成藏，资源量大的地区可采资源相应较多。通过初步调研发现，北美不同地区致密油产层的特点是有很大差异的，主要体现在其地层组合类型上，并不是简单一致的致密层系，而是烃源岩和储层之间的多种接触关系，这些特征直接影响致密油的可采资源丰度和开发效果。因此对致密油进行有效分类，将有利于评价致密油资源特征。

本次研究从全球盆地范围内致密油地层组合类型入手，对不同致密油产层进行分类。依据目前致密油开发特征分析不同类型致密油产层的有效性，确定致密油有利类型，结合致密油开发区各方面地质特征，通过统计、多元回归分析等数学方法，建立符合地质规律的致密油可采资源评价方法，为致密油的勘探和评价提供依据。

第一节　致密油资源评价现状

一、全球致密油勘探开发及资源评价现状

1. 勘探开发现状

EIA 在 2013 年曾评价过全球 72 个盆地共计 108 个层系的致密油，总资源量 8206×10⁸t，可采资源量 487×10⁸t。全球致密油资源潜力区主要集中在北美、南美、北非

和俄罗斯，中国也有一定规模。

　　总体来看，致密油在全球范围内均有分布，通过调研致密油资源形成的基本条件和全球数据库，结果显示全球至少有88个盆地134个层系具有致密油资源（图3-1）。但是目前95%的产量来自北美，美国致密油又占北美致密油产量的90%以上。所以，可以认为全球致密油主要的产量来自美国。2012年起，美国致密油年产量快速增长，至2015年已达到 2.59×10^8 t（表3-1）。

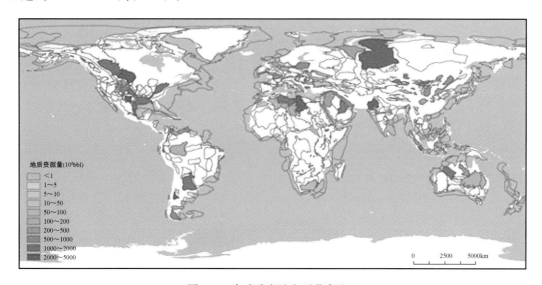

图3-1　全球致密油主要分布地区

表 3-1　近年全球致密油产量

年份	2012	2013	2014	2015
全球（10^8 t）	1.04	1.54	2.00	2.90*
美国（10^8 t）	0.97	1.37	1.74	2.59

*为估算的全球致密油产量。

　　IHS在2014年预测2030年全球致密油产量中美国仍为 2.6×10^8 t，俄罗斯为 4000×10^4 t，阿根廷为 2500×10^4 t，加拿大为 1500×10^4 t，中国为 1000×10^4 t（图3-2）。

　　美国致密油主要在产层系为威利斯顿盆地Bakken组、海湾盆地Eagle Ford组、二叠盆地Wolfcamp组、阿纳达科盆地Cleveland组、丹佛盆地Niobrara组等（图3-3），另外，阿巴拉契亚盆地Utica组、福特沃斯盆地Barnett页岩虽然是页岩气的主产区，但盆地边缘烃源岩有机质成熟度较低的区域也有一定的致密油开发区。这些地区的地质条件并不相同，盆地类型有前陆盆地、也有克拉通盆地，烃源岩有机质丰度类型不同，储层有碳酸盐岩储层、碎屑岩储层，但整体规律都是低孔隙度、低渗透率的富油岩层，依靠人工措施获得经济产能。

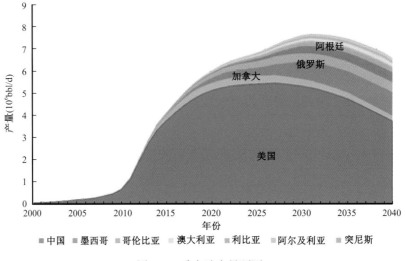

图 3-2　致密油产量预测

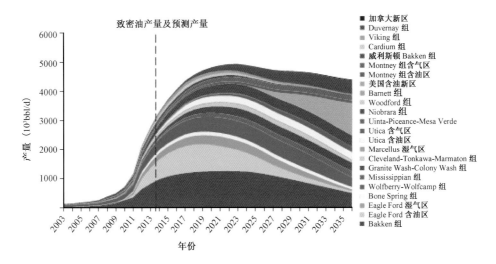

图 3-3　北美致密油主要层系产量及预测产量图（据 IHS，2014）

2. 致密油可采资源评价研究现状

目前，国际上关于致密油资源评价的方法有很多，但是涉及技术可采资源量的评价方法较少（表 3-2）。大多是通过地质资源量简单地乘以可采系数得到可采资源量，或者通过大量钻井生产数据统计获得。前者可采系数的选取人为因素影响较大，从而对最终结果的影响也会非常明显；后者则不适用于多处于低勘探程度的致密油区。对于一般评价盆地，对致密油可采资源量的精度要求不高的时候，通过地质资源量计算出的可采资源量是有参考意义的；但对于致密油潜力大，可采性相对较高的重点评价盆地，则要对资源空间分布作出评价，就需要更为完善的评价方法，提高预测精度和实用性。

表 3-2 致密油可采资源量评价主要方法

主要类型		代表性方法	方法优点	局限性
类比法	EUR 类比法	USGS 的 Forspan 法；Exxon Mobil 的资源密度网格法	评价过程简单、快速	关键参数难以确定；未充分考虑 EUR 空间相关性等
	资源丰度类比法	中国工程院的面积丰度类比法；中国石油的刻度区类比法	评价过程简单、快速	未考虑资源丰度分布非均质性；类比标准及类比参数选取主观性强等
统计法	体积法	EIA 和 ARI 的体积法；小面元体积法；中国国土资源部的体积法、含气量法	评价过程简单、快速	未考虑含气量、孔隙度等关键参数；具有明显非均质性等
	随机模拟法	USGS 的随机模拟法；中国石油的资源空间分布预测法；GSC 的随机模拟法（基于地质模型）	考虑关键参数空间位置关系；能够给出资源量空间分布位置等，可指导油气勘探	要求参数多，要有已发现储量分布；计算过程复杂；评价周期长等
成因法	成因法	美国 Humble 地球化学服务中心的热模拟法；氯仿沥青"A"预测法	能够系统地了解油气资源地质分布特征和聚集规律	重要参数受样品采集、测试等影响；盆地模拟过程复杂；评价周期长等
动态法	动态法	SEC, SPE 计算技术可采储量主要评估方法	评价过程简单、快速	需要大量油田开发数据

致密油可采资源评价有两个关键性的问题，致密油资源可采性和可采资源量大小。关于致密油资源可采性，目前也有较多研究，认为致密油层系需要富含有机质、成熟度适中，储集流体气油比高、黏度小，岩层物性较好、脆性高、水平应力差小，以及埋深浅，地表水资源丰富等。国内也有学者认为致密油"甜点区"必须要具有烃源岩、岩性、物性、脆性、含油气性与应力各向异性六方面的优质条件，其中三项关键指标是有机质丰度大于 2%（其中页岩油 S_1 大于 2mg/g）、孔隙度较高（致密油气层系大于 10%，页岩油气层系大于 3%），以及较为发育的微裂缝。而实际"甜点区"通常表现为储层物性好、裂缝发育、脆性指数高等特征，这些特征正是致密油富集高产的重要影响因素。

致密油区的可采资源量，是决策者在评价致密油区块时最关心的指标。目前，通过动态法计算出来的 EUR 可以近似等同于目前技术可采资源量，而且是公认最具可靠性且最接近真实值的方法。虽然由于不同井的操作方法和具体作业情况不一样，对单井 EUR 影响很明显，但是对于一个较小的区域，几口井的平均 EUR 却可以较为真实地反映该区域致密油可采资源量情况。

二、本次致密油评价采用的技术

本次评价根据致密油盆地的资源条件和开发井数据掌握程度，划分为重点评价盆地、详细评价盆地和一般评价盆地 3 个不同级别的评价区。对重点评价盆地，利用 EUR 丰度法评价重点区块可采资源量，利用 GIS 空间图形插值法计算全盆地的可采资源量，并根据致密油可采性将可采资源划分为Ⅰ、Ⅱ、Ⅲ级，为致密油选区选带提供重要依据。对于详细评价盆地，重点调研和分析其致密油的地质条件，利用 GIS 空间图形插值法评价出可采资源量。对于一般评价盆地，主要是通过收集的资料利用参数概率法或体积法计算出其可采资源量，可作为未来潜力区的参考。

评价过程中采用的致密油资源潜力区的选取标准为：（1）孔隙度 ≤ 12%，渗透率 ≤ 12mD；（2）烃源岩有机质丰度（TOC）≥ 1%；（3）烃源岩有机质成熟度（R_o）为 0.5%～1.3%；（4）烃源岩有机质类型以Ⅰ型和Ⅱ型为主；（5）致密油层系厚度和面积有一定规模，分别大于 5m 和 1000km²；（6）脆性矿物含量 ≥ 30%；（7）存在一定超压。根据标准选取了中国以外 78 个盆地的 116 个致密油层系进行了评价，几乎全部覆盖了目前具有致密油潜力资源的地区。因而评价出的结果既具有全面性，也具有代表性，现实意义更大。

第二节　致密油形成条件

一、致密油的定义与形成条件

1. 本次研究采用的定义

致密油是由主力烃源岩层控制的，储集在低孔隙度、低渗透率的致密储层（页岩、砂岩或碳酸盐岩等）中，且具有大规模连续聚集成藏特点，无圈闭界限，无自然产能的石油资源（图 3-4）。致密油可采资源量指现今技术条件下可以从地下经济采出的致密油资源量，可采资源量大小的最直接证据就是实际生产产量的大小。

2. 致密油形成条件与分布特征

关于致密油资源的形成条件，学者已经作过大量的研究，研究比较深入，且总体认识基本一致，可以归纳为四点。

（1）大面积连续分布的致密储层。致密油规模一般较大，在平面上分布广泛，受同一时期的大面积沉积控制。

（2）宽缓的构造背景。原始沉积时，构造较为平缓，坡度也较小；现今地层一般也较为平缓，但前陆冲断带附近等区域地层倾角可以较大。

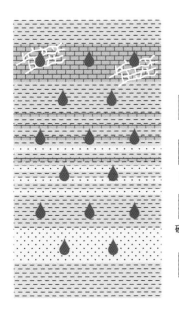

原油

泥岩/页岩

砂岩/粉砂岩

碳酸盐岩

图 3-4　致密油聚集模式图

（3）广泛发育成熟的优质烃源岩。烃源岩是生油的基础，也是致密油形成的必要条件。

（4）致密储层与烃源岩紧邻。致密储层与烃源岩垂向上紧邻或呈交互状，否则石油很难充注进致密储层中。

通过总结前人对致密油的典型特征刻画，也可以总结出致密油的 7 个典型特征。

（1）孔隙间喉道以纳米级为主。岩层中孔隙和喉道半径均比常规储层要小，喉道半径尤为明显。

（2）石油在致密油层系中以短距离运移为主。储层渗透率极低，不利于石油的运移。

（3）具有一定异常压力。致密油主要是通过源储压力差进入到邻近储集空间中，孔隙压力大，若同时发育裂缝，可获得高产。

（4）非浮力聚集。致密油层系中油水分布复杂，几乎不分异。

（5）以非达西渗流为主。石油的注入需要启动压力，当驱动力大于启动压力时，石油才会充注。

（6）无圈闭界限。致密油分布不受圈闭控制，由于储层的致密性，石油储集在其内部，若无浮力以外的作用力，几乎不发生运移。

（7）需要水平井与分段压裂技术结合才能经济开采。作为非常规石油资源，其明显区别于常规石油资源的特征就是常规开采手段现今无法经济有效地规模开采致密油资源。

二、致密油地层组合划分方案

在分析北美典型致密油区测井和岩心资料基础上，按照空间上致密油产层与优质烃源岩层的关系，以及储层优劣程度，可以将致密油层划分为 5 种主要的地层组合类型，分别为：源间式、互层式、嵌泥式、嵌砂式、厚层式（表 3-3）。测井资料主要利用自然伽马曲线、中子孔隙度曲线、自然电位曲线、密度曲线和电阻率曲线。

源间式特征为储层上部和下部均有优质烃源岩层供烃，储层为主力产层且几乎无生烃能力，单层厚度相对较厚，且可以单独开发的最小厚度，一般认为大于 4m；储层段在测井中往往以低伽马、低中子孔隙度、低自然电位和高电阻率为特征，能较好地被识别出来，并可以作为致密储层单独开发。烃源岩层主要测井响应为高伽马、高中子孔隙度和高自然电位特征。储层与烃源岩层在测井上有较为明显的分段性，与常规油藏较为相似。

当有多套烃源岩层和多套储层纵向上交互的情况出现，且单层厚度较薄（小于 4m）时，在测井响应上不容易完全区分，实际开发时也不可能对这些薄层单独考虑。因此可以按照地层中页岩层的占比（泥地比）将这种类型细分为：嵌泥式、互层式、嵌砂式和厚层式。

表 3-3　致密油地层组合类型及划分（部分 GR 值过高时取界限值）

致密油源储配置模式	源间式	互层式	嵌泥式	嵌砂式	厚层式
盆地	威利斯顿盆地	二叠盆地	丹佛盆地	西加盆地	阿纳达科盆地
层系	Bakken	Wolfcamp	Niobrara	Montney	Woodford
岩性	石灰岩、白云岩	页岩、白云岩	白云岩、页岩	页岩、砂岩	页岩
地质概念模型					
GR 测井响应	油层 GR: 20~50API 烃源岩 GR：>400API	全段 GR: 50~150API	全段 GR: 50~150API	全段 GR: 100~150API	全段 GR: >300API
主产层泥地比	0~0.1	0.4~0.6	0.1~0.4	0.6~0.9	0.9~1.0
产层与烃源岩关系	生油层之间	生油层内部	生油层内部	生油层内部	生油层内部
类似实例	西加盆地 Viking 组和 Cardium 组，鄂尔多斯盆地延长组	海湾盆地 Eagle Ford 组，准噶尔盆地二叠系	二叠盆地 Bone Spring 组	皮申斯盆地 Mesaverde 组，松辽盆地青山口组	西加盆地 Duvernay 组，阿巴拉契亚盆地 Marcellus 组

　　这 4 种类型的致密油层，全段测井曲线多成锯齿型，既没有成段的低伽马高电阻率特征，也没有成段的烃源岩高伽马低电阻率特征，利用泥页岩在地层中的不同占比可以将其区分开来。嵌泥式以致密砂岩或碳酸盐岩为主，夹薄层泥岩，趋向于储层特征；互层式中泥页岩地层占比约为一半，类似于多个小型源间式合并；嵌砂式以泥页岩为主，夹薄层砂岩，趋向于烃源岩特征；厚层式属于储集岩基本不发育，烃源岩即是储层，储集空间以有机质孔为主，测井上以全段高伽马为特点。

　　基于上述致密油地层组合类型的划分标准，通过对北美致密油产区钻井、测井和地层资料的分析，分别找到 5 种类型的致密油典型实例。

　　源间式，致密油主产层为两套或两套以上优质烃源岩层之间的致密岩层。威利斯顿盆地 Bakken 组致密油层非常典型，其中段是一套致密石灰岩夹粉砂岩储层（图 3-5a），上段和下段均为极优质烃源岩，形成了良好的"夹心饼干"组合（图 3-6a），因此也成为了目前全球致密油开发最好的盆地之一。国内鄂尔多斯盆地延长组长 6 段、长 7 段也属于这种类型，同样是目前国内致密油的主要产层。

　　互层式，地层泥地比介于 0.4～0.6 之间，烃源岩层与储层交互在一起，各占一半左右。美国二叠盆地 Wolfcamp 组致密油层，纵向上很难区分烃源岩层和储层，但密集取心检测分析后发现整段以厘米级暗色页岩层、泥质白云岩层和泥质粉砂岩层互层为特点，其中薄页岩层 TOC 平均为 5.4%，属于非常好的烃源岩。由于储层单层厚度薄且含油，岩心照片上与烃源岩较难区分，但测井曲线上仍有低伽马值显示（图 3-5b、图 3-6b）。海湾盆地 Eagle Ford 组致密油层整体上也有该特点，但下段富有机质页岩占比高，上段碳酸盐岩占比高，也有一定下生上储的特点，因此 Eagle Ford 组中部含油性最高，水平井也主要沿中部钻进。国内类似地区为准噶尔盆地吉木萨尔芦草沟组致密油层，纵向上以凝灰岩和白云岩交互为主。

　　嵌泥式，烃源层与储层纵向交互，地层泥地比在 0.4 以下，砂岩、碳酸盐岩等储层占比高。美国丹佛盆地 Niobrara 组分为 A，B，C 3 段，其中每段中页岩层累计厚度不足 10m，而白垩系累计厚度为 15～20m（图 3-6c），页岩层 TOC 平均为 3.8%，地层泥地比小于0.4。海湾盆地东得克萨斯 Smackover 组和二叠盆地 Bone Spring 组（图 3-5c）均为砂岩夹多套薄层富有机质海相页岩，除内部泥页岩生油外，其紧邻下伏烃源岩也对其原油有一定贡献。

　　嵌砂式，烃源岩层与储层纵向交互，地层泥地比为 0.6～0.9，整体以烃源层为主，夹有薄砂岩层或碳酸盐岩层。加拿大阿尔伯达盆地 Montney 组致密油层以厚层页岩为主，其中夹有少量的薄砂层，单层厚度均较小，产层段整体伽马值较低（图 3-6d）。国内松辽盆地白垩系青山口组致密油层纵向上为几十米厚的优质烃源岩，其中夹少量薄层砂岩（图 3-5d）。

　　厚层式，致密油的烃源岩层与储层一体，泥地比大于 0.9，即纯页岩层段。测井响应基本无法识别出砂岩或碳酸盐岩层，直接观察岩心也很难看到块状砂岩、碳酸盐岩等储集

图3-5 5种致密油地层组合类型典型岩心图

a—源间式,威利斯顿盆地 Bakken 组,上段和下段均为富有机质页岩,中部以白云质粉砂岩为主;b—互层式,二叠盆地 Midland 次盆 Wolfcamp 组,上段主要为粉砂岩和页岩互层,下段主要为白云岩和页岩互层;c—嵌泥式,二叠盆地 Delaware 次盆 Bone Spring 组,以砂岩、粉砂岩为主,夹有薄页岩层;d—嵌砂式,松辽盆地青山口组,中上段为白云质灰岩,下段为泥岩;e—厚层式,福特沃斯盆地 Woodford 组,以页岩为主,偶有薄砂层

岩,石油主要储集在烃源岩有机质孔中。美国阿纳达科盆地和福特沃斯盆地 Woodford 组为典型代表,整段均为页岩(图3-5e、图3-6e),测井 GR 曲线值为300～700API,但其内部纵向上硅质含量有变化,硅质高的层段是主要开发层。加拿大西加盆地 Duvernay 组致密油,其产层段基本上都是页岩,有机质孔占总孔隙的75%以上。

上述典型实例均为致密油层在盆地中主要的地层组合类型,并不是在盆地内任何构造区均为该类型。即使对于同一致密层系在同一盆地内也不是一成不变的,由于在横向上沉积条件的变化,岩性侧向上也会逐渐变化。部分致密油区纵向地层组合类型在横向上并不稳定,往往会在同一盆地内不同位置出现多种组合方式共存的情况,可将其分段划分。在靠近盆地沉积中心的斜坡区,沉积粒度相对较粗,泥质含量还不算太高,就可能出现互层式致密油;逐渐过渡到盆地中心后,泥质含量变高,就会变成嵌砂式或者厚层式致密油(图3-7)。此时,在针对一个盆地内某一致密层系分析时,就要综合考虑其所处沉积位置及实际地质条件在横向上的变化。

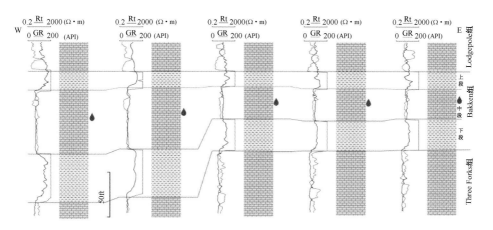

a. 源间式典型实例(威利斯顿盆地, Bakken组, 部分GR值过高时取界限值)

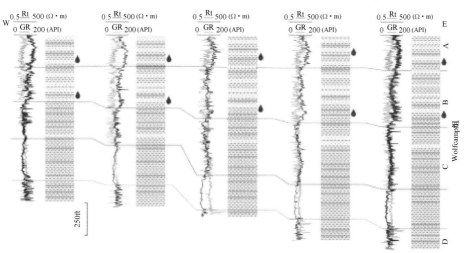

b. 互层式典型实例(二叠盆地, Wolfcamp组)

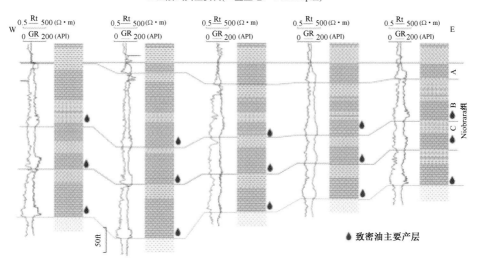

🌢 致密油主要产层

c. 嵌泥式典型实例(丹佛盆地, Niobrara组)

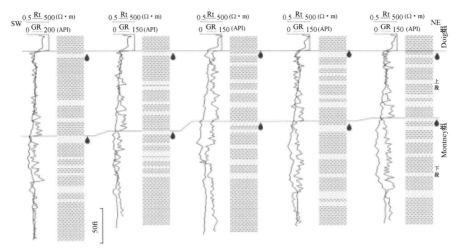

d.嵌砂式典型实例(阿尔伯达盆地，Montney组)

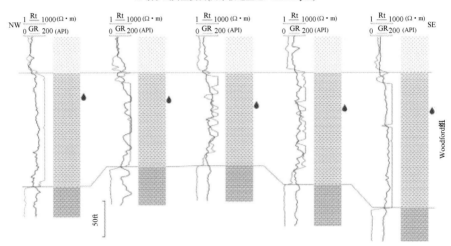

e.厚层式典型实例(阿纳达科盆地，Woodford组)

图 3-6　5 种主要地层组合类型实例

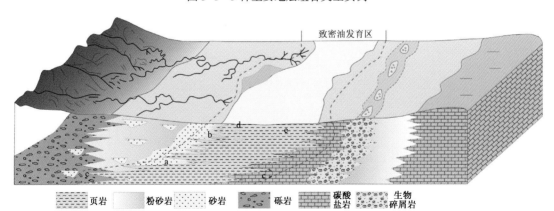

图例：页岩　粉砂岩　砂岩　砾岩　碳酸盐岩　生物碎屑岩

图 3-7　不同地层组合致密油发育模式图
a—源间式；b—互层式；c—嵌泥式；d—嵌砂式；e—厚层式

例如二叠盆地 Midland 次盆的 Spraberry 组以嵌泥式致密油为主，靠近盆地中心的沉积中心，因远离西部的物源区，砂质含量降低，向东就逐步变成了互层式、嵌砂式和厚层式致密油。

三、致密油地层组合与产能关系

本次研究分析了北美 19 个典型致密油产区，统计超过 2 万口致密油井产量数据，结果表明：无论是生产规模还是单井平均产能上，源间式和互层式最好，嵌泥式次之，嵌砂式和厚层式最差。

致密油地层组合类型与致密油开发有效性密切相关。目前全球致密油 95% 以上的产量来自北美，其中美国致密油产量占了北美的 90% 以上。据 Hart Energy2014 年第四季度数据，北美已经商业开采的致密油层系已达 20 余个，北美致密油产量前 10 个产层为：海湾盆地 Eagle Ford 组（互层式）、威利斯顿盆地 Bakken 组（源间式）、二叠盆地 Spraberry—Wolfcamp 组（互层式）、丹佛盆地 Niobrara 组（嵌泥式）、西加盆地 Cardium 组（源间式）、阿纳达科盆地 Granite Wash 组（嵌泥式）、二叠盆地 Bone Spring 组（嵌泥式）、阿巴拉契亚盆地 Utica 组（嵌砂式）、阿纳达科盆地 Cleveland 组（嵌泥式）、阿尔伯达盆地 Viking 组（源间式）。从产量规模上看，主要有效致密油地层组合依次为源间式、互层式和嵌泥式（图 3-8）。中国致密油属于起步阶段，最主要产层是鄂尔多斯盆地延长组，以源间式为主，年产量超过百万吨。

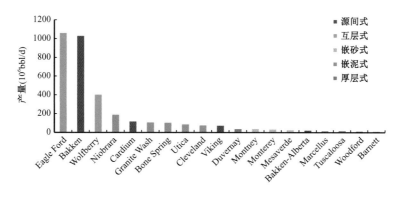

图 3-8　北美致密油产量分布（据 Hart Energy 数据库，2014）

从供烃模式分析，5 种类型致密油地层组合的烃源岩与储集空间均有良好接触（表 3-4）。源间式、互层式和嵌泥式均属于双向供烃，即储层上下均有烃源供给。嵌砂式因非烃源岩层在地层中占比低，因而被烃源岩包裹呈透镜状，供烃模式更为有利。厚层式致密油地层组合几乎全为烃源岩，因而生成的石油除部分排出外，其余部分均储集在烃源岩孔隙或裂缝中。一般认为源储接触面积越大，越有利于烃源岩排烃，越容易形成油气藏。对致密油而言，基本上不存在供烃问题，均为源储紧密接触类型，但是嵌砂式和厚层式纯储层占比低，其储集空间相对较小，可能出现含油率较高，可动油含量不高的情况。

从储层条件角度分析，泥质含量低，石英、长石、白云石等脆性矿物高的地层脆性大，易于实施水力压裂等增产措施。源间式致密油层中石油主要富集于与储层相邻的致密层系中，泥质含量低、脆性较好，储集物性也往往稍微好一些，最容易开发。厚层式和嵌砂式由于以泥岩、页岩等烃源岩为主，具有较高的泥质含量、塑性大，相对不容易进行压裂，形成的压裂缝持续时间也相对较短。部分储集空间以裂缝型或裂缝—孔隙型为主，但裂缝很少成规模发育，且非均质性明显，很难预测。互层式和嵌泥式介于两者之间，不过，由于上下烃源岩的封堵作用，前者特征类似于小型连片的地层油藏，后者特征类似于易形成小型连片的岩性油藏，有些接近常规油藏，也相对容易开发。

表 3-4　地层组合类型与典型地区单井平均产量累计曲线

类型	地层组合类型示意图	典型地区单井平均产量累计曲线
源间式		Bakken组 EUR 287.9×10⁶bbl
互层式		Eagle Ford组 EUR 316.5×10⁶bbl；Wolfcamp组 EUR 149.7×10⁶bbl
嵌泥式		Bone Spring组 EUR 136.7×10⁶bbl；Niobrara组 EUR 179.2×10⁶bbl

类型	地层组合类型示意图	典型地区单井平均产量累计曲线
嵌砂式		
厚层式		

从渗流角度分析，泥页岩中孔隙连通性差、喉道半径小，即使压裂后可以形成连片的运移通道，也比在砂岩、粉砂岩或者碳酸盐岩中作业形成的压裂半径小，不利于井附近地层中原油渗流。泥页岩孔隙、喉道表面多为亲油性，降低了储集空间中可动油含量。另外，油分子远大于气分子，对渗流通道条件的要求要高于天然气，在以泥页岩为主的地层中石油开采效果远比页岩气差。

从致密油产区单井生产曲线上也可以明显看出，源间式和互层式致密油地层组合的平均单井 IP 产量（初始产量）和 EUR（最终估算可采储量）明显较高，分别为 200～400bbl/d，$150 \times 10^3 \sim 300 \times 10^3$bbl。嵌泥式致密油地层组合的 IP 产量和 EUR 略低，前者为 150～250bbl/d，后者为 $120 \times 10^3 \sim 180 \times 10^3$bbl。嵌砂式致密油的 IP 产量较低，为 80～120bbl/d，但产量下降较缓，EUR 为 $100 \times 10^3 \sim 150 \times 10^3$bbl。厚层式 IP 产量并不是很低，为 120～180bbl/d，但下降非常快，两年后日产能下降，EUR 明显较低，仅为 $30 \times 10^3 \sim 60 \times 10^3$bbl（表 3–4）。单井平均生产曲线数据同样说明源间式和互层式最好，嵌泥式次之，嵌砂式和厚层式最差。同时也说明对于致密油的开发，储层条件和渗流条件比供烃模式更为重要。

需要说明的是厚层式阿纳达科盆地 Woodford 页岩、阿巴拉契亚盆地 Marcellus 页岩、福特沃斯盆地 Barnett 页岩均是页岩气的重要产区，且产量非常大，相比之下致密油与页岩气有效地层组合差异较大，两者不能等同视之。原因在于石油与天然气流体性质差异大，开采出的页岩气不单单是储集空间中的天然气，还有很大一部分是来自泥页岩中吸附的天然气。但是泥页岩中吸附的石油，主要是富含沥青质和非烃质的重质油，几乎不能开采出来，并且泥页岩的亲油性还会影响致密油的采收率，加之其脆性不好，不易压裂，因此厚层式致密油虽资源上较富集，但开发上并非有利区。同理，源内嵌泥组合，开发效果也不理想。

综合来看，源间式和互层式是最有效的致密油地层组合类型，若形成致密油资源，其可采性较高；嵌泥式致密油可采性相对较好；嵌砂式致密油可采性相对较差；厚层式致密油可采性最差。

第三节　致密油资源评价与分布

按本次致密油盆地选择的标准，在全球范围内选取了 34 个国家的 78 个盆地（中国以外地区）（图 3-1）。依据收集到的资料翔实程度不同，通过 GIS 图形空间插值法、参数概率法、体积法等多种方法，对这 78 个盆地的 115 个致密油层系的地质资源量和技术可采资源量进行了评价。

全球致密油总地质资源量为 11217×10^8t（中国为 714×10^8t），可采资源量达 414×10^8t（中国为 50×10^8t），平均可采系数为 3.69%。

一、大区分布

全球致密油可采资源量北美、亚洲和俄罗斯位居前三位，可采资源量共计 247×10^8t，占全球致密油可采资源量的 59.66%；其中北美致密油可采资源量为 91×10^8t，占全球致密油可采资源量的 21.98%；亚洲致密油可采资源量为 79×10^8t，占全球致密油可采资源量的 19.08%；俄罗斯致密油可采资源量为 77×10^8t，占全球致密油可采资源量的 18.60%（图 3-9、表 3-5）。

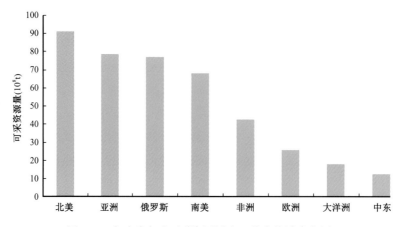

图 3-9　全球致密油可采资源量大区分布统计直方图

表 3-5 全球致密油可采资源量大区分布统计表

大区	技术可采资源量（10^8t）	地质资源量（10^8t）	平均可采系数（%）	可采资源量占比（%）
北美	91	2540	3.58	21.98
亚洲	79	2050	3.83	19.08
俄罗斯	77	1554	4.96	18.60
南美	68	1954	3.48	16.43
非洲	42	1191	3.57	10.14
欧洲	26	700	3.69	6.28
大洋洲	18	871	2.07	4.35
中东	13	357	3.51	3.14
总计	414	11217	—	100

二、国家分布

全球致密油可采资源分布广泛，主要分布在 34 个国家，其中俄罗斯、美国和中国位居前三，3 个国家致密油可采资源量合计达 197.12×10^8t，占全球致密油可采资源量的 47.71%。俄罗斯致密油可采资源量为 77.02×10^8t，占全球致密油可采资源量的 18.64%；美国致密油可采资源量为 70.11×10^8t，占全球致密油可采资源量的 16.97%；中国致密油可采资源量为 49.99×10^8t，占全球致密油可采资源量的 12.10%（图 3-10、表 3-6）。

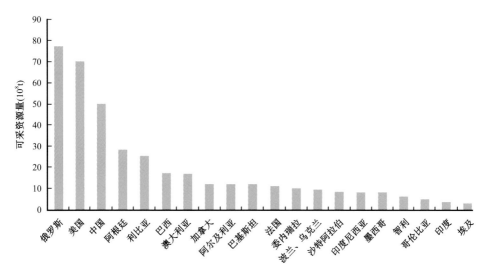

图 3-10 全球致密油可采资源量前 20 名国家分布统计直方图

表 3-6　全球致密油资源量国家分布统计表

序号	国家	可采资源量（10^8t）	地质资源量（10^8t）	序号	国家	可采资源量（10^8t）	地质资源量（10^8t）
1	俄罗斯	77.02	1554.26	18	哥伦比亚	5.11	92.93
2	美国	70.11	1911.71	19	印度	3.96	136.55
3	中国	49.99	714.33	20	埃及	3.38	142.40
4	阿根廷	28.43	840.50	21	蒙古国	3.18	158.93
5	利比亚	25.55	651.87	22	伊拉克	3.13	78.31
6	巴西	17.44	566.88	23	德国	2.27	93.11
7	澳大利亚	17.23	832.49	24	乌克兰	1.07	21.43
8	加拿大	12.42	385.43	25	阿曼	0.82	27.31
9	阿尔及利亚	12.42	331.52	26	新西兰	0.77	38.65
10	巴基斯坦	12.30	639.63	27	英国	0.75	25.02
11	法国	11.29	319.33	28	叙利亚	0.66	65.95
12	委内瑞拉	10.34	275.54	29	苏丹（含南苏丹）	0.52	43.27
13	波兰、乌克兰	9.55	163.30	30	南非	0.39	15.78
14	沙特阿拉伯	8.60	251.70	31	马来西亚	0.39	29.41
15	印度尼西亚	8.46	365.02	32	泰国	0.25	6.18
16	墨西哥	8.33	242.52	33	西班牙	0.24	12.21
17	智利	6.61	178.52	34	摩洛哥	0.21	5.89

三、盆地分布

全球致密油可采资源主要分布在 78 个盆地内，西西伯利亚盆地、内乌肯盆地和锡尔特盆地位居前三，目前致密油产量较大的威利斯顿盆地、二叠盆地和阿尔伯达盆地分别位居第四、第五和第六。其中西西伯利亚盆地致密油可采资源量为 75.61×10^8t，占全球致密油可采资源量的 18.30%；内乌肯盆地致密油可采资源量为 27.33×10^8t，占全球致密油可采资源量的 6.62%；锡尔特盆地致密油可采资源量为 23.95×10^8t，占全球致密油可采资源量的 5.80%；威利斯顿盆地、二叠盆地和阿尔伯达盆地的致密油可采资源量分别为 20.94×10^8t，15.57×10^8t 和 12.41×10^8t，分别占全球致密油可采资源量的 5.07%，3.77% 和 3.00%（图 3-11、表 3-7）。

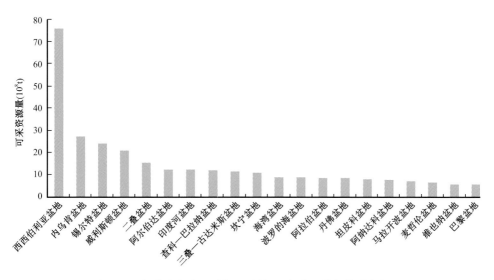

图 3-11　全球致密油可采资源量前 20 名盆地分布统计直方图

表 3-7　全球致密油资源量盆地分布统计表

序号	盆地名称	盆地类型	可采资源量（10^8t）	序号	盆地名称	盆地类型	可采资源量（10^8t）
1	西西伯利亚盆地	大陆裂谷盆地	75.61	40	东委内瑞拉盆地	前陆盆地	1.22
2	内乌肯盆地	前陆盆地	27.33	41	雷康卡沃盆地	被动陆缘盆地	1.11
3	锡尔特盆地	大陆裂谷盆地	23.95	42	圣乔治盆地	被动陆缘盆地	1.10
4	威利斯顿盆地	克拉通盆地	20.94	43	第聂伯—顿涅茨盆地	前陆盆地	1.07
5	二叠盆地	前陆盆地	15.57	44	亚诺斯盆地	前陆盆地	0.96
6	阿尔伯达盆地	前陆盆地	12.41	45	德国西北盆地	大陆裂谷盆地	0.95
7	印度河盆地	前陆盆地	12.30	46	埃罗曼加盆地	克拉通盆地	0.92
8	查科—巴拉纳盆地	克拉通盆地	12.00	47	克里希纳—戈达瓦里盆地	被动陆缘盆地	0.89
9	三叠—古达米斯盆地	克拉通盆地	11.40	48	库特盆地	大陆裂谷盆地	0.84
10	坎宁盆地	克拉通盆地	11.03	49	圣华金盆地	弧前盆地	0.82
11	海湾盆地	前陆盆地	9.02	50	阿曼盆地	被动陆缘盆地	0.82
12	波罗的海盆地	克拉通盆地	8.89	51	东岸盆地	被动陆缘盆地	0.77
13	阿拉伯盆地	被动陆缘盆地	8.60	52	韦塞克斯盆地	大陆裂谷盆地	0.75

序号	盆地名称	盆地类型	可采资源量（10⁸t）	序号	盆地名称	盆地类型	可采资源量（10⁸t）
14	丹佛盆地	前陆盆地	8.54	53	悖论盆地	前陆盆地	0.68
15	坦皮科盆地	前陆盆地	8.07	54	默西亚台地盆地	前陆盆地	0.66
16	阿纳达科盆地	前陆盆地	7.88	55	东欧台地边缘盆地	前陆盆地	0.65
17	马拉开波盆地	前陆盆地	7.23	56	伊利兹盆地	克拉通盆地	0.60
18	麦哲伦盆地	前陆盆地	6.61	57	粉河盆地	前陆盆地	0.57
19	维也纳盆地	大陆裂谷盆地	5.64	58	巴里托盆地	弧后盆地	0.57
20	巴黎盆地	克拉通盆地	5.64	59	穆格莱德盆地	大陆裂谷盆地	0.52
21	南苏门答腊盆地	弧后盆地	5.09	60	福特沃斯盆地	前陆盆地	0.50
22	中上马格莱德纳盆地	弧后盆地	4.15	61	珀斯盆地	被动陆缘盆地	0.46
23	乔治娜盆地	克拉通盆地	3.51	62	阿萨姆盆地	前陆盆地	0.42
24	扎格罗斯盆地	前陆盆地	3.13	63	蒂米蒙/阿赫奈特盆地	克拉通盆地	0.41
25	舍吉佩—阿拉戈斯盆地	被动陆缘盆地	2.81	64	卡鲁盆地	克拉通盆地	0.39
26	阿巴拉契亚前陆盆地	前陆盆地	2.70	65	大打拉根盆地	弧后盆地	0.39
27	坎贝盆地	大陆裂谷盆地	2.28	66	科佛里盆地	被动陆缘盆地	0.36
28	波蒂瓜尔盆地	被动陆缘盆地	2.09	67	大角盆地	前陆盆地	0.34
29	绿河盆地	前陆盆地	1.97	68	宾图尼盆地	前陆盆地	0.31
30	北埃及盆地	大陆裂谷盆地	1.87	69	维拉克鲁斯盆地	前陆盆地	0.26
31	东戈壁盆地	大陆裂谷盆地	1.72	70	湄南盆地	弧后盆地	0.25
32	穆祖克盆地	克拉通盆地	1.60	71	皮申斯盆地	前陆盆地	0.24
33	中苏门答腊盆地	弧后盆地	1.53	72	坎塔布连盆地	前陆盆地	0.24

序号	盆地名称	盆地类型	可采资源量（10^8t）	序号	盆地名称	盆地类型	可采资源量（10^8t）
34	阿布加拉迪盆地	大陆裂谷盆地	1.51	73	廷杜夫盆地	克拉通盆地	0.21
35	海拉尔盆地	大陆裂谷盆地	1.46	74	怀俄明州逆冲带盆地	前陆盆地	0.12
36	亚马逊盆地	克拉通盆地	1.45	75	北苏门答腊盆地	弧后盆地	0.11
37	蒂曼—伯朝拉盆地	前陆盆地	1.40	76	尤因塔盆地	前陆盆地	0.05
38	磨拉石盆地	前陆盆地	1.32	77	拉拉米盆地	前陆盆地	0.05
39	博恩—苏拉特盆地	克拉通盆地	1.31	78	汉娜盆地	前陆盆地	0.03

四、层系分布

全球致密油可采资源量主要分布在 11 个层系中，白垩系、侏罗系和泥盆系位居前三，其中白垩系致密油可采资源量为 127.25×10^8t，占全球致密油可采资源量的 30.80%；侏罗系致密油可采资源量为 100.84×10^8t，占全球致密油可采资源量的 24.41%；泥盆系致密油可采资源量为 59.61×10^8t，占全球致密油可采资源量的 14.43%；此外二叠系致密油可采资源量为 41.48×10^8t，占全球致密油可采资源量的 10.04%（图 3-12、表 3-8）。

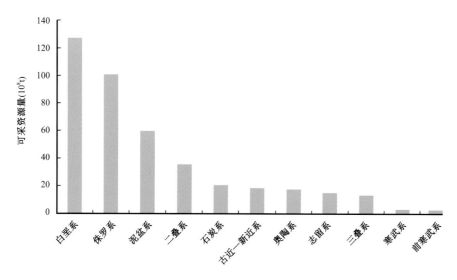

图 3-12 全球致密油可采资源量层系分布统计直方图

表 3-8 全球致密油可采资源量层系分布统计表

排序	富集层系排序	可采资源量（10^8t）	可采资源占比（%）
1	白垩系	127.25	30.80
2	侏罗系	100.84	24.41
3	泥盆系	59.61	14.43
4	二叠系	41.48	10.04
5	石炭系	20.31	4.92
6	古近—新近系	18.35	4.44
7	奥陶系	17.53	4.24
8	志留系	15.11	3.66
9	三叠系	7.38	1.79
10	寒武系	2.93	0.71
11	前寒武系	2.41	0.58
总计		413.20	100

第四节 重点盆地致密油资源评价实例

根据全球致密油可采资源分布特点，兼顾致密油资源获成功开发的盆地以及潜力巨大但尚未开发或者处于勘探开发初期的盆地，介绍俄罗斯西西伯利亚盆地、美国威利斯顿盆地、海湾盆地和阿根廷内乌肯盆地作为评价实例。

一、西西伯利亚盆地致密油资源潜力评价实例

1. 盆地基本概况

西西伯利亚含油气盆地属于大陆裂谷盆地，是俄罗斯境内最大的油气产区，位于乌拉山东侧，西与蒂曼—伯朝拉盆地相邻，东以叶尼塞河为界和东西伯利亚盆地相邻，南邻哈萨克丘陵带，北接喀拉海，面积达 $240 \times 10^4 km^2$，盆地内地势低洼，平均海拔在 150m 以下。西西伯利亚盆地可分为 5 个次盆：南西西伯利亚次盆、乌拉尔—弗罗洛夫次盆、中鄂毕次盆、纳迪姆—塔兹次盆、南喀拉海—亚马尔次盆（图 3-13、图 3-14）。盆地是晚古生代末拼接起来的，晚二叠世—三叠纪发生大规模裂谷作用和岩浆喷发，发育厚层的粗碎屑岩和火山岩；早侏罗世末，盆地发生区域性沉降，形成多套生储盖组合；侏罗纪以来，盆地经历了两个超级海侵—海退旋回，发育了 3～4km 厚的以碎屑岩为主的地层，整体构造活

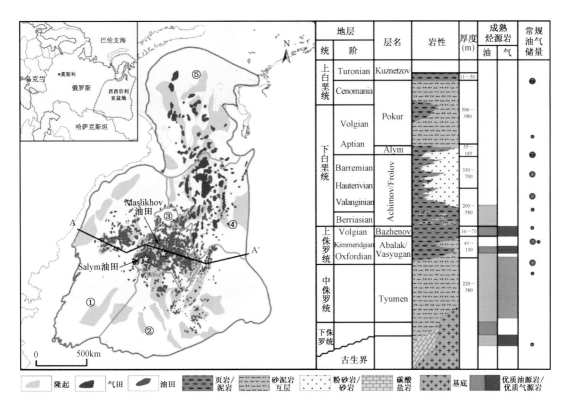

图 3-13 西西伯利亚盆地油气田分布图和中鄂毕次盆地层柱状图
①乌拉尔—弗罗洛夫次盆；②南西西伯利亚次盆；③中鄂毕次盆；
④纳迪姆—塔兹次盆；⑤南喀拉海—亚马尔次盆

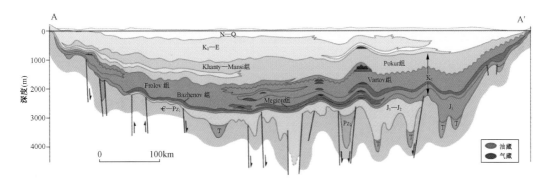

图 3-14 西西伯利亚盆地构造剖面图

动强度不大。

在盆地中南部，侏罗系烃源岩基本处于成熟阶段，而下白垩统烃源岩尚未成熟；在北部，侏罗系烃源岩达到了高成熟—过成熟阶段，下白垩统含煤层系也提供了大量的生物气。因此盆地油气分布整体上以南油北气为特征，67% 的石油分布在中鄂毕次盆，68% 的天然气分布在北部纳迪姆—塔兹次盆和南喀拉海—亚马尔次盆。油气主要储集于侏罗系和白垩系，目前盆地油气待发现资源量在 $25 \times 10^8 t$ 左右。

西西伯利亚盆地的优质烃源岩及相对稳定的构造背景，为形成大规模的非常规石油连续聚集提供了有利条件。

2. 致密油潜力地质评价

1）烃源岩评价

西西伯利亚盆地大面积海洋沉积开始于中侏罗世末期的卡洛夫组沉积期，到伏尔加组沉积期发育的 Bazhenov 组及其相当层系成为了盆地最重要的烃源岩。Bazhenov 组形成于最广泛的海侵过程中，处于局限海环境，沉积速率低，大量浮游藻类有机质富集，有机质达 18×10^{12}t。岩性主要为硅质泥岩和钙质泥岩，局部有粉砂岩及砂岩夹层，在盆地边缘的泥岩中少含或不含沥青。在西部及东南部出现以砂岩为主的沉积，只在乌拉尔东坡的一些小凹陷中有陆相。在大部分地区，Bazhenov 组为主要生油层。

Bazhenov 组页岩有机碳含量（TOC）大于 4% 的占 70% 以上，其中盆地中部有机碳含量（TOC）为 2%～15%，平均在 7% 以上，局部高达 25% 以上；盆地北部 TOC 相对较低，范围在 2%～7% 之间。沥青含量可达 12.6%。热解参数 S_2 主要为 10～120mg/g，为极好烃源岩，部分为好烃源岩（图 3-15）。有机质类型主要为Ⅰ—Ⅱ型，氢指数（HI）为 400～700mg/g，随成熟度增加，下降到 150～300mg/g。该套页岩层中 S_1/TOC 比值主要为 40～100mg/g，显示高含油量，层内碳酸盐岩和砂岩薄夹层 S_1/TOC 比值更高，主要为 200～400mg/g，已达到非常好的产层标准。产烃指数（PI）和热解峰值温度（T_{max}）分别为 0.1～0.5 和 425～455℃，产烃率较高，且该套页岩主要处于低成熟—成熟的生油阶段。

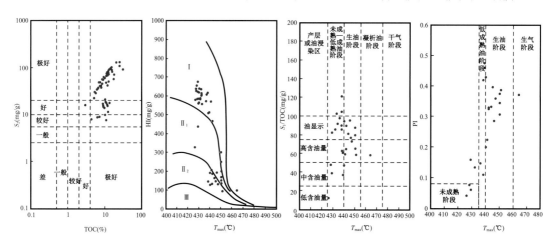

图 3-15　Bazhenov 组烃源岩地球化学特征

Bazhenov 组页岩分布面积广，盆地中部和南部厚度为 25～50m，镜质组反射率（R_o）介于 0.5%～0.8% 之间。从盆地南部向东北厚度逐渐增加，最厚达 400m 以上，盆地东北部埋深较大，从 2200m 增加到 4500m，R_o 主要为 0.7%～1.1%，局部 R_o 可达 1.3%，进入生气阶段。

烃源岩中 S_1 随着 TOC 增大表现为三段性，稳定高值段代表烃源岩内部烃类达到饱和，对应富集资源（图 3-16）；稳定低值段代表有机质丰度低，生成的油量还难以满足页岩自身残留的需要，更无法开采，对应无效资源；介于两段之间的快速增长段对应目前较难开发的低效资源。由此，Bazhenov 组致密油无效资源、低效资源和富集资源的 S_1 划分界限为 2mg/g 和 6.5mg/g，TOC 划分界限为 1.5% 和 3.5%，Bazhenov 组大部分属于富集资源，仅部分属于低效资源，总体上还是非常好的。

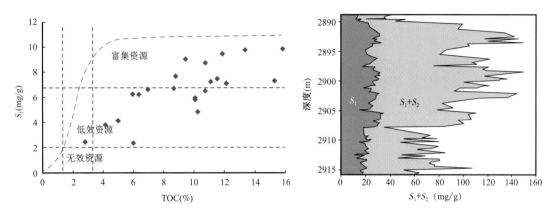

图 3-16　Bazhenov 组含油量与 TOC 关系图和排烃效率图（Maslikhov 油田）

2）储层评价

Bazhenov 组主要岩性为泥质硅质岩和灰质硅质岩，总厚度为 25～50m，其中夹多套薄层碳酸盐岩、泥质粉砂岩，单层厚度多小于 1m。纵向上，该组分为 3 段，上段以富有机碳的灰质硅质岩、硅质页岩为主，平均孔隙度为 7.5%，含油饱和度在 80% 左右；中段以泥质硅质岩为主，平均孔隙度为 5.5%，含油饱和度为 60%～70%；下段以硅质页岩和灰质硅质岩互层为主，裂缝较为发育，平均孔隙度为 7%，含油饱和度为 50%～60%。储集空间主要为晶间孔、微溶洞和有机质孔，局部发育裂缝。地层沉积时含有较多的放射虫化石层，现今部分被溶蚀，或遭白云岩化作用后又形成裂缝，成为良好储层（图 3-17）。储层中有机质孔孔隙小且连通性差，在裂缝和溶蚀作用不发育的层段，孔隙度、渗透率都比较低。因此，靠近断裂带，深部热液上涌，促进碳酸盐岩溶蚀，加之裂缝发育，可以进一步促进优质储层的发育。

部分碳酸盐岩层被溶蚀，形成以毫米级为主的溶孔，小溶洞直径可达 1～2cm。在 Bazhenov 组硅质岩中微裂缝密度为 20～180 条 /m，平均为 90 条 /m；在碳酸盐岩层中微裂缝密度为 60～320 条 /m，平均为 200 条 /m。

Bazhenov 组基质渗透率主要为 0.005～2mD，其中碳酸盐岩—硅质岩、硅质岩平均孔隙度为 8.6%，孔隙直径为 100～250μm，基质渗透率为 4mD；泥质硅质岩平均孔隙度为 5.8%，孔隙直径为 2.5～25μm，基质渗透率为 0.46mD。

按照致密层系储层划分标准，大部分属于致密层系中Ⅰ类和Ⅱ类致密油储层，也含有常规储层和Ⅲ类致密油储层（图 3-18）。常规储层主要是富含放射虫层段遭受溶蚀作用后，形成大量的溶蚀孔隙和微溶洞，大大改善了储层的物性。Ⅲ类致密油储层主要是泥质含量

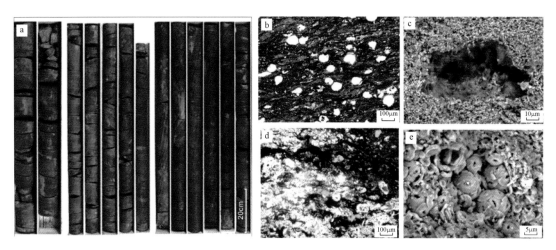

图 3–17　Bazhenov 组岩心及镜下照片

a—饱含油岩心照片；b—灰质硅质岩，含放射虫和颗石藻类化石；
c—放射虫化石被溶蚀形成的孔洞；d—碳酸盐岩溶蚀孔隙及裂缝；e—颗石藻类化石

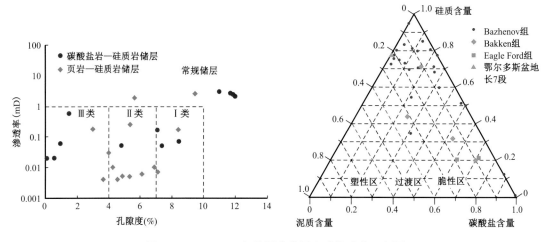

图 3–18　Bazhenov 组储层分类图和矿物成分三角图

高、溶蚀作用不明显且遭受了强烈的胶结作用，使得储层物性变差。泥质含量越高，储层物性越差，页岩—硅质岩储层比碳酸盐岩—硅质岩储层差。纵向上 Bazhenov 组上段泥质含量较低、含油饱和度较高，下段泥质含量较高、含油饱和度较低，但整个层段的泥质含量基本上不超过 30%、含油饱和度大于 50%（图 3–19）。总体而言，Bazhenov 组上段和下段均为较好的致密油储层。

3）资源评价关键参数平面图

在综合数据库、文献报告等多方面大量数据的基础上，从致密油层系有机质丰度、成熟度、厚度、埋深、含油饱和度等多方面，绘制西西伯利亚盆地 Bazhenov 组致密油评价参数平面分布图（图 3–20 至图 3–22）。

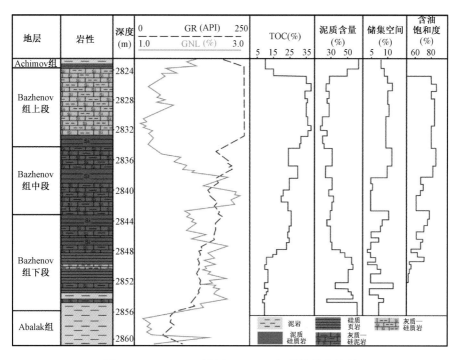

图 3-19　Maslikhov 油田 Bazhenov 组岩性纵向特征

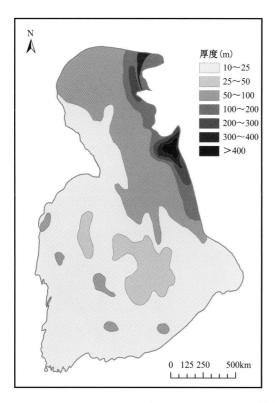
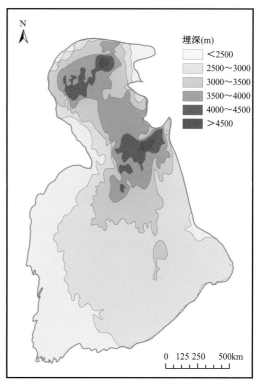

图 3-20　Bazhenov 组厚度等值线图和埋深等值线图

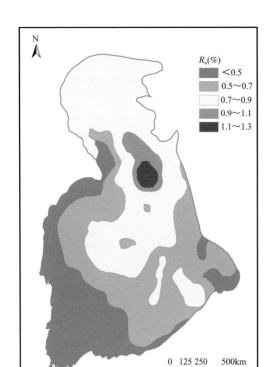
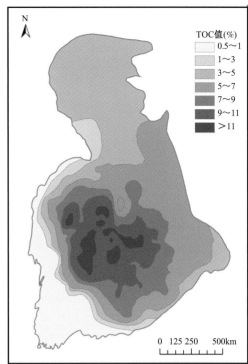

图 3-21　Bazhenov 组有机质成熟度等值线图和有机质丰度等值线图

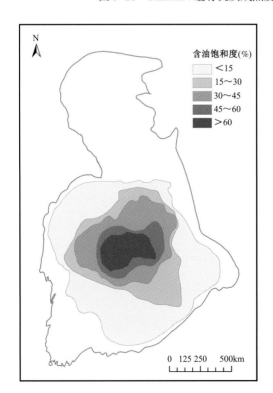
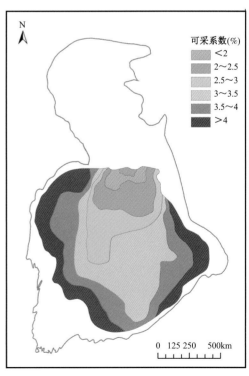

图 3-22　Bazhenov 组含油饱和度等值线图和可采系数等值线图

3. 致密油潜力区优选

1）未来勘探潜力区优选

多家评价机构已对该盆地的 Bazhenov 组作过资源评价，均认为该组蕴藏着巨大的非常规石油资源。USGS 对西西伯利亚盆地 Bazhenov 组非常规连续性石油可采资源量的预测为 $66.4 \times 10^8 t$，EIA 在 2011 年曾评价该组非常规石油可采资源量为 $101.8 \times 10^8 t$。本次利用图形体积法对西西伯利亚盆地 Bazhenov 组进行资源评价。首先通过致密油选区标准（TOC大于 2%，R_o 介于 0.6%～1.1% 之间，产层厚度大于 14m，埋深在 1000～3500m 之间），将埋深适中、厚度具备工业开采规模、富有机质的优质烃源岩、处于生油窗范围内的致密油含油范围圈定出来，在此基础上，利用 GIS 空间图形叠合插值运算，最终圈定西西伯利亚盆地 Bazhenov 组有利含油面积达 $124 \times 10^4 km^2$，地质资源量为 $1637 \times 10^8 t$，Bazhenov 组致密油技术可采资源量巨大，根据目前致密油层可采系数下限取值 4.6%，计算其致密油可采资源量为 $75.61 \times 10^8 t$（图 3-23）。

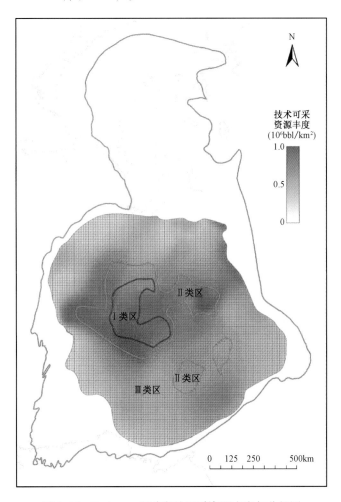

图 3-23　Bazhenov 组致密油可采资源丰度与分级图

依据Bazhenov组页岩有机质含量、有机质成熟度、产层厚度、埋深、与常规油气区共生、构造分区、资源丰度共7个关键指标综合分析，将Bazhenov组致密油分布区划分为Ⅰ类资源富集区、Ⅱ类资源富集区和Ⅲ类资源富集区（表3-9）。Ⅰ类区位于苏尔古特利亚明隆起到斜坡带，面积为 $7.1 \times 10^4 km^2$，可采资源量为 $9.2 \times 10^8 t$，埋深小于3000m，厚度大于25m，有机质含量高（TOC＞9%），成熟度适中（0.7%～1.1%），紧邻常规油气富集区，资源丰度较高。建议作为介入该区的首选目标，在条件许可的情况下，首先开展前期开发先导试验。Ⅱ类区和Ⅲ类区建议在Ⅰ类区取得突破的基础上，作为持续跟进的接替区。

表3-9 Bazhenov 组致密油资源分级表

资源分级	TOC（%）	R_o（%）	厚度（m）	埋深（m）	常规油气	构造特征	资源丰度	面积（ $10^4 km^2$ ）	技术可采资源量（ $10^8 t$ ）
Ⅰ类区	＞9	0.7～1.1	＞25	＜3000	非常富集	隆起—斜坡区	高	7.1	9.2
Ⅱ类区	＞5	0.6～1.2	＞20m	＜3200	富集	斜坡区	较高	17.6	12.2
Ⅲ类区	＞2	0.5～1.3	＞10m	＜3500	局部富集	盆地区	一般	99.3	54.6

2）开采条件分析

目前，全球大部分致密油成功开发的地区均在北美，其中产量最高的两个地区就是美国的威利斯顿盆地Bakken组和海湾盆地Eagle Ford组。国内致密油开发最好的地区是鄂尔多斯盆地延长组长6段、长7段。因此，在俄罗斯Bazhenov组致密油开发资料较少的条件下，与这几个致密油重要产区关键地质参数进行对比，能够更为清晰地显示其地质条件的优劣（表3-10）。对比显示，西西伯利亚盆地Bazhenov组致密油产区的埋藏深度、热演化程度、储层脆性矿物、孔隙度、渗透率等多项地质参数与鄂尔多斯盆地延长组致密油极为相近，甚至在原地资源丰度、压力系数、有机质丰度方面更优于鄂尔多斯盆地延长组致密油，具有重要的勘探潜力。

表3-10 Bazhenov 组与典型致密油产区地质参数对比表

参数		西西伯利亚盆地Bazhenoov组	威利斯顿盆地Bakkeen组	海湾盆地Eagle Ford组	鄂尔多斯盆地延长组
基本特征	时代	晚侏罗世—早白垩世	晚泥盆世—早石炭世	晚白垩世	晚三叠世
	埋深（m）	2200～3500	2100～3300	1300～3600	1200～2300
	沉积环境	海相	海相	海相	陆相
	地层总厚度（m）	25～50	20～45	35～110	100～600

参数		西西伯利亚盆地 Bazhenoov 组	威利斯顿盆地 Bakkeen 组	海湾盆地 Eagle Ford 组	鄂尔多斯盆地延长组
烃源岩特征	厚度（m）	16	5～12	35～110	40～110
	TOC（%）	5～17	5～10	4.5	2～10
	R_o（%）	0.6～1.1	0.5～1.3	0.6～1.3	0.7～1.3
	有机质类型	Ⅰ—Ⅱ型	Ⅱ型	Ⅱ型	Ⅱ型
储层特征	岩性	硅质岩、粉砂岩	白云质粉砂岩	泥灰岩、钙质页岩	粉—细砂岩
	单层厚度（m）	<2	0.5～15	<2	2～25
	累计厚度（m）	25～45	5～20	35～110	5～50
	脆性矿物含量（%）	70	40～85	20～45	35～70
	孔隙度（%）	5～12	8～12	20～17	6～14
	渗透率（mD）	0.02～2.00	0.1～1.00	0.04～1.20	0.01～1.00
	含油饱和度（%）	50～80	68	55～85	53～85
工程条件	压力系数	1.3～1.5	1.2～1.6	1.4	0.75～0.85
	压裂深度（m）	2200～3500	2100～3300	2800～3600	1900～2200
	泊松比	0.25	0.22～0.29	0.24～0.26	0.25
	杨氏模量（GPa）	10～15	15.5	10.3	17
流体性质	原油重度（°API）	29～46	41～48	42～60	31～60
	气油比	200～800	500～1800	800～2000	120
	含油量（kg/m³）	26.5	21.9	18.8～35.4	33.2
有利勘探面积（10^4km²）		124	26	8	5～10
平均 EUR（10^4t/井）		3.55	4.87	3.8～8.4	4
原地资源丰度（10^4t/km²）		95	68.5	147～210	47

　　生烃条件方面，Bazhenov 组总体与美国 Bakken 组、Eagle Ford 组致密油地质条件相当，与国内延长组致密油比有机质类型更好（Ⅰ—Ⅱ型）、有机质丰度更高，且成熟度更为适中，生烃条件非常优越，保证了油源的充足。其原地资源丰度高和有利勘探面积大，为规模开发提供了基础。

　　储集条件方面，Bazhenov 组和美国两个地区基本相当或较好，孔隙度和含油饱和度都基本持平，渗透率相对较高，总体上比延长组条件好，呈现利于压裂的特征；在 Salym 油田靠近断裂带地区已证实有大量裂缝发育。不利因素是在原油重度方面，Bazhenov 组原油

为 $29 \sim 46°$API，相对较低，不过仍在中质油和轻质油范围内。

在中毕鄂地区 Bazhenov 组裂缝发育区，目前已有一些直井，部分产能也可达到 14t/d。因而在 Ⅰ 类区内，寻找裂缝发育地区将会获得更高产能，进而获得更大的经济价值。Gazprom Neft，Shell 等公司已经开始介入进行页岩油开采先导试验。

总体上，仅考虑致密油可采性相关的地质因素，Bazhenov 组致密油在生烃条件和储集条件两方面都已满足美国致密油成熟开发区的条件，具有良好的开发潜力。

二、威利斯顿盆地致密油资源潜力评价实例

1. 盆地基本概况

威利斯顿盆地面积为 $57.8 \times 10^4 km^2$，沉积厚度在 5000m 左右，位于美国与加拿大交界处，横跨美国北达科他州、蒙大拿州、南达科他州和加拿大萨斯喀彻温省及曼尼托巴省（图 3-24）。盆地靠近北美克拉通西部边缘，是一个大型克拉通内沉积盆地，整个盆地构造变化较少（图 3-25）。主要构造有位于北达科他州西部南北走向的 Nesson 背斜和 Billings 鼻状构造、蒙大拿州东部北西—南东走向的 Cedar Creek 背斜和 Mondak 单斜。此外，还有北西—南东走向的 Antelope 背斜，位于 Nesson 背斜南端，是当地最重要的构造。早期的油气发现主要集中在背斜构造上，由于开发工艺的限制，仅有部分被商业开发，产量也不高。

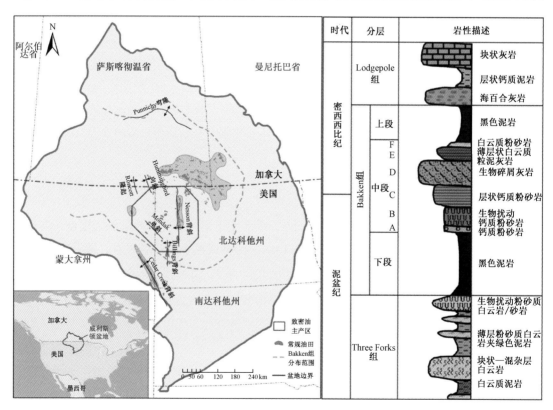

图 3-24　威利斯顿盆地构造图和 Bakken 组柱状图

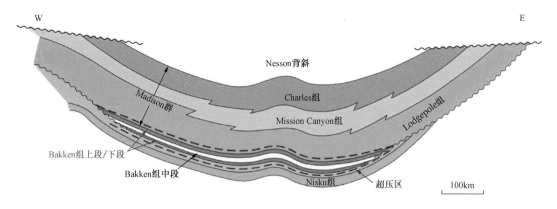

W   E

图 3-25　威利斯顿盆地构造剖面简图

威利斯顿盆地致密油主要产层为晚泥盆世—早石炭世沉积的 Bakken 组，与其紧邻的上部 Lodgepole 组和下部 Three Forks 组也有一定发现，三者共同形成了盆地的致密油含油气系统。该含油气系统的烃源岩层是 Bakken 组上部和下部暗色富有机质页岩，储层为整个 Bakken 组及 Lodgepole 组下段和 Three Forks 组上段。Bakken 组全段最大厚度为 50m，上段平均厚度为 6m，下段平均厚度为 10m，中段平均厚度为 12m。一般认为 Bakken 组页岩在晚白垩世—早始新世开始生油，在晚始新世达到生油高峰。

2. 致密油潜力地质评价

1）烃源岩评价

Bakken 组全段最大厚度为 50m，上、中、下段平均厚度分别为 6m，12m，10m。Bakken 组上段和下段页岩层沉积于缺氧的陆架环境，岩性一致，均由均匀、无钙、含沥青、易破裂的厚层页岩组成，但有些地区则由呈平行致密薄层状、蜡状，质硬、含黄铁矿、具放射性的暗棕色—黑色页岩组成。下段页岩厚度一般小于 15m，而上段页岩厚度略薄，一般小于 10m。Bakken 组最厚地区分布在 Nesson 背斜及北部地区。

Bakken 组上段和下段烃源岩品质基本相当，有机质丰度（TOC）非常高，为 5%～22%，平均为 13%，热解 S_2 为 10～100mg/g，为极好烃源岩（图 3-26）。氢指数（HI）为 100～600mg/g，氧指数（OI）为 50～120mg/g，以 II 型干酪根为主。热解峰值温度（T_{max}）为 420～455℃，镜质组反射率 R_o 为 0.5%～1.0%，为低成熟—成熟烃源岩，越靠近盆地中心成熟度越高，研究区内成熟度分布在 0.7%～1.0% 之间，处于生油窗内。盆地成熟度最高的地区位于 Nesson 背斜南侧，Mondak 单斜北部次之。

2）储层评价

威利斯顿盆地致密油储层有 3 套，Bakken 组中段、Lodgepole 组下段和 Three Forks 组上段。目前，致密油井主要是钻 Bakken 组中段，而 Lodgepole 组下段和 Three Forks 组上段的钻井相对较少。Bakken 组以白云化粉砂岩、粉砂质白云岩为主，粒度较细，自下而上可细分为 6 层（A—F）（图 3-24）。非常规储层的非均质性明显，Bakken 组中段的孔

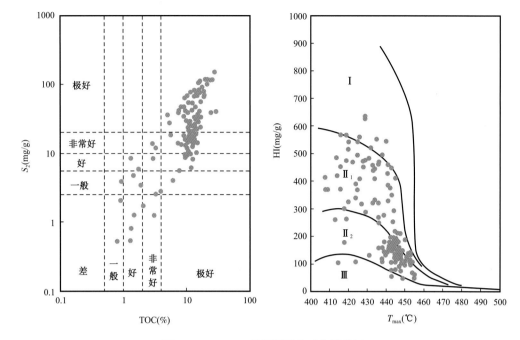

图 3-26　Bakken 组烃源岩地球化学特征

隙度为 2%~8%，中值为 5.8%，渗透率为 0.0001~0.1mD，中值为 0.02mD，按照国内常用的分类方法，Ⅰ—Ⅲ类储层均有分布，但以Ⅱ类储层为主，占 47%（图 3-27）。Bakken 组中段厚度中心与 Bakken 组厚度中心基本一致，同样是位于 Nesson 背斜及北部地区。

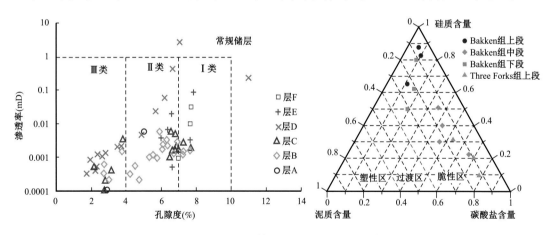

图 3-27　Bakken 组储层物性和矿物成分三角图

　　Bakken 组微裂缝较为发育，渗透率大于 0.01mD 的测试样品，都可能有微裂缝的发育，这些裂缝一般沿着泥岩层理发育，最大主应力为北北东和东北东向。在矿物成分上，Bakken 组内脆性矿物含量高，泥质含量平均为 15%，非常有利于水力压裂等增产措施。Bakken 组上段和下段页岩中含大量石英，从而提高了硅质含量。Bakken 组中段白云岩增加，使得硅质含量和碳酸盐含量基本相当；下部 Three Forks 组则是一套碳酸盐岩。

3）资源评价关键参数平面图

在综合 IHS 钻井数据库、Frogi 地球化学数据、USGS 数据报告和部分文献的多方面数据基础上，从致密油层系有机质丰度、成熟度、厚度、埋深、含油饱和度等多方面，绘制威利斯顿盆地 Bakken 组致密油评价参数平面分布图（图 3-28 至图 3-30）。

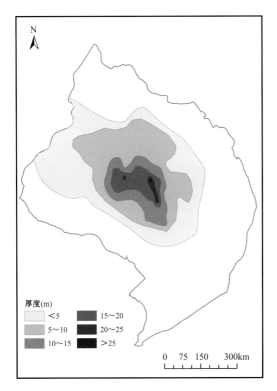

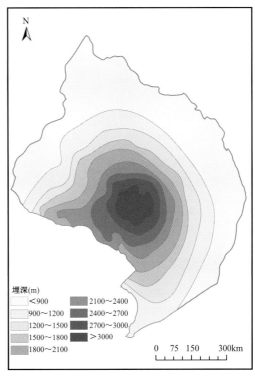

厚度(m)
<5　　5~10　　10~15　　15~20　　20~25　　>25
0　75　150　　　300km

埋深(m)
<900　　900~1200　　1200~1500　　1500~1800　　1800~2100　　2100~2400　　2400~2700　　2700~3000　　>3000
0　75　150　　　300km

图 3-28　Bakken 组埋深和厚度等值线图

4）生产情况

威利斯顿盆地 Bakken 组超压中心位于 Mckenzie 郡东部和 Dunn 郡交界处，压力梯度平均为 0.75 psi/ft（压力系数约 1.6），向东压力梯度迅速降低，向西缓慢降低。利用累产天然气和石油的比值，计算出的气油比可明显看出在 Nesson 背斜处最高，在 Mondak 单斜的西部也有高值区，说明油气分布仍受构造控制。原油重度（°API）和气油比有非常良好的吻合关系，重度高值区基本对应气油比高值区，重度高值区更靠近盆地中心一些，很可能受到高成熟度的影响。根据产出油水比值关系，可以看出油水比高值区主要分布在盆地中心和南部地区，并在 Mountrail 郡出现了高值区。

目前，Bakken 组致密油主要产出油田有 Elm Coulee 油田、Sanish 油田和 Parshall 油田等，分别位于研究区 Mondak 单斜、Nesson 背斜及东侧。Elm Coulee 油田单井的产能并不高，但发现得相对较早，Sanish 油田和 Parshall 油田则是目前威利斯顿盆地致密油生产最好的油田。初始产量（IP）显示，在 Nesson 背斜的西部，产能也非常好，但是产能递减较快，加之刚刚开始开发，早期井少，所以累产并不高。

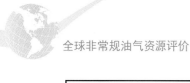

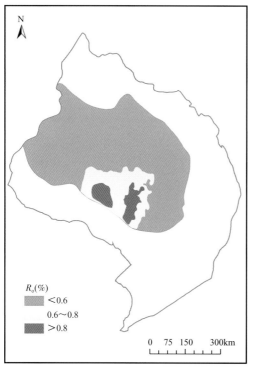
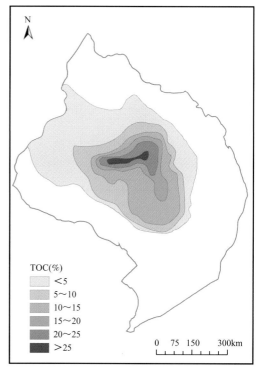

图 3-29　Bakken 组有机质成熟度和有机质丰度(TOC)等值线图

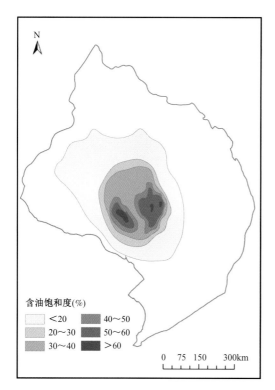
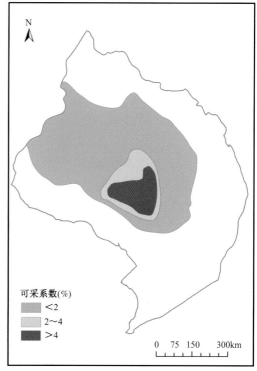

图 3-30　Bakken 组含油饱和度和可采系数等值线图

3. 致密油潜力区优选

1）未来勘探潜力区优选

计算含油总面积为 $26.6 \times 10^4 km^2$，总地质资源量为 $69.9 \times 10^8 t$，可采资源量为 $12.9 \times 10^8 t$。依据关键地质参数、常规油气情况、埋深等影响可采性的因素划分出Ⅰ、Ⅱ、Ⅲ类不同等级的致密油技术可采资源（图 3-31、表 3-11）。其中Ⅰ级致密油资源可采性最高且经济性最好，可采资源量为 $675 \times 10^6 t$；鉴于该区优越的地质条件，其Ⅱ级致密油资源可采性也比较高，资源量达 $252 \times 10^6 t$。

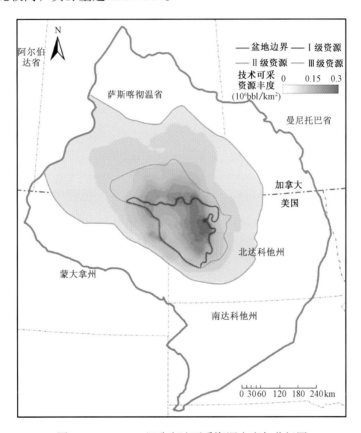

图 3-31 Bakken 组致密油可采资源丰度与分级图

表 3-11 Bakken 组致密油资源分级表

资源分级	TOC（%）	R_o（%）	厚度（m）	埋深（m）	常规油气	构造特征	资源丰度	面积（km²）	技术可采资源量（$10^6 t$）
Ⅰ级资源	>15	0.6~1.0	>10	<3500	较为富集	隆起—斜坡区	高	31881	675
Ⅱ级资源	>12	0.5~1.1	>8	<3500	较为富集	斜坡区	较高	38691	252
Ⅲ级资源	>10	0.4~1.3	>5	<3500	局部富集	盆地区	较高	195091	362

威利斯顿盆地 Bakken 组是世界级的致密油产区，2014 年平均产能达 1×10^6bbl/d，预测其可以继续维持此产能 10～20 年。Bakken 组受成熟度影响明显，Ⅰ、Ⅱ级致密油资源主要分布在盆地中心成熟度相对较高的区域。

2）在产区单井致密油可采资源丰度评价

中高勘探程度的致密油探区具有较多的钻井资料，并且已有大量的在产井及相应的生产数据，由此可以通过在产井生产情况对Ⅰ级资源区内的单井可采资源进行预测，为区块评价和优选提供基础。

（1）单井 EUR 的计算方法。

通过已经生产半年以上的在产井，根据产能递减规律，运用趋势预测方法评估该井EUR（最终可采储量）。因此，EUR 基本上是能开采出来的石油，最能真实反映一个地区致密油的实际开采情况。如果是"甜点区"，EUR 就会明显高于周围地区，反之亦然。

本次研究主要基于油气可采储量计算方法，采用双曲递减和指数递减组合模型计算单井 EUR（图 3-32），公式见表 3-12。

表 3-12 本次单井 EUR 计算公式

递减率公式	$D = -\dfrac{1}{q}\dfrac{\mathrm{d}q}{\mathrm{d}t}$	本次 EUR 计算公式	当月递减率 $D > 0.83\%$：$$Q_1 = \frac{q_i^b}{D_i(1-b)}\left[\, q_i^{(1-b)} - q^{(1-b)} \right]$$
产量公式	$q = q_i\left(1 + bD_i t\right)^{-1/b}$		当月递减率 $D < 0.83\%$：$$Q_2 = \frac{q_i - q_i \mathrm{e}^{1-Dt}}{D}$$
累计产量公式	$Q = \displaystyle\int_0^t \frac{q_i}{(1 + bD_i t)^{1/b}}\,\mathrm{d}D$		$\mathrm{EUR} = Q_1 + Q_2$

注：D 为递减率，%；D_i 为初始递减率，%；q 为产量，bbl；q_i 为初始产量，bbl；b 为递减指数常数，$b=0$ 为指数递减模型，$0<b<1$ 是双曲递减模型；Q 为 0～t 时间累计产量，bbl。

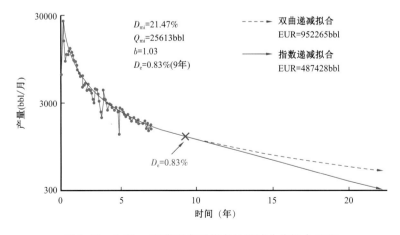

图 3-32 Bakken 组典型水平井产量递减曲线拟合 EUR

当产量递减曲线的月递减率等于 0.83% 时（对应年递减率为 10%），递减模型自动由双曲递减模型变成指数递减模型，并保持恒定的 0.83% 的月递减率，从而避免了双曲递减模型在生产数年之后，仍然无限保持恒定产能的问题。为了让 EUR 计算更贴近现实，开采时间 t 最大值取 30 年，经济界限取 20bbl/月，即拟合曲线超过 30 年部分和产能小于 20bbl/月部分均不计入最后的累计可采储量。

（2）单井可采资源丰度计算。

基于威利斯顿盆地 Bakken 组 900 口致密油开发井资料，利用产量递减曲线分别计算出每口井的单井 EUR。算出的 EUR 为单井的最终可采储量，除以每口井的井控面积，可得出单位面积的 EUR，即单井可采资源丰度（EUR_l）。

$$EUR_l = \frac{EUR}{0.1858Lr} \tag{3-1}$$

式中　EUR_l——单井可采资源丰度，10^6bbl/km^2；

　　　L——水平段长，ft；

　　　r——泄流半径，m。

井控面积与由水平段长和泄流半径组成的矩形近似等效，其中水平段长即钻井在 Bakken 组沿层侧钻的长度，利用井底测深与钻遇 Bakken 组中段的测深差值取得；泄流半径通过统计钻井密集区（Sanish 油田）水平井井距获得，本书取平均井距的一半，近似为 400m。

利用 EUR 丰度网格化平面图乘以研究区面积，同样可以算出可采资源量为 4.75×10^8t（34.8×10^8bbl）。虽然该方法算出的可采资源量相对较小，但其更具可靠性。EUR 丰度高值区主要分布在 Nesson 背斜南部 A 区、东西两侧的 B 区和 C 区，Mondak 单斜也有分布。

另外，利用这些 EUR 值在平面上进行网格插值，获得井控地区 EUR 平面分布图（图 3–33）。根据产量数据，获得这 900 口井目前的单井累计产量，同样进行平面上的网格插值，获得累计产量平面分布图（图 3–34）。上述两张平面分布图叠合相减，获得剩余可采储量的平面分布图（图 3–35）。剩余可采储量平面分布图适用于在产井较多的成熟致密油探区，可以为已经在产的区块剩余可采资源评价提供有力支持。

选取盆地中 Mckenzie 郡某已生产区块，利用 EUR 丰度法，结合经济系数 k，可划分出 1P，2P，3P 储量的 EUR 丰度评价标准。经济系数 k 为衡量单一致密油生产井的经济性指标，k 越大对应收益与成本的比值越大［式（3–2）］。经济系数该区取 $k \le 1$ 为远景资源，$1 < k \le 1.5$ 为 3P 可采储量；$1.5 < k \le 2$ 为 2P 可采储量；$k > 2$ 为 1P 可采储量。

$$k = \frac{EUR \times p}{C} \tag{3-2}$$

式中　k——经济系数；

　　　p——当前油价，美元/bbl；

　　　C——钻井总成本，美元。

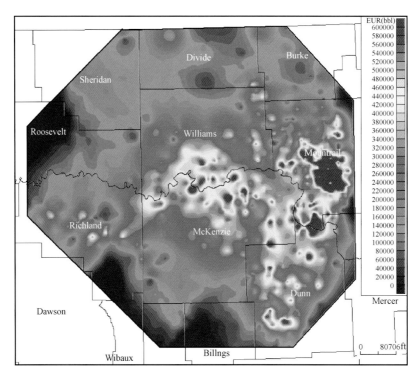

图 3-33　威利斯顿盆地 Bakken 组井控地区最终可采储量（EUR）平面分布图

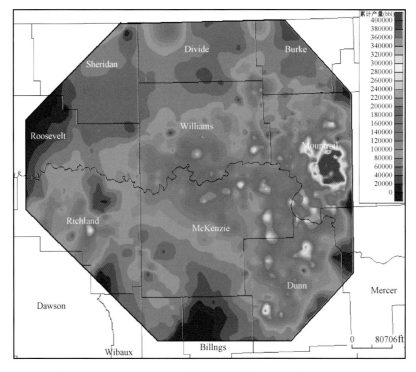

图 3-34　威利斯顿盆地 Bakken 组井控地区累计产量平面分布图（截至 2013 年底）

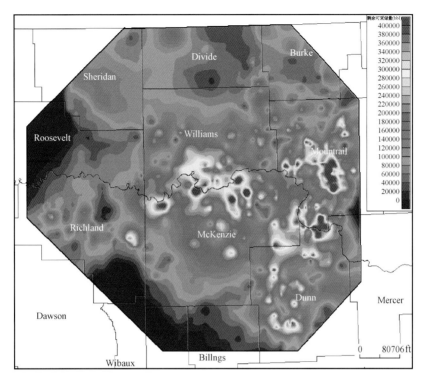

图 3-35　威利斯顿盆地 Bakken 组井控地区剩余可采储量平面分布图

当前油价、钻井井控面积和钻井成本已知时，各级储量对应的 EUR 丰度界限表达式：

$$\mathrm{EUR_I} = k \frac{C}{S \times p} \tag{3-3}$$

式中　S——井控面积，m^2。

当前油价取 50 美元 /bbl，单井钻井成本平均为 1.2×10^7 美元，单井水平段平均长度为 3000m，泄流半径为 400m，即井控面积平均为 $2.4 \times 10^6 \mathrm{m}^2$。

利用式（3-3）计算出各级储量对应的各级 EUR 丰度。当 $k=1$，$k=1.5$，$k=2$ 时各级储量对应 EUR 丰度分别为 $100 \times 10^3 \mathrm{bbl/m}^2$，$150 \times 10^3 \mathrm{bbl/m}^2$，$200 \times 10^3 \mathrm{bbl/m}^2$。

利用空间插值软件，分别计算出各级储量对应 EUR 丰度的面积，分别计算各区的 1P，2P，3P 储量（图 3-36），计算公式如下：

$$P = \sum \mathrm{EUR_I} \times S_i \tag{3-4}$$

式中　P——储量，bbl；

　　　S_i——网格化后，每个网格的单位面积，m^2，该面积的大小受控于软件网格化的数量，数量越多单位面积越小。计算结果见表 3-13。

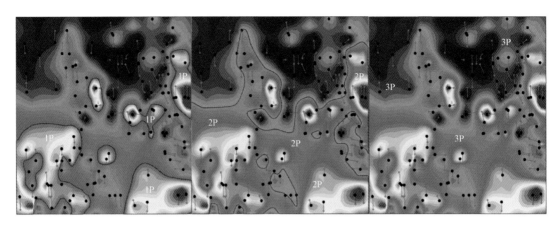

图 3-36　区块内致密油 1P,2P,3P 储量范围分布图

表 3-13　区块内致密油分级储量评价结果

储量级别	EUR 丰度(10^{-3} bbl/m^2)	面积(km^2)	储量(10^8 bbl)
1P	>200	796	1.879
2P	>150	1701	3.463
3P	>100	2540	4.503
总资源量	>0	2941	4.859

由此,在开发井较多的区块可以直接计算出剩余可采储量。开发井较少的区块则可以根据 EUR 丰度和区块面积,计算出区块内总的可采资源量及分布情况。

三、海湾盆地致密油资源潜力评价实例

1. 盆地基本概况

海湾盆地是一个近似半圆形,直径约为 1500km,形成于中生代被动大陆边缘的裂谷盆地。盆地位于北美东南部边缘,与北部二叠盆地以沃希托冲断带相隔,盆地中心位于墨西哥湾陆上部分,其东部和北部属于美国,西部与南部属于墨西哥。海湾盆地是墨西哥盆地北部海湾的一部分,是一个微倾斜的单斜地层(图 3-37、图 3-38)。海湾盆地从上三叠统到全新统均有发育,沉积地层厚度达 15000m。盆地内致密油主要产层为上白垩统 Eagle Ford 组(鹰滩组),分布于该盆地美国部分的西部,主要发育在 Maverick 次盆、Rio Grande 凹槽、Hawkville 次盆、San Marcos 隆起及其东北方向 East Texas 次盆,北部至 Balcones 冲断带尖灭,南部至 Wilcox 冲断带变薄(图 3-39),总体展布面积约 1350km^2。

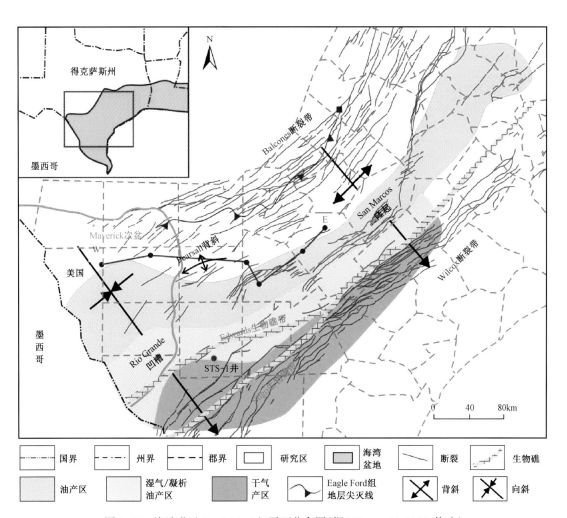

图 3-37　海湾盆地 Eagle Ford 组平面分布图（据 K Borowski，2005，修改）

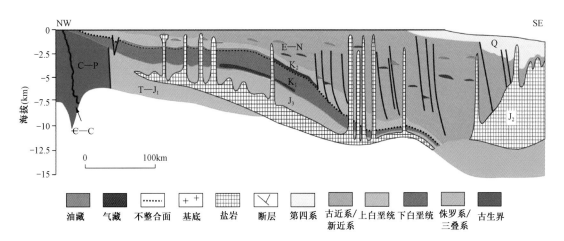

图 3-38　海湾盆地地质剖面图（据 Foose R 等，1975；Karahanoglu N 等，1995，修改）

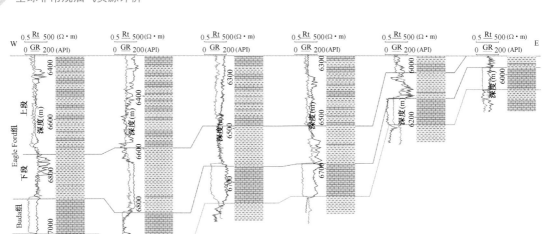

图 3-39　海湾盆地北部东西向连井剖面图

墨西哥湾的发展形成与泛大陆解体有关，晚三叠世到侏罗纪，西北方向上的直接扩张和拉伸转换产生了一系列中型—大型规模（50～100km）的基底断块和地堑，成为了现代墨西哥海湾地域的大陆架和大陆坡的基础。在中侏罗世，由于断裂作用的衰退，同生裂谷的碎屑物转化为厚层的蒸发岩、潮缘带碳酸盐岩和风成砂岩。随后的白垩纪沉积由裂谷盆地的热沉降驱动，在晚侏罗世到早白垩世，碳酸盐岩大陆架、大陆坡的成长控制了从佛罗里达州南部到尤卡坦半岛的墨西哥海湾。由于沉降速率的增加，在早白垩世到中白垩世，生物礁浅滩的生长被水淹而终止。隆起发生在塞诺曼期初期，在大陆边缘出现了一系列宽阔的穹状隆起，其中包括 San Marcos 隆起等。在塞诺曼期中期，一次主要的海平面下降使大陆架地区暴露。一个区域不整合面记录了这一事件，作为一个碎屑楔形层上超在土伦阶 Eagle Ford 页岩之上，沉积物主要来自位于俄克拉何马州和阿肯色州的古生代沃希托褶皱冲断带。San Marcos 隆起直到土伦期结束仍保持着隆起状态，当再次下沉导致海侵并在整个墨西哥盆地北部发育了相对深水环境的白垩系 Austin 群。得克萨斯州南部的 Maverick 次盆 /Rio Grande 凹槽是沿着大陆边缘的几个区域之一，经历了更大的沉降幅度且沉积厚度更厚（图 3-37）。Maverick 次盆起源于一个裂谷盆地，在墨西哥湾裂开之后，逐步发展成被动大陆边缘盆地。由古新世沉积充填作用引起的沉积剖面滑塌形成的 Wilcox 断裂带，是一个较宽范围内的同生断层。在中新世，墨西哥湾盆地的地壳扩张又产生了 Balcones 断裂带，该断裂带是倾向东南的向地下卷入的正断层区域系统，位于格兰德河湾的北部边缘和下白垩统生物礁向陆的边缘。

上白垩统 Eagle Ford 页岩混合硅质碎屑碳酸盐岩，在海平面上升期沉积，包括海侵作用、浓缩作用和高水位期沉积作用。有利相带由富含有机物的钙质泥岩组成，沉积环境为缺氧深层海洋大陆架和大陆坡。Eagle Ford 组沉积于早白垩世塞诺曼期—土伦期全球海平面上升时期，在 Rio Grande 凹槽和 Maverick 次盆被 Kamp Ranch 段碳酸盐岩层分成上、下两段。下段整体为被凝缩层覆盖的富有机质页岩，向上变为富含有机物的碳酸盐岩/硅质碎屑岩，包含一个海侵体系域（一个不整合面覆盖在一个主要区域不整合面之上），并被一个最大涨潮流速表面的凝缩层覆盖；下段分布面积广，向东直到 East Texas 次盆，但地层厚度和有机质含量均降低、硅质碎屑含量变高。上段含有机质较少，但钙质含量高，沉积在一个高位体系域的海退层序中，受物源控制分布面积较小，集中在盆地西部 Maverick 次盆/Rio Grande 凹槽中。

海湾盆地的油气勘探开发开始于 100 多年前，在 19 世纪 40 年代得克萨斯州东部盆地 Eagle Ford 组的天然裂缝"甜点区"受到关注，石油主要靠较浅部的垂直井生产。2008 年位于 Edwards 和 Sligo 生物礁带中间的 STS-1H 井，具有 1000m 水平段，发现了盆地西部的 Eagle Ford 组油气，日产气 $21.5 \times 10^4 \text{m}^3$，日产油 34.2t。2009 年后，海湾盆地 Eagle Ford 组致密油进入快速勘探开发阶段，2015 年已建成产能达 $16 \times 10^4 \text{t/d}$，超过了威利斯顿盆地 Bakken 组致密油产，成为美国最大的致密油生产区。

2. 致密油潜力地质评价

1）烃源岩评价

Eagle Ford 组埋深在 1200～3700m 之间，由北西向南东方向逐渐变深，整体沿着海湾盆地西北斜坡呈条带状分布。在海湾盆地中西部，Eagle Ford 组富有机质页岩厚度一般为 100～330ft（图 3-40），并且在测井曲线上以高自然伽马值为特征，较易被识别。Eagle Ford 组有机质主要为 II 型干酪根，含少量 III 型干酪根。TOC 含量为 1%～9%，平均为 4.5%，氢指数为 250～400mg/g，氧指数为 20～60mg/g，S_2 大于 2.5mg/g。据海湾盆地油气田报告资料，Eagle Ford 组也有较多 I 型干酪根在较深的大陆架和斜坡地区分布。由于 Eagle Ford 组在斜坡上埋深变化较大，其有机质成熟度变化范围较大，既有处于未成熟阶段的，也有处于过成熟阶段的。因此，Eagle Ford 组大体上自北向南，由浅层产"黑油"，过渡到湿气/凝析油，最后在深层产干气（图 3-37）。在致密油生产有利区内，Eagle Ford 页岩的 TOC 为 2%～7%，镜质组反射率为 0.9%～1.27%。

2）储层评价

在 Hawkville 地区 Eagle Ford 组下段基质孔隙度为 7%～12%，下段孔隙度为 7%～15%，基质渗透率集中在 0.01～1mD 之间。储层是亲油的，束缚水饱和度一般为 10%～15%。实际上是碳酸盐岩层与富含有机质的页岩互层的特征，其中方解石含量为 40%～70%。总黏土含量平均为 20%～25%，以伊/蒙混层为主，也含有少量的绿泥石和高岭石。由石英和长石组成的粉砂部分一般占据岩石含量的 10%。Eagle Ford 组上段富有机质页岩层占比变低，碳酸盐岩层占比变高。总体上，Eagle Ford 页岩的薄碳酸盐岩层大大增加了地层中碳酸盐含量，增加了岩石的脆性，使其比北美其他地区纯页岩储层更容易被水力压裂。该地区局部因断层作用形成的天然裂缝和由于生烃增压产生的微裂缝可以更为有效地改善储层物性。

　　埋藏历史模型表明 Eagle Ford 组页岩在始新世进入生油窗，到渐新世盆地南部大部分区域进入生气窗。因而部分油气会因源储剩余压差充注到上覆的白垩系或古近系储层中，也有部分会随着断层向上运移。但是由于 Eagle Ford 组自身和上覆白垩系均比较致密，其大部分油气仍被保存在 Eagle Ford 组页岩内部，成为一个大型连续的非常规油气聚集带，致密油和页岩气资源均非常丰富。

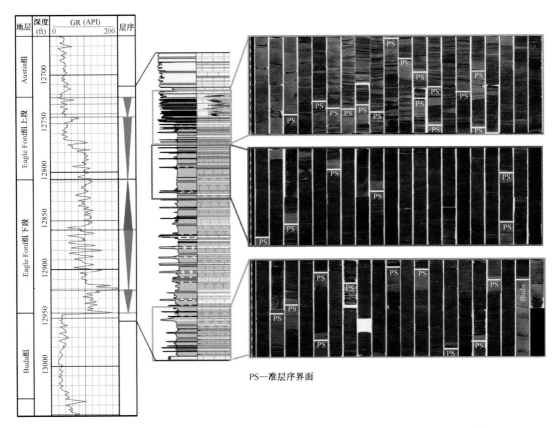

PS—准层序界面

图 3–40　海湾盆地中部典型井 Eagle Ford 组岩性和岩心图（据 Korzhubaev 等，2001，修改）

　　3）资源评价数据分析

　　（1）基础数据情况。

　　本次研究基于 IHS 数据库汇总了北美海湾盆地 Eagle Ford 组共 2212 口非常规油气井（图 3–41），其中油井 1085 口，以 2010—2012 年间完钻水平井为主，具有丰富的生产数据和部分常规测井曲线。由于缺乏计算地质参数的曲线，仅有具有地质参数资料的直井 45 口，未能找到既有地质参数又有生产数据的钻井。为了与 27 口井的地质参数匹配上一批较为可靠的生产数据，首先利用表 3–12 中的公式计算出 Eagle Ford 组全部致密油井的 EUR_o，并将各井 EUR 均一化为水平完井段长为 4500ft 的 EUR，利用图形平面插值，获得 45 口井所在位置的 EUR，然后再进行模拟运算。

通过 45 口井的孔隙度、泥质含量、含水饱和度和 TOC 数据插值形成平面图，而 R_o、埋深、压力梯度、地层厚度平面图则通过钻井和报告资料获得（图 3-41、图 3-42）。

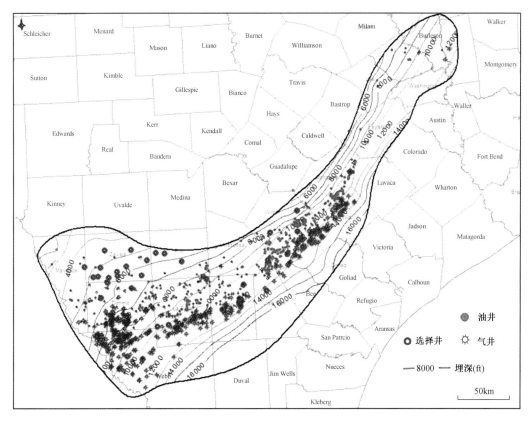

图 3-41　海湾盆地 Eagle Ford 组非常规油气井分布图

（2）相关性分析。

利用相关性分析可以快速确定出与 Eagle Ford 组致密油 EUR 显著相关的因素有下段页岩成熟度、压力梯度、孔隙度，相关的因素有含油饱和度、地层厚度、泥地比、重度(°API)。由于气油比、重度是通过产量数据获得的，因而在预测资源量时无法获得，所以也不作考虑。其中，Eagle Ford 组有机质成熟度（R_o）为 1.1% 时水平井产量较高，成熟度（R_o）过大或过小，产量都会降低。因此认为成熟度（R_o）与 EUR 成抛物线相关，需要利用式（3-5）变换成线性正相关关系。

$$R_o'=R_{om}-|R_{om}-R_o| \tag{3-5}$$

式中　R_o'——变换后的地质参数；

　　　R_o——原始的地质参数；

　　　R_{om}——产量最高时的地质参数 R_o 值（以 R_o 为例统计规律得到的 1.1%）。

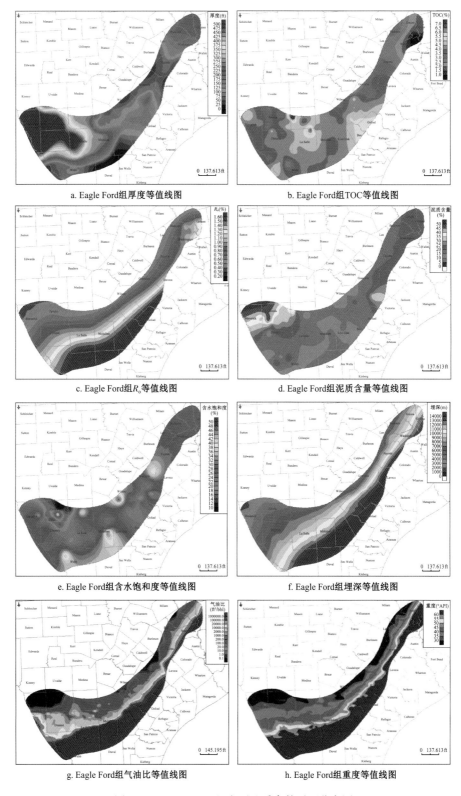

a. Eagle Ford组厚度等值线图

b. Eagle Ford组TOC等值线图

c. Eagle Ford组R_o等值线图

d. Eagle Ford组泥质含量等值线图

e. Eagle Ford组含水饱和度等值线图

f. Eagle Ford组埋深等值线图

g. Eagle Ford组气油比等值线图

h. Eagle Ford组重度等值线图

图3-42　Eagle Ford组主要地质参数平面分布图

同理，统计得到原油重度为 52°API 时，产量较高。另外，本次相关性分析得到有机质成熟度（R_o）和原油重度均与产量呈抛物线相关，若不利用式（3-5）作线性变换，则与 EUR 相关性较差或者不相关，因此提前通过统计规律发现参数与产量的关系至关重要。

最终选取压力梯度 Δp（psi/ft）、成熟度（R_o'）（%）、含油饱和度（S_o）（%）、孔隙度（ϕ_{or}）（%）为主要影响参数（表 3-14）。

表 3-14　Eagle Ford 组地质因素与 EUR 相关性分析参数表

地质因素	Pearson 相关性	显著性（双侧）	结论
地层厚度	0.211	0.164	不相关
泥质含量	0.264	0.079	不相关
TOC	0.041	0.788	不相关
成熟度（R_o）	0.545	0.018	相关
成熟度（R_o'）	0.657	<0.001	显著相关
压力梯度	0.547	<0.001	显著相关
孔隙度	0.370	0.012	相关
含油饱和度	0.670	<0.001	显著相关
重度（变换前）	0.29	0.064	不相关
重度（变换后）	0.655	<0.001	显著相关

注：显著性<0.05 为相关，显著性<0.01 为显著相关。

3. 致密油可采资源评价

1）模型参数的影响系数求取

海湾盆地 Eagle Ford 组与威利斯顿盆地 Bakken 组模拟过程一致，首先确定原始地质参数，经过对数变换。同时进行 EUR 的水平完井段长的标准化。之后，与前文模拟运算流程一致，再利用多元回归方程回归出各个参数的影响系数（表 3-15）。

表 3-15　Eagle Ford 组地质参数对 EUR 的影响系数表

地质参数	常数系数	成熟度（R_o）	含油饱和度	TOC	孔隙度
影响系数	12	1.7619	0.2846	0.0576	0.0386

根据各个参数的影响系数，可以明显看出影响 Eagle Ford 组致密油可采资源的地质因素排序从大到小依次为成熟度、含油饱和度、TOC、孔隙度。其中成熟度明显高于其他因素，是 Eagle Ford 组致密油可采资源量的主控因素。将各参数系数代入模型，获得 Eagle Ford 组单位面积可采资源量预测公式［式（3-6）］。通过模拟 PWRR 值与实际 EUR 值相关

性分析，两者相关系数达 0.8，说明模型在海湾盆地 Eagle Ford 组致密油可采资源预测中也具有实际意义（图 3-43）。

$$PWRR = e^{12} \times R_o'^{1.7619} \times \phi^{0.0386} \times TOC^{0.0576} \times S_o^{0.812} \qquad (3-6)$$

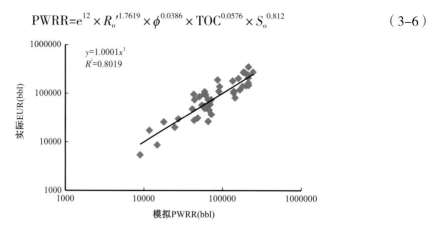

图 3-43　Eagle Ford 组模拟 PWRR 与实际 EUR 对比图

2）可采资源评价

利用 Petra 插值运算，即可获得该区 Eagle Ford 组致密油可采资源丰度平面分布图（图 3-44）。整体来看，PWRR 平面分布图与区域产量对应比较好，与单井产量对应还有待提升。高产井和低产井分别集中在 PWRR 高值区和低值区，但在部分预测 PWRR 中间值地区，除了有中产井外，也会出现单井产量较高或较低的井。

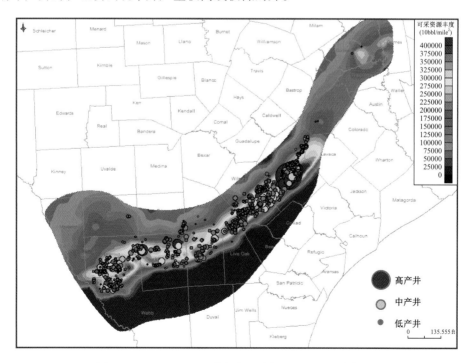

图 3-44　Eagle Ford 组致密油可采资源丰度平面分布图

四、内乌肯盆地致密油资源潜力评价实例

1. 盆地基本概况

内乌肯盆地位于阿根廷中部,面积约 $11.48 \times 10^4 km^2$,为中生代的边缘坳陷,盆地东北有褶皱的古生界及前寒武系,南界为巴塔哥尼亚北部的东西向隆起,西界有安第斯褶皱带。盆地大体上呈直角三角形,轴向北部呈南北向,向南转为北西西向。盆地南部有一潜伏的地垒状的多尔萨隆起,近东西向。此隆起北翼急剧下降为盆地最深处,基岩埋深约 5000m,南翼则平缓下倾,上覆一些东西向的局部构造。隆起以北的构造由北西至北北东向。盆地基底是古生界花岗岩、闪长岩侵入的杂岩和三叠系玢岩。上覆上三叠统—新近系,从里阿斯统至达宁阶主要为海相碎屑岩,局部保存陆相古近—新近系,沉积岩厚约 4000m(图 3–45)。

整体上,内乌肯盆地为二叠纪—三叠纪裂谷背景下发育的多旋回沉积盆地,沉积岩厚度约 7000m,侏罗纪—白垩纪发育多个海侵—海退沉积旋回,具备优质的生、储、盖层,为油气的规模聚集提供了丰富的物质基础。该盆地主要发育 6 个构造带:Malargue Agrio 褶皱带、Chihuidos 高地、东北地台、内乌肯三角地、Huincul 隆起和 Picun—Leufu 次盆。中、东部受安第斯构造影响较弱,构造形态保存完整,是盆地已发现油气田的主要富集区(图 3–45)。

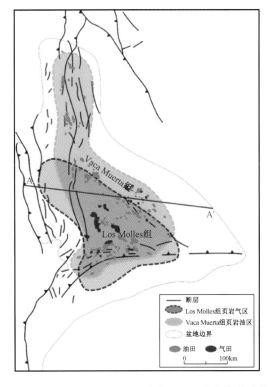 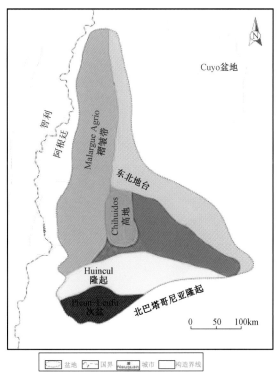

图 3–45　内乌肯盆地构造格局及油气田分布位置图

盆地勘探开始于1908年，1913年发现了Campamento Uno油气田；20世纪60年代是主要的油田发现期，发现了一些轻质油，期间YPF公司获得了一系列重大发现，其中包括石油储量为4110×10^{8}t的Puesto Hernandez油田。20世纪70—80年代初探井的钻探仍保持在很高的水平上，仅在1977年发现了巨型Loma de la Lata天然气／凝析油油气田。西方石油公司1989年发现的Estancia Vie油田，代表了自20世纪20年代以来非YPF公司唯一的大发现。至2009年，累计钻探井3392口，二维地震56200km，在该盆地已发现528个油气田，累计探明石油和凝析油可采储量652×10^{6}t，天然气可采储量8779×10^{8}m^3。

2010年12月，YPF公司在内乌肯Vaca Muerta组502km^{2}产区内获得54.6t/d致密油产量；2011年11月7日，YPF公司宣布在盖层获得储量规模为1.26×10^{8}t的致密油发现，随后YPF公司还在Loma de la Lata常规气田的盖层获得1.27×10^{8}m^{3}页岩气发现，揭示了泥页岩层含油气的巨大潜力。

2. 致密油潜力地质评价

1）烃源岩评价

内乌肯盆地主要发育Vaca Muerta组、Agrio组和Los Molles组3套有效烃源岩（图3-46）。其中Vaca Muerta组为一套上侏罗统—下白垩统海相页岩，以碳酸盐岩下斜坡沉积环境为主，烃源岩富集藻类、腐泥质，Ⅰ—Ⅱ型干酪根，以Ⅰ型干酪根为主；该地层在整个盆地厚度均一，主要发育在盆地中西部，沉积厚度为30～1200m，表明这一时期构造活动较少。地球化学分析揭示：有机碳含量为5%～12%，盆地北部达到14%，南部为2.9%；成熟度为0.39%～2.21%，T_{max}为284～467℃，主要生油，盆地西北部生气，盆地模拟结果揭示75Ma开始生油，30Ma达生油高峰，10Ma开始生气。

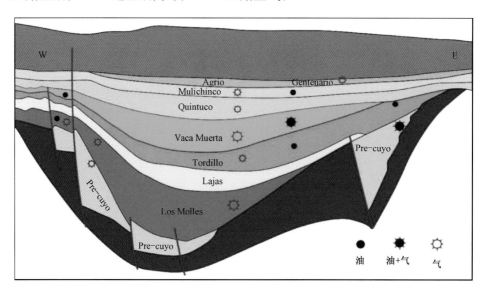

图3-46 内乌肯盆地构造剖面图

Los Molles 组在整个盆地广泛分布，为一套弧后伸展闭合阶段浅水陆棚—深水海洋沉积环境形成的钙质泥页岩。地球化学分析揭示其生油潜力较小，以生气为主，TOC 为 0.64%～5.60%，主要生气，Ⅲ 型和 Ⅱ—Ⅲ 型干酪根，S_1 为 0.167～0.770mg/g，S_2 为 0.130～5.350mg/g；HI 为 10～248mg/g；热解和 TOC 交会图显示该组烃源岩潜力较小，干酪根类型为 Ⅱ/Ⅳ 型，R_o 为 0.7%～3.99%，T_{max} 为 363～485℃；盆地中部和西部埋藏深，进入过成熟期，南部和东部则在生油窗内；盆地模拟结果显示 128Ma 开始生油，生油高峰在 120Ma，75Ma 开始生气。上覆 Lajas 组致密砂岩层为常规油气储层，其盖层为一套 Aqui 组蒸发岩，在局部存在超压（0.60psi/ft）；Los Molles 组在盆地中心厚度最大，达到 1000m，向盆地边缘减薄，测井显示 Los Molles 组中富有机质页岩厚度有 150m，深度在南部 Huincul 隆起附近为 2100m，在盆地中心为 4600m，盆地西南露头 TOC 为 0.55%～5.01%，在东南 2100m 处 TOC 均值为 1.25%，东南 R_o 为 0.6%。

Agrio 组为一套 Plimature 和 Agua de la Mula 海侵期的黑色泥岩，厚 4m，夹 70 cm 厚泥灰岩、微晶灰岩和生物碎屑灰岩层，可分为 Pilmatue，Avile，Agua de la Mula 三个单元。Plimatue 和 Agua de la Mula 单元分布在底部和顶部，岩性为绿色—黑色泥岩到钙质泥岩夹钙质砂岩和生物碎屑灰岩，中部 Avile 单元主要为砂岩。地球化学分析揭示其具有一定的生油潜力。TOC 为 0.3%～9.6%。S_1 为 0.17～5.07mg/g，S_2 为 0.10～3.29mg/g，HI 为 50～412mg/g，最高可达 675mg/g，热解和 TOC 交会图显示该组烃源岩潜力较小，干酪根类型为 Ⅱ—Ⅲ 型，主要具生气潜力。T_{max} 为 340～457℃，主要生油，盆地西北部生气，盆地模拟结果揭示 25Ma 开始生油。

2）储层评价

内乌肯盆地中侏罗统的 Los Molles 组和上侏罗统—下白垩统的 Vaca Muerta 组页岩是该盆地常规油气田的主力烃源岩，也是致密油和页岩气的主力产层。两套页岩层间夹薄层灰泥岩、白云岩，石英和碳酸盐含量均大于 20%，孔隙度介于 7%～12% 之间，渗透率介于 0.05～0.20mD 之间。目前，中侏罗统 Los Molles 组埋藏较深，大部分已经进入高成熟阶段，主要是页岩气潜力区；较浅的上侏罗统—下白垩统 Vaca Muerta 组大部分处于成熟—高成熟阶段，是致密油资源富集区。致密油主要产层 Vaca Muerta 组页岩油、气同产，面积为 $1.6 \times 10^4 km^2$，超压，单井产气 5.7×10^4～$340 \times 10^4 m^3/d$，其中 2013 年钻的 Las Varillas x-1 井 4 月份测试日产油 12.3t，储量规模为 $1.26 \times 10^8 t$（YPF）；Los Molles 组页岩以产气为主，面积为 $1.1 \times 10^4 km^2$，超压，单井产气 6.5×10^4～$37 \times 10^4 m^3/d$，储量规模为 $1274 \times 10^8 m^3$（YPF）。

3）资源评价数据分析

以内乌肯盆地白垩系 Vaca Muerta 组致密油评价为例，编制了含油饱和度、厚度、孔隙度和采收率等值线图，并分别进行网格化，选用反距离加权法进行网格插值，按照体积法公式计算各网格的可采资源量，即在厘定致密油或页岩气含气面积的基础上，将含油/

含气面积、转换系数与含油/含气饱和度、储层净厚度、孔隙度、采收率等值线图进行叠加运算，得到可采资源丰度分布图，积分求出最终可采资源量（图3-47）。

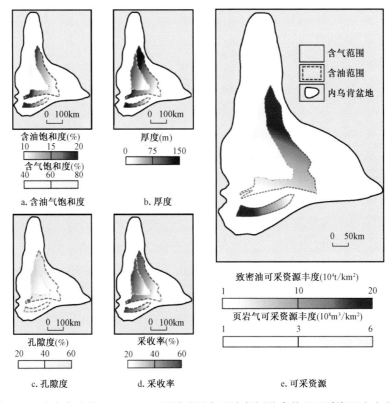

图3-47　内乌肯盆地Vaca Muerta组致密油与页岩气评价参数和可采资源丰度分布

综合评价表明：内乌肯盆地上侏罗统—下白垩统Vaca Muerta组页岩致密油可采资源量为 $21.44 \times 10^8 t$；其中Ⅰ类区可采资源量为 $5.15 \times 10^8 t$、Ⅱ类区可采资源量为 $8.14 \times 10^8 t$、Ⅲ类区可采资源量为 $8.15 \times 10^8 t$。评价结果揭示内乌肯盆地致密油是南美地区最具开发潜力的非常规油气资源。

内乌肯盆地是南美重要的富油气盆地，2012年探明可采常规气当量为 $5123 \times 10^6 t$，常规油为 $6.53 \times 10^8 t$，常规油气的勘探和开发为致密油提供了良好的开发条件，例如发达的管网、硬化路面等。2015年7月南美阿根廷内乌肯政府加大对国内非常规页岩区带的资金投入，内乌肯省签署14亿美元投资计划。多方面资料显示，内乌肯盆地致密油气已被阿根廷政府和多家国际公司所关注。另外，由于持续低油价影响和国内经济问题复杂化，目前阿根廷政府财政紧缩，分析其很可能无力单独开发内乌肯盆地致密油气，因而会提供较好的相关政策，寻找国外合作公司共同开发或进行区块招标，以便让外国公司的经济和技术进入。综合资源潜力、开发条件和合作环境等多方面因素，认为南美阿根廷内乌肯盆地Vaca Muerta组致密油为重要有利目标，需要重点关注。

第五节　致密油富集区带评价与优选

根据本次致密油可采资源评价结果，按照不同层系、不同盆地和不同国家分别排序并进行有利区优选（表3-16至表3-18、图3-48至图3-50）。

表3-16　全球致密油可采资源量前10名层系排序表

大区	盆地	致密油层系	时代	地质资源量（10^8t）	可采资源量（10^8t）
俄罗斯	西西伯利亚盆地	Bazhenov 组	侏罗纪—白垩纪	1507.82	75.63
南美洲	内乌肯盆地	Vaca Muerta 组	晚白垩世	612.84	21.45
非洲	锡尔特盆地	Sirte/Rachmat 组	早白垩世	507.44	20.29
北美洲	威利斯顿盆地	Bakken 组	泥盆纪—石炭纪	322.03	12.88
大洋洲	坎宁盆地	Goldwyer 组	中奥陶世	551.83	11.04
北美洲	二叠盆地	Wolfcamp 组	二叠纪	308.89	10.81
南美洲	查科—巴拉纳盆地	Ponta Grossa 组	泥盆纪	399.95	10.00
北美洲	丹佛盆地	Niobrara 组	白垩纪	125.66	8.54
北美洲	威利斯顿盆地	Three Forks 组	早泥盆世	115.25	8.06
南亚	印度河盆地	Sembar 组	晚白垩世	396.06	7.92

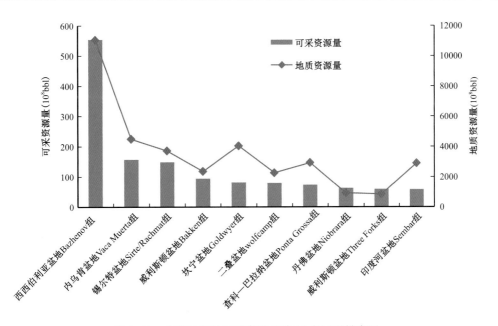

图3-48　全球致密油可采资源量前10名层系排序图

表 3-17 全球致密油可采资源量前 10 名盆地排序表

盆地	层系时代	地质资源量（10^8t）	可采资源量（10^8t）
西西伯利亚盆地	J	1507.82	75.63
内乌肯盆地	K，J	809.25	27.34
锡尔特盆地	K	612.18	23.96
威利斯顿盆地	D	437.29	20.94
二叠盆地	P	376.82	15.57
阿尔伯达盆地	K，J，T，C，D	385.50	12.41
印度河盆地	K，E	639.74	12.31
查科—巴拉纳盆地	D	399.95	12.00
三叠—古达米斯盆地	S，D	305.68	11.40
坎宁盆地	O	551.83	11.04

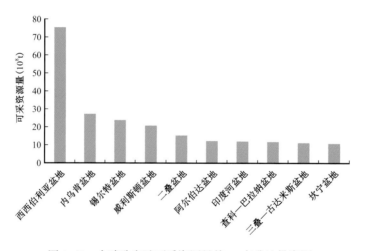

图 3-49 全球致密油可采资源量前 10 名盆地排序图

表 3-18 全球致密油可采资源量前 10 名国家排序表

国家	大区	致密油层系数	地质资源量（10^8t）	可采资源量（10^8t）
俄罗斯	俄罗斯	3	1554.56	77.03
美国	北美洲	25	1912.07	70.13
阿根廷	南美洲	3	840.65	28.44
利比亚	非洲	5	651.99	25.56
中国	亚洲	19	714.46	25.01

续表

国家	大区	致密油层系数	地质资源量(10^8t)	可采资源量(10^8t)
巴西	南美洲	5	566.98	17.45
澳大利亚	大洋洲	7	832.65	17.24
加拿大	北美洲	6	385.50	12.42
阿尔及利亚	非洲	4	331.58	12.42
巴基斯坦	南亚	2	639.75	12.31

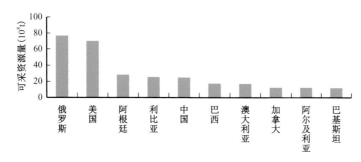

图 3-50 全球致密油可采资源量前 10 名国家排序图

宏观上，北美地区是致密油目前开发的热点区，产量非常高，且资源潜力仍较大，配套设施较为完善，勘探开发风险比较低，但是也因此很难再进入。所以资源潜力排名第二的俄罗斯和第三的南美是未来可以重点考虑的地区。这两个地区的致密油资源确定且丰富，目前刚刚起步，距离规模开发尚需时日，适当条件下可进行投资。

结合地区施工条件和外部市场等因素综合考虑，在低油价形势下，俄罗斯西西伯利亚盆地 Bazhenov 组和阿根廷内乌肯盆地 Vaca Muerta 组致密油富集程度和可采性均非常好。而且，两者的综合风险均较低，是有利的目标区，可以择机以参股等方式进入。

可采资源量排前三的层系分别为俄罗斯西西伯利亚盆地 Bazhenov 组致密油、阿根廷内乌肯盆地 Vaca Muerta 组致密油和利比亚锡尔特盆地 Sirte/Rachmat 组致密油，同时阿尔及利亚三叠—古达米斯盆地志留系 Tannezuft 组和上白垩统 Frasnian 组致密油近年来表现出色。这四个地区将会是致密油潜在重要增长点，建议提前关注并择机进入。

（1）俄罗斯西西伯利亚盆地 Bazhenov 组致密油。该盆地主力烃源岩为侏罗系 Bazhenov 组硅质页岩，常规油气储层为白垩系海相砂岩，以大型背斜圈闭油气藏为主。Bazhenov 组具有分布面积大（$124 \times 10^4 km^2$）、有效厚度较大（$25\sim50m$）、有机质丰度高（TOC：$5\%\sim17\%$）、成熟度适中（R_o：$0.6\%\sim1.1\%$）的特征，为页岩油规模发育提供了极好的烃源条件。而且，该组埋深较浅（$2200\sim3500m$）、脆性矿物含量高（以石英为主，含量高达 70%）、含油饱和度高（S_o：$50\%\sim80\%$），使其页岩油同样具有很高的可采性。

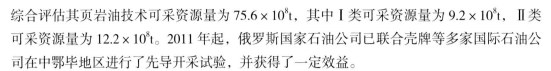

综合评估其页岩油技术可采资源量为 $75.6 \times 10^8 t$，其中 I 类可采资源量为 $9.2 \times 10^8 t$，II 类可采资源量为 $12.2 \times 10^8 t$。2011 年起，俄罗斯国家石油公司已联合壳牌等多家国际石油公司在中鄂毕地区进行了先导开采试验，并获得了一定效益。

（2）阿根廷内乌肯盆地 Vaca Muerta 组致密油。Vaca Muerta 组烃源岩有机质丰度较高（TOC 平均为 5%），成熟度相对较低（R_o: 0.5%～1.6%），埋深也相对较浅，页岩油技术可采资源量更富集，综合评估其可采资源量为 $21.5 \times 10^8 t$，其中 I 类可采资源量为 $5.15 \times 10^8 t$，II 类可采资源量为 $8.2 \times 10^8 t$。该层系下伏 Los Molles 组有机质丰度平均为 2%，总体成熟度更高一些，除盆地边缘外以页岩气勘探为主，页岩油技术可采资源量为 $5.9 \times 10^8 t$。2009 年开始，阿根廷 YPF 等公司就开始对该盆地的页岩油气进行分析，目前也已钻多口评价井和先导试验井。

（3）利比亚锡尔特盆地 Sirte/Rachmat 组致密油。有机质类型以 II / III 型为主，平均有机质丰度为 2.8%，有机质成熟度（R_o）主要为 0.7%～1.0%，脆性矿物含量变化较大，为 30%～70%，埋深主要在 3000m 左右。但分布面积和厚度较大，所以可采资源量较大（$20.3 \times 10^8 t$），因此寻找"甜点区"并进行经济开发的可能也较大。目前暂无公司在致密油层系的生产作业资料。

（4）阿尔及利亚页岩油主要集中在三叠—古达米斯盆地志留系 Tannezuft 组和上白垩统 Frasnian 组中，两套页岩烃源岩特征相似，有机质丰度平均为 5.7%，成熟度（R_o）平均为 0.95%，Tannezuft 组相对 Frasnian 组厚度要薄一些。两套页岩层系的脆性矿物含量相对较低，主要介于 40%～60% 之间，综合可采性不及北美页岩油产区。综合评估页岩油技术可采资源量分别为 $5.8 \times 10^8 t$ 和 $5.6 \times 10^8 t$。

第四章　全球页岩气资源评价

美国页岩气的突破与发展引发了 21 世纪最重要的一次能源革命。据 IEA（2013）预计，未来天然气产量的增长主要来自于页岩气。至 2035 年，全球页岩气产量将达到 $7450 \times 10^8 m^3$，年增幅在 5% 左右（图 4-1）。由此可见，页岩气的开发将影响未来世界天然气和非常规天然气的开采，乃至影响整个世界的能源格局。

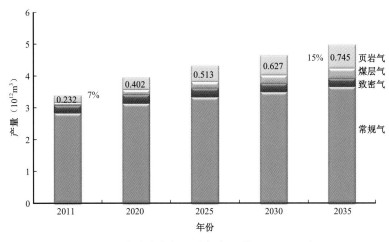

图 4-1　全球非常规天然气产量（据 EIA，2013）

乔治·沃特在 2010 年预测，2015 年北美页岩气产量将可能达到 $2000 \times 10^8 m^3$ 左右，2030 年达到 $3200 \times 10^8 m^3$ 左右（图 4-2）。但从北美地区页岩气的实际发展情况来看，2010 年乔治·沃特的预测明显偏于保守，由于"工厂化"作业及水平井分段压裂技术的进步，

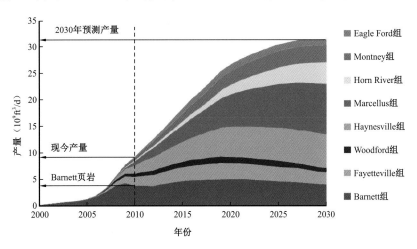

图 4-2　北美页岩气增长趋势预测图

北美地区 2014 年页岩气年产量便已超过 $4000 \times 10^8 m^3$，明显超出其预测的 2015 年产量并超过 2030 年的产量预测值 $800 \times 10^8 m^3$。由此可知，随着技术的进步与推广，未来北美地区页岩气仍将保持稳步快速发展的格局。

据 2015 年《BP 公司 2035 年世界能源展望》预计：全球页岩气可采资源量为 $212 \times 10^{12} m^3$，亚洲资源最为丰富，北美紧随其后。到 2035 年北美将占全球页岩气供应量的四分之三，但北美以外的页岩气产量将加速增长，中国是北美以外最有潜力的国家。未来 20 年中国天然气产量将保持年均 5.1% 的增长，其中页岩气是产量增长的重要推动因素，预计在未来天然气生产中将占据重要的地位。中国页岩气的产量将在 2025 年至 2035 年保持年均 33% 的增长，中国将成为仅次于北美的全球第二大页岩气产区，到 2035 年，中国页岩气增量将占全球页岩气增量的 13%，中国和美国将提供全球 85% 的页岩气产量（图 4-3）。

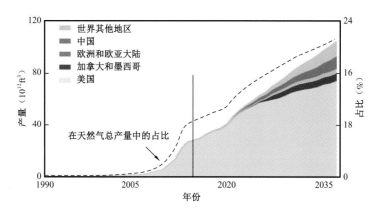

图 4-3　全球不同国家和地区页岩气产量增长预测图（据 BP，2015）

随着天然气勘探开发理论与技术的发展，以页岩气为代表的非常规天然气资源都将成为未来天然气的重要来源。

第一节　页岩气资源评价现状

目前全球页岩气的商业开发集中在美国和加拿大，但在世界范围内也掀起了一场页岩气革命，各国相继开展了对本国页岩油气资源的前期评价和研究。同时，页岩气革命也促进了页岩油气勘探、开发技术的革新和可采资源评价技术的发展与完善。

一、全球页岩气勘探开发及资源评价现状

1. 勘探开发现状

页岩气已成为全球天然气勘探开发热点，世界范围内，受美国页岩气勘探开发成功案例的启发，欧洲的德国、英国、法国、瑞典、奥地利与波兰，亚洲的中国和印度，大洋洲的澳大利亚与新西兰，非洲的南非等国家开始对本国页岩气资源进行前期研究与评价，其

中中国和新西兰已经取得了突破并进入商业开采阶段。

1）美国页岩气勘探开发现状

美国是全球页岩气发现最早、开发最成功的地区。早在1821年，第一口商业性页岩气井完钻于美国纽约州 Chautauqua 郡 Fredonia 镇附近的泥盆系 Perrysbury 组 Dunkirk 页岩，比第一口油井早38年。但因产量低、效益差，页岩气开发进展缓慢，直到1999年美国页岩气产量才突破 $100 \times 10^8 m^3$。

21世纪以来，随着水平井钻探和分段压裂技术日臻成熟，美国页岩气勘探开发取得突破性进展，产量进入快速增长期。2005年美国页岩气产量突破 $200 \times 10^8 m^3$，2008年突破 $600 \times 10^8 m^3$，2009年，在页岩气的助推下，美国超过俄罗斯成为世界第一大天然气生产国。2012年美国页岩气产量达到 $2935 \times 10^8 m^3$，约占美国天然气总产量的40%。EIA 2014年12月的数据显示，美国页岩气年产量由2007年的 $366 \times 10^8 m^3$，快速增长到2012年的 $2935 \times 10^8 m^3$，2014年页岩气产量为 $3742 \times 10^8 m^3$，占美国干气年产量近50%。

近年来，天然气勘探开发成功率的不断提高极大刺激了全美页岩气的勘探热潮。美国页岩气完井数2004年为2900余口，2005年增加到3400多口，至2014年累计完钻页岩气井60000余口。据统计，自19世纪早期到2000年，美国只在密歇根盆地、阿巴拉契亚盆地、伊利诺依盆地、沃思堡盆地和圣胡安盆地等5个盆地生产页岩气，页岩气井约28000口，页岩气年产量仅 $112 \times 10^8 m^3$。

到2014年，美国已在阿巴拉契亚盆地、墨西哥湾盆地、沃思堡盆地、阿科玛盆地等50余个盆地的7套主力层系中发现页岩气藏并成功开发，2014年美国页岩气产量达到 $3742 \times 10^8 m^3$，Marcellus 组页岩产量最高，为 $1331 \times 10^8 m^3$。

2）加拿大页岩气勘探开发现状

继美国之后，加拿大是第二个进行页岩气勘探开发的国家，商业开采已取得一定进展。加拿大页岩气起步较晚，但进展迅猛。20世纪末开始了批量钻井，开展页岩气的勘探及实验研究，2007年第一个商业性页岩气藏在不列颠哥伦比亚省东北部投入开发。目前，已发现 Montney，Horn River，Colorado，Utica，Muskwa 和 Duvernay 等多套产页岩气层系，其中 Montney 页岩产量占80%（图4-4）。加拿大页岩气资源主要集中在西部地区，该地区与美国西部地区地质条件相似，在美国发展起来的成熟技术适合当地的开发条件，这也是加拿大页岩气能够快速发展的主要原因。2006年加拿大页岩气年产量约为 $1000 \times 10^4 m^3$，2009年页岩气产量达到 $72 \times 10^8 m^3$，2014年为 $380 \times 10^8 m^3$，占当年加拿大天然气总产量的21.4%。

3）中国页岩气勘探开发现状

随着美国页岩气的开发获得巨大成功，中国政府和石油企业开始重视并逐步开展页岩气勘探开发工作。目前，中国页岩气发展迅速，已成为全球第三个实现页岩气商业化开采

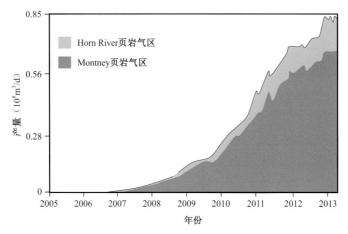

图 4-4 加拿大主要页岩气区产量增长态势图

的国家。截至 2014 年 12 月底，中国累计投资 230 亿元，完成二维地震 21818km，三维地震 2134 km²，钻井 780 口（其中，调查井 197 口，直井探井 238 口，水平井 345 口），铺设管线 235 km（表 4-1）。

表 4-1 截至 2014 年中国页岩气勘探开发投入情况统计表

单位名称	二维地震（km）	三维地震（km²）	钻井（口）	管线（km）	年产量（10^8m³）	投入（亿元）
国土资源部	210.00		66			6.6
地方政府	739.82		45			4.6
中国石化	4793.61	999.50	184	141.3	10.80	126.0
中国石油	6076.00	757.00	358	93.7	1.67	68.0
延长石油	0	105.35	65			7.2
中国海油	316.18					
中联煤层气	2178.65	272.00	14			1.4
中标企业	7503.90		43			15.2
合计	21818.16	2133.85	775	235.0	12.47	229

中国共设置页岩气探矿权 54 个，面积 17×10⁴km²，相继在四川长宁、威远，重庆涪陵、彭水，云南昭通，贵州习水和陕西延安等地取得重大突破和发现，获得页岩气三级地质储量近 5000×10⁸m³，其中涪陵区块探明地质储量 1067.5×10⁸m³，建成年产能 25×10⁸m³，2014 年全国页岩气产量为 12.47×10⁸m³。中国石化率先在涪陵区块实现页岩气商业开发。截至 2014 年底，重庆涪陵区块形成了年产 25×10⁸m³ 的页岩气产能。中国石油加快推进威远、长宁和昭通页岩气规模建产，建成年产能 7×10⁸m³，2014 年生产页岩气 1.6×10⁸m³。

4）拉丁美洲页岩气勘探开发现状

拉丁美洲地区拥有较为丰富的页岩气资源，据 EIA 的最新评估数据，拉丁美洲页岩气可采资源量为 $56\times10^{12}m^3$，页岩油可采资源量为 99.6×10^8t，主要集中在阿根廷、墨西哥和巴西等国家。

阿根廷积极开展页岩气先导试验，是拉丁美洲地区最有前景的国家。2011 年，阿根廷在 Neuquen 盆地发现了页岩气。2013 年 3 月，阿根廷油气巨头 YPF 与美国陶氏化学阿根廷子公司签署了共同开发页岩气的协议。这也是阿根廷首个页岩气开发项目，自此阿根廷页岩气开发开始提上日程。其中内乌肯盆地有利面积为 $2.5\times10^4km^2$，已钻页岩（油）气井 50 口，单井产气 $5.7\times10^4\sim34\times10^4m^3/d$，2012 年产量为 $150\times10^4m^3$。至 2014 年，阿根廷页岩气产量达 $4\times10^8m^3$。

墨西哥页岩气技术可采资源量排世界第 6 位（EIA，2013），由于墨西哥和美国有很多的领土接壤，有研究表明墨西哥和美国的页岩气也有相似性，具有开发潜力。目前墨西哥正进行能源体制改革，以加快页岩气开发进程。

5）欧洲页岩气勘探开发现状

自 2000 年以来，欧洲许多国家开始着手页岩气研究，希望通过对欧洲大陆地质资料的收集和勘探，实现较大的页岩气勘探突破和发现。2009 年初，"欧洲页岩项目（GASH）"启动，计划每年投入资金 16 万欧元，预计 6 年内完成，目的是建立欧洲黑色页岩数据库，指导页岩气勘探与开发。ARI（2009）估算欧洲页岩气资源量约为 $30\times10^{12}m^3$，可采资源量约为 $4\times10^{12}m^3$。巨大的页岩气资源潜力吸引着壳牌、埃克森美孚、康菲等至少 40 家公司在欧洲寻找页岩气。2007 年，波兰能源公司着手勘查波兰志留系黑色页岩气资源潜力，壳牌公司对瑞典 Skane 地区黑色页岩开展资源调查。2010 年，埃克森美孚公司在匈牙利 Makó 地区部署第一口页岩气探井，并计划在德国 Lower Saxony 盆地完成 10 口页岩气探井。Devon 能源公司与法国道达尔石油公司建立合作关系，获得在法国页岩气盆地的钻探许可。康菲石油公司与 BP 石油公司签署了波罗的海盆地页岩气勘探协议。预计在未来 10 年，欧洲页岩气(不含俄罗斯)的开采将使其天然气实现自给自足，从而摆脱俄罗斯的制约（ARI，2009）。

欧洲页岩气资源主要分布在俄罗斯、波兰、法国和乌克兰等国。天然气最大储量国俄罗斯最初并不看好页岩气。然而，随着页岩气的蓬勃发展，俄罗斯的态度开始发生转变。2012 年 11 月，俄罗斯提出加入全球"页岩气革命"的发展计划，并计划到 2017 年实现页岩气大规模开发。波兰是欧洲除俄罗斯外页岩气资源量最丰富的国家，页岩气开发已经成为波兰重要的能源战略。然而，由于开发成本远高于美国，许多公司陆续退出，波兰的页岩气开发有待突破。法国的页岩气资源潜力巨大，几乎占西欧的一半。然而，法国执政党内部对页岩气的开发问题存在分歧。社会党的盟友欧洲生态绿党坚决反对任何形式的页岩气开发。法国前总统奥朗德认为，目前可行的水力压裂技术不能排除对人类身体健康和环境造成的污染，因此，在其任期内不会进行页岩气开发。负责工业活动的生产振兴部长则认为，法国总统反对的是水力压裂法，并非反对页岩气本身，如果技术得以改进，政府仍可以就页岩气进行重新讨论。其他欧洲国家，如德国、英国、西班牙等，尽管也已着手页岩气的试探性开发，但国内各方利益冲突不断。由于欧洲人口稠密，环保监管严格，开发成本高昂，距离实现页岩气大规模商业开发仍为时尚远。

2. 页岩气开发技术的发展

美国页岩气成功开发的经验揭示页岩气资源的经济有效开采是以水平井的推广应用和网络压裂技术突破为标志的，同时也是众多不同专业领域技术集成应用的成功案例，主要得益于微地震监测、水平井压裂钻完井、平台式"工厂化"生产、"人工油气藏"开发等4项核心理论技术的重大进步。而在整个技术链中，水平井分段压裂技术处于中心地位。

2002年以来，水平井的大量应用推动了美国页岩气的快速发展。目前几乎所有的页岩气都采用水平井开发，钻井方向均垂直于最大水平主应力方向。水平井钻井过程中，常采用欠平衡钻井、空气钻井、控制压力钻井和旋转导向钻井等关键技术。在同一井场利用滑移井架钻多口水平井。与直井相比，水平井的技术优势在于：（1）成本为直井的1.5～2.5倍，但初始开采速度、控制储量和最终可采储量是直井的3～4倍；（2）水平井与页岩层中裂缝（主要为垂直裂缝）相交机会大，明显改善储层流体的流动状况和增加泄流面积；（3）减少地面设施，开采延伸范围大，受地面不利条件干扰少。

水平井分段压裂技术始于20世纪80年代，在水力裂缝的起裂、延伸，水力裂缝条数和裂缝几何尺寸的优化，分段压裂施工工艺技术与井下分隔工具等方面均已取得重要进展。水力喷射压裂技术、裸眼封隔器分段压裂技术、限流法分段压裂技术、体积改造技术、高速通道压裂技术是几种常见的压裂工艺。

平台式"工厂化"生产模式是指应用系统工程的思想和方法集中配置人力、物力、投资、组织等要素，以现代科学技术、信息技术和管理手段，应用于传统石油开发施工和生产作业，实现多井平台式"工厂化"生产。平台式"工厂化"一般具备4个要素：（1）整体研究、批量布井；（2）模块装备、标准设计；（3）交叉施工、流水作业；（4）用料用水、重复利用。目前，"工厂化"作业只针对北美和中国等页岩气、致密油单一非常规油气类型进行施工，该模式强调油气生产将突破一个井场只钻一口井、只钻一种非常规油气类型的传统油气生产方式。

平台式"工厂化"水平井钻完井及分段压裂技术与成熟的丛式水平井钻完井及相关配套技术是页岩气成功开发的基础。丛式井的布井方式、井眼轨道优化、井眼轨迹控制、优快钻井、井壁稳定、随钻测量、完井等技术的集成，提高了丛式水平井组的钻完井效率，缩短了建井周期，提高了井眼轨迹控制精度和井壁稳定程度，降低了钻井成本。美国页岩气主产区的丛式水平井平均钻井周期仅为 27d，成本为 300 万～600 万美元（垂深 2500m 左右，水平段长 1300m 左右）。同时，水平井分段压裂与段内分簇体积压裂、同步及交替压裂、无级可钻式桥塞压裂、无水压裂、清水压裂、整体压裂及裂缝实时监测等新技术的不断涌现，为提高页岩气井产量和采收率作出了贡献。"井工厂"式钻井采用底部滑动井架钻丛式井组，每井组 3～8 口水平井，水平井段间距 300～400m，利用最小的丛式井井场可使开发井网覆盖区域最大化。平台"工厂化"式压裂能够在一个丛式井平台上压裂 22 口井，降低作业成本，提高作业效率。目前，井组设计每平台 16～20 口井，井组压裂级数最大 440 段，水平段长度 1600～3000m，每口井最大压裂级数 28 段。平台式"工厂化"钻井、压裂等标准流程作业，最大限度地减少了设备动迁，提高了作业效率，缩短了钻井和储层改造时间，有效控制了建井成本，保证了页岩气的有效开采。可见，通过石油工程技术缩短完井周期、降低作业成本的潜力巨大。

开发技术的进步，也影响了我们对页岩气产量和资源潜力的评价。根据页岩气早年产量预测，很可能低估页岩气区的最终可采资源量。以 Barnett 页岩气资源评价为例，随着勘探开发程度的不断扩大及技术的进步，沃斯堡盆地 Barnett 页岩气主产区 Newark East 气田的年产量和技术可采储量增加，并在盆地内发现了一大批具有商业性开采价值的页岩气田。USGS 及其他研究机构对 Barnett 页岩气的技术可采储量评估值也迅速攀升，由早期的 $390 \times 10^8 \text{m}^3$（USGS，1990）到 1996 年的 $840 \times 10^8 \text{m}^3$（USGS，1996）、2004 年的 $7300 \times 10^8 \text{m}^3$（USGS，2004）增至 2005 年的 $1.1 \times 10^{12} \text{m}^3$（ARI，2005）。

3. 页岩气可采资源评价研究现状

国外页岩气资源评价方法很多，总体看，主要分为动态评价方法和静态评价方法，两种方法又包含众多选用不同参数的资源计算方法。由于页岩气藏储层连续分布，具有较强的非均质性，包括多种气体富集机制、控制产能的多样性，因此，页岩气资源评价既要考虑地质因素的不确定性，也要考虑技术、经济上的不确定性。不同勘探开发阶段适用的方法不同，关键参数不同，参数获取方式不同，资源估算结果也有较大差异。

国内外针对页岩气资源量（储量）的估算方法主要包括类比法、成因法、体积法、物质平衡法、递减曲线分析法、数值模拟法、弹性二相法、Forspan 模型法及 USGS 概率分析法。其中石油公司储量估算的显著特点是以经济效益为核心，在资源储量参数的选取和方法上，要求快速可靠，因此在用估算方法上常用少数几种。一般在勘探初期主要用类比法及体积法计算资源储量；投入开发后，用产量递减曲线法或油气藏模拟法计算油气储量，投入开发的油气田每年或每二、三年要用产量递减曲线法计算油气资源储量的变化。

北美针对页岩气资源量（储量）的估算方法主要包括类比法、体积法、油气资源空间分布预测法、递减曲线分析法以及 Forspan 模型法（表 4-2）。以 Forspan 模型法、类比法和随机模拟法为主的机构主要包括 USGS，ARI 和 EIA 等。其中，Forspan 模型法是 USGS 进行非常规油气资源评价的主流评价方法，该术语是 Schmoker 于 1999 年提出的，基于目标层产能数据，预测目标层未来潜在增长储量。类比法是由 ARI 提出的，核心是以一口井控制的范围为最小估算单元，把评价区划分成若干的单元计算，得到整个评价区的资源量数据。随机模拟法的典型代表是 USGS 的 Olea 等提出的 USGS 随机模拟法。

表 4-2 页岩气资源评价方法简表

评价方法	方法描述	影响因素
类比法	面积丰度法 体积丰度法	预测区的油气地质条件基本清楚； 类比标准区已进行了系统的页岩气资源评价研究，且已发现页岩气田或较多井
体积法	吸附气 + 游离气	页岩储层参数及含气量
递减曲线分析法	大量生产数据建立页岩气井生产趋势	递减曲线函数模型选取
油气资源空间分布预测法	统计法的扩展发展（加拿大：Chen Z H 等）	已知油气藏数量与储量分布，建立油气资源预测方法，解决资源空间分布难题
Forspan 模型法	阿巴拉契亚盆地 Marcellus 页岩；福特沃斯盆地 Barnett 页岩；密歇根盆地 Antrim 页岩	建立在已有开发数据基础上，估算结果为未开发原始资源量

不同机构或研究者对全球页岩气资源进行评价，主要采用体积法和类比法。但这两种方法受限于资料掌握程度，导致相同地区不同机构的评价结果有时相差较大。通过对比 EIA 在 2011 年和 2013 年对中国页岩气资源量评价的结果，发现虽然评价的机构和研究人员皆为 EIA 公司，资源评价方法一致（体积法和类比法），评价的资源量数值相差不大，但仔细分析两次评价的盆地和层位便可发现，两次评价结果实际上差异较大。2011 年 EIA 评价区域仅为四川、塔里木两个盆地，层位为海相页岩，而 2013 年评价了 7 个盆地或地区，层位包括海相，也包括陆相。因此，由于目前全球页岩气勘探开发仅在几个国家实现了商业性开采，相关地质资料有限，不同机构预测的全球页岩气资源量存在较大不确定性。

二、本次页岩气评价采用的技术

基于全球含油气盆地研究及油气田数据库数据分析，评价涵盖全球页岩气富集盆地。本次评价共优选 8 个大区、30 个国家、65 个盆地、89 套页岩层系开展评价，基本覆盖了全球主要具有页岩气潜力的盆地，包括被动陆缘盆地、大陆裂谷盆地、前陆盆地、克拉通盆地和弧后盆地 5 种盆地类型，评价了海相、湖相和海陆过渡相 3 类页岩。

考虑页岩气的形成机理，以烃源岩为核心，遴选关键地质参数，选用合适的评价方法开展评价。根据页岩气的赋存与富集特点，采用了 GIS 空间图形插值法和参数概率分布体积法分别对重点评价盆地、详细评价盆地和一般评价盆地开展评价。GIS 空间图形插值法基于体积法的核心参数，将参数等值线化，然后空间叠加计算，最后得出页岩气的空间资源丰度分布。参数概率法优选了含气页岩面积、含气页岩厚度、含气页岩埋深、地层压力、地层温度、含气孔隙度、含气饱和度、含气量、吸附气比例、吸附气含量、采收率等 11 个敏感参数作为评价指标，每个指标又划分为最小值、最大值和平均值 3 种取值类型，评价结果采用概率分布的期望值，非常适合页岩气的资源评价。

第二节　页岩气形成条件

一、页岩气的定义与形成条件

1. 本次研究采用的定义

页岩气特指赋存于富含有机质页岩地层系统中的天然气。富有机质页岩地层系统以富有机质页岩为主，夹薄层粉砂岩、砂岩、碳酸盐岩等。页岩气起算条件为：TOC 不小于 2%，R_o 不小于 1.2%，埋深为 $1000\sim4500$m，页岩集中段厚度不小于 15m，含气面积不小于 50km^2，构造背景相对稳定，地表条件较为平坦，已有油气发现或显示。

2. 页岩气形成与富集条件

地质因素是决定页岩气成藏的内因，外部因素则决定页岩气藏是否具有经济可采性。其中，地质因素包括有机质丰度、有机质热成熟度、有机质类型、孔隙度、渗透率、裂缝发育程度、页岩有效厚度及矿物组成成分等，外部因素则主要指的是埋深、温度、地层压力等。

3. 地质因素

1）富气页岩有机质丰度较高，普遍大于 2%

通过统计分析美国典型页岩气盆地页岩层有机质丰度、有机质演化程度、有机质类型，揭示美国典型富气页岩普遍为高有机质丰度、高有机质演化程度，有机质类型以 Ⅱ 型和 Ⅲ 型为主。与常规油气藏相同，要形成页岩气富集区，烃源岩必须含有充足的有机质。页岩气生气量与其有机碳含量（TOC）之间呈正相关关系，有机质具有多微孔特点，此外，有机碳含量在一定程度上也控制着页岩裂缝发育程度和抗风化能力，在其生烃演化过程中不断产生大量的微孔隙和微裂缝，为页岩气的吸附提供更大空间。泥质页岩的有机碳含量变化范围较大，例如美国福特沃斯盆地、阿科玛盆地、海湾盆地、密歇根盆地、阿巴拉契亚盆地等 5 个页岩气主要生产盆地页岩有机碳含量范围在 0.5%～25% 之间。虽然页岩总有机碳含量在 0.5% 以上就具有一定的生气潜力，但实际资料揭示，页岩有机碳含量大于 2% 时才有工业价值。有机质丰度随岩性而变化，富含黏土质的地层最高，未成熟的露头样品高于成熟的地下样品。在常规油气区，TOC 生油气下限为 0.5%，较好的烃源岩 TOC 一般大于 0.6%，表 4-3 为美国主要页岩气盆地的有机地球化学指标，各套页岩 TOC 明显高于常规油气藏。

表 4-3   美国主要页岩气盆地地球化学参数表

盆地名称	福特沃斯	阿科玛	阿巴拉契亚	阿纳达科	海湾	东得克萨斯
页岩名称	Barnett	Fayetteville	Marcellus	Woodford	Eagle Ford	Haynesville
面积（km²）	12944	23300	245944	28478	35000	23300
埋深（m）	1981～2591	305～2134	1219～2591	1829～3353	1200～3720	3200～4115
有效厚度（m）	30～183	6～61	15～61	37～67	45～90	60～90
有机碳含量（%）	3.3～4.5	4.0～9.8	2～15	2.0～14	2.0～8.5	0.5～4.0
成熟度（%）	1.1～2.0	1.2～4.5	0.9～3.0	1.1～3.0	0.8～1.6	1.2～2.4

注：数据来自 EIA，USGS，C&C，Tellus 等资料。

2）富气页岩有机质进入大量生气期，演化程度高，R_o 普遍大于 1.1%

成熟度是确定有机质生油、生气或有机质向烃类转化程度的关键指标。按照 Tissot 有机质演化阶段划分方案，R_o<0.7% 为成岩作用阶段，烃源岩处于未成熟或低成熟作用阶段；0.7%<R_o<1.3% 为深层热解阶段，处于生油窗内；1.3%<R_o<2.0% 为深层热解作用阶段的湿气和凝析油带；R_o>2% 为后成岩作用阶段，处于干气带，生成烃类是甲烷。当然对于不同干酪根类型进入湿气阶段的界限有一定差异，一般 R_o 处于 1.2%～1.4% 的范围内。

页岩气的生成贯穿于有机质向烃类转化的整个过程。不同类型的有机质在不同演化阶段生气量不同，只要有烃类气体生成，它们就有可能在页岩中聚集。在有机质演化程度较低时，可以形成生物成因页岩气，演化程度较高时，可以通过干酪根热降解、原油热裂解方式形成热解、裂解成因页岩气。一般情况下，有机质成熟度越低，页岩气含量越低、产量越小；成熟度越高，含气量和产气量均越高。

美国页岩气绝大部分为热成因型，生物成因型页岩气开采较少，只有热成熟度达到一定程度才能进入生气窗口，才能聚集形成规模，最佳生产窗口 R_o 值为 1.35%～3.50%。美国产气页岩的热成熟度从 0.4%～4.0% 均有分布（表 4-3），但产气地区的 R_o 一般均在 1.2% 以上。例如福特沃斯盆地 Barnett 页岩热成熟度从西部向东北部增加，产区相应分为油区、湿气区、干气区，绝大部分气井分布在 R_o 大于 1.2% 的范围内。

3）以Ⅱ型和Ⅲ型干酪根为主

美国产气页岩以Ⅱ型与Ⅲ型干酪根为主。美国西部前陆盆地页岩均在海相环境中沉积，主要为Ⅱ型干酪根。干酪根的类型不但对岩石的生烃能力有一定的影响，还可以影响天然气的吸附率和扩散率。Ⅰ型干酪根的生烃能力和吸附能力一般高于Ⅱ型和Ⅲ型干酪根。

4）储层发育多种类型微孔，孔隙度和渗透率低

含页岩气的泥页岩主要为暗色或黑色细粒沉积层，呈薄层状或块状，页岩本身既是烃源岩又是储层。生物化学生气阶段，天然气首先吸附在有机质和岩石颗粒表面，原位滞留饱和后，过饱和的天然气以游离相或溶解相向外初次运移。达到热裂解生气阶段时，大量天然气的生成使岩石内部压力升高，沿应力集中面、岩性接触过渡面或脆性薄弱面产生裂缝，除吸附在有机质和岩石颗粒表面的页岩气外，一部分以游离相存在于粒内孔、粒间孔或裂缝中，一部分二次运移到常规地层，形成致密砂岩气藏或常规天然气藏。

岩石孔隙是储存油气的重要空间、确定游离气含量和页岩气资源评价的主要参数。根据资料，有平均 50% 的页岩气存储在页岩基质孔隙中。随着成熟度增加，干酪根、原油热裂解进入大量生烃演化进程，除了大量生成油气，为常规油气藏提供丰富的物质来源之外，本身还可产生 5～200nm 的纳米级孔隙。

美国典型页岩薄片分析揭示页岩孔隙以粒间孔、粒内孔和有机质孔 3 种类型为主，Barnett 页岩、Fayetteville 页岩、Woodford 页岩以有机质孔隙为主，Haynesvielle 页岩和 Bossier 页岩以粒内孔为主，Eagle Ford 页岩则是有机质孔和粒间孔隙都发育，New Albany 页岩则以粒间孔为主。

作为富有机质烃源岩，在其演化过程中，有机质自身会随着 R_o 升高，生烃使有机质体积减小，内部逐渐形成微孔隙，一般有机质会经历无孔、气泡孔和海绵状孔 3 个阶段。在有机质达到中—高成熟阶段，储集空间基本以有机质孔为主，Eagle Ford 组泥灰岩薄片分析表明，其有机质孔达 5.7%，直径通常为 10～30nm。Haynesville 页岩薄片分析揭示其有机质孔达 10%，直径为 15～55nm。

页岩储层为特低孔隙度、渗透率的储层，以发育多种类型微孔为特征。孔隙直径小于 2μm，比表面积大、结构复杂，丰富的内表面积可以通过吸附方式储存大量气体。一般页岩的基质孔隙度为 2%～10%，产气页岩多为 5%，渗透率受构造背景、页岩脆性矿物含量及页岩内薄砂岩夹层等影响，一般小于 0.10mD，大部分在 0.05～3.00mD 之间，储层物性评价在常规油气储层内属于特低孔低渗储层（表 4-4）。

表 4-4　美国主要页岩层物性统计表

页岩名称	时代	基质渗透率（mD）	孔隙度（%）	孔喉直径（μm）	储层埋深（m）
Barnett	早石炭世	0.05~0.10	2~8	<0.7	1980~2590
Fayetteville	早石炭世	0~0.10	2~6	<0.1	1500~2400
Woodford	晚泥盆世	0~0.70	2~4	<0.4	1800~3960
Eagle Ford	晚白垩世	0.70~3.00	2~10	<2	1200~3720
Haynesville	晚侏罗世—早白垩世	0~5.00	2~10	<0.7	3200~4115
范围		0.05~3.00	2~10	0.001~2	1200~3960

注：数据来自 EIA，USGS，C&C 等资料。

5）脆性矿物含量高，以硅质或钙质矿物为主，易于压裂开发

裂缝的发育可以为页岩气提供充足的储集空间，也可为页岩气提供运移通道，更能有效提高页岩气产量。在不发育裂隙情况下，页岩渗透能力非常低。石英含量的高低是影响裂缝发育的重要因素，富含石英的黑色泥页岩段脆性好，裂缝的发育程度比富含方解石的泥页岩更高。除石英外，长石和白云石也是泥页岩中易脆组分。一般页岩中具有高含量的黏土矿物，但暗色富有机质页岩中的黏土矿物含量通常较低。页岩气勘探必须寻找能够压裂成缝的页岩，即页岩的黏土矿物含量足够低（<50%）、脆性矿物含量丰富，使其易于成功压裂。美国 9 套产气页岩脆性物质含量均大于 55%、黏土矿物均小于 50%（表 4-5），脆性物质含量最高的 Eagle Ford 页岩也更容易实施水力压裂措施。

表 4-5　美国主要页岩层矿物含量统计表

页岩名称	脆性物质含量（%）			黏土矿物含量（%）			孔隙度（%）	裂缝发育程度
	最小	最大	平均	最小	最大	平均		
Barnett	50	60	55	40	50	45	2~8	较发育
Fayetteville	54	70	62	32	45	38	2~6	较发育
Woodford	75	85	80	15	25	20	2~4	较发育
Eagle Ford	80	90	85	10	20	15	2~10	一般
Haynesville	66	80	73	20	35	27	2~10	一般
Lewis	55	65	60	35	45	40	1.0~3.5	较发育
New Albany	60	70	65	30	40	35	3~7	较发育
Antrim	60	70	65	30	40	35	2~4	较发育
Marcellus	60	70	65	30	40	35	2~7	一般

注：数据来自 EIA，USGS，C&C 等资料。

4. 外部因素

1）地层一般为超压体系

由于纳米级孔隙中的油气以滞流为主，超压的存在可以驱动油气聚集。而泥页岩快速沉积形成的欠压实作用以及新生流体增压作用都可以导致孔隙度和流体压力的异常增高。一般新生流体增压作用主要来自蒙皂石脱水作用和有机质生烃作用：蒙皂石等膨润性黏土矿物含大量孔隙水和结构水，在压实和热力作用下，将排出其孔隙水和部分结构水，在排液不畅时，会形成高压。富有机质页岩中干酪根在热演化过程中生成的产物，会产生增压作用，生成流体体积超过干酪根体积的25%，从而形成局部高压。

资料显示，美国西部几套产气页岩地层压力大多为超压，压力系数介于1.0～1.8之间。页岩气地层的超压形成机制目前还存在争议，一种认为超压由生烃作用引起；另一种认为由于页岩孔隙的毛细管阻力较大，地层构造抬升后，页岩中原来的正常压力保存很好，由于现今埋藏较浅，其压力就显得比正常压力大。常规泥岩中的超压是成熟油气发生初次运移的动力。页岩中的异常高压一方面提高了开采过程中天然气的流速，另一方面，在压裂过程中，异常高压能够与水力作用"里应外合"，使压开的裂缝朝井眼方向会集，从而提高压裂开采效率。

2）页岩储层广覆式大面积分布

泥页岩首先是烃源岩，其次才是页岩气藏的储层和盖层。因此，烃源岩在平面上的分布面积和剖面上的厚度是决定页岩气资源潜力的关键要素之一。泥页岩必须达到一定的厚度，并且有连续分布面积，才能提供足够的有机质和充足的储集空间，成为有效的烃源层和储层。另外，富含有机质的泥页岩厚度越大，就越能保证页岩气的资源量和压裂改造所需条件。因此，一定的页岩厚度是影响页岩气富集及形成高产的重要因素。在海相沉积体系中，富有机质页岩主要形成于盆地相、大陆斜坡、台地坳陷等水体相对稳定的环境；在陆相湖盆沉积体系中，富有机质页岩一般发育在较深湖相、深湖相以及部分浅湖相带中，这些沉积相带一般具有广泛的展布空间。

页岩厚度控制着页岩气藏的经济效益，有效页岩厚度越大，尤其是连续有效厚度越大，有机质含量越多，页岩气的富集程度也就越高。商业开发的页岩气藏储层厚度一般在30m以上，页岩有效厚度的下限可随有机碳含量的增加和成熟度的提高适当降低。据统计，北美地区页岩有效厚度分布较广，美国主要产气页岩盆地资料表明，页岩气储层的厚度均值一般为30～90m，其中单井产气量较高的Barnett页岩和Lewis页岩平均厚度均在30m以上。Barnett页岩核心产区页岩厚度均在80m以上，沉积最厚的地区达到近300m（表4-6）。

表 4-6　美国主要页岩层厚度统计表

页岩名称	时代	盆地名	页岩面积（km²）	盆地面积（km²）	页岩面积/盆地面积	页岩厚度（m）
Barnett	早石炭世	福特沃斯	7500	12950	0.58	90
Fayetteville	早石炭世	阿科玛	15500	33800	0.46	30
Woodford	晚泥盆世	阿科玛	13500	33800	0.40	45
Eagle Ford	晚白垩世	海湾	30000	51799	0.58	60
Haynesville	晚侏罗世—早白垩世	东得克萨斯	23300	23500	0.99	80
范围			7500～30000	12950～517999	0.4～0.99	30～90

注：数据来自 EIA，USGS，C&C 等资料。

此外，有效页岩分布的面积比值，也能反映页岩分布的规模，北美主要页岩的分布面积普遍为 $1 \times 10^4 \sim 3 \times 10^4 \text{km}^2$，分布面积普遍占盆地总面积的 40% 以上，属于广覆式分布的页岩气储层。

3）构造相对单一

页岩的时空分布取决于地质构造活动状况。研究表明，稳定的构造环境有利于烃源岩的沉积，同时也可以为页岩气藏提供坚实的物质基础。北美成功的页岩气勘探开发成果表明，具有商业性开采价值的页岩气盆地，构造均较为单一，与页岩地层经历的构造运动期次较少有关。如福特沃斯盆地石炭系的 Barnett 页岩在二叠纪中期开始生烃，白垩纪末期进入生烃高峰期。这种构造模式，即深埋进入大量生烃期，然后又快速抬升，非常有利于页岩气的开发。从福特沃斯盆地页岩气勘探来看，页岩气的核心区及扩展区主要分布在稳定的前陆盆地中心区和斜坡区，从另一个方面印证了保存条件至关重要，Woodford 页岩、Fayetteville 页岩与 Barnett 页岩类似，早期快速沉降，后期经历一次抬升。中生界 Eagle Ford 页岩和 Haynesville 页岩则是发育在长期稳定的持续沉降构造背景下。

构造转折带地应力相对集中的区域，以及褶皱—断裂发育带通常是页岩气富集的重要场所，如富含页岩气资源的福特沃斯、阿科玛、黑武士等盆地均沿沃希托—阿巴拉契亚逆冲褶皱带分布。在这些地区，由于裂缝发育程度较高，可以为天然气提供大量储集空间。同时，如果最大水平应力正相交于页岩裂缝的主要发育带，会在裂缝发育带形成力学薄弱带，容易形成裂缝，在构造应力作用下形成新的裂缝，进而在人工作用下形成诱导裂缝带。

二、美国典型盆地页岩气富集主控因素分析

通过上述针对美国典型前陆盆地页岩地球化学指标的统计分析、页岩气储层物性研究及页岩富集宏观地质条件研究，梳理出美国 5 大页岩气富集的条件。通过针对 5 套页岩层系岩性、岩性组合、沉积环境及勘探开发实践的总结，揭示了不同地区不同页岩的组合类

型，页岩气富集的主控因素存在差异，由此导致在开发时，需要根据不同的页岩组合类型及构造沉积背景，选取有针对性的开发方案进行开发。

　　整体上美国前陆盆地 5 套页岩分布在古生界和中生界两大关键层系，古生界以泥盆纪—石炭纪的海侵体系域沉积为主，中生界以侏罗纪和白垩纪的海侵体系域沉积为主。古生界的 3 套页岩也存在差异（图 4-5、表 4-7）。

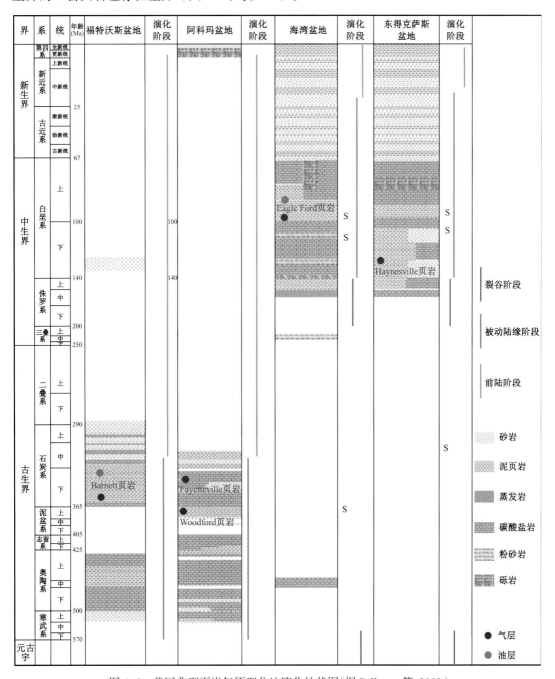

图 4-5　美国典型页岩气原型盆地演化柱状图（据 Pollastro 等，2003）

表 4-7 美国典型盆地古生界页岩气富集特征及"甜点区"主控因素分析

页岩名称	岩性特征	岩性组合	主控因素	开发影响	地层剖面
Barnett 页岩（下石炭统）	富有机质硅质泥岩	④富含钙质 ③硅质+钙质 ②页岩 ①黏土（页岩气、页岩气）	受有机质成熟度控制，西北生油，东南生气；③段硅质和钙质泥岩层段，厚度>33m，埋深1980m，R_o>1.1%	有利于水力压裂，射孔最多；早期裂缝区域，但水力压裂裂缝易沟通断裂，需避开断裂区	
Fayetteville 页岩（下石炭统）	裂缝型黑色富有机质页岩	②页岩+硅质云质 ①黏土含量富	受天然构造裂缝发育程度控制，沃希托逆冲带前缘区为主力产区，①段互层，微裂缝发育	微裂缝发育区，但需避开断层层区，断层封隔储层，封堵了压裂流体	
Woodford 页岩（上泥盆统—下密西西比统）	裂缝型富有机质页岩	③页岩+粉砂岩+白云岩 ②沥青质页岩+硅质 ①硅质岩+粉砂岩+碳酸盐岩	受脆性矿物含量和天然裂缝发育区控制，主力产区阿科玛盆地西部地区，以断层和褶皱附近裂缝带为有利区	受古生代沃希托构造山运动形成的构造裂缝发育控制，以北东—东向裂缝走向为主	

Barnett 页岩可以细分为 4 套组合，以硅质含量高为特征，该套地层页岩气的富集需要考虑在埋深大的地区有机质成熟度进入生气窗的范围，因页岩自身硅质和钙质含量高，对水力压裂敏感，有利于开发。但在断裂区，断裂沟通了上下封盖层，水力压裂易导致流体沟通断裂，影响压裂效果，因此在开发时，需要避开区域的断裂区。

Fayetteville 页岩可细分为 2 套组合，以下部富有机质页岩与燧石、粉砂岩、石灰岩薄层互层为特征，该套层系的开发需要寻找微裂缝发育区作为目标，受逆冲的影响，断层在该区封堵和切割页岩储层，限制了流体的运移，也不利于水力压裂的规模实施，因此也需要避开断裂区。

Woodford 页岩为裂缝型富有机质页岩，细分为 3 套岩性组合，该套层系的开发主要受脆性矿物含量和天然裂缝发育区的控制，断层和褶皱附近发育的裂缝群为勘探开发的目标区。

中生界的 2 套页岩在勘探开发目标的选择方面，也具有各自的特点（表 4-8）。Eagle Ford 页岩细分为 2 套岩性组合，以富含钙质的有机质页岩为主，由于该套层系本身的物性相对于其他页岩较好，地层长期沉降，后期隆升幅度较小，因此该套页岩的勘探开发，以寻找厚度大的地区为主。同时，其上覆层位物性较好，在裂缝发育带，烃源岩成熟后，油气易进入上覆层位，导致在裂缝发育带往往天然气产率较低。

Haynesville 页岩细分为 3 套岩性组合，该套页岩以富含钙质为特征，微裂缝不发育，长期的稳定沉降过程中，受盐丘变形作用影响，发育局部的隆起，隆起带裂缝发育，单井的天然气初始产率较高，因此该套页岩的勘探开发首先要考虑的因素就是盐构造隆起区两翼上倾部位厚度达到工业开采界限的区域。

三、页岩气富集模式

通过对黑色页岩沉积模式的总结，基本上在沉积物沉降速率大于隆升剥蚀速率的大背景下，在水体有机质高产率和缺氧环境下，黑色页岩会大面积发育。美国前陆盆地原型经历了古生代和中生代发育被动陆缘和裂谷演化阶段，以古生代为例，在北美克拉通早期裂谷盆地的基础上，冈瓦纳大陆和欧美大陆碰撞，后期沃希托洋盆向东南方向关闭，导致沃希托造山运动，在沃希托逆冲褶皱带前缘坳陷形成沉积中心，沉积物快速沉降，由此保证了黑色页岩快速沉积的条件（图 4-6）。中生代的海湾盆地和路易斯安那盐盆也同样在早期裂谷盆地的基础上，发育被动陆缘沉积，后期受拉拉米造山运动的影响及局部盐丘隆起的控制，再形成局部的沉积坳陷，经历长期的热沉降运动，由此也保证了中生界黑色页岩高沉积速率的条件。

表 4-8　美国典型盆地中生界页岩气气富集特征及"甜点区"主控因素分析

页岩名称	岩性特征	岩性组合	主控因素	开发影响	地层剖面
Eagle Ford 页岩（上白垩统）	富有机质钙质页岩	②泥岩+石灰岩+粉砂岩　①钙质页岩（页岩气　页岩气）	受厚层、热成熟度和保存条件控制，下段厚60m，分布广泛，上段厚140m，分布局限	裂缝发育带页岩气产量低，油气运移到其层位上部	
Haynesville 页岩（上侏罗统）	富有机质钙质泥岩	③生物扰动钙质泥岩　②钙质泥岩夹层　①硅质泥岩（页岩气　页岩气　页岩气）	微裂缝不发育，构造位置高产气率	寻找盐底辟形成的局部隆起部位	

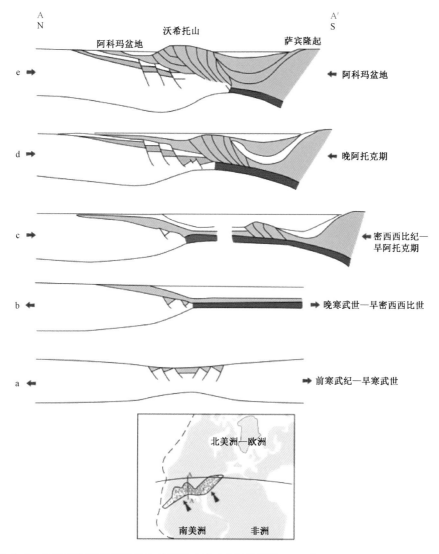

图 4-6 北美克拉通南缘板块构造演化南北向剖面图（据 Viele 和 Thomas，1989；Hill，1996）
a—裂谷；b—被动陆缘；c—俯冲及发育海上增生楔；d—阿科玛盆地挠曲沉降，增生楔逆冲至北美克拉通；
e—增生楔继续逆冲产生沃希托造山带

　　古生界和中生界的黑色页岩都形成于海侵模式下，局部受古隆起或者碳酸盐岩建隆和盐丘的限制，存在浅湾模式，但整体都形成于被动大陆边缘陆棚斜坡风暴浪底以下的缺氧安静水体之中，不同的是古生界黑色页岩受周缘隆升剥蚀作用，一些细粒的陆缘碎屑粉砂岩也高频次地以夹层或纹层的形式与黑色页岩层互层，造成古生界黑色页岩局部硅质含量较高；中生界的黑色页岩受碳酸盐岩生物礁建隆作用及石灰岩化学沉积作用，黑色页岩中多含生物化石及灰质介壳等，钙质成分相对高一些。

　　古生界 Barnett 组、Woodford 组和 Fayetteville 组共同受控于沃希托造山带的影响，在泥盆纪和密西西比纪被动陆缘拉伸环境下，深水斜坡底部受水体分层造成的缺氧带影响，开始富集有机质（图4-7）。到了宾夕法尼亚纪，由于沃希托造山运动的作用，开始沉积形成富有机质页岩，中生代该区稳定沉降，局部隆升，黑色页岩进入生油和生气窗内，从盆地中心向边缘背斜隆起及斜坡部位富集大量的页岩油气，这些页岩油气在局部会沿断裂向上覆地层运移，形成零星的常规油气藏。但由于稳定的构造背景及上覆致密地层的封盖，以及断层的阻隔，仍有巨量的页岩油气保存于页岩层中。

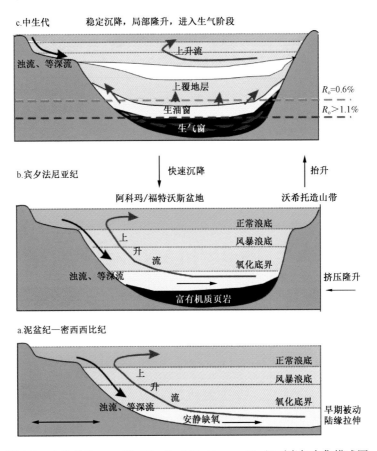

图4-7　古生界Barnett组、Woodford组、Fayetteville组页岩气富集模式图

中生界Eagle Ford页岩和Haynesville页岩形成于侏罗纪—白垩纪海侵时期墨西哥湾被动陆缘形成期，白垩纪横贯北美克拉通边缘的海侵，使得上述两套页岩在深水斜坡形成黑色页岩（图4-8），后期侏罗系盐岩受上覆地层的压实及局部构造的隆升作用发生变形，使得该套页岩层多发育天然的裂缝，到了晚白垩世末，受拉拉米造山运动的影响，海湾盆地和路易斯安那盐盆持续稳定沉降，黑色页岩埋深增加，进入生油气窗，周缘受致密碳酸盐岩层及盐丘隆起的限制，在盆地内发育了大面积连续分布的富页岩油气带，油气的相态受有机质成熟度及埋深的控制而出现有规律的北油南气分布格局。

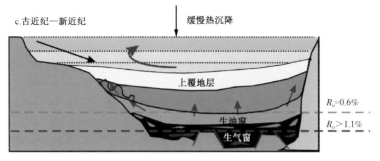

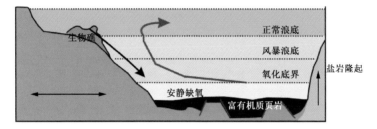

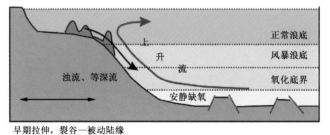

图 4-8　中生界海湾盆地 Eagle Ford 组、路易斯安那盐盆 Haynesville 组页岩气富集模式

第三节　页岩气资源评价与分布

本次评价了全球 65 个盆地 89 套层系的页岩气可采资源量。评价结果揭示全球页岩气地质资源量为 $650 \times 10^{12} \mathrm{m}^3$，可采资源量为 $161 \times 10^{12} \mathrm{m}^3$（图 4-9）。

一、全球页岩气可采资源量大区分布

北美、亚洲和中东位居全球页岩气可采资源量前三位，页岩气可采资源量共计 $81.47 \times 10^{12} \mathrm{m}^3$，占全球页岩气可采资源量的 50.44%；其中北美页岩气可采资源量为 $33.87 \times 10^{12} \mathrm{m}^3$，占全球页岩气可采资源量的 20.97%；亚洲页岩气可采资源量为 $26.41 \times 10^{12} \mathrm{m}^3$，占全球页岩气可采资源量的 16.35%；中东页岩气可采资源量为 $21.19 \times 10^{12} \mathrm{m}^3$，占全球页岩气可采资源量的 13.12%（图 4-10、表 4-9）。

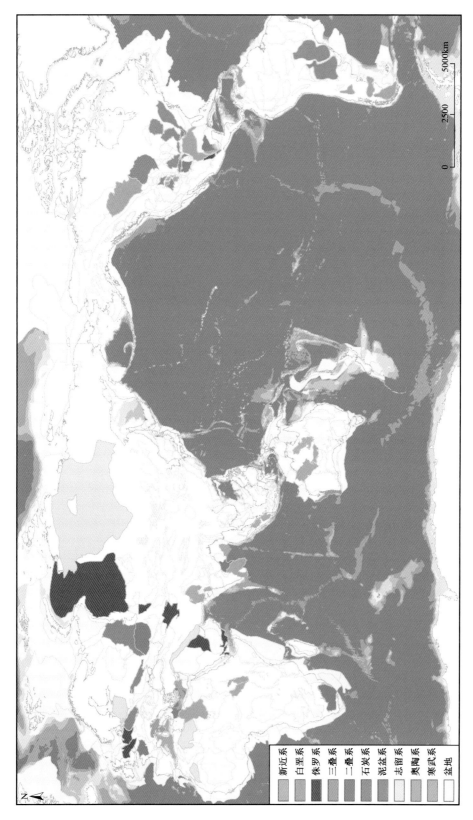

图 4-9　全球页岩气富集盆地分布图

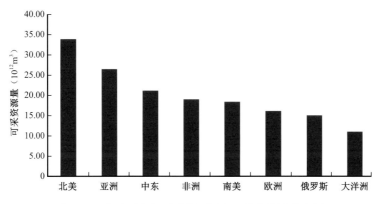

图 4-10　全球页岩气可采资源量大区分布统计直方图

表 4-9　全球页岩气可采资源量大区分布统计表

大区	页岩气		平均可采系数（%）	可采资源占比（%）
	可采资源量（$10^{12}m^3$）	地质资源量（$10^{12}m^3$）		
北美	33.87	135.69	24.96	20.97
亚洲	26.41	108.13	24.42	16.35
中东	21.19	94.04	22.53	13.12
非洲	19.13	72.54	26.37	11.85
南美	18.57	75.48	24.60	11.50
欧洲	16.17	66.76	24.22	10.01
俄罗斯	15.07	53.44	28.20	9.33
大洋洲	11.09	44.35	25.00	6.87
总计	161.50	650.43		100

二、全球页岩气可采资源量国家分布

全球页岩气主要分布在 30 个国家，其中美国、俄罗斯和伊朗 3 个国家页岩气可采资源量位居前三，页岩气可采资源量合计达 $54.31 \times 10^{12}m^3$，占全球页岩气可采资源量的 33.63%；目前页岩气商业开发产量第一的美国页岩气可采资源量为 $27.33 \times 10^{12}m^3$，占全球页岩气可采资源量的 16.92%；俄罗斯页岩气可采资源量为 $15.07 \times 10^{12}m^3$，占全球页岩气可采资源量的 9.33%；伊朗页岩气可采资源量为 $11.91 \times 10^{12}m^3$，占全球页岩气可采资源量的 7.37%（图 4-11、表 4-10）。

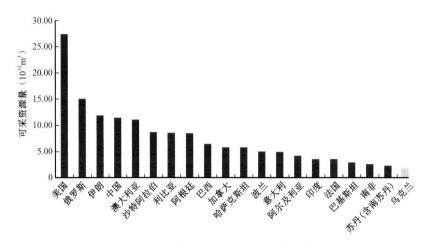

图 4-11 全球页岩气可采资源量国家分布统计直方图

表 4-10 全球页岩气可采资源量国家分布统计表

序号	国家	可采资源量 （$10^{12}m^3$）	地质资源量 （$10^{12}m^3$）	序号	国家	可采资源量 （$10^{12}m^3$）	地质资源量 （$10^{12}m^3$）
1	美国	27.33	108.85	16	法国	3.63	14.52
2	俄罗斯	15.07	53.44	17	巴基斯坦	2.93	11.72
3	伊朗	11.91	47.64	18	南非	2.65	6.63
4	中国	11.50	46.00	19	苏丹（含南苏丹）	2.37	9.48
5	澳大利亚	11.09	44.35	20	乌克兰	1.91	7.64
6	沙特阿拉伯	8.75	43.75	21	土库曼斯坦	1.91	7.64
7	利比亚	8.56	34.24	22	哥伦比亚	1.73	6.92
8	阿根廷	8.50	34.00	23	利比亚	1.23	4.92
9	巴西	6.46	25.84	24	委内瑞拉	1.20	6.00
10	加拿大	5.86	23.44	25	智利	0.68	2.72
11	哈萨克斯坦	5.80	25.07	26	墨西哥	0.68	3.40
12	波兰	5.10	22.48	27	印度尼西亚	0.62	3.10
13	意大利	4.96	19.84	28	也门	0.53	2.65
14	阿尔及利亚	4.32	17.28	29	荷兰	0.34	1.36
15	印度	3.65	14.60	30	德国	0.23	0.92

三、全球页岩气可采资源量盆地分布

全球页岩气可采资源主要分布在 57 个盆地内（中国除外），扎格罗斯盆地、海湾盆地和阿巴拉契亚盆地的页岩气可采资源量合计达 $30.17 \times 10^{12}m^3$，占全球页岩气可采资源量的 18.68%；扎格罗斯盆地页岩气可采资源量为 $11.91 \times 10^{12} \mathrm{m}^3$，占全球页岩气可采资源量的 7.37%；海湾盆地的页岩气可采资源量为 $9.24 \times 10^{12} \mathrm{m}^3$，占全球页岩气可采资源量的 5.72%；阿巴拉契亚盆地的页岩气可采资源量为 $9.02 \times 10^{12} \mathrm{m}^3$，占全球页岩气可采资源量的 5.59%（图 4-12、表 4-11）。

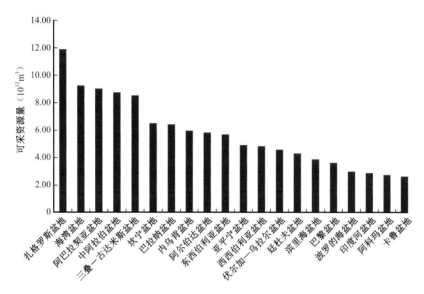

图 4-12　全球页岩气可采资源量盆地分布统计直方图

表 4-11　全球页岩气可采资源量盆地分布统计表

序号	盆地名称	盆地类型	可采资源量($10^{12}\mathrm{m}^3$)
1	扎格罗斯盆地	前陆盆地	11.91
2	海湾盆地	前陆盆地	9.24
3	阿巴拉契亚盆地	前陆盆地	9.02
4	中阿拉伯盆地	被动陆缘盆地	8.75
5	三叠—古达米斯盆地	克拉通盆地	8.56
6	坎宁盆地	克拉通盆地	6.54
7	巴拉纳盆地	克拉通盆地	6.46
8	内乌肯盆地	前陆盆地	5.94
9	阿尔伯达盆地	前陆盆地	5.86
10	东西伯利亚盆地	克拉通盆地	5.69
11	亚平宁盆地	前陆盆地	4.96
12	西西伯利亚盆地	大陆裂谷盆地	4.82
13	伏尔加—乌拉尔盆地	前陆盆地	4.56

序号	盆地名称	盆地类型	可采资源量（$10^{12}m^3$）
14	廷杜夫盆地	克拉通盆地	4.32
15	滨里海盆地	克拉通盆地	3.91
16	巴黎盆地	克拉通盆地	3.63
17	波罗的海盆地	克拉通盆地	3.02
18	印度河盆地	前陆盆地	2.93
19	阿科玛盆地	前陆盆地	2.76
20	卡鲁盆地	克拉通盆地	2.65
21	圣乔治盆地	被动陆缘盆地	2.56
22	克里希纳—戈达瓦里盆地	被动陆缘盆地	2.47
23	库珀盆地	克拉通盆地	2.39
24	东北德国—波兰盆地	大陆裂谷盆地	2.08
25	穆格莱德盆地	大陆裂谷盆地	1.97
26	第聂伯—顿涅茨盆地	前陆盆地	1.91
27	阿姆河盆地	大陆裂谷盆地	1.91
28	南图尔盖盆地	大陆裂谷盆地	1.89
29	马拉开波盆地	前陆盆地	1.73
30	福特沃斯盆地	前陆盆地	1.53
31	锡尔特盆地	大陆裂谷盆地	1.23
32	东委内瑞拉盆地	前陆盆地	1.20
33	二叠盆地	前陆盆地	0.99
34	坎贝盆地	大陆裂谷盆地	0.99
35	珀斯盆地	被动陆缘盆地	0.93
36	阿玛迪厄斯盆地	克拉通盆地	0.85
37	密歇根盆地	克拉通盆地	0.81
38	麦哲伦盆地	前陆盆地	0.68
39	坦皮科—米桑塔拉盆地	前陆盆地	0.61
40	皮申斯盆地	前陆盆地	0.59
41	也门盆地	大陆裂谷盆地	0.53
42	悖论盆地	前陆盆地	0.48
43	阿纳达科盆地	前陆盆地	0.40
44	迈卢特盆地	大陆裂谷盆地	0.40

续表

序号	盆地名称	盆地类型	可采资源量（$10^{12}m^3$）
45	乔治娜盆地	克拉通盆地	0.38
46	圣胡安盆地	前陆盆地	0.37
47	尤因塔盆地	前陆盆地	0.37
48	英荷盆地	大陆裂谷盆地	0.34
49	南苏门答腊盆地	弧后盆地	0.32
50	黑武士盆地	前陆盆地	0.32
51	中苏门答腊盆地	弧后盆地	0.30
52	派罗杜若盆地	前陆盆地	0.29
53	德国西北盆地	大陆裂谷盆地	0.23
54	科佛里盆地	被动陆缘盆地	0.19
55	伊利诺伊盆地	前陆盆地	0.16
56	维拉克鲁斯盆地	前陆盆地	0.07
57	库兹涅茨克盆地	裂谷盆地	0

四、全球页岩气可采资源量层系分布

全球页岩气可采资源量分布在 11 个层系中，志留系、侏罗系和白垩系位居前三，这 3 个层系的页岩气可采资源量总计 $92.84 \times 10^{12}m^3$，占全球页岩气可采资源量的 57.49%；其中志留系页岩气可采资源量为 $37.74 \times 10^{12}m^3$，占全球页岩气可采资源量的 23.37%；侏罗系页岩气可采资源量为 $28.15 \times 10^{12}m^3$，占全球页岩气可采资源量的 17.43%；白垩系页岩气可采资源量为 $26.95 \times 10^{12}m^3$，占全球页岩气可采资源量的 16.69%（图 4-13、表 4-12）。

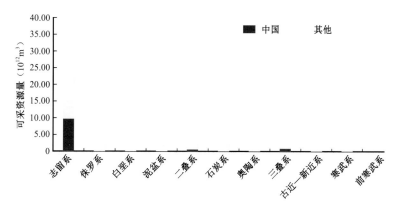

图 4-13　全球页岩气可采资源量层系分布统计直方图

表 4-12 全球页岩气可采资源量层系分布统计表

排序	富集层系排序	可采资源量（10^{12}m³）			可采资源占比（%）
		中国	其他国家	总计	
1	志留系	9.73	28.01	37.74	23.37
2	侏罗系	0.07	28.08	28.15	17.43
3	白垩系	0.08	26.87	26.95	16.69
4	泥盆系	0	18.13	18.13	11.23
5	二叠系	0.67	16.86	17.53	10.85
6	石炭系	0	14.72	14.72	9.11
7	奥陶系	0	11.24	11.24	6.96
8	三叠系	0.94	5.09	6.03	3.74
9	古近—新近系	0.01	0.62	0.63	0.39
10	寒武系	0	0.38	0.38	0.24
11	前寒武系	0	0	0	0
	总计	11.50	150.00	161.50	100

注：中国数据引自国内四次资源评价。

第四节　重点盆地页岩气资源评价实例

一、福特沃斯盆地 Barnett 页岩

1. 页岩地质条件

福特沃斯盆地位于美国得克萨斯州中北部，为一个向北变深的楔形坳陷，面积约 38100km²，是古生代晚期沃希托造山运动形成的前陆盆地。Barnett 页岩区带位于该盆地的本德背斜区，面积约 12950 km²，产量最高的 Newwark East 气田面积为 4047 km²。

Barnett 页岩干酪根类型为 II 型，低硫，倾向于生油；TOC 平均值为 4.5%，露头区 TOC 高达 11%~13%；R_o 分布范围为 0.5%~1.9%。Barnett 页岩自二叠纪中期开始生烃，白垩纪末期进入生烃高峰期。

Jarvie 等研究认为：当 R_o 约为 1.1% 时，Barnett 页岩油开始裂解为气；当 R_o 为 0.6%~1.1% 时，页岩产油；当 R_o 为 1.1%~1.4% 时，页岩产湿气；当 R_o 大于 1.4% 时，页岩产干气。生产数据表明：从东向西，Barnett 页岩逐渐从生气经生油气混合带转变为生油。在生气窗

内，这种向西成熟度降低的趋势表现为气的干燥程度的降低，从西北部生油窗向东南经历了气—凝析气窗、湿气窗、一直到干气窗，向东南方向逐渐增加的热成熟度，使得气含量和储层压力增高，从而使井的产能和最终可采储量提高。而北部和西北部位于生油窗中的井，其产能低，减产速率较快，最终可采储量低，这是由于微孔和微裂缝被油堵住从而抑制了产气量。在生油气混合带，这种趋势表现为气油比的下降，目前获得工业气流的页岩气井大多位于 R_o 大于 1.1% 的生气窗内。

产气量与页岩的成熟度成正比。分析认为：页岩的成熟度越低，生成的气越少、油越多，且油堵塞了孔隙和喉道，故产气量越低；成熟度越高，生成的气越多、油越少，且油的黏度降低，并逐步开始裂解成气，故产气量越高。因此，成熟度是页岩气成藏的主控因素。

Barnett 页岩由硅质泥岩组成，并夹有泥灰岩和泥粒灰岩，最主要的产层岩性为硅质泥岩（图 4-14），矿物组分为：石英 45%、黏土矿物 27%、方解石和白云石 8%、长石 7%、有机质 5%、黄铁矿 5%、菱铁矿 3%。黏土矿物组分包括伊利石、蒙皂石、高岭石和绿泥石，富黏土层中有机质含量最高，其次为富硅质层，而在富钙质层中的有机质含量最低。页岩脆性决定了 Barnett 页岩不同区域对水力压裂的敏感性不同。在使用增产措施时，具有较低黏土含量的粉砂质富硅质层相对于富黏土层更易于产生裂缝。Barnett 组下段含有厚层硅质泥岩，相对含有较多黏土的 Barnett 组上段而言，具有较低的破裂梯度。

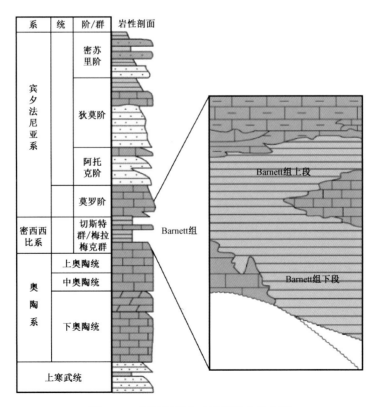

图 4-14 福特沃斯盆地地层综合柱状图

储层含基质微孔隙、裂缝微孔隙、有机质热降解造成的次生微孔隙和规模较小的裂缝大孔隙。天然裂缝在单斜挠褶构造和靠近断层的地方优先发育，在盆地北半部的井中岩心里特别常见。大部分裂缝被方解石充填，从而阻止渗流。因此，在断层区附近裂缝发育区域和构造高点上所钻的井产能很差。但在水力压裂过程中，被充填的裂缝可能作为脆弱区而重新开启，从而提高储层渗透率。

岩心孔隙度为 3.8%～6.0%，渗透率为 0.69～4.93mD，平均含水饱和度为 25%。总含气量为 5.4m³/t，其中游离气占 55%，吸附气占 45%。

2. 参数概率法资源潜力评价

1）盆地参数

Barnett 页岩评价单元含气页岩面积为 5000～10500 km²，含气页岩净厚度为 30～210m，孔隙度为 2%～8%；页岩有机质丰度为 3%～12%，有机质成熟度为 0.5%～2.1%；总含气量为 5.5～9.9m³/t，其中游离气量为 2.2～4.95m³/t，含气饱和度为 67%～75%。具体评价参数见表 4-13，参数数据来源于 Tellus，IHS，C&C，EIA、USGS 等各类数据库及项目组多次前往美国交流和考察取样分析结果。

表 4-13 福特沃斯盆地 Barnett 页岩气技术可采资源量评价参数表

评价单元名称	Barnett 页岩		
评价单元时代	密西西比系（下石炭统）		
开发情况	规模开发		
页岩类型	海相		
页岩气成因	热成因型		
有机质类型	Ⅱ型		
顶板岩性	致密灰岩		
底板岩性	致密灰岩		
压力系统	常压—超压（0.99～1.1）		
评价参数	最小值	最大值	平均值
储层埋深（m）	1980	2590	2285
含气页岩面积（km²）	5000	10500	7500
含气页岩总厚度（m）	30	300	120
含气页岩净厚度（m）	30	210	90
含气孔隙度（%）	2	8	5
基质渗透率（10^{-6}mD）	0	100	50

评价参数	最小值	最大值	平均值
含气饱和度（%）	67	75	71
总含气量（m³/t）	5.5	9.9	8.5
游离气量（m³/t）	2.20	4.95	3.83
吸附气量（m³/t）	2.75	5.94	4.68
游离气比例（%）	40	50	45
吸附气比例（%）	50	60	55
气油比（ft³/bbl）	5000	100000	20000
热值（Btu/ft³）	950	1250	1050
有机质成熟度（%）	0.50	2.10	1.60
有机质丰度（%）	3.00	12.00	3.74
解吸、扩散因子	0.002	0.007	0.005
解吸压力	1.8	27.4	12
裂缝发育程度			较发育
地层温度（℃）	88	97	93
地层压力（MPa）	20.7	28.7	24.7
杨氏模量（GPa）	7.2	15	11.3
泊松比	0.22	0.26	0.24
脆性矿物含量（%）	50	60	55
黏土矿物含量（%）	40	50	45
典型井控面积（km²）	0.24	0.65	0.45
平均侧钻长度（m）	900	1200	1000
压裂级数	8	15	12
页岩气体积系数	0.004	0.002	0.003
技术可采系数	井间距大，20%	井间距小，30%	25%

2）评价结果

利用全球油气资源信息系统的非常规油气资源评价参数概率法模块，将 Barnett 页岩参数数据导入进行计算，输出不同参数概率取值下的页岩气资源量概率分布图（图 4-15），并得出技术可采资源的 P10，P50，P90 概率分布，分别为 $2.76 \times 10^{12} m^3$，

$1.77 \times 10^{12} \text{m}^3$，$1.0 \times 10^{12} \text{m}^3$。最后得到 Barnett 页岩气的技术可采资源量为 $1.77 \times 10^{12} \text{m}^3$（中值，P50）。

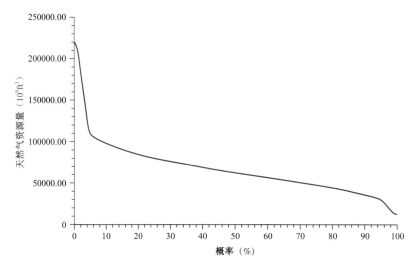

图 4-15　Barnett 页岩气资源评价结果概率图

3. GIS 空间插值法资源潜力评价

1）计算参数图

基于前面的研究分析，搜集基础地质资料进行编图，并将图件输入 GIS 软件进行矢量化，盆地空间信息数据多来自 USGS 公布的空间地理信息数据。在此基础上将各类地质参数导入进行矢量化，形成计算参数图。

Barnett 页岩 R_o 自西向东逐渐增加，西北部和西南部最低，R_o 小于 0.7%，随着向东推移，R_o 逐渐增大，在页岩区带中央地区 R_o 达到 1.0%，向东进入生气窗口，到东部地区 R_o 最大增加到 1.8%～1.9%，页岩产区从西向东也经历了生油区、湿气区和干气区（见图 2-5）。Barnett 组有机质含量从西向东北增加，在东北部 Muenster 背斜处最高，达到 5.2%，西北部和南部地区相对较低（见图 2-6）。Barnett 页岩平均厚度为 91m，在东北部靠近 Muenster 背斜处最厚，高达 300m，页岩向西北、西南及南部方向变薄，有的地区厚度不足 15m（见图 2-7）。通过以上 3 个地质参数叠加，可以厘定页岩气区带主要分布在东部 R_o 大于 1.0%、页岩厚度大于 30m 的地区（见图 2-8）。

在此基础上，根据开发数据、井数据等资料，编制了孔隙度和含气饱和度等值线图（见图 2-9、图 2-10）。随着有机质丰度自西向东增加，Barnett 页岩含气饱和度也逐渐增大，在含气窗口内，含气饱和度大于 70%。随着埋深加大，Barnett 页岩孔隙度自西部向东部减小，在生气窗口内，孔隙度在 6%～8% 范围内。

2）评价结果及资源丰度成果图

将上述参数图件，输入与 ArcGIS 结合的 GPRIS2.0 数据支持平台，进行空间图形的插值计算，最终可以算出页岩气的地质资源量和技术可采资源量，同时输出页岩气的可采资源丰度图（见图 2-20）。Barnett 页岩气地质资源量为 $13.9 \times 10^{12} m^3$，可采资源量为 $1.53 \times 10^{12} m^3$。

Barnett 页岩气资源主要分布在盆地的东部和南部地区，其东北部背斜区域页岩气资源丰度最高，可采资源丰度达到 $2.86 \times 10^8 m^3/km^2$。随着向南推进，页岩气资源丰度逐渐降低，中东部地区技术可采资源丰度约为 $1.43 \times 10^8 m^3/km^2$，南部页岩气资源丰度最低，约为 $0.17 \times 10^8 m^3/km^2$。

4. 产量双曲—指数递减法资源潜力评价

1）单井产量双曲—指数递减法模拟

根据 Barnett 页岩 1216 口生产井、连续 4 年的实际产量，采用双曲—指数递减法计算其可采资源量。首先，基于单井的生产曲线进行模拟；其次，完成所有生产井的曲线模拟；最后，在此基础上，利用 Petra 软件进行综合模拟计算（见图 2-12）。以井控面积 0.65 km^2 来模拟页岩气的 EUR 丰度图，最终计算出页岩气的 EUR 丰度和技术可采资源量。

2）EUR 资源丰度与资源量

通过上述模拟计算，可以得出 Barnett 页岩气可采资源量和 EUR 丰度分布图（见图 2-13）。

Barnett 页岩气可采资源量为 $12278 \times 10^8 m^3$，单井 EUR 为 $0.42 \times 10^8 m^3$，初始产量为 $5.36 \times 10^4 m^3/d$。Barnett 页岩气 EUR 丰度在东北部最大，可以达到 $(0.96 \sim 1.10) \times 10^8 m^3/km^2$；资源丰度次之的地方为 $0.6 \times 10^8 m^3/km^2$ 左右；西部和南部大部分地区资源丰度最小，为 $(0.04 \sim 0.16) \times 10^8 m^3/km^2$。

二、阿科玛盆地 Fayetteville 页岩

1. 页岩地质条件

阿科玛盆地位于美国中大陆区域南部，为北东东向前陆盆地，盆地南翼受沃希托褶皱带作用发生变形。上密西西比统 Fayetteville 页岩气区带位于沃希托褶皱带北部，产区面积为 6100km²，2004 年钻井发现 Fayetteville 页岩气区带，目前该区处在勘探开发初期阶段。

Fayetteville 页岩气区带位于沃希托逆冲前缘带北部的主要油气带上，沿着该逆冲带自西向东分布着许多油气产区。在主要油气产区，Fayetteville 组向南侵入沃希托海槽。在阿科玛盆地南部，Fayetteville 页岩被许多逆冲断层和正断层切割（图 4-16）。沿着沃希托褶皱带和逆冲带前端，逆冲断层和挤压褶皱十分发育。地层的变形使得产气区很难打水平井，因此增大了钻探风险。在逆冲带前端北部区域，两个正断层系统相遇，一个是明显的北东向断层组，另一个是不明显的北西向断层组。两套断层系统的主要倾向都是朝南（盆地方

向），但在许多地区，更小规模的向北倾的伴生断层切割了大规模的向南倾的断层，形成许多小地堑，进一步增加了钻探的复杂性。

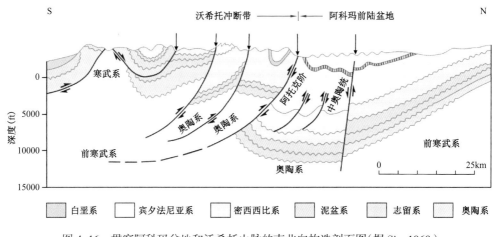

图 4-16　贯穿阿科玛盆地和沃希托山脉的南北向构造剖面图（据 Six, 1968）

Fayetteville 页岩干酪根类型为Ⅱ—Ⅲ型，页岩中 TOC 含量为 4.5%～9.5%，热成熟度为 1.5%～4.5%。在主要油气通道内，产油带 TOC 含量为 1.5%～3.5%，热成熟度为 2.0%～3.5%，处于生气窗内，以干气为主，甲烷含量高于 98%。

Fayetteville 页岩由外陆架深水环境黑色页岩组成（图 4-17），含大量燧石、粉砂岩，易压裂形成优质储层，基质渗透率为 0.051～0.51mD。页岩总厚度为 15～150m，中段和下

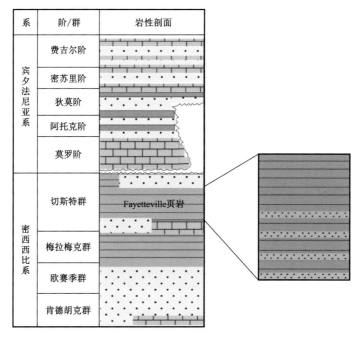

图 4-17　阿科玛盆地综合地层图（据 Johnson, 1992）

段富含黑色、易裂、富有机质的页岩，是主要产气层。中段和下段页岩产层净厚 6～60m，有机碳含量为 4.5%～5.9%。黑色页岩中夹有大量易碎的燧石，和页岩互层，使得天然压裂和水力增产措施容易实施，这一岩相组合形成了良好的储层。该气藏中产量最高的"甜点区"也是脆性物质含量最丰富的地区。

Fayetteville 页岩既富含有机质，也富含黏土，伊利石和云母在黏土碎屑中占主导地位。页岩中含基质微孔隙和裂缝孔隙，基质孔隙度为 1%～8%（平均为 4%），基质渗透率为 0.049～0.543mD，含水饱和度为 29%～52%（平均为 41%）。

该套页岩比其他页岩区带形成的构造区带更为复杂，区带内发育逆断层和正断层，这些断层切割储层，造成地层变形严重，使注入的压裂流体易失去循环空间或者通道，限制了增产措施的有效实施。

2. 参数概率法资源潜力评价

1）盆地参数

Fayetteville 页岩评价单元含气页岩面积为 12000～18000 km²，含气页岩净厚度为 6～60m，孔隙度为 2%～6%；页岩有机质丰度为 2%～10%，有机质成熟度为 2%～4.5%；总含气量为 1.7～6.2m³/t，其中游离气量为 0.51～3.1m³/t，含气饱和度为 60%～70%。具体参数见表 4-14。

表 4-14 阿科玛盆地 Fayetteville 页岩技术可采资源评价参数表

评价单元名称	Fayetteville 页岩		
评价单元时代	密西西比系(下石炭统)		
开发情况	规模开发		
页岩类型	海相		
页岩气成因	热成因型		
有机质类型	Ⅱ型		
顶板岩性	致密灰岩		
底板岩性	致密灰岩		
压力系统	常压(压力系数 1.0)		
评价参数	最小值	最大值	平均值
储层埋深（m）	1500	2400	1740
含气页岩面积（km²）	12000	18000	15500
含气页岩总厚度（m）	15	100	60
含气页岩净厚度（m）	6	60	40
含气孔隙度（%）	2.0	6.0	4.5

续表

评价参数	最小值	最大值	平均值
基质渗透率(10^{-6}mD)	0	100	50
含气饱和度(%)	60	70	65
总含气量(m^3/t)	1.7	6.2	4.0
游离气量(m^3/t)	0.51	3.10	1.60
吸附气量(m^3/t)	0.85	4.34	2.40
游离气比例(%)	30	50	40
吸附气比例(%)	50	70	60
气油比(m^3/m^3)	712	17800	3560
热值(10^8kJ/m^3)	354	429	391
有机质成熟度(%)	2.00	4.50	2.50
有机质丰度(%)	2.00	10.00	3.80
解吸、扩散因子	0.001	0.006	0.005
解吸压力	1.5	12.8	8.3
裂缝发育程度			较发育
地层温度(℃)	62	99	73
地层压力(MPa)	15.5	24.7	17.9
杨氏模量(GPa)	7.1	14.3	10.8
泊松比	0.25	0.27	0.26
脆性矿物含量(%)	54	70	62
黏土矿物含量(%)	32	45	38
典型井控面积(km^2)	0.32	0.64	0.48
平均侧钻长度(m)	600	1500	1330
压裂级数	8	15	12
页岩气体积系数	0.004	0.002	0.003
技术可采系数	井间距大,15%	井间距小,25%	20%

2）评价结果

利用全球油气资源信息系统的非常规油气资源评价参数概率法模块,将 Fayetteville 页岩参数数据导入进行计算,输出不同参数概率取值下的页岩气资源量概率分布图(图 4-18),并得出可采资源的 P10,P50,P90 概率分布,分别为 $1.87 \times 10^{12} m^3$,$1.31 \times 10^{12} m^3$,

$0.87 \times 10^{12} \mathrm{m}^{3}$。最后得到 Fayetteville 页岩气的可采资源量为 $1.31 \times 10^{12} \mathrm{m}^{3}$（中值，P50）。

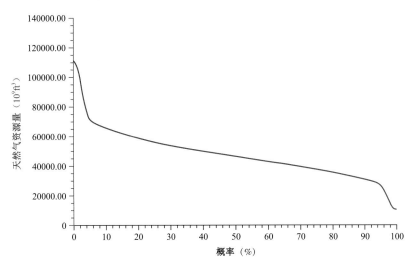

图 4-18　Fayetteville 页岩资源评价结果概率图

3. GIS 空间插值法资源潜力评价

1）计算参数图

Fayetteville 页岩为成熟页岩，整套页岩均处于生气窗口内，R_o 自西北向东南方向增加，范围在 2.1%～3.5% 之间（图 4-19）。和 R_o 方向相反，西北部有机质含量最高，TOC 达到 3.3%，有机质含量向东南方向逐渐递减，最低降至 1.65%（图 4-20）。页岩有效厚度为 25～100m，整体上自北向南厚度增加，西部地区页岩厚度比东部大，最厚的地区达到 100m，而东部地区厚度范围在 25～60m 之间（图 4-21）。通过以上 3 个地质参数的叠加，可以认为 Fayetteville 页岩整套均为页岩气区（图 4-22）。

在此基础上，根据开发数据、井数据等资料，编制了孔隙度和含气饱和度等值线图（图4-23、图 4-24）。Fayetteville 页岩孔隙度为 6%～9%，西北角处最低，向南逐渐增加，到整套页岩东西对角线一带孔隙度达到最高，为 9%，然后向东南方向略有降低。含气饱和度为 60%～75%，变化趋势和孔隙度相似，西北角和东南角方向较低，东西对角线一带最高。

2）评价结果及资源丰度成果图

将上述参数图件，输入 GPRIS 2.0 数据支持平台，进行空间图形的插值计算，输出页岩气的可采资源丰度图（图 4-25）。Fayetteville 页岩气地质资源量为 $11.61 \times 10^{12} \mathrm{m}^{3}$，可采资源量为 $1.28 \times 10^{12} \mathrm{m}^{3}$。

Fayetteville 页岩气在整个盆地均有分布，但主要分布在盆地西部和东部，其中西南部和东北角处页岩气资源丰度最高，可采资源丰度达到 $5.66 \times 10^{8} \mathrm{m}^{3} / \mathrm{km}^{2}$。盆地中央地区资源丰度最低，约为 $0.45 \times 10^{8} \mathrm{m}^{3} / \mathrm{km}^{2}$。

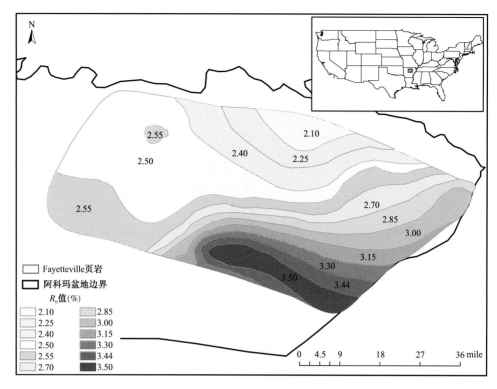

图 4-19　Fayetteville 页岩 R_o 等值线图

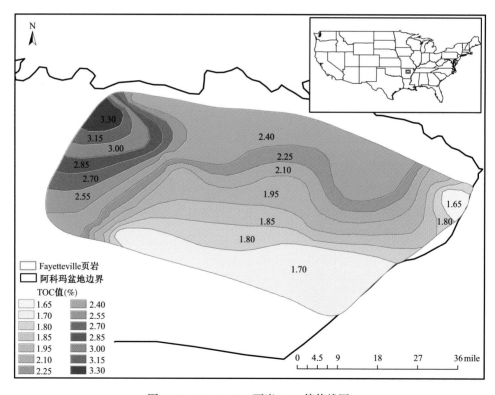

图 4-20　Fayetteville 页岩 TOC 等值线图

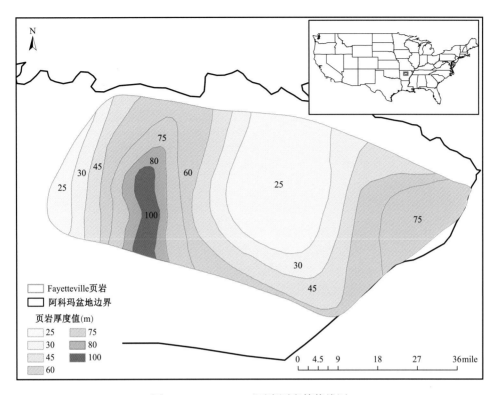

图 4-21　Fayetteville 页岩厚度等值线图

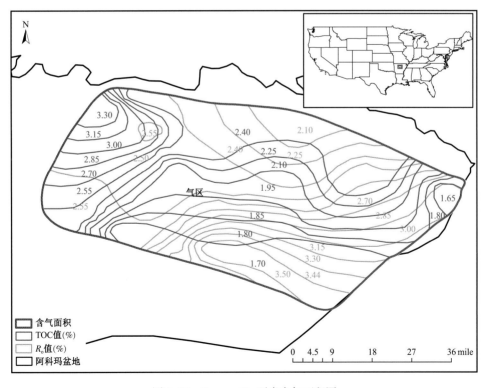

图 4-22　Fayetteville 页岩含气面积图

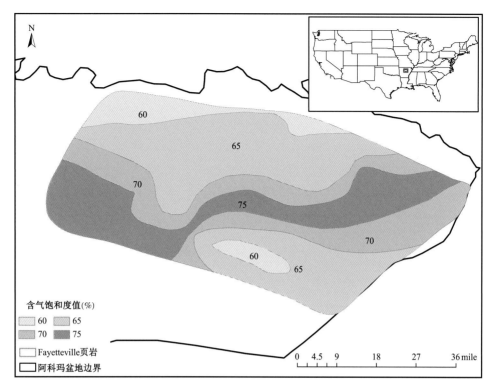

图 4–23　Fayetteville 页岩含气饱和度等值线图

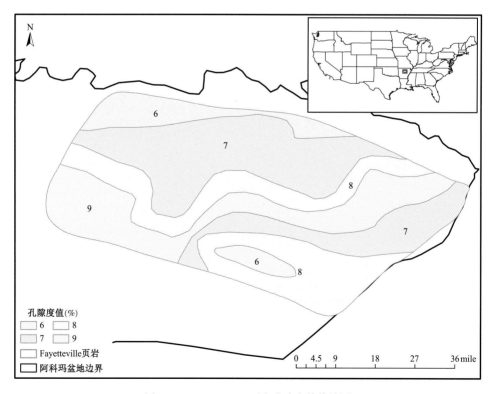

图 4–24　Fayetteville 页岩孔隙度等值线图

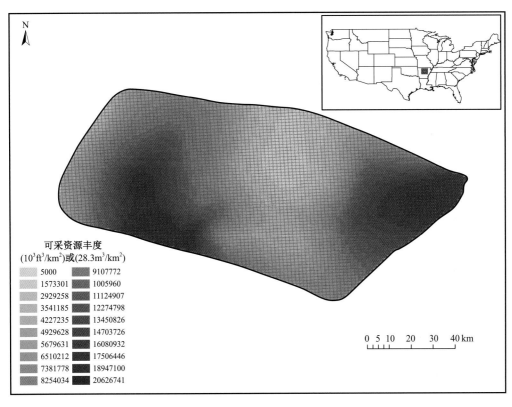

图 4-25　Fayetteville 页岩技术可采资源丰度图

4. 产量双曲—指数递减法资源潜力评价

1）单井产量双曲—指数递减法模拟

根据 Fayetteville 页岩 1139 口生产井、连续 4 年的实际产量，采用双曲—指数递减法计算其可采资源量。首先，基于单井的生产曲线进行模拟；其次，完成所有生产井的曲线模拟；最后，在此基础上，利用 Petra 软件进行综合模拟计算。以井控面积 0.65 km² 来模拟页岩气的 EUR 丰度图，最终计算出页岩气的 EUR 丰度和技术可采资源量。图 4-26 为 Fayetteville 页岩气井产量双曲—指数递减模拟曲线实例。

2）EUR 丰度与资源量

通过上述模拟计算，可以得出 Fayetteville 页岩气可采资源量和 EUR 丰度分布图（图 4-27）。Fayetteville 页岩气初始产量为 $7.38 \times 10^4 \mathrm{m^3/d}$，单井 EUR 为 $0.58 \times 10^8 \mathrm{m^3}$，可采资源量为 $0.93 \times 10^{12} \mathrm{m^3}$。

Fayetteville 页岩气 EUR 丰度在盆地西部和北部部分地区最高，可以达到 $1.75 \times 10^8 \mathrm{m^3/km^2}$；在资源丰度最高的区域周围资源丰度次之，为 $(0.875 \sim 1.3) \times 10^8 \mathrm{m^3/km^2}$；在区带西北部和东南角资源丰度最低，为 $0.09 \times 10^8 \mathrm{m^3/km^2}$。

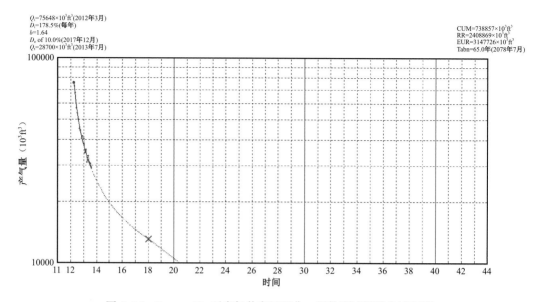

图 4-26 Fayetteville 页岩气井产量双曲—指数递减模拟曲线实例

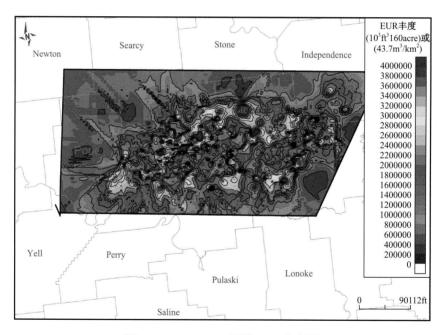

图 4-27 Fayetteville 页岩 EUR 丰度图

三、阿科玛盆地 Woodford 页岩

1. 页岩地质条件

上泥盆统—下密西西比统 Woodford 页岩气区带目前包括俄克拉何马州阿科玛盆地、阿纳达科盆地、阿德莫盆地及切罗基地台 4 个非相邻富集带，页岩气区面积大于

5000km²。目前该套页岩仍然处于开发阶段早期，页岩气产区主要包括阿科玛、阿纳达科和阿德莫 3 个盆地。

阿科玛盆地呈北东东走向，南部边界为沃希托逆冲褶皱带，中西部边界为 Choctaw 逆冲断层，东部边界为 Ross Creek 逆冲断层，盆地向北过渡为切罗基地台。阿纳达科盆地呈北西西走向，南部以阿马里洛—沃希托隆起为界，北部以堪萨斯中央隆起为界，东部以 Nemaha 隆起为界。阿科玛盆地是一个小型前陆盆地，位于阿马里洛—沃希托隆起的东南倾伏端，紧邻 Arbuckle 隆起的南缘，部分学者将其视为阿纳达科盆地的东南延伸段。

阿科玛盆地和阿纳达科盆地的演化均受控于沃希托造山带的演化。密西西比纪末期，东南部沃希托洋盆关闭，形成沃希托造山带；冈瓦纳大陆与欧美（劳伦）超大陆此时也发生碰撞。沃希托逆冲褶皱带向北迁移，至宾夕法尼亚纪（阿托克期），受造山带前缘挠曲沉降的影响，形成早期的深水阿科玛前陆盆地。在阿纳达科盆地，沃希托造山运动于莫罗期晚期开始显著影响盆地形态，并形成南东东走向的阿马里洛—沃希托山脉。阿科玛盆地西部，沿阿马里洛—沃希托山脉发生扭压作用和多次隆升，造成阿纳达科前陆盆地快速沉降，充填厚层浅海相碎屑岩，南部边缘发育冲积扇和扇三角洲砾岩。

晚泥盆世—早密西西比世，Woodford 页岩属于被动大陆边缘巨层序的一部分，是阿科玛盆地和阿纳达科盆地内广泛分布的烃源岩。在盆地和地台的不同区域，Woodford 页岩分别产出天然气、凝析油或原油，阿科玛盆地以产气为主，但在盆地北缘，Woodford 页岩于晚密西西比世—早宾夕法尼亚世的沃希托造山运动期进入生油门限。Woodford 页岩于阿托克期达到最大埋深，并于莫罗期—狄莫期进入主生油和生气阶段。切罗基地台区以产轻质油为主，在三叠纪进入生油窗。阿纳达科盆地、阿纳达科陆架以及 Hugoton 地槽均以产气为主。阿纳达科前渊区在二叠纪末期进入主生气阶段。阿纳达科陆架区在早二叠世进入生油门限，目前仍处于生油窗。

阿科玛盆地和阿纳达科盆地的大多数原油均来源于 Woodford 页岩，在埋深达到生气窗的地区，Woodford 页岩也可作为连续性非常规天然气藏。Woodford 页岩 TOC 介于 4%~10% 之间，但受沉积环境地区差异影响，TOC 在垂向上和区域上发生变化。从南向北（由前渊区至前陆地台区），TOC 具有逐步降低的趋势。有机质含量最高的烃源岩（以 Ⅱ 型生油干酪根为主）通常分布于远端盆地区，而贫有机质烃源岩（以 Ⅲ 型混合干酪根为主）通常分布于盆地边缘出露区和前陆地台区。

Woodford 页岩热成熟度由北向南发生显著变化：在切罗基地台和阿纳达科陆架最北部，页岩仍处于未成熟阶段（$R_o < 0.6\%$），但在阿科玛盆地和阿纳达科前渊的南部，页岩目前已处于过成熟生气阶段（$R_o > 2.0\%$）。在阿纳达科盆地以及阿科玛盆地的大部分地区，聚集于 Woodford 页岩内部的未运移天然气属于热成因气；但在前陆地台的浅埋区，存在生物成因组分。

Woodford 页岩主要沉积于晚泥盆世，Woodford 页岩下部层段沉积于中泥盆纪，上部层段沉积于密西西比纪（图4-28）。Woodford 页岩层段对应于全球的海侵期海洋沉积，在大部分区域，Woodford 页岩不整合于志留系—泥盆系 Hunton 群的 Frisco 组、Henryhous 组及 Chimneyhill 组之上，在局部地区，Woodford 页岩上超于奥陶系 Viola 石灰岩组的碳酸盐岩、页岩及砂岩或泥盆系 Sallisaw 砂岩。在阿纳达科盆地，Woodford 页岩之上覆盖着 Sycamore（Mayes）石灰岩，两者呈整合接触关系。

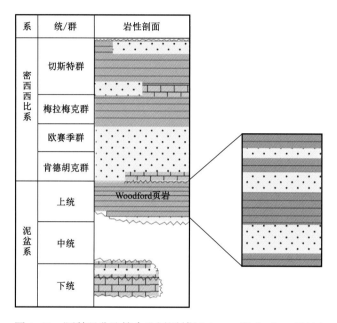

图 4-28　阿科玛盆地综合地层图（据 Johnson 和 Cardott，1992）

晚泥盆世全球海侵时期，形成 Kaskaskian 巨层序，发育了 Woodford 页岩、阿巴拉契亚盆地 Ohio 页岩、密歇根盆地 Antrim 页岩、伊利诺伊盆地 New Albany 页岩、威利斯顿盆地 Barkken 页岩及 Exshaw 组等典型黑色页岩，奠定了北美古生界页岩油气富集的物质基础。

Woodford 页岩可细分为 3 个层段，分别为下段、中段、上段，共同构成一个三级沉积旋回。下段代表海侵体系域（上超于区域不整合面），相对于中段和上段而言，下段的沉积环境更靠近滨线，主要由黑色—灰色硅质页岩组成，含砂岩、粉砂岩、碳酸盐岩夹层。下段是 3 个层段中放射性含量最低的层段，以 II/ III 型干酪根为主。局部地区下段内部含厚层砂岩（Misener 和 Sylamore 砂岩），厚度可达 20m。中段展布范围和厚度最大，代表高位体系域早期沉积，主要由易破裂的黑色沥青质页岩组成，含平行纹层、大量有机质、分散状黄铁矿以及树脂孢子。中段页岩含硅质和粉砂质，但通常缺乏碳酸盐岩和砂岩夹层，是 3 个层段中放射性和 TOC 含量最高的层段，因此也是 Woodford 页岩最佳的烃源岩层段。

中段以Ⅰ—Ⅱ型海相干酪根为主，反映其沉积于深水环境。上段主要由黑色—灰色页岩组成，含薄层粉砂岩、白云岩以及放射虫燧石夹层，富含磷酸盐结核。上段的放射性中等，以Ⅱ—Ⅲ型干酪根为主，代表高位体系域晚期沉积，沉积于海平面开始下降、陆源碎屑物质输入量增大的时期。

2. 参数概率法资源潜力评价

1）盆地参数

Woodford 页岩评价单元含气页岩面积为 10000～15000 km^2，含气页岩净厚度为 30～66m，孔隙度为 2%～4%；页岩有机质丰度为 3%～12%，有机质成熟度为 0.7%～4.0%；总含气量为 5.6～8.5m^3/t，其中游离气量为 1.68～4.25m^3/t，含气饱和度为 60%～70%。具体参数见表 4-15。

表 4-15　阿科玛盆地 Woodford 页岩技术可采资源评价参数表

评价单元名称	Woodford 页岩		
评价单元时代	晚泥盆世		
开发情况	规模开发		
页岩类型	海相		
页岩气成因	热成因型		
有机质类型	Ⅱ型		
顶板岩性	致密灰岩		
底板岩性	致密灰岩		
压力系统	超压（压力系数 1.2）		
评价参数	最小值	最大值	平均值
储层埋深（m）	1800	3960	3500
含气页岩面积（km^2）	10000	15000	13500
含气页岩总厚度（m）	30	270	120
含气页岩净厚度（m）	30	66	45
含气孔隙度（%）	2	4	3
基质渗透率（10^{-6}mD）	0	700	25
含气饱和度（%）	60	70	65
总含气量（m^3/t）	5.6	8.5	7.0

评价参数	最小值	最大值	平均值
游离气量（m³/t）	1.68	4.25	2.80
吸附气量（m³/t）	2.8	5.95	4.20
游离气比例（%）	30	50	40
吸附气比例（%）	50	70	60
气油比（m³/m³）	623	14240	3204
热值（10⁸kJ/m³）	373	447	410
有机质成熟度（%）	0.70	4.00	1.50
有机质丰度（%）	3.00	12.00	5.34
解吸、扩散因子	0.01	0.006	0.005
解吸压力	1.5	25.4	8.5
裂缝发育程度			较发育
地层温度（℃）	75	165	145
地层压力（MPa）	22.3	49	43.3
杨氏模量（GPa）	7.3	14.7	11.1
泊松比	0.25	0.27	0.26
脆性矿物含量（%）	75	85	80
黏土矿物含量（%）	15	25	20
典型井控面积（km²）	2.2	2.6	2.4
平均侧钻长度（m）	1500	2500	2000
压裂级数	8	15	12
页岩气体积系数	0.004	0.002	0.003
技术可采系数	井间距大，10%	井间距小，20%	15%

2）评价结果

利用全球油气资源信息系统的非常规油气资源评价参数概率法模块，将 Woodford 页岩参数数据导入进行计算，输出不同参数概率取值下的页岩气资源量概率图（图 4-29），并得出技术可采资源的 P10，P50，P90 概率分布，分别为 $2.0 \times 10^{12} \text{m}^3$，$1.53 \times 10^{12} \text{m}^3$，$1.16 \times 10^{12} \text{m}^3$。最后得到 Woodford 页岩的可采资源量为 $1.53 \times 10^{12} \text{m}^3$（中值，P50）。

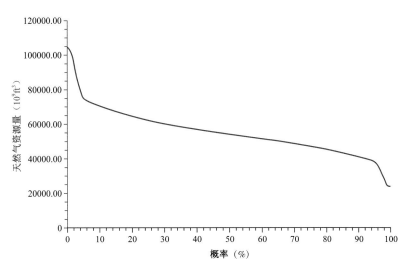

图 4-29 Woodford 页岩气资源评价结果概率图

3. GIS 空间插值法资源潜力评价

1）计算参数图

在阿科玛盆地内，Woodford 页岩 R_o 自西向东增加，范围在 1%～4% 之间，页岩西部边界向东不远处 R_o 达到 1.4%，这条线以东为生气窗（图 4-30）。Woodford 页岩东南角处有机质含量最低，TOC 为 2%，向西 TOC 逐渐增加，较高的地区达到 5.5%，局部地区达 6.5%，靠近页岩区带西部边界处 TOC 又有所降低（图 4-31）。页岩厚度为 10～120m，自北向南逐渐增厚（图 4-32）。根据以上 3 个地质参数可以厘定 Woodford 页岩气区主要分布在 R_o 大于 1.4%、TOC 大于 2%、厚度大于 15m 的地区（图 4-33）。

在此基础上，根据开发数据、井数据等资料，编制了含气饱和度和孔隙度等值线图（图 4-34、图 4-35）。Woodford 页岩含气饱和度为 50%～80%，沿页岩区带西部边界向东含气饱和度逐渐增加，区带中央地区最大，达到 80%，再向东部则又减少。和含气饱和度相似，孔隙度也是东南角和西北边界处最低，分别向区带中央位置增加，最高处达到 9%。

2）评价结果及资源丰度图

将上述参数图件，输入 GPRIS 2.0 数据支持平台，进行空间图形的插值计算，输出页岩气的可采资源丰度图（图 4-36）。Woodford 页岩气地质资源量为 $11.39 \times 10^{12} m^3$，可采资源量为 $1.48 \times 10^{12} m^3$。

Woodford 页岩气资源主要分布在盆地东部大部分区域，沿盆地西部边界处较窄范围内为页岩油资源，其中西南角处页岩气资源丰度最高，可采资源丰度达到 $7.7 \times 10^8 m^3/km^2$。北部和东部地区页岩气资源丰度较低，约 $0.7 \times 10^8 m^3/km^2$。

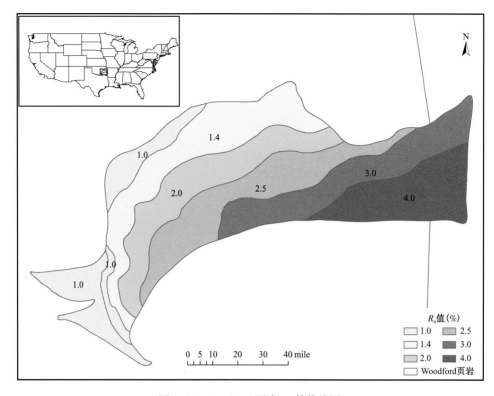

图 4-30　Woodford 页岩 R_o 等值线图

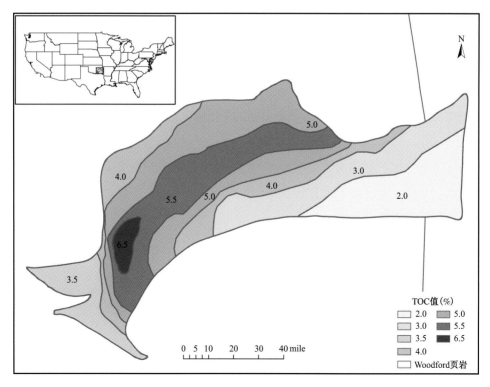

图 4-31　Woodford 页岩 TOC 等值线图

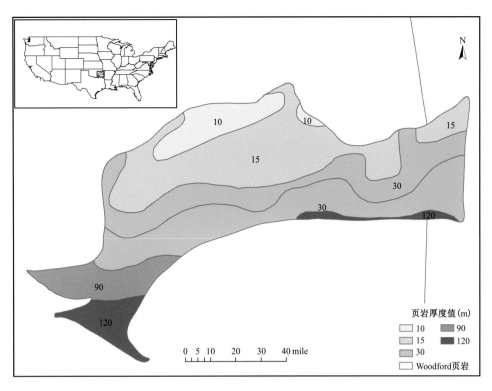

图 4-32　Woodford 页岩厚度等值线图

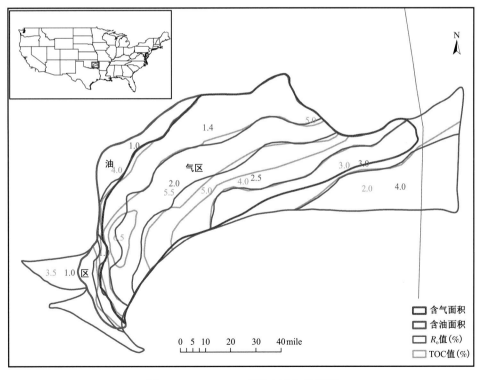

图 4-33　Woodford 页岩含油气范围图

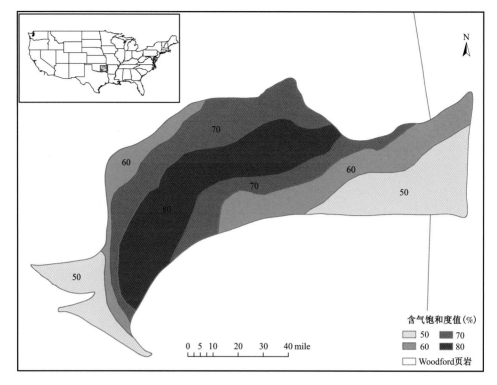

图 4-34　Woodford 页岩含气饱和度等值线图

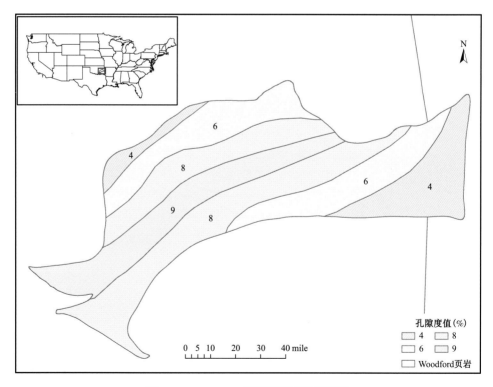

图 4-35　Woodford 页岩孔隙度等值线图

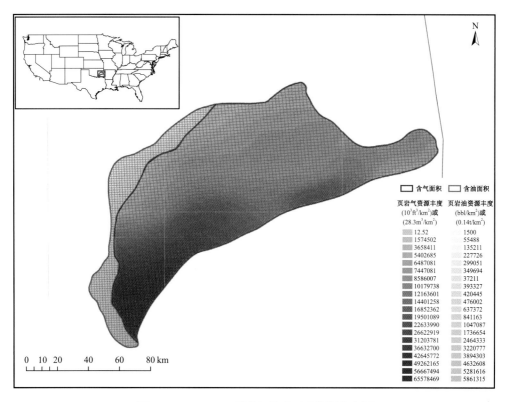

含气面积　　含油面积

页岩气资源丰度　页岩油资源丰度
(10^3ft^3/km^2)或　(bbl/km^2)或
(28.3m^3/km^2)　(0.14t/km^2)

12.52	1500
1574502	55488
3658411	135211
5402685	227726
6487081	299051
7447081	349694
8586007	37211
10179738	393327
12163601	420445
14401258	476002
16852362	637372
19501089	841163
22633990	1047087
26622919	1736654
31203781	2464333
36632700	3220777
42645772	3894303
49262165	4632608
56667494	5281616
65578469	5861315

0　10 20　　40　　　60　　　80 km

图 4-36　Woodford 页岩气技术可采资源丰度图

四、海湾盆地 Eagle Ford 页岩

1. 页岩地质条件

Eagle Ford 页岩区带位于美国西南部海湾盆地西部的马弗里克次盆内，长 644 km、宽 80 km，面积达 51520km^2。Eagle Ford 组 2008 年开始钻井开发，地质资源量预计为 6.43×10^{12}m^3，可采储量为 1.93×10^{12}m^3。

海湾盆地是墨西哥湾盆地北部海湾的一部分，是一个微倾斜的单斜地层，北部向沃希托山脉延伸了 1400 多千米，向南直到锡格斯比陡坡。盆地沉积了 1500 多米厚的沉积物，累积了从最初晚三叠世—侏罗纪裂谷盆地时期到白垩纪—全新世被动大陆边缘沉积。在得克萨斯州海湾盆地向东延伸到密西西比河冲积扇，向西延伸到格兰德河湾。

Eagle Ford 页岩气区带是一个连续页岩沉积带，页岩富含有机质，既可以作烃源岩，也可以是页岩油气的储层。该套页岩油气资源的规模及经济性开发主要由页岩的厚度、有机质丰度、热成熟度或裂缝密度决定，而不是由构造闭合度或沉积相的变化决定。古近—新近纪沉积物由于地壳扩张和盆地基底下滑产生了向盆地内部倾斜的巴尔科内斯和威尔科克斯正断层地带。在整个生产有利区内，Eagle Ford 页岩被许多近似平行于这两个区域断层系统的正断层分割。侏罗系盐岩底部的运动造成了许多随机走向的局部断层错动。马弗里克次盆内，在运移通道西部结束的地方，拉腊米变形运动形成了向东南稍微倾斜的不对称背斜和向斜。马弗里克沉积区在拉腊米构造作用中大范围错断，其中东北向和西北向局部断裂系统占主导地位。在更远的东部，断裂体系以正断层为主。

在 Eagle Ford 页岩主要生产有利区内，富含有机质的页岩厚度为 30～100m。目前，有效面积埋藏深度为 1200～4000m，从北向南埋深加大。根据烃类产出类型的差异，Eagle Ford 页岩区带可以划分为三大块：北部埋藏深度较浅的地区为产油区；南部埋藏最深的地区为干气区；中间地区为湿气／凝析油区。根据露头分析表明，Eagle Ford 页岩干酪根类型主要为 II 型干酪根，TOC 含量为 1%～4%。

Eagle Ford 组属于上白垩统塞诺曼阶—土伦阶，沉积于全球海平面上升时期，分为上下两段。下段为被凝缩层覆盖的富有机质页岩，上段为混合碳酸盐岩／硅质碎屑岩的钙质泥岩（图 4-37）。下段页岩包含一个海侵体系域，并被一个最大涨潮流速表面的凝缩层覆盖。坎普农场段之间的碳酸盐岩层将富含有机质的 Eagle Ford 组下段和贫有机质、富含钙质的 Eagle Ford 组上段分开，上段沉积在一个高位体系域的海退层序中。

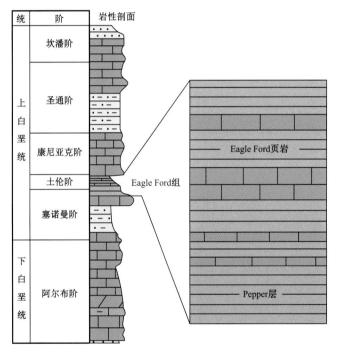

图 4-37　墨西哥湾盆地北部得克萨斯地区地层柱状图

Eagle Ford 组下段由深灰色、分层良好、富含有机质的钙质泥岩夹薄层的有孔虫灰岩组成。泥岩中含 10% 的泥质和硫化铁矿物，TOC 含量为 4%～7%。Eagle Ford 组上段由薄互层泥岩组成，TOC 值为 2%～5%，较上段低，这与富氧沉积环境相符。Eagle Ford 组上段碎屑、硅质碎屑和典型 II 型干酪根的增加反映了在海退事件时期的海岸进积作用。

Eagle Ford 组下段富含有机质的页岩实际上是含黏土的钙质泥岩，方解石含量为 40%～70%。总黏土含量为 5%～45%（平均为 20%～25%），黏土部分由 50% 的混合层蒙皂石和 10%～40% 的伊利石组成，含有少量绿泥石和高岭石。Eagle Ford 页岩的高碳酸盐含量增加了岩石脆性，使得其比北美其他页岩更容易水力压裂。在 Hawkville 地区，基质孔隙度为 5%～15%（上段为 7%～15%，下段为 7%～12%），平均有效孔隙度为 8%～10%。

2. 参数概率法资源潜力评价

1）盆地参数

Eagle Ford 页岩评价单元含气页岩面积为 25000～35000 km²，含气页岩净厚度为 45～90m，孔隙度为 2%～10%；页岩有机质丰度为 2%～8.5%，有机质成熟度为 0.8%～1.6%；总含气量为 5.7～6.2m³/t，其中游离气量为 3.99～4.96m³/t，含气饱和度为 60%～80%。具体参数见表 4-16。

表 4-16 海湾盆地 Eagle Ford 页岩技术可采资源评价参数表

评价单元名称	Eagle Ford 页岩		
评价单元时代	晚白垩世		
开发情况	规模开发		
页岩类型	海相		
页岩气成因	热成因型		
有机质类型	Ⅱ 型		
顶板岩性	致密白垩层		
底板岩性	致密灰岩		
压力系统	超压（1.1～1.5）		
评价参数	最小值	最大值	平均值
储层埋深（m）	1200	3720	3500
含气页岩面积（km²）	25000	35000	30000
含气页岩总厚度（m）	30	100	70
含气页岩净厚度（m）	45	90	60
含气孔隙度（%）	2.0	10.0	4.5
基质渗透率（10^{-6}mD）	700	3000	1000
含气饱和度（%）	60	80	70
总含气量（m³/t）	5.7	6.2	6.0

评价参数	最小值	最大值	平均值
游离气量（m^3/t）	3.99	4.96	4.50
吸附气量（m^3/t）	1.14	1.86	1.50
游离气比例（%）	70	80	75
吸附气比例（%）	20	30	25
气油比（m^3/m^3）	445	13884	3204
热值（$10^8kJ/m^3$）	410	503	466
有机质成熟度（%）	0.80	1.60	1.20
有机质丰度（%）	2.00	8.50	2.76
解吸、扩散因子	0.006	0.040	0.02
解吸压力	1.4	39.3	10.0
裂缝发育程度			较发育
地层温度（℃）	50	154	102
地层压力（MPa）	13.3	79.7	53.0
杨氏模量（GPa）	6.9	13.8	10.4
泊松比	0.25	0.27	0.26
脆性矿物含量（%）	80	90	85
黏土矿物含量（%）	10	20	15
典型井控面积（km^2）	0.16	0.40	0.30
平均侧钻长度（m）	1000	1500	1200
压裂级数	7	15	12
页岩气体积系数	0.002	0.004	0.003
技术可采系数	井间距大，10%	井间距小，20%	15%

2）评价结果

利用全球油气资源信息系统的非常规油气资源评价参数概率法模块，将 Eagle Ford 页岩参数数据导入进行计算，输出不同参数概率取值下的页岩气资源量概率分布图（图4-38），并得出技术可采资源量的 P10，P50，P90 概率分布，分别为 $6.59 \times 10^{12} m^3$，$4.37 \times 10^{12} m^3$，$2.85 \times 10^{12} m^3$。最后得到 Eagle Ford 页岩气的可采资源量为 $4.37 \times 10^{12} m^3$（中值，P50）。

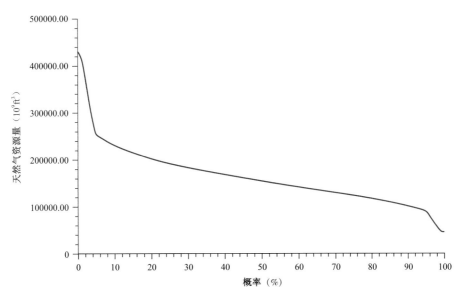

图 4-38　Eagle Ford 页岩资源评价结果概率图

3. GIS 空间插值法资源潜力评价

1）计算参数图

在 Eagle Ford 页岩区带内，R_o 自北向南依次增加，北部为油区，南部为气区（图 4-39）。南北两侧有机质含量较低，中央地区 TOC 较高，在 5% 以上（图 4-40）。页岩沉积厚度自东向西加厚，靠近西部最厚的地方达到 150m（图 4-41）。通过以上 3 个地质参数叠加，Eagle Ford 页岩气区主要分布在整个区带的南半部，其中 R_o 大于 1%、TOC 大于 3%、页岩厚度大于 20m（图 4-42）。

根据开发数据、井数据等资料，同时编制了孔隙度和含气饱和度等值线图（图 4-43、图 4-44）。Eagle Ford 页岩含气饱和度为 30%～90%，自北向南依次增加；孔隙度为 3%～12%，也是由北向南增加。

2）评价结果及资源丰度图

将上述参数图件，输入 GPRIS 2.0 数据支持平台，进行空间图形的插值计算，输出页岩气的技术可采资源丰度图（图 4-45）。Eagle Ford 页岩气地质资源量为 $22.67 \times 10^{12} m^3$，可采资源量为 $3.49 \times 10^{12} m^3$。

Eagle Ford 页岩北部区域主要为页岩油资源，南部区域为页岩气资源，其中西部靠近盆地边界区域页岩气资源丰度最高，可采资源丰度达到 $3.8 \times 10^8 m^3/km^2$。南部和西北部地区资源丰度较低，约 $0.7 \times 10^8 m^3/km^2$。

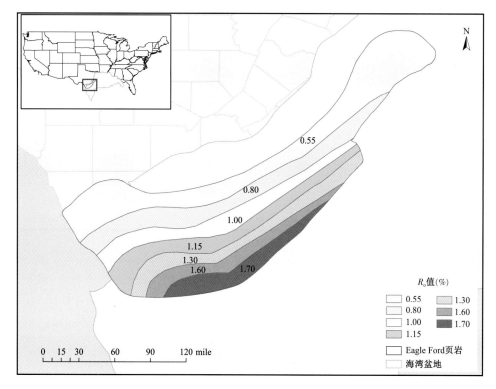

图 4-39 Eagle Ford 页岩 R_o 等值线图

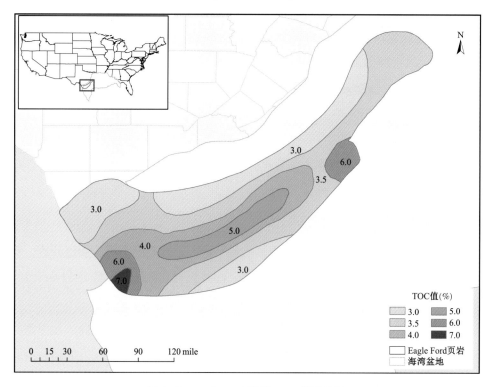

图 4-40 Eagle Ford 页岩 TOC 等值线图

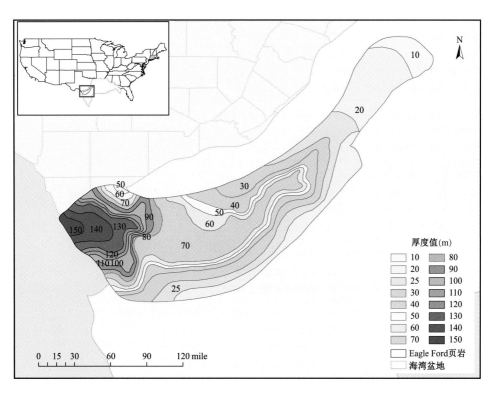

图 4-41　Eagle Ford 页岩厚度等值线图

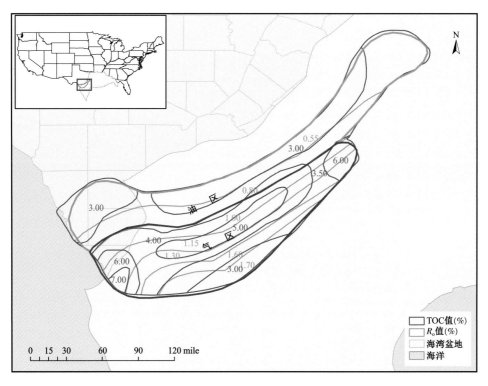

图 4-42　Eagle Ford 页岩含油气范围图

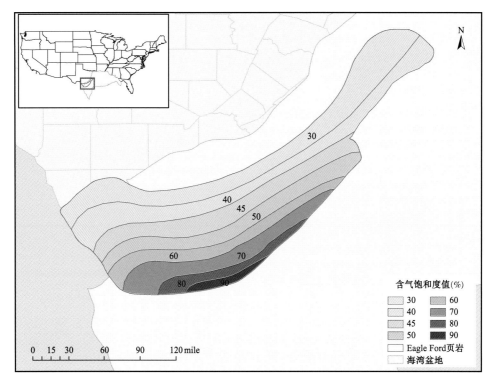

图 4-43　Eagle Ford 页岩含气饱和度等值线图

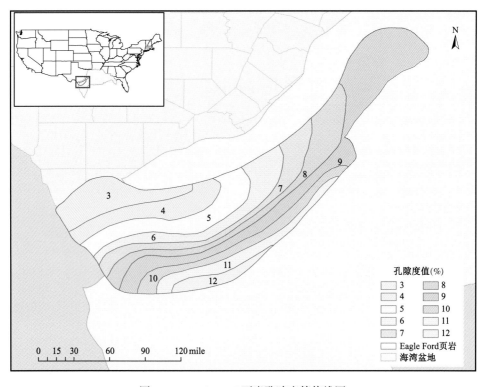

图 4-44　Eagle Ford 页岩孔隙度等值线图

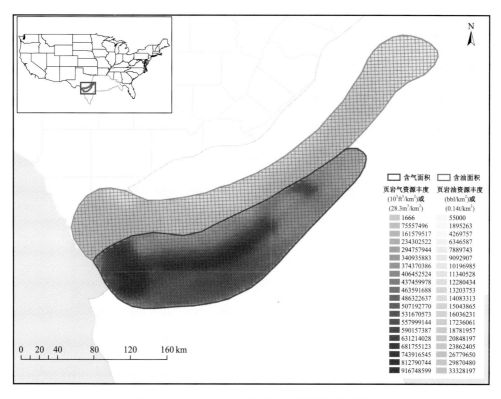

图 4-45　Eagle Ford 页岩技术可采资源丰度图

4. 产量双曲—指数递减法资源潜力评价

1）单井产量双曲—指数递减法模拟

根据 Eagle Ford 页岩 927 口生产气井、连续 4 年的实际产量，采用双曲—指数递减法计算其可采资源量。首先，基于单井的生产曲线进行模拟；其次，完成所有生产井的曲线模拟；最后，在此基础上，利用 Petra 软件进行综合模拟计算。以井控面积 0.65 km² 来模拟页岩气的 EUR 丰度图，最终计算出页岩气的 EUR 丰度和技术可采资源量。图 4-46 为 Eagle Ford 页岩气井产量双曲—指数递减模拟曲线实例。

2）EUR 丰度与资源量

通过上述模拟计算，可以得出 Eagle Ford 页岩气可采资源量和 EUR 丰度分布图（图 4-47）。Eagle Ford 页岩初始产量为 $5.97 \times 10^4 \mathrm{m}^3/\mathrm{d}$，单井 EUR 为 $0.34 \times 10^8 \mathrm{m}^3$，可采资源量为 $2.5 \times 10^{12} \mathrm{m}^3$。

Eagle Ford 页岩北部为产油区，南部为凝析油和气区，因此气井主要分布在南部地区。Eagle Ford 页岩气 EUR 丰度在西部最大，可以达到 $1.75 \times 10^8 \mathrm{m}^3/\mathrm{km}^2$；中南部地区 EUR 丰度为 $(0.8 \sim 1.2) \times 10^8 \mathrm{m}^3/\mathrm{km}^2$。

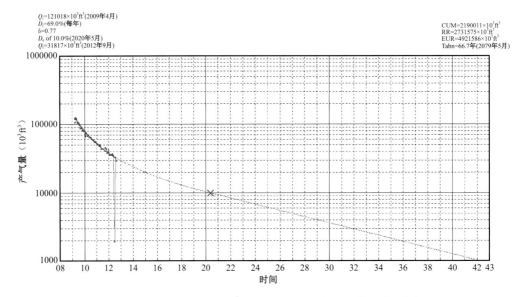

图 4-46　Eagle Ford 页岩气井产量双曲—指数递减模拟曲线实例

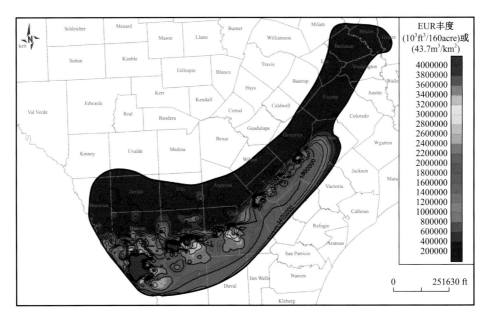

图 4-47　Eagle Ford 页岩 EUR 丰度图

五、东得克萨斯盆地 Haynesville 页岩

1. 页岩地质条件

Haynesville/Bossier 页岩主要发育在北路易斯安那和东得克萨斯盐盆北部海湾地区，占地面积约 23500 km²，横跨北路易斯安那盐盆部分区域、东得克萨斯盐盆和 Sabine 隆起。

Haynesville 页岩富有机质岩相沉积于 Sabine 隆起的顶部和两翼，发育于陆棚内盆地。目前，Haynesville 页岩气富集区长 201 km，宽 185 km，从北路易斯安那盐盆，向西经过 Sabine 隆起，一直延伸至东得克萨斯盐盆东部（EIA，2011b）。最厚且最优质的储层发育于 Sabine 隆起的东北翼，向西流动的古水流沿着台地边缘上涌，发育了厚层富有机质页岩。

Haynesville 页岩为生气型烃源岩，发育 III—IV 型干酪根，TOC 含量为 0.3%～8.0%（平均为 3.0%），镜质组反射率（R_o）为 0.9%～2.6%。埋藏史建模表明，Haynesville 页岩于早白垩世进入生油窗，在晚白垩世—古新世进入生气窗。石油可能排驱运移至上覆 Cotton Valley 群和 Hosston 组储层。Haynesville 页岩目前位于生气窗，富有机质页岩储层为干气气藏，局部含有少量凝凝油。Haynesville 页岩气区带的原地资源量具有区域差异性，主要由储层厚度和烃源岩丰度所致。由于整个远景区位于干气窗内，相比于其他富有机质页岩，热成熟度对天然气储量的影响较小。

自晚侏罗世开始，北路易斯安那和东得克萨斯盆地的厚盐层向外围大陆架地区逐渐减薄，上覆形成于干旱环境的上侏罗统（牛津阶）Norphlet 组冲积物、河流及风沙沉积。在密西西比盐盆，Norphlet 组向东增厚至 210～240m，岩性以风成沙丘砂岩为主。牛津阶 Smackover 组碳酸盐岩与下伏 Norphlet 组地层界限为突变的海侵面。Smackover 组构成了浅海相海退碳酸盐岩基底，该套地层还包括上覆 Buckner 组、Haynesville 组和 Gilmer 组。在北路易斯安那盐盆，Smackover 组厚度为 240～3960m，下部为发育于缺氧环境的海侵灰泥岩，上部为发育于浅海环境高位体系域的非骨骼高能鲕粒灰岩。这两套地层在南倾的碳酸盐岩缓坡均有所发育，从亚拉巴马州向西一直延伸至东得克萨斯州。广泛发育的沿海蒸发岩（Buckner 组盐沼相）前积沉积于 Smackover 组顶部，构成 Smackover 组油气藏的顶部盖层。

上侏罗统（钦莫利阶）Haynesville 页岩沉积于大陆架边缘碳酸盐岩浅滩复合体向海一侧，发育于北路易斯安那和东得克萨斯盐盆边缘。页岩构成了二级层序的海侵体系域。生产层沉积相为外陆架/大陆坡/盆地缺氧—静海环境内的富有机质互层状硅质与钙质泥岩。在路易斯安那州西北部，富有机质页岩厚度一般为 91～122m，在东得克萨斯盐盆，厚度一般为 61～91m。

Haynesville 页岩形成于快速海侵时期，快速海侵导致陆架碳酸盐岩和大陆坡尖礁逐步退积，而页岩楔不断进积。在 155Ma 地层界限处，不同区域内的 Haynesville 页岩上覆于古生界基底、Smackover 组或 Haynesville/Gilmer/ Cotton Valley 石灰岩。海相凝缩段（151 Ma）之上，Bossier 页岩与其呈整合接触，代表了二级最大洪泛面（MFS）。反映较小规模海平面波动的 4～5 套三级层序，构成了 Haynesville 组海侵体系域，可与北路易斯安那和东得克萨斯盐盆陆坡进行地层对比（图 4-48）。

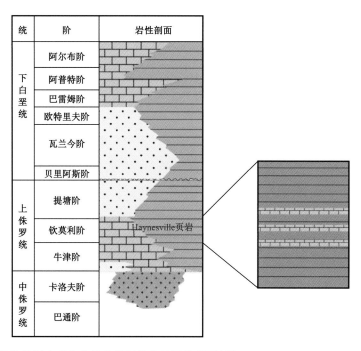

图 4-48　北路易斯安那和东得克萨斯盐盆地层柱状图（据 Hammers,2009；Goldhammer,2003）

2. 参数概率法资源潜力评价

1）盆地参数

Haynesville 页岩评价单元含气页岩面积为 21000～25000 km²，含气页岩净厚度为 60～90m,孔隙度为 2%～10%,页岩有机质丰度为 0.5%～4%,有机质成熟度为 1.2%～2.4%;总含气量为 2.8～8.5m³/t，其中吸附气量为 0.56～2.55m³/t，含气饱和度为 65%～75%。具体盆地参数见表 4-17。

表 4-17　东得克萨斯盆地 Haynesville 页岩技术开采资源评价参数表

评价单元名称	Haynesville 页岩
评价单元时代	早侏罗世
开发情况	规模开发
页岩类型	海相
页岩气成因	热成因
有机质类型	Ⅱ型
顶板岩性	致密灰岩
底板岩性	致密灰岩
压力系统	超压

续表

评价参数	最小值	最大值	平均值
储层埋深（m）	3200	4115	3650
含气页岩面积（km²）	21000	25000	23300
含气页岩总厚度（m）	50	120	90
含气页岩净厚度（m）	60	90	80
含气孔隙度（%）	2	10	6
基质渗透率（10^{-6}mD）	0	5000	350
含气饱和度（%）	65	75	70
总含气量（m³/t）	2.8	8.5	7.4
游离气量（m³/t）	1.96	6.80	5.55
吸附气量（m³/t）	0.56	2.55	1.85
游离气比例（%）	70	80	75
吸附气比例（%）	20	30	25
气油比（m³/m³）	1780	17800	5340
热值（10^8kJ/m³）	350	410	380
有机质成熟度（%）	1.20	2.40	1.50
有机质丰度（%）	0.50	8.00	3.00
解吸、扩散因子	0.005	0.007	0.006
解吸压力	1.5	8	5
裂缝发育程度			较发育
地层温度（℃）	169	173	171
地层压力（MPa）	48.5	74.8	66.4
杨氏模量（GPa）	6.3	12.1	9.2
泊松比	0.28	0.32	0.30
脆性矿物含量（%）	66	80	73
黏土矿物含量（%）	20	35	27
典型井控面积（km²）	0.16	2.30	1.20
平均侧钻长度（m）	1200	1800	1500
压裂级数	8	15	12
页岩气体积系数	0.004	0.002	0.003
技术可采系数	井间距大，10%	井间距小，20%	15%

2）评价结果

利用全球油气资源信息系统的非常规油气资源评价参数概率法模块，将 Haynesville 页岩参数数据导入进行计算，输出不同参数概率取值下的页岩气资源量概率分布图（图 4-49），并得出可采资源的 P10，P50，P90 概率分布，分别为 $8.63 \times 10^{12} \mathrm{m}^3$，$6.56 \times 10^{12} \mathrm{m}^3$，$4.79 \times 10^{12} \mathrm{m}^3$。最后得到 Haynesville 页岩的可采资源量为 $6.56 \times 10^{12} \mathrm{m}^3$（中值，P50）。

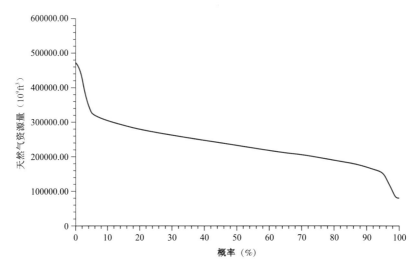

图 4-49　Haynesville 页岩资源评价结果概率图

3. GIS 空间插值法资源潜力评价

1）计算参数图

Haynesville 页岩 R_o 自西北角向东南方向依次增加，范围为 $0.8\% \sim 2.7\%$，绝大部分地区均在 R_o 大于 1.1% 的生气窗内（图 4-50）。在整个页岩区带外围区有机质含量最低，向区带内部逐渐增加，在路易斯安那州北部地区最大，达到 8%（图 4-51）。页岩厚度为 $30 \sim 120 \mathrm{m}$，也是从外围区向内部增厚，在北部 Sabine 隆起的东北翼和南部路易斯安那州部分区域厚度最大，达到 120m（图 4-52）。通过 3 个地质参数叠加，整个 Haynesville 页岩区带均为产气区（图 4-53）。

根据开发数据、井数据等资料，同时编制了孔隙度和含气饱和度等值线图（图 4-54、图 4-55）。Haynesville 组含气饱和度为 $50\% \sim 78\%$，从区带外围向内部依次增大，最高点在区带中间偏东部的路易斯安那州南部。孔隙度为 $1\% \sim 19\%$，也是从外向内逐渐增大，孔隙度最大的地方位于路易斯安那州西北部。

2）评价结果及资源丰度图

将上述参数图件，输入 GPRIS 2.0 数据支持平台，进行空间图形的插值计算，输出页岩气可采资源丰度图（图 4-56）。Haynesville 页岩地质资源量为 $32.18 \times 10^{12} \mathrm{m}^3$，技术可采资源量为 $5.15 \times 10^{12} \mathrm{m}^3$。

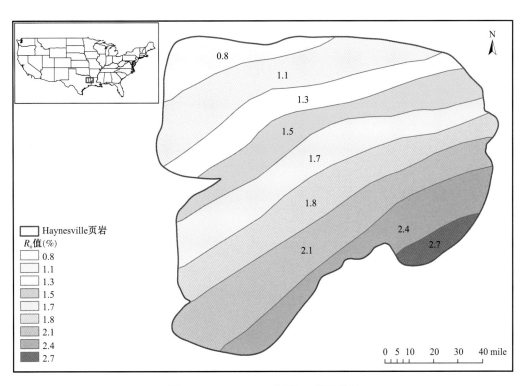

图 4-50　Haynesville 页岩 R_o 等值线图

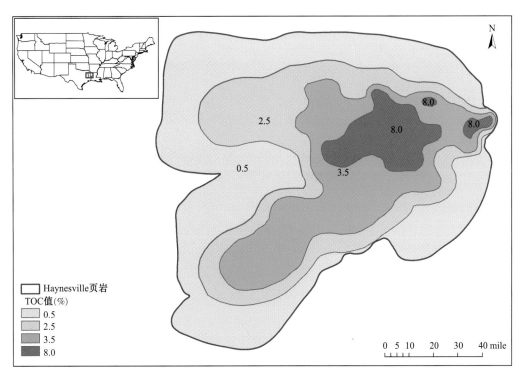

图 4-51　Haynesville 页岩 TOC 等值线图

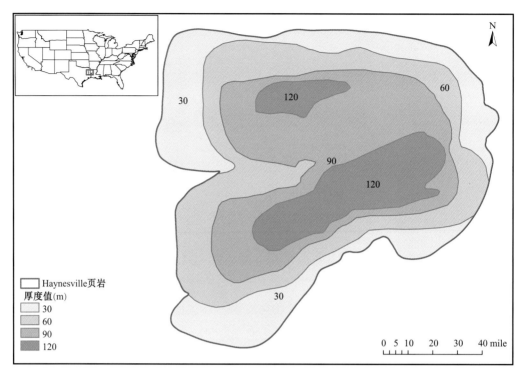

图 4-52　Haynesville 页岩厚度等值线图

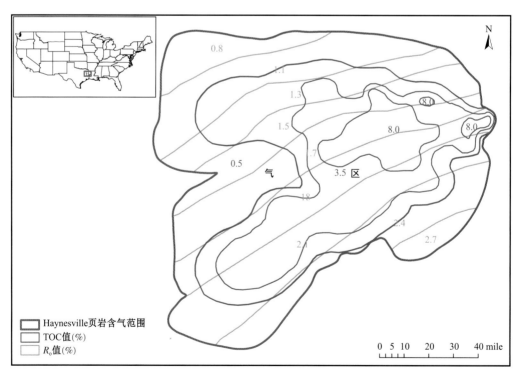

图 4-53　Haynesville 页岩含气范围图

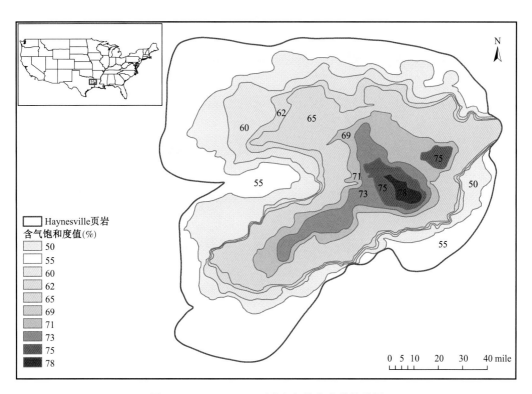

图 4-54　Haynesville 页岩含气饱和度等值线图

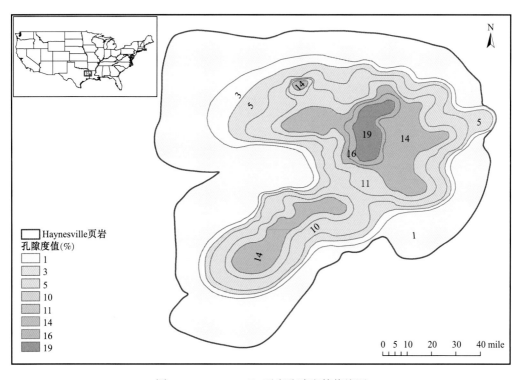

图 4-55　Haynesville 页岩孔隙度等值线图

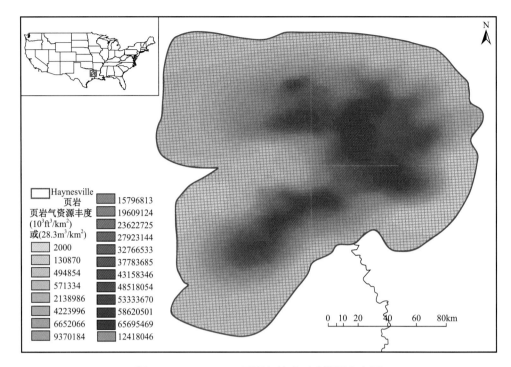

图 4-56　Haynesville 页岩气技术可采资源丰度图

Haynesville 页岩气资源丰度主要分布在盆地的内部，在盆地中央偏东部的路易斯安那州北部地区页岩气资源丰度最高，可采资源量达到 $15 \times 10^8 \mathrm{m}^3/\mathrm{km}^2$；在盆地中央偏北部、西南部和东部地区资源丰度次之，约 $5 \times 10^8 \mathrm{m}^3/\mathrm{km}^2$；在盆地外围地区资源丰度非常低，约 $0.8 \times 10^8 \mathrm{m}^3/\mathrm{km}^2$。

4. 产量双曲—指数递减法资源潜力评价

1）单井产量双曲—指数递减法模拟

根据 Haynesville 页岩 629 口生产气井、连续 4 年的实际产量，采用双曲—指数递减法计算其可采资源量。首先，基于单井的生产曲线进行模拟；其次，完成所有生产井的曲线模拟；最后，在此基础上，利用 Petra 软件进行综合模拟计算。以井控面积 0.65 km² 来模拟页岩气的 EUR 丰度图，最终计算出页岩气的 EUR 丰度和技术可采资源量。图 4-57 为 Haynesville 页岩气井产量双曲—指数递减模拟曲线实例。

2）EUR 丰度与资源量

通过上述模拟计算，可以得出 Haynesville 页岩气可采资源量和 EUR 丰度分布图（图 4-58）。Haynesville 页岩气初始产量为 $31.63 \times 10^4 \mathrm{m}^3/\mathrm{d}$，单井 EUR 为 $1.41 \times 10^8 \mathrm{m}^3$，可采资源量为 $3.0 \times 10^{12} \mathrm{m}^3$，

Haynesville 页岩目前开发区在盆地中央部分区域，气井也主要分布在该地区（图 4-58）。页岩气 EUR 丰度在区内中央地区最大，可以达到 $2.6 \times 10^8 \mathrm{m}^3/\mathrm{km}^2$；资源丰度次之的地方为 $(1.3 \sim 1.97) \times 10^8 \mathrm{m}^3/\mathrm{km}^2$；靠近区带边缘的外围区资源丰度最低，为 $(0.2 \sim 0.4) \times 10^8 \mathrm{m}^3/\mathrm{km}^2$。

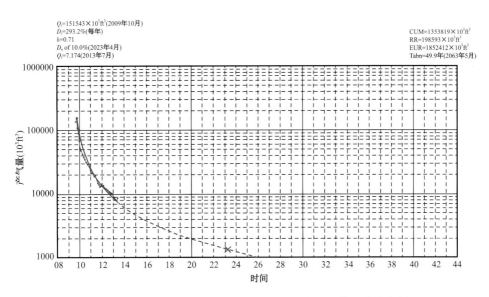

图 4-57 Haynesville 页岩气井产量双曲—指数递减模拟曲线实例

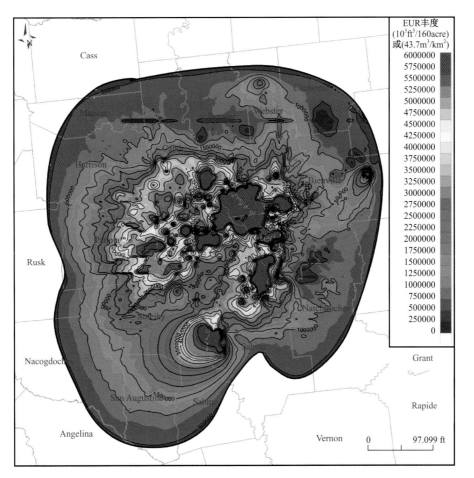

图 4-58 Haynesville 页岩 EUR 丰度图

第五节　页岩气富集区带评价与优选

一、全球页岩气富集有利盆地优选

通过本次评价，北美页岩气可采资源最丰富，海湾盆地、阿巴拉契亚盆地等为有利战略目标。前 10 位国家的页岩气可采资源量为 $115.53 \times 10^{12} m^3$，占总量的 72%。

根据评价级别、资源量、政治稳定性、开发程度等优选出海湾盆地、福特沃斯盆地和阿科玛盆地作为成熟区块的目标，优选扎格罗斯盆地、三叠—古达米斯盆地、内乌肯盆地、阿尔伯达盆地、巴黎盆地和波罗的海盆地为 6 个有利战略目标（表 4–18）。

表 4–18　全球页岩气技术可采资源量排名前 20 盆地数据表

序号	盆地名称	可采资源量（$10^{12}m^3$）	评价级别	序号	盆地名称	可采资源量（$10^{12}m^3$）	评价级别
1	扎格罗斯盆地	11.91	一般评价	11	环亚平宁西北盆地	4.96	一般评价
2	海湾盆地	9.24	重点评价	12	西西伯利亚盆地	4.82	重点评价
3	阿巴拉契亚盆地	9.02	详细评价	13	伏尔加—乌拉尔盆地	4.56	次重点评价
4	中阿拉伯盆地	8.75	一般评价	14	廷杜夫盆地	4.32	一般评价
5	三叠—古达米斯盆地	8.56	次重点评价	15	滨里海盆地	3.90	一般评价
6	坎宁盆地	6.54	重点评价	16	巴黎盆地	3.63	一般评价
7	巴拉纳盆地	6.46	一般评价	17	波罗的海盆地	3.02	重点评价
8	内乌肯盆地	5.94	次重点评价	18	印度河盆地	2.93	重点评价
9	阿尔伯达盆地	5.86	重点评价	19	阿科玛盆地	2.76	重点评价
10	东西伯利亚盆地	5.69	一般评价	20	卡鲁盆地	2.65	一般评价

二、美国页岩气勘探开发成熟盆地区带优选

根据美国页岩气有利区参数优选指标，结合美国不同区带页岩气的实际勘探开发情况与页岩自身地质条件的差异，本次研究除了对 Barnett 页岩区带进行了分级分带，还对 Fayetteville，Woodford，Eagle Ford 和 Haynesville 页岩进行了分级分带评价，共优选出了 5 个 I 类有利区带。

1. 有利区分级分带优选

1）Fayetteville 页岩

Fayetteville 页岩按照资源丰度大小可以分为 3 类区域。资源丰度最高的 I 类区面积为 $600 km^2$，可采资源量为 $3498 \times 10^8 m^3$。

该区域位于页岩厚度大于 75m、热成熟度大于 2.85%、有机质含量大于 1.65% 的区域。

资源丰度次之的 II 类区面积为 2400km²，可采资源量为 6792×10⁸m³。该区域位于页岩厚度大于 60m、热成熟度大于 2.40% 的区域。

资源丰度最低的 III 类区面积为 5517km²，可采资源量为 2483×10⁸m³。该区域满足页岩气商业开发的最低厚度要求 30m（表 4–19）。

表 4–19 Fayetteville 页岩资源有利区统计表

资源有利区	TOC（%）	R_o（%）	厚度（m）	埋深（m）	构造特征	资源丰度	面积（km²）	可采资源量（10⁸m³）
I 类	>1.65	>2.85	>75	1150～1670	斜坡区	高	600	3498
II 类	>1.8	>2.40	>60	120～1700	斜坡区	较高	2400	6792
III 类	>1.65	>2.00	>30	120～1700	斜坡区	一般	5517	2483

根据以上分析，控制 Fayetteville 页岩气资源量的最主要因素是页岩厚度，其中页岩气资源丰度较大的 I 类区和 II 类区均位于页岩厚度大于 60m 的范围内。在页岩厚度较小的地区，页岩有机质丰度相对较高，也具有一定的开采价值。由于页岩热成熟较高，R_o 对 Fayetteville 页岩气资源量的控制作用相对较小。

2）Woodford 页岩

Woodford 页岩按照资源丰度大小可以分为 3 类区域。页岩气资源丰度最高的 I 类区面积为 600 km²，可采资源量为 4764×10⁸m³，位于阿科玛盆地西南角。该区域页岩厚度大于 50m，有机质含量大于 5.5%，热成熟度大于 1.7%。

资源丰度次之的 II 类区位于盆地中央地区，面积为 1000 km²，可采资源量为 4531×10⁸m³。该区域页岩厚度大于 30m，有机质含量大于 3.5%，热成熟度大于 1.7%。

资源丰度最低的 III 类面积为 8274 km²，可采资源量为 5517×10⁸m³。该区域页岩厚度大于 15m，有机质丰度大于 3.0%，热成熟度大于 1.4%。

控制 Woodford 页岩气资源量的地质因素主要是有机质含量和页岩厚度，有机质含量最大、页岩厚度最大的地区页岩气资源丰度最高（表 4–20）。

表 4–20 Woodford 页岩资源有利区统计表

资源有利区	TOC（%）	R_o（%）	厚度（m）	埋深（m）	构造特征	资源丰度	面积（km²）	可采资源量（10⁸m³）
I 类区	>5.5	>1.7	>50	1800～3200	斜坡区	高	600	4764
II 类区	>3.5	>1.7	>30	<3500	斜坡区	较高	1000	4531
III 类区	>3.0	>1.4	>15	<4000	斜坡区	一般	8274	5517

3）Eagle Ford 页岩

Eagle Ford 页岩按照资源丰度大小可以分为 3 类区域。页岩气资源丰度最高的Ⅰ类区面积为 3125 km^2，可采资源量为 $11900 \times 10^8 m^3$，位于盆地西部。该区域页岩厚度大于 60m，有机质含量大于 5.0%，热成熟度大于 1.1%。

资源丰度次之的Ⅱ类区面积为 6144 km^2，可采资源量为 $11894 \times 10^8 m^3$。该区域页岩厚度大于 25m，有机质含量大于 3.5%，热成熟度大于 1.1% 的区域。

资源丰度最低的Ⅲ类区面积为 15734km^2，可采资源量为 $11153 \times 10^8 m^3$。该区域页岩厚度大于 15m，有机质丰度大于 3.0%，热成熟度大于 1.1%。

控制 Eagle Ford 页岩气资源量的地质因素主要是有机质含量和页岩厚度，有机质含量大、页岩厚度大的地区页岩气资源丰度高（表 4–21）。

表 4–21　Eagle Ford 页岩资源有利区统计表

资源 有利区	TOC （%）	R_o （%）	厚度 （m）	埋深 （m）	构造 特征	资源 丰度	面积 （km^2）	可采资源量 （$10^8 m^3$）
Ⅰ类区	>5.0	>1.1	>60	2130～2900	斜坡区	高	3125	11900
Ⅱ类区	>3.5	>1.1	>25	2400～4200	斜坡区	较高	6144	11894
Ⅲ类区	>3.0	>1.1	>15	2100～4200	斜坡区	一般	15734	11153

4）Haynesville 页岩

Haynesville 页岩按照资源丰度大小可以分为 3 类区域。页岩气资源丰度最高的Ⅰ类区面积为 793 km^2，可采资源量为 $12011 \times 10^8 m^3$。该区域页岩厚度大于 90m，有机质含量大于 8.0%，热成熟度大于 1.5%。

资源丰度次之的Ⅱ类区面积为 4441 km^2，可采资源量为 $22421 \times 10^8 m^3$。该区域页岩厚度大于 80m，有机质含量大于 3.5%，热成熟度大于 1.3%。

资源丰度最低的Ⅲ类区面积为 22527km^2，可采资源量为 $17056 \times 10^8 m^3$。页岩厚度大于 30m，有机质含量大于 2.0%，热成熟度大于 2.0%。

由于 Haynesville 页岩成熟度较高，控制页岩气资源量的地质因素主要是有机质含量和页岩厚度，在有机质含量大、页岩厚度大的地区页岩气资源丰度最高（表 4–22）。

表 4–22　Haynesville 页岩资源有利区统计表

资源 有利区	TOC （%）	R_o （%）	厚度 （m）	埋深 （m）	构造 特征	资源 丰度	面积 （km^2）	可采资源量 （$10^8 m^3$）
Ⅰ类	>8.0	>1.5	>90	<3400	斜坡区	高	793	12011
Ⅱ类	>3.5	>1.3	>80	<4000	斜坡区	较高	4441	22421
Ⅲ类	>2.0	>1.1	>30	<4300	斜坡区	一般	22527	17056

2. 有利区综合排序

通过上述分析，采用 GIS 空间插值法计算，美国西部典型前陆盆地的页岩气可采资源总量为 $129307 \times 10^8 m^3$，其中东得克萨斯盆地的 Haynesville 组资源量最大。按照资源富集程度及可采条件划分为Ⅰ类、Ⅱ类和Ⅲ类区，其中Ⅰ类区 5 个，Ⅱ类区 5 个，Ⅲ类区 5 个。Ⅰ类区里，以东得克萨斯盆地的 Haynesville 组最大，可采资源量为 $12011 \times 10^8 m^3$，为页岩气勘探的首选目标；其次是海湾盆地的 Eagle Ford 页岩Ⅰ类区，可采资源量为 $11900 \times 10^8 m^3$，可以作为次要考虑的目标；Barnett 页岩第三，可采资源量为 $8517 \times 10^8 m^3$；Woodford 和 Fayetteville 页岩分别列第四和第五位，可采资源量分别为 $4764 \times 10^8 m^3$ 和 $2809 \times 10^8 m^3$。

Ⅱ类区中，Haynesville 页岩气可采资源量最大，为 $22421 \times 10^8 m^3$；其次为 Eagle Ford 页岩，为 $11894 \times 10^8 m^3$；Fayetteville 组排第三，为 $5870 \times 10^8 m^3$；Woodford 组和 Barnett 组技术可采资源量分别为 $4531 \times 10^8 m^3$ 和 $4636 \times 10^8 m^3$（表 4-23）。

表 4-23　美国西部 5 套前陆盆地页岩气资源排序

页岩名称	可采资源有利区可采资源量（$10^8 m^3$）			可采资源量（$10^8 m^3$）	有利勘探方向	排序
	Ⅰ类区	Ⅱ类区	Ⅲ类区			
Haynesville	12011	22421	17056	51488	中央偏东部地区	1
Eagle Ford	11900	11894	11153	34947	西部	2
Barnett	8517	4636	2134	15287	东北部	3
Woodford	4764	4531	5517	14812	西南角	4
Fayetteville	2809	5870	4094	12773	西南部和东北角	5
总计	40001	49352	39954	129307		

3. 有利区有效性综合评价

通过以上分析，按照资源丰度的大小可将各套页岩分成 3 类区域。Ⅰ类区页岩有机质含量最高，热成熟度高，确保进入生气窗。同时有效页岩厚度最大，确保了一定的资源量。因此，Ⅰ类区页岩气资源丰度最高，但和整个盆地相比，这类区域一般面积都不太大。Ⅰ类区是整套页岩的核心区，也是最先商业开发成功的区域。Ⅱ类区一般分布在Ⅰ类区的周围，其有机质含量、有机质成熟度和页岩有效厚度等条件较Ⅰ类区稍差，因此资源丰度也比前者低，但这类区域面积大，总资源量较大，是未来的勘探潜力区。Ⅲ类区形成页岩气资源的地质条件最差，资源丰度最低，但这些区域大面积分布，也有一定的资源量。

根据 Hart Energy 数据资料，目前本次研究的 5 个页岩盆地分别有 8~15 家公司进行勘探开发活动，根据各公司在各个页岩盆地的区块分布和页岩气产量，可以得到每个页岩盆地的高产区分布，将这些高产区的地理位置和每套页岩的资源分级区域叠合，可以看出目前的高产区域主要分布在本书指出的Ⅰ类区和Ⅱ类区部分区域（图 4-59 至图 4-66）。

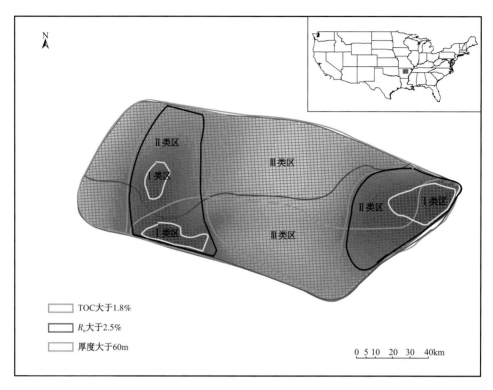

图 4-59　Fayetteville 页岩资源分区图

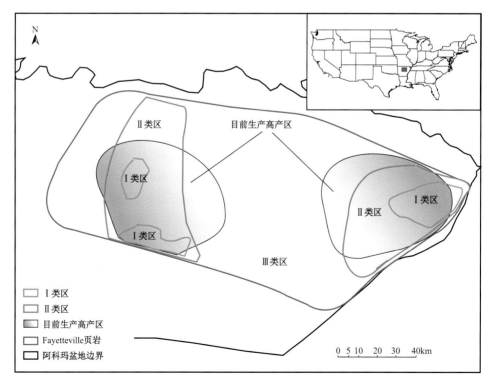

图 4-60　Fayetteville 页岩高产区和资源分区对比图

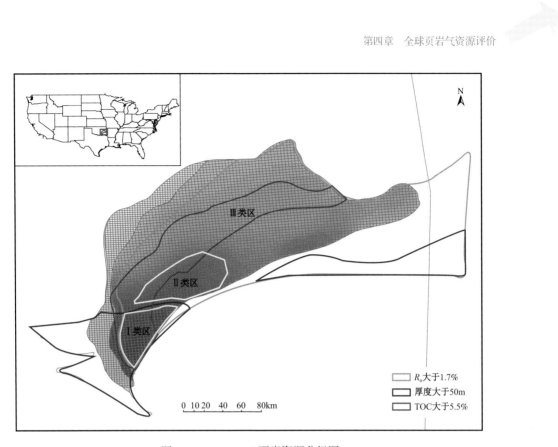

图 4-61　Woodford 页岩资源分级图

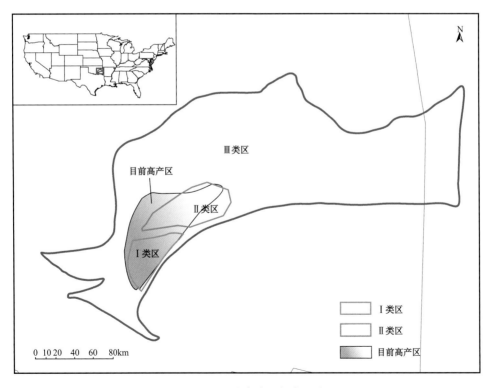

图 4-62　Woodford 页岩高产区与资源分区对比图

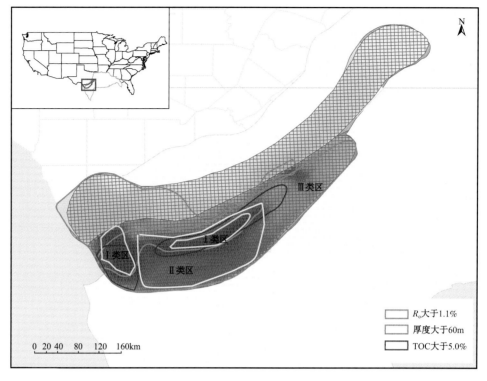

图 4-63　Eagle Ford 页岩资源分级图

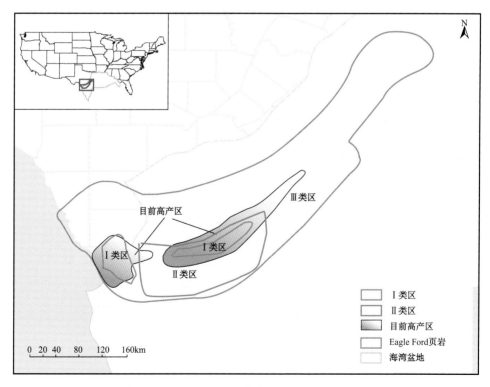

图 4-64　Eagle Ford 页岩高产区和资源分区对比图

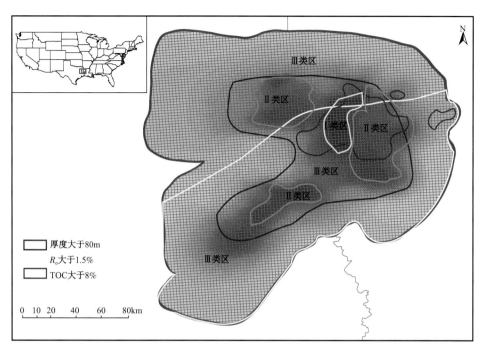

图 4-65 Haynesville 页岩资源分级图

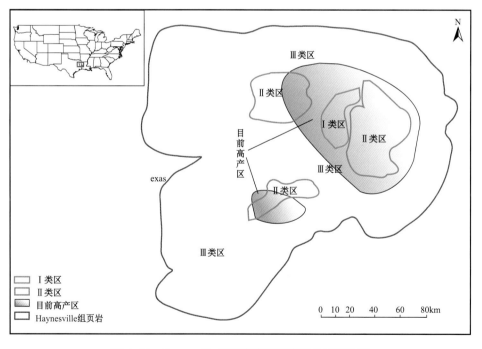

图 4-66 Haynesville 页岩高产区和资源分区对比图

通过上述几套页岩的对比分析，认为本次研究采用的 GIS 空间插值法预测资源丰度分布和实际生产比较吻合，是一种相对准确和直观的资源评价方法。在页岩气选区中，采用 GIS 空间插值法进行资源评价，根据资源丰度的大小，可以指导"甜点区"的预测。

第五章　全球重油和油砂资源评价

全球已发现的重油和油砂分布较广但极不均衡，50% 以上的重油主要集中在美洲地区，而 80% 左右的油砂位于北美洲加拿大阿尔伯达盆地。随着全球能源需求的加大，全球范围内重油、油砂资源也得到了足够的重视和实际使用，很多地方都已经实现成熟的重油、油砂资源开发利用，年产量也在稳步增长。

第一节　重油和油砂资源评价现状

一、全球重油和油砂勘探开发及资源评价现状

1. 勘探开发现状

全球重油、油砂的产区主要是美洲地区。加拿大是全球唯一进入大规模油砂商业化开采阶段的国家，中国也有少量油砂产量。据加拿大阿尔伯达能源资源保护委员会（ERCB）和加拿大石油生产商协会（CAPP）统计，加拿大油砂 2010 年产量为 20.5×10^4t/d，2011 年产量大约为 21.8×10^4t/d，2012 年产量增长到了 23.2×10^4t/d，2013 年继续较上一年增长 1.4×10^4t/d，达到 24.6×10^4t/d，尽管在 2014—2015 年，油价处于低迷状态，但加拿大油砂的产量不降反升，2014 年产量达到近 31.4×10^4t/d，2015 年产量达到 34.5×10^4t/d，阿尔伯达能源监管机构预计到 2035 年产量将达到 72.7×10^4t/d，在 Hart Energy 对未来趋势的预测中，由于包含改质重油，因此预计产量能达到 86.9×10^4t/d（表 5–1）。

超重油生产主要集中在委内瑞拉。尽管该国拥有世界上储量最大的奥利诺克重油带，但自 2006 年实行了油气资源国有化，PDVSA 的利润多半用于社会事业，导致公司的油气投资额下降，国外石油公司也减少了投资，近几年石油产量大幅度下跌。委内瑞拉石油公司在 2012 年初预计，当年重油（超重油 + 常规重油）的产量为 17.2×10^4t/d，根据 Hart Energy2012 年统计，平均产量为 13.8×10^4t/d。

在常规重油（$10 \sim 22.3°$API）的产量中，墨西哥和巴西独占鳌头。墨西哥是北美地区主要的常规重油生产国，其重度介于 $13 \sim 22°$API 之间，在储层温度下可流动。2012 年，其产量达到 21.6×10^4t/d，比 2011 年有所减少，整个墨西哥湾海域几乎三分之二的产量来自重油的生产，集中在东北部。墨西哥通常把本国的重油出口，而将轻质油用于本土消费，其中出口的原油有四分之三流向了美国。巴西重油产量几乎都来自坎波斯盆地深水油田。巴西的重油资源发现于盐上层系，随着盐下油气藏勘探的深入，除了大规模轻质油

表 5-1　2011—2015 年重油及油砂历年产量及预测产量

产量及预测产量（10^4t/d）

资源类型	国家	2010年	2011年	2012年	2013年	2014年	2015年	2016年	2017年	2018年	2019年	2020年	2021年	2024年	2025年	2026年	2027年	2028年	2029年	2030年	2031年	2032年	2033年	2034年	2035年
油砂超重油	委内瑞拉	465	477	568	554	630	709	786	891	1041	1252	1366	1643	2250	2462	2580	2729	2840	2993	3078	3109	3162	3156	3154	3158
	加拿大	1651	1844	1950	2086	2312	2561	3274	3252	3745	4718	5471	5940	7258	7872	8265	8422	8547	8694	8791	8888	8969	8850	8775	8686
	中国	7	14	46	60	101	109	108	106	106	105	104	102	100	98	98	97	95	95	94	93	91	91	90	89
重油	加拿大	377	367	379	398	378	359	337	317	295	280	263	259	239	232	225	218	213	206	201	195	188	181	176	169
	美国	675	655	659	645	633	626	619	598	604	587	574	562	520	503	486	469	457	438	424	409	397	385	372	362
	墨西哥	1997	1937	1891	1885	1926	1924	1902	1950	1850	1694	1546	1401	1147	1052	958	819	731	656	591	535	486	449	417	390
	巴西	2349	2360	2198	2247	2307	2503	2621	2491	2349	2334	2184	2048	1535	1443	1308	1206	1217	1083	966	861	769	688	615	551
	哥伦比亚	416	555	607	724	799	865	891	905	883	858	816	780	731	733	705	668	636	613	583	551	523	495	469	446
	厄瓜多尔	310	292	271	252	240	226	216	205	207	218	236	251	220	231	256	289	277	281	270	261	251	243	233	225
	秘鲁	41	38	34	34	37	45	64	115	145	176	199	203	165	156	145	136	127	120	112	105	100	93	87	82
	委内瑞拉	859	866	853	825	799	775	750	726	703	681	660	638	581	563	546	528	512	497	482	467	452	438	424	412
	阿曼	374	407	420	442	497	554	550	529	521	499	479	457	401	383	367	351	360	345	332	319	307	295	284	273
	伊朗	206	206	306	383	434	475	628	750	817	996	1091	1097	1014	986	958	932	906	881	857	834	810	787	767	745
	伊拉克	175	225	340	408	589	834	986	1341	1503	1619	1813	1779	1675	1641	1745	1708	1671	1623	1589	1555	1523	1491	1460	1430
	科威特	0	0	169	175	173	177	176	173	297	392	457	443	460	492	510	495	479	462	450	570	554	538	524	510
	沙特阿拉伯	106	105	162	164	166	171	173	173	172	171	166	161	203	246	271	263	255	246	240	368	357	348	340	333
	中国	1011	1090	1149	1188	1171	1224	1224	1315	1295	1276	1244	1349	1244	1213	1311	1276	1241	1207	1176	1146	1116	1089	1061	1035
	印度尼西亚	265	259	252	247	240	235	229	224	218	213	207	203	188	184	180	175	171	166	162	160	156	151	147	145

续表

产量及预测产量（10⁴t/d）

资源类型	国家	2010年	2011年	2012年	2013年	2014年	2015年	2016年	2017年	2018年	2019年	2020年	2021年	2024年	2025年	2026年	2027年	2028年	2029年	2030年	2031年	2032年	2033年	2034年	2035年
	安哥拉	424	697	752	688	791	838	1031	974	1025	936	857	784	598	548	506	417	387	359	333	310	288	267	248	232
	喀麦隆	56	55	52	44	41	38	35	33	30	27	26	23	18	16	15	15	14	12	11	11	10	10	8	8
	乍得	304	293	246	220	196	176	157	141	127	115	102	93	68	61	56	50	46	42	38	34	31	29	26	23
	刚果	123	136	136	119	165	184	259	349	329	310	292	271	220	205	191	179	166	156	146	136	128	121	113	106
	埃及	7	7	7	7	7	7	5	5	11	12	27	29	27	27	26	26	25	25	23	23	22	22	20	20
	尼日利亚	0	0	0	0	0	0	0	0	0	0	0	0	0	55	55	55	109	136	232	232	232	232	232	232
	马达加斯加	0	0	0	0	0	0	0	0	68	102	209	255	438	398	363	333	306	282	261	241	225	211	198	186
	摩洛哥	0	0	0	0	0	0	0	0	0	0	0	0	0	14	14	14	14	14	14	14	14	14	14	14
重油	挪威	203	184	150	134	154	139	126	113	104	93	85	76	56	52	46	42	38	34	31	29	26	23	20	19
	英国	135	94	90	89	90	112	171	278	314	300	291	276	179	158	139	124	111	98	87	78	70	61	56	50
	荷兰	0	18	19	20	22	23	25	26	27	27	27	25	18	16	15	14	12	11	10	10	8	7	7	5
	哈萨克斯坦	63	90	105	112	113	115	111	106	101	97	93	89	78	75	72	70	67	65	63	61	59	57	56	55
	鞑靼斯坦共和国	265	265	266	270	274	278	276	273	270	266	262	258	248	244	241	237	235	231	228	225	221	218	216	213
	俄罗斯（不含鞑靼斯坦共和国）	78	82	80	87	89	93	97	121	124	128	131	121	95	89	82	76	71	65	61	56	53	49	45	42

注：（1）在此常规重油重度介于10~22.3°API之间，重度小于10°API归入油砂及超重油，该统计数据中包含改质及非改质的重油和油砂，因此预测数据略大，且书中所述加拿大油砂产量包括表格中重油与油砂的产量。
（2）加拿大数据据ERCB和CAPP，其余数据据Hart Energy。

藏，也发现了一些常规重油油藏，比如 Iguacu Mirim（20°API）。美国在加利福尼亚、阿拉斯加等地拥有巨大的沥青（超重油）以及重油资源，但现今只有加利福尼亚州、得克萨斯州、怀俄明州及密西西比州拥有少数重油油田在产，其余大部分储量还未开发。美国生产超重油 382t/d，产量极小，主要生产常规重油，如加利福尼亚州在 1996 年产量一度达到 90000t/d。在 2012 年，加利福尼亚州生产重油 58500t/d。中国、委内瑞拉、安哥拉等国的常规重油生产也初具规模。中东的重油资源虽然十分丰富，但是由于其常规资源目前仍较多，他们并没有开始大规模勘探开发重油资源，只是有个别地区开始向重油资源作初步尝试。

从全球统计数据来看，近些年，油砂及超重油的产量正在稳步增长，并将在未来的 20 年内，占据举足轻重的地位，而常规重油的产量现今仍比超重油和油砂大，在 2019 年达到产量顶峰后将逐渐下降（图 5-1）。

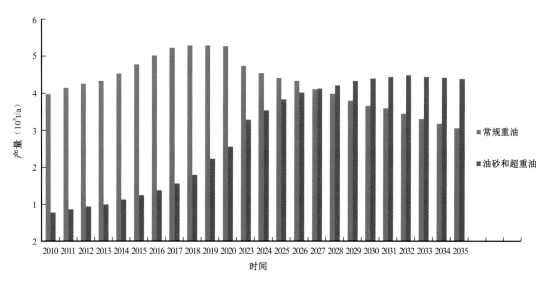

图 5-1　2010—2015 年全球重油 \ 油砂产量及未来走势预测

在此常规重油重度介于 10～22.3°API 之间，重度小于 10°API 归入油砂及超重油，
且在该统计数据中包含改质以及非改质的重油和油砂

2. 重油与油砂可采资源评价研究现状

目前，国内外通行的重油和油砂储量评估方法主要为体积法。体积法是基于测井和地震勘探资料，刻画待评价区非常规油气的空间分布情况，计算非常规油气层的体积，通过油层的孔隙度估算出原油的储量。在勘探初期，体积法是弄清油气构造、气水分布、储层类型之后计算油气田原始地质储量最基本的方法。该方法评价过程少，输入参数简单，适用于非常规油气勘探初期的资源量计算，并可以进一步分为含油率法和含油饱和度法。含油率法是利用油砂中石油的质量分数进行储量计算的方法，适用于露天开采油砂的计算；含油饱和度法则是根据油砂中沥青体积进行储量计算的方法。

根据 USGS 2007 年对全球范围重油与油砂作出的资源评价，在北美、南美、欧洲、非洲、外高加索、中东、俄罗斯、南亚、东亚、东南亚及大洋洲板块均分布着富含重油或油砂的矿床（表 5-2）。全球范围内重油资源主要集中在中东、南美和北美地区，其所占比例分别达到了 29%，33% 和 19%，加起来占到了全球的五分之四。油砂资源主要集中在南美洲和北美洲地区，两个大洲加起来就占了全球油砂资源总量的五分之四，所以美洲地区是目前世界上已发现重油和油砂资源最为丰富，同时也是重油、油砂勘探开发最为前沿的地区。在北美板块，重油及油砂矿床富集在加拿大、墨西哥、美国这 3 个国家。在南美板块，重油及油砂矿床则分布较广，主要集中在阿根廷、玻利维亚、巴西、委内瑞拉、哥伦比亚及古巴等国。欧洲是重油及油砂分布最广泛的板块，涉及国家达 26 个。由于俄罗斯地域广阔，重油及油砂的资源量高，分布广，所以将其单独列举出来。在中东板块，重油及油砂矿床分布也比较广泛，主要集中在伊朗、伊拉克、以色列、约旦、卡塔尔、土耳其、也门等国家。南亚只有孟加拉国、印度、巴基斯坦这 3 个国家含有重油或油砂矿床。另外，在东亚重油及油砂矿床则赋存在中国和日本。除此以外，在东南亚及大洋洲板块，包括澳大利亚、文莱、印度尼西亚、马来西亚、缅甸、菲律宾、泰国、汤加、越南在内的 9 个国家都发现了重油及油砂矿床。

表 5-2　有重油、油砂发现的国家和地区（据 USGS，2007）

大区	国家
北美	加拿大、墨西哥、美国
南美	阿根廷、巴巴多斯、玻利维亚、巴西、哥伦比亚、古巴、厄瓜多尔、瓜地马拉、秘鲁、苏里南、多巴哥、特立尼达、委内瑞拉
欧洲	阿尔巴尼亚、奥地利、白俄罗斯、波斯尼亚、保加利亚、克罗地亚、捷克、法国、德国、希腊、匈牙利、爱尔兰、意大利、马耳他、摩尔多瓦、荷兰、挪威、波兰、罗马尼亚、塞尔维亚、斯洛伐克、西班牙、瑞典、瑞士、乌克兰、英国
非洲	阿尔及利亚、安哥拉、喀麦隆、乍得、刚果（布拉柴维尔）、刚果民主共和国（金）、埃及、赤道几内亚比绍、加蓬、加纳、利比亚、马达加斯加、摩洛哥、尼日利亚、塞内加尔、南非、苏丹（含南苏丹）、突尼西亚
外高加索	阿塞拜疆、格鲁吉亚、哈萨克斯坦、吉尔吉斯斯坦、塔吉克斯坦、土库曼斯坦、乌兹别克斯坦
中东	巴林、伊朗、伊拉克、以色列、约旦、科威特、阿曼、卡塔尔、沙特阿拉伯、叙利亚、土耳其、也门
俄罗斯	俄罗斯
南亚	孟加拉国、印度、巴基斯坦
东亚	中国、日本
东南亚和大洋洲	澳大利亚、文莱、印度尼西亚、马来西亚、缅甸、菲律宾、泰国、汤加、越南

二、本次重油与油砂资源评价采用的技术

本次评价基于原有的体积法，分别针对资料获取程度低、有部分地质资料以及地震数据、测井数据掌握较为齐全的 3 类评价对象，作出相应的改进。根据实际情况运用最合适的评价方法，从而达到精确、快速计算评价区地质资源量和可采资源量的目的。

1. 参数概率分布体积法

该方法适用于评价勘探开发程度较低，可获取资料较少的地区，主要应用于一般评价盆地及部分资料不足的详细评价盆地。该方法的原理是对参与体积法资源量计算的各个参数项按给定的最小值、平均值、最大值（或单值）构建概率分布，利用蒙特卡罗法计算资源量概率分布结果。该方法优点为适用性广，在目标定位的早期，可以利用该方法进行首轮筛选。

2. GIS 空间图形插值法

该方法针对地质资料相对比较丰富、有可靠数据进行支撑并能够进行类比的盆地或区带。它克服了传统体积法计算资源量时参数单一化的缺点，将评价区划分为若干单元，将含油面积内可获得的参数插值后分布到各单元格，可直观反映各参数在整个平面上的变化，从而真实反映资源丰度差异；也可以根据油气成藏特征在纵向上划分基本单元，按照不同成藏组合或层系进行计算，更为精细地展示非常规油气的资源量分布，从空间上锁定关键层位。这种平面与纵向相结合的方式，使得资源量的计算更为精细和准确，为快速筛选有利盆地提供了必要条件。由于引入了空间网格法，采收率可以根据不同埋深、不同区域开采方式的变化进行取值，避免了可采资源量一刀切的弊端，更加灵活地估算一个区域内的可采资源量。

3. 基于开采方式的重油及油砂评价方法

该方法主要针对公司已经掌握的区块，其地震数据、测井数据较为齐全。该方法特点是注重储量区块能够采用的开采方式及相关地质条件要求的评价，最终的结果是可计算不同开采方式下该区块能够开采出来的储量。相较前两种方法，这种评价方法计算得到的数据更加可靠，可划分至储量级别。

第二节　重油和油砂形成条件

全球重油和油砂资源的形成主要受所处的大地构造背景、盆地类型、烃源岩、储层规模及后期稠变作用或者保存作用所控制。概括起来表现为大型沉积盆地主体具备平缓构造区、源储呈面状接触、埋藏浅、稠变强、长距离运移、非构造油藏、富集盆地群及盆地内资源呈带状分布，新生代以来形成的特点。

一、重油和油砂平面分布特征

重油和油砂在平面上呈条带状分布，本次重油和油砂的平面分布划分为 6 个区带。

（1）美洲安第斯带。美洲前陆盆地的重油和油砂在平面上呈条带状分布，包括两个层次：盆内、盆间的条带状分布。在各盆地内部，重油和油砂主要分布于盆地的前陆斜坡带，靠近盆地边缘，整体上围绕着盆地的前渊带—内斜坡带呈一个条带状；在盆地间，具有相似构造背景的盆地，重油和油砂分布特征相似，各盆地间的重油和油砂分布整体上呈一个围绕着地盾分布的条带状，带状特征明显（图 5-2）。

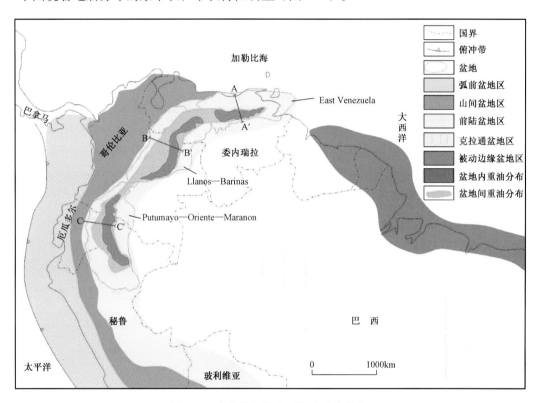

图 5-2　南美北部构造环境及重油分布

油砂和重油的盆内、盆间带状分布受两方面因素控制：一是受前陆盆地构造分区的影响，由于安第斯造山带的作用，前陆盆地的褶皱带、前渊带和斜坡带基本上皆与安第斯山脉平行，自东北向西南大体上相连，皆呈带状分布，而在成藏背景上决定了重油和油砂分布的带状特点，这是重油和油砂在盆地间呈带状分布的主要原因；二是重油和油砂分布亦受烃源岩的控制，围绕前渊带生烃凹陷分布，且受储盖组合的影响，主要分布于斜坡带，这是重油和油砂在盆地内呈带状分布的主要原因。

（2）阿拉伯板块区。位于阿拉伯板块，是重油资源最主要的分布地区。主要盆地有中、西阿拉伯盆地（合称阿拉伯盆地）和扎格罗斯盆地。这些盆地常规油气资源大量富集，说明其有机质丰富足以提供大量油气来源，同时由于阿拉伯板块向欧亚板块的挤压导致大量断层、斜坡带的形成，使得这些盆地有足够强的构造活动从而形成重油。

（3）乌拉尔山系区。位于俄罗斯西部乌拉尔山系两侧，包括伏尔加—乌拉尔盆地、西西伯利亚盆地、蒂曼—伯朝拉盆地、滨里海盆地。这些盆地与阿拉伯板块区盆地相似，都属于常规油气富集区，同时又受到海西期作用形成的乌拉尔山系影响，包括西伯利亚台地隆起作用，形成了大量断层、斜坡带，利于重油、油砂形成。

（4）欧亚狭长带。此带主要分布在欧亚南部，主要跨越了阿尔卑斯、喀尔巴阡、高加索及天山等山系，从西部的北海到地中海北部，穿过黑海和里海再到中国新疆地区，主要包括的盆地有北海盆地、西北德国盆地、潘农盆地、默西亚盆地、北高加索盆地、北乌斯丘尔特盆地、南里海盆地、阿姆河盆地、塔里木盆地、准噶尔盆地、吐哈盆地等。这些盆地主要都是阿尔卑斯造山运动时期非洲板块与欧亚板块挤压形成的众多山系间的相对小型沉积盆地，盆地所受构造运动也十分强烈，利于形成重油，但由于盆地规模、油气资源相对较小，所以形成的重油资源量也相对较低。

（5）太平洋沿岸带（西岸）。此带位于欧亚大陆东部、太平洋西岸，应属于整个环太平洋带西半部分，因与东岸公认的科迪勒拉山前油砂成矿带相对应，主要盆地包括北萨哈林盆地、中阿姆尔盆地、渤海湾盆地、南黄海盆地、江汉盆地、珠江口盆地、文莱—沙巴盆地、库特盆地等，由太平洋洋壳与欧亚板块挤压作用影响所致，但由于岛弧众多也多为小规模盆地，重油资源量相对较少。

（6）南大西洋两岸。南美东岸及西非，特别是巴西的坎波斯盆地，集中了巴西绝大部分的重油资源。另外巴西桑托斯盆地、西非的下刚果盆地等也有较丰富的重油资源。巴西重油资源主要集中在海域，特别是深水（但不会超过1500m），储层温度为40～60℃，为未固结、高孔隙度、高渗透率砂岩。这些盆地分布的几乎都是常规重油，重度为15～20°API，并没有出现超重油。

上述为6个主要的分布区带，其他地区也零星分布一些盆地。其实即使分布于各大构造带上的盆地也只是盆地发展与大型构造活动有关联，其重油形成并非完全由此活动导致，具体形成原因还与每个盆地具体演化过程中的其他构造活动，甚至是小范围未能达到全盆地规模的构造活动有关。

二、重油和油砂的富集条件

重油和油砂的富集需要广泛分布的优质烃源岩、大规模单一优质储层及相对较差的保存条件。

1. 广泛分布的优质烃源岩

同常规石油一样，重油、油砂资源的形成需要广泛分布的优质烃源岩。只有大规模分布的优质烃源岩才能大规模生排烃，满足生成的石油进行长距离运移，并遭受降解和水洗等稠变作用形成重油和油砂，而且重油、油砂只有达到一定规模才能满足经济性开采。这就要求烃源岩除了必须满足常规石油的生成条件之外，分布规模还要大，以提供充足的石油进行运移。优质烃源岩为重油和油砂形成提供了充足的物质基础。以南美北部盆地为例，晚白垩世期间一次大的海侵形成了南美北部最重要的烃源岩——世界级的上白垩统浅海相烃源岩。但是由于各盆地所处的地理位置和经历的海侵时间不同，各盆地的烃源岩质量亦有所差异，整体上呈自南向北逐渐变好的趋势，正是南美北部各前陆盆地具有良好的生油条件，才为各盆地的重油成藏提供了丰富的物质基础。南美北部重油都属于源外成藏，重油带范围内无有效烃源岩，油气来自西部或北部坳陷区的生烃凹陷，多为浅海相泥岩，沉积厚度大（多在 100m 以上），有机质丰富（TOC 为 0.25%～11%），大多已成熟（R_o 在 0.4% 以上），油源条件好。表 5-3 统计了全球主要重油、油砂盆地烃源岩参数，统计表明重油、油砂富集盆地泥页岩具有以下特征：高有机质丰度，TOC 大于 5%，最高达 24.3%；有机质成熟度适中，R_o 为 0.5%～1.3%，烃源岩厚度大于 20m，分布面积大于 20000km²，占盆地面积大于 44%。

表 5-3　全球重要重油、油砂盆地烃源岩参数

参数	阿尔伯达盆地	尤因塔盆地	伏尔加—乌拉尔盆地	东委内瑞拉盆地	东西伯利亚盆地	马拉开波盆地
烃源岩时代	泥盆纪、石炭纪	古近纪	泥盆纪、石炭纪	白垩纪	前寒武纪	白垩纪
有效面积（km²）	132798	18067	357000	162060	3470000	23000
盆地面积（km²）	300000	24090	700000	219000	6300000	50000
页岩含量（%）	44	75	51	74	55	46
厚度（m）	25～135	24～90	6～160	35～130	80～300	150～610
TOC（%）	2.0～24.3	1.6～21	12.4	2～6	3～15	5.6～16
R_o（%）	>0.5	0.7～1.3	0.6～1.2	>0.5	0.5～0.9	0.8～1.2

2. 大规模单一优质储层

重油、油砂的储层一般分布广、规模大、成岩程度低，大多处在未固结或未压实阶段。重油和油砂主要富集在一套主力储层，拥有全盆地的绝大部分重油资源，单一优质储层、集中分布的特征明显。如北美阿尔伯达盆地 Mannville 群的三角洲前缘和浅海相砂岩，分布面积占盆地面积的 60%，储层埋藏浅，未固结和压实，孔渗和连通性好，为油砂矿的形成和有效开采提供了得天独厚的条件；委内瑞拉盆地储层主要分布在白垩系 Oficina 组，阿尔伯达盆地储层主要分布在白垩系 Macmurry 组。储层以河流、三角洲相砂岩为主，部

分为浅海相砂岩。砂体呈大范围席状分布，储层自西部前渊带向东部斜坡带逐渐减薄，直至尖灭于圭亚那地盾。储层岩性以中粒石英砂岩为主，其次为细砂岩，普遍埋深较浅，平均埋深为 1832～2670m，最浅仅 61m；胶结程度低，物性极好，高孔隙度高渗透率，平均孔隙度在 17% 以上，最高达 35%，平均渗透率为 433mD 以上，最高达 10000mD。此外，根据美洲重油、油砂储层特征统计表明，美洲重油、油砂储层还具有如下特征：单个油藏储层有效厚度为 10～275m，有效孔隙度在 10% 以上，含油饱和度为 50% 以上，大多储层未固结或未压实（表 5-4）。

表 5-4　美洲重油与油砂储层特征参数统计表

重油、油砂盆地	成藏组合	有效厚度（m）	有效孔隙度（%）	含油饱和度（%）	重度（°API）	地层时代
西加盆地（油砂）	Mannville 群	55	30	72	9	K
坎波斯盆地	上白垩统—古近系	61	26		16	K—E
桑托斯盆地	上白垩统—古近系	70	26	80	80	K—E
圣埃斯皮力图盆地	Urucutuca 组	34	22	72	15.2	K—E
	Regencia 组	15	20	70	17.5	K
	Sao Mateus 组	40	18	72	15	K
圣乔治盆地	白垩系—新近系	18	22	50	17	K—E
波蒂瓜尔盆地	ACU	20	30	70	17	K
赛尔希培—阿拉格斯盆地	白垩系—新近系	45	22	65	18	K—E
东委内瑞拉盆地	Oficina 组	15～240	28～35	85～95	7～20	N_1
马拉开波盆地	Icotea 组	10～80	11～25	80～85	10～20	E_3
	Misoa 组	10～90	10～31	75～85	10～20	E_2
	Lagunillas 组	20～150	11～30	70～80	10～20	N_1
巴里纳斯—阿普雷盆地	Gufita—Carbonera 组	5～50	10～28	60～70	10～20	E_3—N_1
	Gobernador 组	10～50	10～22	60～70	10～20	E_2
亚诺斯盆地	Carbonera 组	4～40	15～30	60～75	10～20	E_3—N_1
	Guadalupe—Gacheta 组	8～50	10～30	60～75	10～20	K

续表

重油、油砂盆地	成藏组合	有效厚度 （m）	有效孔隙度 （%）	含油饱和度 （%）	重度 （°API）	地层时代
普图马约—奥 瑞特盆地	Napo—Villeta 组	5～130	8～26	60～80	10～20	K
	Hollin—Caballos 组	5～80	15～25	60～70	10～20	K
马拉农盆地	Vivian—Chonta 组	5～80	12～25	70～80	10～20	K
中玛格达莱纳 盆地	Colorado— Mugrosa 组	5～80	20～30	60～80	10～20	E_3
	Chorro— Avechucos 组	5～100	15～30	65～75	10～20	E_2
内乌肯盆地	白垩系	5～160	15～25	60～75	10～20	K
	侏罗系	20～275	5～20	65～75	10～20	J

3. 相对较差的保存条件

重油油田和油砂矿的形成，其本质是在生油母质丰富、有机质丰度高、成熟度适中、优质储层规模分布条件下，生成的油气二次运移（多为长距离运移），由于盖层缺失或封闭性能差，不能形成常规油气藏，经历生物降解和水洗作用，原油稠变程度高，最终形成重油和油砂。上述机理也造成重油和油砂常分布在盆地边缘、凸起边缘或者浅层等保存条件相对较差部位。例如，马拉开波盆地重油围绕盆地边缘形成典型的重油环带，伊朗在 Ferdows 油田大于 3000m 的胡夫组普遍富集天然气，但在浅层 1475m 的 Fahliyan 组和 1415m 的 Dariyan 组，则富集为 8～16°API 的重油。

三、重油和油砂运聚模式

重油和油砂运移具有长距离、多路径和阶梯式的特征。石油从前渊带生烃凹陷运移到斜坡带聚集，经历了较长的运移距离，整个运移距离为 50～200km。运移通道以断层和不整合为主，连通性砂岩亦有重要作用。以阿尔伯达盆地为例，上白垩统和古近—新近系的高孔隙度、高渗透性砂岩是重油成藏的优势横向运移路径。古近系继承性的断裂开启了油气垂向运移的通道。石油运移具有从深部到中部再到浅层的阶梯状运移特征，随着运移距离的增加，原油的性质也随之发生变化，在运移路径上，从凹陷区向重油带，呈现出常规油、中质油和重油（油砂）依次分布的特征（图 5-3）。

四、重油和油砂形成时间晚、埋藏浅、经历稠变作用

重油和油砂的形成时间是首要的因素，既然是"残余型"资源，必然遭受严重的蚀变改造，经历的时间越晚，保留下来的量就越多。全球油砂资源 95% 以上都分布在白垩系

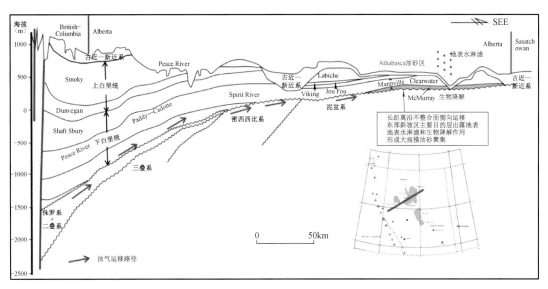

图 5-3　阿尔伯达盆地油砂区成藏模式图

之后的地层中，只有东西伯利亚盆地油砂聚集在古生界中，虽然数量巨大，但整体含油率较低，可采性很差。白垩纪以来发生较大规模的油气运移与主要烃源岩分布时代有关，新生代油气的持续生成和充注是提高油砂可动性的必要条件。所以油砂具有必要的晚期形成特征。

从本次评价结果看，全球 80% 以上的重油和油砂资源集中在白垩系和古近—新近系。东西伯利亚盆地中有利的油砂埋深在 1000m 以内，东委内瑞拉盆地的重油埋深在 100～2000m 之间，阿尔伯达盆地的油砂则更浅，基本都小于 200m，更有大部分直接出露地表。主要盖层为上白垩统和古近—新近系浅海相泥岩，层间泥岩和沥青塞也对局部的聚集起到控制作用。由于储层埋深较浅，在浅层油藏盖层的封闭性能变差的情况下，易于使富氧地表水进入油藏，加剧石油降解。重油和油砂带所处的前陆斜坡背景决定了其圈闭类型以地层相关圈闭为主。这种非构造油藏特点造就盆地中有利圈闭能大规模、连片分布，有利于重油和油砂大规模成藏。

重油和油砂成藏的一个关键因素是稠变作用。稠变作用是石油从生成到成藏过程中所发生的使原油变稠的各种物理化学作用，其最主要的作用是使原油的密度变大，黏度增加。稠变机制包括生物降解作用、水洗作用、氧化作用、蒸发分馏作用。石油的聚集和逸散是一个动态平衡的过程，石油在长距离运移过程中轻组分不断逃逸，再加上生物降解作用，原油逐渐稠变，所需的封堵条件逐渐降低，石油的聚集和逸散量达到平衡，整个成藏过程趋于稳定，从而在斜坡带形成了重油和油砂。

从以上分析可知，现今富集的重油、油砂盆地具有优质的烃源岩，以单套主力优质储层为主，生成的大规模石油由断层、不整合和连通砂岩长距离和阶梯式运移到长期处于正向上升背景的良好成藏场所，储集在具有优越储盖组合的地区，后期虽遭受破坏，但破坏时间晚，总体得以保存，在运移和聚集过程中经历了以生物降解为代表的多种稠变机制的作用。多种因素的共同作用，造就了现今全球重油和油砂聚集区。

第三节　重油和油砂资源评价与分布

本次评价了 69 个重油（包括常规重油和超重油）盆地（其中包含中国的 6 个盆地，但中国的总数最终采用四次资源评价结果），分布在 37 个国家、85 个评价单元中；评价了 32 个油砂盆地（含中国 3 个盆地，最终总数采用四次资源评价结果），分布在 16 个国家、35 个评价单元中（图 5-4）。从评价结果看，重油的地质资源量为 9911.77×10^8t（含中国），可采资源量为 1267.35×10^8t（含中国）；油砂的地质资源量为 5012.64×10^8t（含中国），可采资源量为 641.35×10^8t（含中国）。

一、全球重油和油砂资源量大区分布

本次评价的全球重油主要分布于美洲地区，该区域总技术可采资源量为 726.9×10^8t，南美洲和北美洲分别占总数的 32.29% 和 25.07%；其次为中东地区，可采资源量约 176.7×10^8t，占总数的 13.94%；亚洲、俄罗斯、欧洲及非洲地区次之（图 5-5、表 5-5）。

表 5-5　全球重油资源量大区分布统计表

大区	地质资源量（10^8t）	可采资源量（10^8t）	平均可采系数（%）	可采资源占比（%）
南美洲	4091.97	409.19	10.00	32.29
北美洲	3177.15	317.71	10.00	25.07
中东	1207.84	176.70	14.63	13.94
亚洲	502.43	129.79	25.83	10.24
俄罗斯	449.43	88.15	19.61	6.96
欧洲	223.88	82.44	36.82	6.50
非洲	259.07	63.37	24.46	5.00
总计	9911.77	1267.35		100

油砂大区分布表明，油砂主要分布于北美洲，其技术可采资源量为 394.74×10^8t，占总数的 61.56%；俄罗斯地区也有大量的油砂资源富集，可采资源量为 156.31×10^8t，占总数的 24.37%；亚洲、欧洲及非洲资源量相对较少。值得一提的是，南美洲的东委内瑞拉盆地、马拉开波盆地也有油砂富集，由于这些油砂资源与超重油共存，因此很难将其分开，本次统一归到重油资源内计算（图 5-6、表 5-6）。

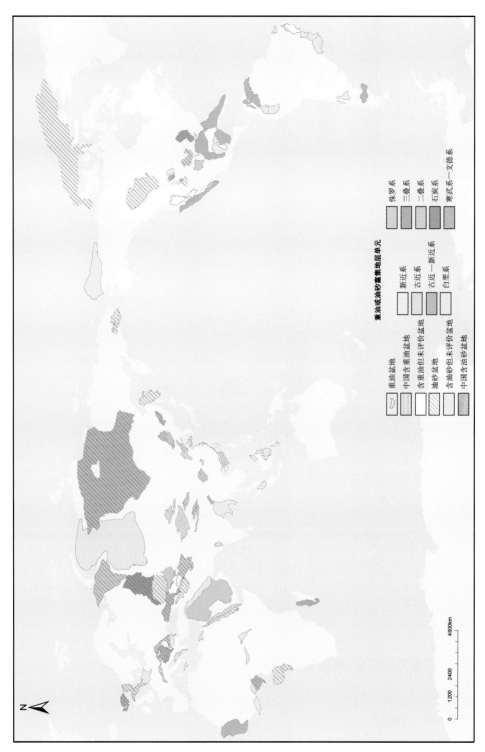

图 5-4 全球重油与油砂富集盆地层系分布图

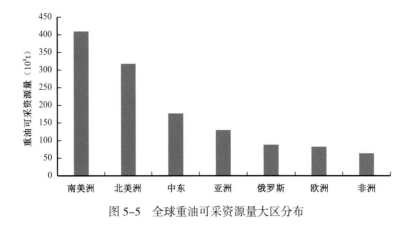

图 5-5　全球重油可采资源量大区分布

图 5-6　全球油砂可采资源量大区分布

表 5-6　全球油砂资源量大区分布统计表

大区	地质资源量（10⁸t）	可采资源量（10⁸t）	平均可采系数（%）	可采资源占比（%）
北美洲	3947.00	394.74	10.00	61.56
俄罗斯	599.07	156.31	26.09	24.37
亚洲	273.20	48.28	17.69	7.53
非洲	139.67	24.41	17.51	3.81
欧洲	53.60	17.54	32.76	2.74

二、全球重油和油砂资源量国家分布

全球重油可采资源分布广泛，其中委内瑞拉、美国、沙特阿拉伯及墨西哥位居前 4 位。4 个国家重油可采资源量合计达 817t，占全球重油可采资源量的 64.47%。其中，委内瑞拉以超重油为主，其余国家以常规重油为主（图 5-7、表 5-7）。

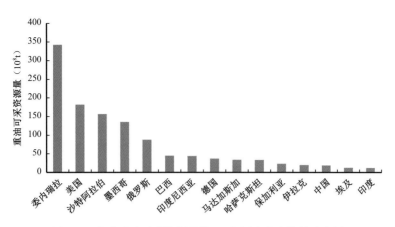

图 5-7　全球重油可采资源量前 15 名国家分布统计直方图

表 5-7　全球重油资源量国家分布统计表

序号	国家	地质资源量（10⁸t）	可采资源量（10⁸t）	序号	国家	地质资源量（10⁸t）	可采资源量（10⁸t）
1	委内瑞拉	3427.31	342.64	18	阿尔巴尼亚	13.12	8.09
2	美国	1819.70	181.97	19	马来西亚	16.91	7.64
3	沙特阿拉伯	1063.37	156.86	20	哥伦比亚	69.69	6.97
4	墨西哥	1357.45	135.75	21	英国	42.28	6.82
5	俄罗斯	449.44	88.11	22	格鲁吉亚	40.58	6.61
6	巴西	447.14	44.71	23	阿根廷	44.25	4.42
7	印度尼西亚	77.32	43.78	24	孟加拉	21.47	3.63
8	德国	72.02	37.10	25	土库曼斯坦	20.73	3.44
9	马达加斯加	61.93	34.10	26	波兰、乌克兰	17.66	2.96
10	哈萨克斯坦	59.64	33.56	27	克罗地亚	16.07	2.65
11	保加利亚	53.07	23.32	28	秘鲁	19.40	1.94
12	伊拉克	144.38	19.91	29	苏丹(含南苏丹)	10.28	1.69
13	中国	189.19	18.92	30	捷克	9.70	1.49
14	埃及	84.02	12.62	31	毛里塔尼亚	8.35	1.41
15	印度	76.62	12.21	32	尼日利亚	7.17	1.17
16	安哥拉	81.29	11.46	33	乍得	5.98	0.98
17	厄瓜多尔	84.24	8.42				

全球油砂主要分布在加拿大，俄罗斯次之。仅加拿大的油砂技术可采资源量就占据了半壁江山，达到 59.95%，俄罗斯的油砂虽然没有进行商业开采，但其油砂资源规模相对较大，保守估计，占全球可采资源量的 24.37%（图 5-8、表 5-8）。

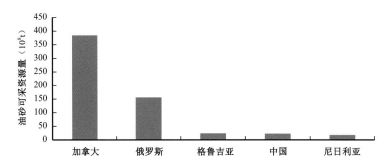

图 5-8　全球油砂可采资源量前 5 名国家分布统计直方图

表 5-8　全球油砂资源量国家分布统计表

序号	国家	地质资源量（10^8 t）	可采资源量（10^8 t）
1	加拿大	3844.72	384.47
2	俄罗斯	599.07	156.31
3	格鲁吉亚	36.55	24.08
4	中国	229.15	22.92
5	尼日利亚	102.98	18.00
6	美国	102.38	10.24
7	英国	24.29	7.74
8	阿尔巴尼亚	9.98	6.49
9	埃及	18.82	3.29
10	安哥拉	17.92	3.17
11	波兰、乌克兰	9.07	1.61
12	土库曼斯坦	7.50	1.33
13	德国	6.61	1.17
14	捷克	3.60	0.53

三、全球重油和油砂可采资源量盆地分布

全球重油主要分布在 69 个盆地中（本次评价除了中国以外的 63 个盆地）。重油主要分布在东委内瑞拉盆地，以超重油为主，阿拉伯盆地紧跟其后，位于墨西哥的坦皮科盆地、

美国的圣胡安盆地都是以常规重油为主（图 5-9、表 5-9）。

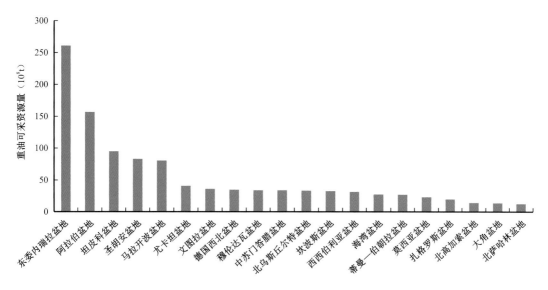

图 5-9　全球重油可采资源量排名前 20 盆地分布统计直方图

表 5-9　全球重油可采资源量盆地分布统计表

序号	盆地名称	盆地类型	可采资源量（10^8t）	国家	序号	盆地名称	盆地类型	可采资源量（10^8t）	国家
1	东委内瑞拉盆地	前陆盆地	260.75	委内瑞拉	9	穆伦达瓦盆地	被动陆缘盆地	34.05	马达加斯加
2	阿拉伯盆地	被动陆缘盆地	156.79	沙特阿拉伯	10	中苏门答腊盆地	弧后盆地	33.99	印度尼西亚
3	坦皮科盆地	前陆盆地	94.85	墨西哥	11	北乌斯丘尔特盆地	克拉通盆地	33.56	哈萨克斯坦
4	圣胡安盆地	前陆盆地	82.92	美国	12	坎波斯盆地	被动陆缘盆地	32.82	巴西
5	马拉开波盆地	前陆盆地	80.50	委内瑞拉、哥伦比亚	13	西西伯利亚盆地	大陆裂谷盆地	31.66	俄罗斯
6	尤卡坦盆地	被动陆缘盆地	40.89	墨西哥	14	海湾盆地	前陆盆地	27.53	美国
7	文图拉盆地	弧前盆地	36.16	美国	15	蒂曼—伯朝拉盆地	前陆盆地	27.14	俄罗斯
8	德国西北盆地	大陆裂谷盆地	34.78	德国	16	莫西亚盆地	前陆盆地	23.30	保加利亚

序号	盆地名称	盆地类型	可采资源量（10⁸t）	国家	序号	盆地名称	盆地类型	可采资源量（10⁸t）	国家
17	扎格罗斯盆地	前陆盆地	19.91	沙特阿拉伯、伊拉克	33	坎贝盆地	大陆裂谷盆地	5.85	印度
18	北高加索盆地	前陆盆地	14.46	俄罗斯	34	中上马格莱德纳盆地	弧后盆地	3.70	哥伦比亚
19	大角盆地	前陆盆地	14.05	美国	35	孟加拉盆地	被动陆缘盆地	3.63	孟加拉
20	北萨哈林盆地	弧后盆地	12.85	俄罗斯	36	阿姆河盆地	大陆裂谷盆地	3.44	土库曼斯坦
21	苏伊士盆地	大陆裂谷盆地	11.35	埃及	37	亚诺斯盆地	前陆盆地	3.27	哥伦比亚
22	下刚果盆地	被动陆缘盆地	10.29	安哥拉	38	北喀尔巴阡盆地	前陆盆地	2.96	波兰
23	加利福尼亚陆棚盆地	弧前盆地	9.75	美国	39	潘农盆地	前陆盆地	2.65	匈牙利
24	桑托斯盆地	被动陆缘盆地	9.32	巴西	40	磨拉石盆地	前陆盆地	2.34	德国、奥地利、瑞士、法国
25	阿拉斯加盆地	前陆盆地	8.65	美国	41	圣乔治盆地	被动陆缘盆地	2.25	阿根廷
26	普图马约盆地	前陆盆地	8.42	厄瓜多尔	42	内乌肯盆地	前陆盆地	2.17	阿根廷
27	南亚德里亚	前陆盆地	8.09	阿尔巴尼亚	43	库特盆地	大陆裂谷盆地	2.00	印度尼西亚
28	大打拉根盆地	弧后盆地	7.80	印度尼西亚、马来西亚	44	马拉农盆地	前陆盆地	1.94	秘鲁
29	Brunei—sabah 盆地	弧前盆地	7.64	马拉西亚	45	穆格莱德盆地	大陆裂谷盆地	1.69	苏丹(含南苏丹)
30	南里海盆地	前陆盆地	6.61	格鲁吉亚	46	南喀尔巴阡盆地	前陆盆地	1.49	捷克
31	北海盆地	大陆裂谷盆地	6.46	英国	47	Barians—Apure 盆地	前陆盆地	1.48	委内瑞拉
32	阿萨姆盆地	前陆盆地	6.37	印度	48	塞内加尔盆地	被动陆缘盆地	1.41	塞内加尔

续表

序号	盆地名称	盆地类型	可采资源量（10⁸t）	国家	序号	盆地名称	盆地类型	可采资源量（10⁸t）	国家
49	北埃及盆地	大陆裂谷盆地	1.27	埃及	57	佛罗里达盆地	被动陆缘盆地	0.83	美国
50	Espirito Santo 盆地	被动陆缘盆地	1.21	巴西	58	粉河盆地	前陆盆地	0.60	美国
51	宽扎盆地	被动陆缘盆地	1.17	安哥拉	59	伊利诺伊盆地	前陆盆地	0.59	美国
52	贝宁盆地	被动陆缘盆地	1.17	尼日利亚	60	二叠盆地	前陆盆地	0.53	美国
53	波蒂瓜尔盆地	被动陆缘盆地	1.16	巴西	61	风河盆地	前陆盆地	0.37	美国
54	阿穆尔河盆地	大陆裂谷盆地	1.11	俄罗斯	62	西设得兰盆地	被动陆缘盆地	0.37	英国
55	多巴盆地	大陆裂谷盆地	0.98	乍得	63	舍吉佩—阿拉戈斯盆地	被动陆缘盆地	0.20	巴西
56	阿纳德尔盆地	弧后盆地	0.93	俄罗斯					

　　全球油砂主要分布在 32 个盆地中（本次评价除了中国以外的 29 个盆地）。油砂主要分布阿尔伯达盆地、东西伯利亚盆地及伏尔加—乌拉尔盆地（图 5-10、表 5-10）。

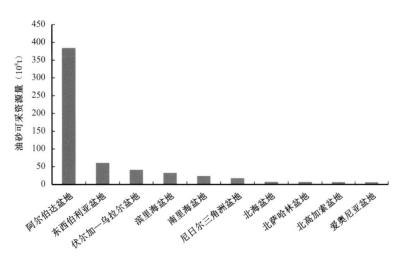

图 5-10　全球油砂可采资源量排名前 10 盆地分布统计直方图

表 5-10　全球油砂可采资源量盆地分布统计表

序号	盆地名称	盆地类型	可采资源量（10^8t）	国家
1	阿尔伯达盆地	前陆盆地	384.47	加拿大
2	东西伯利亚盆地	克拉通盆地	60.83	俄罗斯
3	伏尔加—乌拉尔盆地	前陆盆地	41.33	俄罗斯
4	滨里海盆地	克拉通盆地	32.71	哈萨克斯坦
5	南里海盆地	前陆盆地	24.08	格鲁吉亚
6	尼日尔三角洲盆地	被动陆缘盆地	18.00	尼日利亚
7	北海盆地	大陆裂谷盆地	7.42	英国
8	北萨哈林盆地	弧后盆地	7.36	俄罗斯
9	北高加索盆地	前陆盆地	6.82	俄罗斯
10	爱奥尼亚盆地	前陆盆地	6.49	阿尔巴尼亚
11	蒂曼—伯朝拉盆地	前陆盆地	5.88	俄罗斯
12	苏伊士盆地	大陆裂谷盆地	3.29	埃及
13	阿纳达科盆地	前陆盆地	2.93	美国
14	尤因塔盆地	前陆盆地	2.54	美国
15	下刚果盆地	被动陆缘盆地	2.49	安哥拉
16	悖论盆地	前陆盆地	2.16	美国
17	黑武士盆地	前陆盆地	1.98	美国
18	北喀尔巴阡盆地	前陆盆地	1.61	波兰
19	阿姆河盆地	大陆裂谷盆地	1.33	土库曼斯坦
20	磨拉石盆地	前陆盆地	1.17	德国、奥地利、瑞士、法国
21	阿纳德尔盆地	弧后盆地	0.74	俄罗斯
22	宽扎盆地	被动陆缘盆地	0.68	安哥拉
23	阿穆尔河盆地	大陆裂谷盆地	0.62	俄罗斯
24	南喀尔巴阡盆地	前陆盆地	0.53	捷克
25	切诺基盆地	前陆盆地	0.41	美国
26	西设得兰盆地	被动陆缘盆地	0.32	英国
27	斯沃德鲁普盆地	被动陆缘盆地	0.19	加拿大
28	巴里托盆地	弧后盆地	0.03	印度尼西亚
29	福特沃斯盆地	前陆盆地	0.03	美国

四、全球重油和油砂可采资源量盆地类型分布

本次评价结果统计显示，重油富集的盆地类型以被动陆缘盆地为主，主要是在盆地分类中，将中阿拉伯盆地归于被动陆缘盆地，同时，墨西哥湾的重油、巴西的重油都产自被动陆缘盆地；而油砂主要集中于前陆盆地（图5–11、图5–12）。

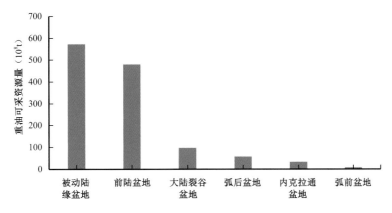

图 5–11　全球重油可采资源量盆地类型分布统计直方图

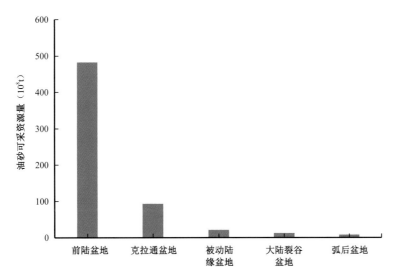

图 5–12　全球油砂可采资源量盆地类型分布统计直方图

五、全球重油和油砂可采资源量层系分布

无论是重油还是油砂，绝大部分都集中于浅层。油砂有部分富集于寒武系—文德系，主要来自东西伯利亚盆地，但其含油率较低，与加拿大盆地的油砂品质相比差了许多（图5–13、图5–14）。

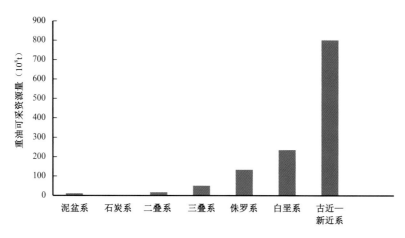

图 5-13　全球重油可采资源量层系分布统计直方图

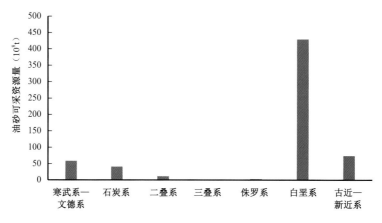

图 5-14　全球油砂可采资源量层系分布统计直方图

第四节　重点盆地重油和油砂资源评价实例

一、东委内瑞拉盆地重油资源潜力评价实例

1. 盆地基本概况

东委内瑞拉盆地是一个大型非对称前陆盆地，位于委内瑞拉东北部，面积为 $21.9 \times 10^4 km^2$，盆地超过 70% 部分位于陆上，海上面积为 $4.9 \times 10^4 km^2$。Orinoco 是世界上规模最大的重油油藏带，它位于东委内瑞拉盆地南部，油田东西长达 460km，南北宽度一般是 40km，最宽处不超过 60km，勘探面积约 55000km²。已证实的含油面积约为 13600km²，地质储量达 $1856 \times 10^8 t$（PDVSA，2005 年）。Orinoco 重油带基本上是超重油和天然沥青，原油重度一般小于 10°API。目前，该重油带只有 5%～10% 的石油能被开采。

委内瑞拉国家石油公司（PDVSA）沿东西方向将整个重油带分成 4 个评价区，从西向东分别为：Boyaca，Junin，Ayacucho 和 Carabobo（图 5-15）。

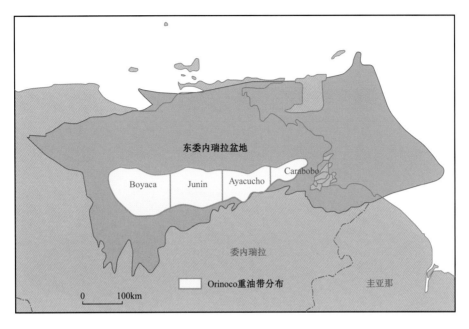

图 5-15 Orinoco 重油带位置

2. 勘探开发现状

东委内瑞拉盆地现今处于成熟勘探阶段（陆上处于成熟阶段，海上处于未成熟阶段）。盆地的常规石油和天然气储量分别占盆地油气可采储量的 9.2% 和 10.6%。2006 年，委内瑞拉储量的增长很大一部分来自于该盆地的超重油，得益于 PDVSA 联合几家国际巨头发起了 Orinoco 石油带储量勘探项目（Orinoco Magna Reserva），试图探测国内地下石油储量大小，该项目的发起，使得委内瑞拉石油（绝大部分是超重油）的储量在 6 年内（2006—2012 年）增加了 289×10^8t。

整个超重油带被分成 30 多个勘探区块，现今在 Orinoco 石油带作业的有 TOTAL，ENI，CNPC，Chevron，SNOPEC 等十几家油公司，且大多数区块是国际油公司通过与 PDVSA 和委内瑞拉政府直接协商获取的，唯一例外的是，2010 年 Carabobo 通过竞标获取了两个区块。Orinoco 重油带的开发从 20 世纪 90 年代末期起，先后有 4 个项目投入开发。另外，Sinovensa 项目（中国石油与 PDVSA 联合开发项目）生产重度为 16～30°API 的重油。现今该项目的产量已经占据该盆地产量的 30%。2012 年左右，成立 Indovenezolana 项目（PDVSA 以及 ONGC），生产重度为 14～18°API 的重油，该项目坐落在 Santa Barbara 的胡宁区域，2012 年产量为 5730t/d。Petromonagas 项目将进行扩张，计划投资 38 亿美元，将产量扩张到 2.5×10^4t/d，而 Sinovensa 项目获得 40 亿美元的投资，在 2016 年前将产能提高到 4.5×10^4t/d。

3. 构造演化及石油地质特征

1）构造格局及演化

盆地整体构造格局是西高东低，北高南低，大致上分为瓜里科次盆、马图林次盆、埃尔富尔褶皱带和东部海上及三角洲4个构造单元（图5-16）。在古生代，盆地为内克拉通盆地。现今古生界分布少，基本为陆相。古生代后，经历了两期构造演化：晚侏罗世裂谷阶段、白垩纪至古近纪的被动边缘阶段。

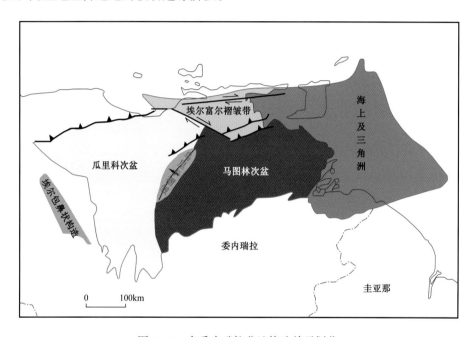

图 5-16　东委内瑞拉盆地构造单元划分

盆地北部主要为叠瓦状逆冲断层的冲断带，中部为地层平缓带，南部紧邻圭亚那地盾，多为地层超覆尖灭带。不同构造部位发育不同圈闭。盆地北部主要为挤压构造，主要有南北向挤压形成的逆冲断层及与断层有关的背斜、花状构造；盆地南部主要为伸展作用造成的褶曲。

Orinoco 重油带位于盆地南部，是一个向南楔形尖灭的古近—新近系沉积楔状体，不整合覆盖于白垩系、古生界和前寒武系基底之上。该带在大构造背景上以拉张构造为特征。Hato Viejo 断层系将全区分成两部分，即东区和西区。西部构造区（Boyaca—Junin 产油区）古近—新近系覆盖在白垩系之上，两者之间为区域不整合；而东区古近—新近系则直接覆盖在圭亚那地盾前寒武系火成岩—变质岩基底之上。重油带西部以北东—南西向的 Boyaca 隆起为界。Altamira 断裂为 Espino 地堑东南边界断层。在区域上该带的动力是断层构造，东部断裂以东—西向为主，西部断裂则是以北东—南西向为主的反向正断层，断距不大，一般断距小于60m，以刚性岩体为特征，没有明显的褶皱作用。断层主要是张性断层（正断层），平均垂向位移不超过 60m。

2）烃源岩条件

上白垩统 Guayuta 群（Querecual 组和 San Antonio 组）及其侧向对应的 Tigre 组是盆地的主要烃源岩。在盆地的北部，包括 Serranija Interior Oriental 区域，可能自中渐新世—中中新世就开始生烃。在盆地南部，白垩系烃源岩不是缺失就是未成熟（图 5-17、图 5-18）。

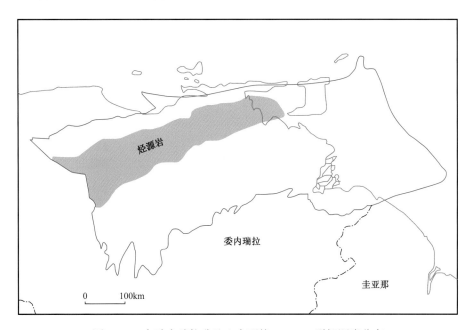

图 5-17　东委内瑞拉盆地上白垩统 Guayuta 群烃源岩分布

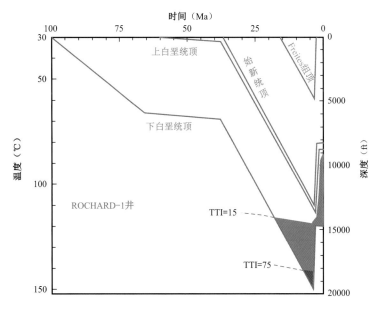

图 5-18　东委内瑞拉盆地埋藏史图

San Antonio 组与 Querecual 组海相烃源岩为次要烃源岩，平均 TOC 为 2.0%～6.0%，Ⅱ型和Ⅲ型干酪根，生烃潜力大于 5mg/g，主要分布于 Pirital 和 El Furrial 逆掩体及其南部。Carapita 组烃源岩为混合类型，主要为陆相，平均 TOC 为 2.0%；生烃潜力为 2～5mg/g，主要分布于盆地前陆凹陷部位。

3）储层条件

盆地主要储层以三角洲—滨浅海相砂岩为主，河流相次之，仅渐新统和下白垩统发育部分石灰岩。中新世海侵时期形成的 Oficina 组是盆地最主要的储层（图 5-19）。该储层的明显特征是向南与泥岩层一起超覆于老地层（白垩系、古生界或前寒武系）之上，为从北部运移来的油提供圈闭。

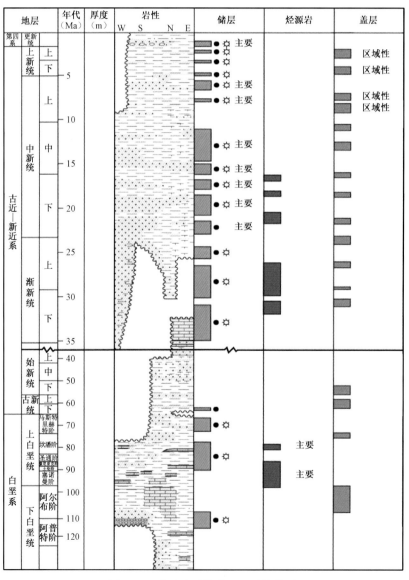

图 5-19　东委内瑞拉盆地地层柱状图

Oficina组储层沉积环境具体包括辫状河道、点沙坝、分支河道、决口扇，偶见潮汐河道和河口坝。沉积物源来自南部圭亚那地盾。这些河流三角洲砂岩粒度为细粒—粗粒，孔隙度为34%，渗透率为5D。储层没有经受明显的成岩作用影响。该区砂岩厚度变化大，分布不稳定。对比Orinoco石油带东西部储层，东部储层好于西部，从东向西，储层单砂体厚度变薄，泥岩夹层增多，电阻率和自然伽马曲线特征反映明显。平面上，Oficina组下部砂体呈片状分布，向上砂体呈条带状分布，砂体平面上发生相变。局部有少量白垩系Temblador组储层。

4）盖层及保存条件

盆地内盖层发育，区域性盖层、半区域性盖层和局部盖层与储层交互发育，形成了良好的储盖组合。大多数砂岩储层的盖层是层内泥岩、褐煤和黏土。在重油带，沥青塞和焦油席也是一个重要的封盖因素。

区域性盖层：渐新统—中新统Freites组、Las Piedras组、Chaguaramas组和Roblecito组泥岩、褐煤及黏土等，封堵性能良好，分布广，对盆地的油气聚集能提供良好的封盖保障。

局部盖层：层内泥岩、褐煤、黏土和沥青为重要的局部盖层，在重油带的成藏过程中起到重要作用。

大规模的石油从盆地的沉积中心向上倾方向侧向运移到圭亚那地盾的边缘。输导层包括Temblador群和Merecure组砂岩。在盆地的大多数地方油气以垂向运移为主。

5）油气成藏过程

含有机质的上白垩统Querecual组及San Antonio组泥岩是该盆地的有效烃源岩。石油形成始于古新世晚期加勒比板块向南美板块仰冲期，广泛分布在100km以外的马图林和瓜里科两个次盆。生油岩是由南向北逐步进入生油窗的，因此，该区内生油岩还未成熟，在中中新世开始石油由北向南长距离运移和聚集，且持续至今（图5-20）。

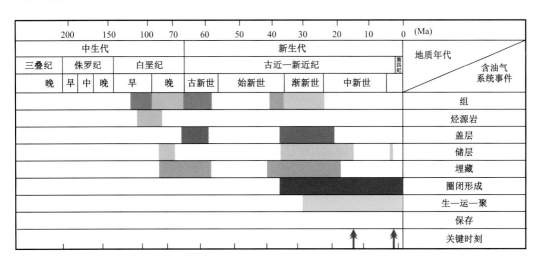

图5-20 东委内瑞拉盆地成藏事件图

油气主要分布于盆地的前渊带和斜坡带，隆起带以非常规油为主，褶皱带油气资源相对较少。油气以南部圭亚那地盾为主要运移方向，烃类通过断层和不整合向上部地层运移，断层和不整合都起到非常重要的作用，加上层内砂岩的配合，保证了油气能作大规模长距离的运移。东部为次要运移方向，以天然气成藏为主。盆地的油气由于从烃灶到圈闭经历了长距离的运移，加上盆地内水动力条件活跃，造成大量烃类遭受降解，在南部斜坡带形成了大规模的非常规油的聚集（图5-21、图5-22）。

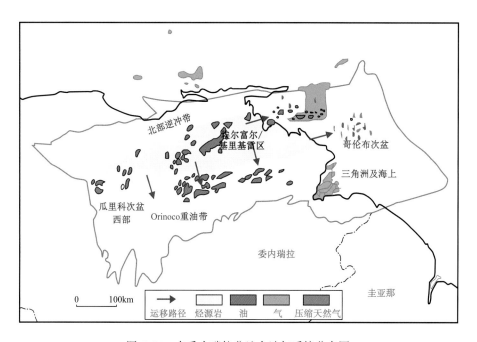

图 5-21　东委内瑞拉盆地含油气系统分布图

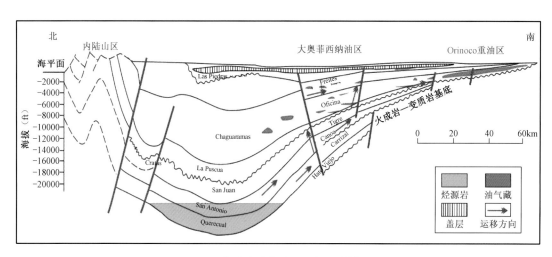

图 5-22　东委内瑞拉盆地油气成藏模式图

砂岩中的沥青是地层圈闭中的石油暴露到地表以后的残余，表明当时曾经生成一定数量的原油。虽然在盆地边缘油层被剥蚀形成沥青砂，但是油藏内部仍然聚集着大量的原油。稠油储层大多数都是孔隙度和渗透率很高的砂体。

重油产区和沥青砂矿的圈闭类型以地层圈闭为主，其次为构造与地层相结合的复合圈闭，即圈闭以伴有轻微局部隆起的大单斜地层控制为特征；沥青砂矿主要赋存于地层圈闭中，区域地层圈闭的影响超过构造因素。东委内瑞拉盆地有50％的储量在地层圈闭中，储量大的稠油产区都处于地层与构造相结合的复合圈闭中。

沥青砂矿形成在区域斜坡的背景下，有轻微的局部隆起。这种上倾的单斜层不仅能加强流体的运移能力，而且容易形成裂缝，使雨水渗入古三角洲上端，形成稠油油藏。同时浅部形成的沥青塞和焦油垫又可以成为下部稠油的遮挡和封盖。

东委内瑞拉盆地南部非海相沉积物中，在当地缺乏生油层的情况下，石油经过长距离的运移，出现在未成熟的古近—新近系储层未固结砂岩中。流体横向运移主要是从北部主要生烃灶经过长距离运移到南部的Orinoco重油带，运移距离为100～200km。

由于原油生物退化作用大都在盆地边缘进行，向盆地中心逐渐减弱，因此原油退化为重质含硫的沥青砂。

6）盆地资源分布规律及潜力

盆地北部拥有优质的烃源岩、储层和盖层。中南部地区石油丰富，部分产自储层和圈闭附近，从北部生烃灶经过长距离运移而来（图5-23）。盆地的油气聚集具有以下特征：

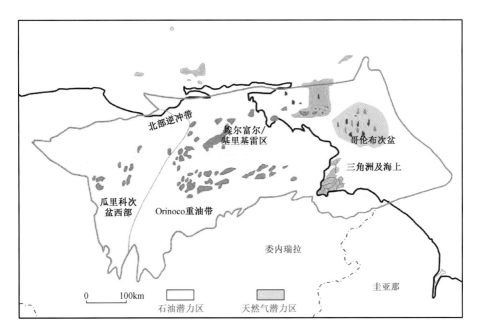

图5-23　东委内瑞拉盆地有利油气勘探区分布图

（1）沉积中心附近油气富集形成大油气田；

（2）斜坡一侧形成巨大的不整合和岩性油气藏；

（3）褶皱带中多出现逆掩断层带油气田；

（4）破坏氧化后形成重油和油砂（Orinoco 重油带）；

（5）盆地内整体上原油密度分布具有深部低、浅部高的特征；

（6）产层深度跨度大，深部到浅部均有油气富集；

（7）地台部分，大油气田分布在基岩隆起—斜坡带。

东委内瑞拉盆地的重油主要分布在 Orinoco 重油带的 Oficina 组，油层厚度多为 100～300m，在重油带中分为西、中、东三个集中分布区（图 5-24）。

图 5-24　东委内瑞拉盆地重油油层厚度等值线图

根据中国石油勘探开发研究院 2015 年油气资源评价结合重油油层等值线图、含油饱和度等值线图、采收率等值线图（图 5-24 至图 5-26）等，利用 GIS 空间插值法计算得到盆地重油带重油可采资源量为 260.75×10^8t，主要分布于 Orinoco 重油带，其次为北部逆冲带。

7）基于开采技术的重油和油砂可采储量计算方法实例

在有实际区块的地区，可以选择基于重油和油砂的特殊开采技术，在采用 GIS 空间插值法计算该区域地质储量的基础上，进一步建立重油和油砂可采储量计算方法。中国石油在委内瑞拉有重油区块，因此本次以委内瑞拉重油带 J 区块 M 层重油的可采储量进行分级计算。

首先建立不同开采技术油层筛选标准。本次采用中国石油在南美委内瑞拉重油区块和北美加拿大油砂区块开采中使用的不同开采技术油层筛选标准（表 5-11），包括埋藏深度、厚度、孔隙度、含油饱和度 4 个参数。

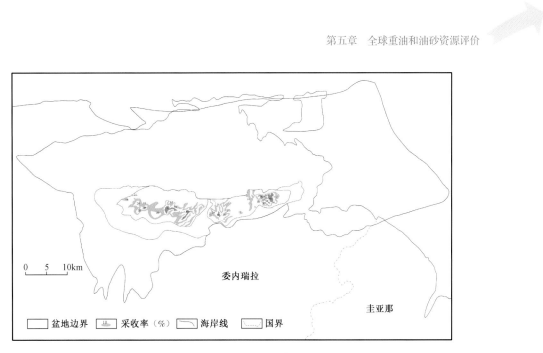

图 5-25　东委内瑞拉盆地采收率等值线图

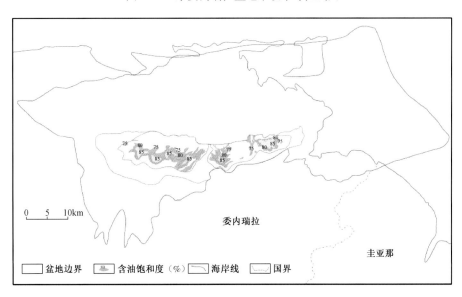

图 5-26　东委内瑞拉盆地含油饱和度等值线图

表 5-11　不同开采技术油藏筛选标准

开采技术	筛选标准			
	油藏埋深（m）	油层厚度（m）	孔隙度（%）	含油饱和度（%）
冷采	≥300	≥3	≥25	>50
蒸气驱	100～1700	≥5	≥20	>50
SAGD	100～1000	≥20	≥20	>50

其次，对不同开采技术条件下的采收率进行标定。根据中国石油在委内瑞拉 Orinoco 重油带 J 区块和加拿大西加盆地 M 区块油砂实际生产获得的采收率数据，本次将重油和油砂冷采采收率标定为 10%，蒸汽驱采收率标定为 40%，SAGD 采收率标定为 50%。

最后，要确定单一开采技术可采储量。首先，根据油井测井解释结果及不同开采技术对油层筛选标准，筛选出适应某开采技术的油层，进行最优开采方式的标定（图 5-27）。

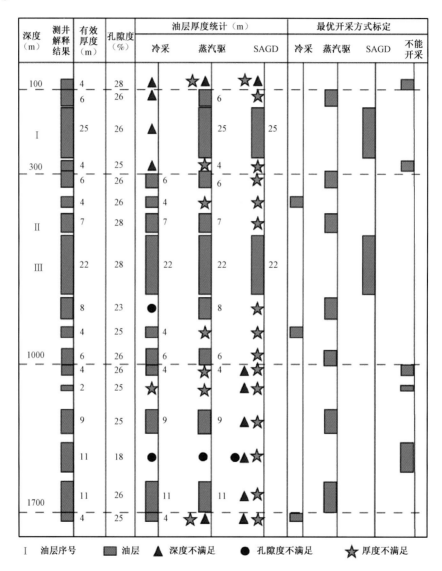

图 5-27　单井不同开采技术下有效油层筛选及油层最优开采技术优选（W3 井）

根据单井筛选结果，结合地层对比，绘制适用某开发技术的单油层厚度平面展布图，并在该图上标定适用该开采技术开发的油层范围（图 5-28）。

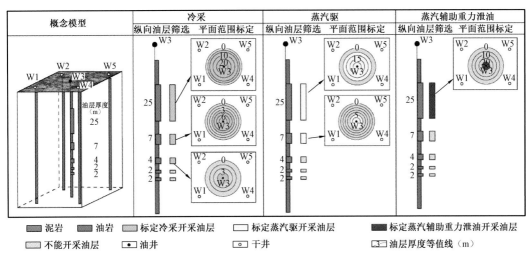

图 5-28 单一开采技术适用范围标定示意图

采用空间插值法（或者传统的体积法，根据数据获取详实程度）计算某一开采技术适用地层含油范围内的可动地质储量，然后根据该开采技术的标定采收率计算该开采技术条件下的可采储量。

$$N_r（可采储量）=NE_r（N 为地质储量，E_r 为采收率）$$

在实际生产过程中，为了提高重油和油砂资源采收率，通常用冷采 + 蒸汽驱、冷采 +SAGD、蒸汽驱 +SAGD 等多种组合方式进行开采，因此需要计算不同开采技术组合条件下重油和油砂的可采储量，计算流程如下。

（1）最优开采技术顺序标定。不同开采技术的油藏筛选标准和采收率不同，为了最大限度地开采地下重油和油砂资源，要对单一油层的最优开采技术进行标定。以最终采收率为判别标准，界定单一油层最优开采技术顺序：SAGD（采收率为 50%～75%）、蒸汽驱（采收率为 35%～50%）、冷采（采收率为 8%～15%）。（2）单油层纵向开采技术标定。根据最优开采技术排序，针对不同开采技术组合，对单井逐层进行最优开采技术标定（图 5-27）。（3）单油层平面开采技术适用范围标定。绘制单油层平面展布图，依据开采技术的适用标准对单油层进行平面最优开采技术适用范围标定（图 5-29）。（4）按照纵向和平面标定结果（图 5-30），按开采技术分别计算动用储量及可采储量，将所有油层的动用储量和可采储量累加即可得区块在该技术组合条件下的可采储量。

用上述方法计算 M 层不同开采技术下可采储量数据（表 5-12）。M 层最大可采储量为 15.97×10^8t（即 PRMS 中的储量和潜在资源量），其中 SAGD 开采 7.40×10^8t，蒸汽驱开采 8.33×10^8t，冷采开采 0.24×10^8t。单独冷采、蒸汽驱、SAGD 技术可采储量分别为 4.06×10^8t，15.23×10^8t 和 7.40×10^8t。可以看出 M 层最大可采储量大于单独采用各种开采技术的可采储量，但又不是这三种开采技术可采储量的简单累加。M 层不可采量为 22.58×10^8t，其中不能动用部分为 0.55×10^8t，动用不可采部分为 22.03×10^8t。

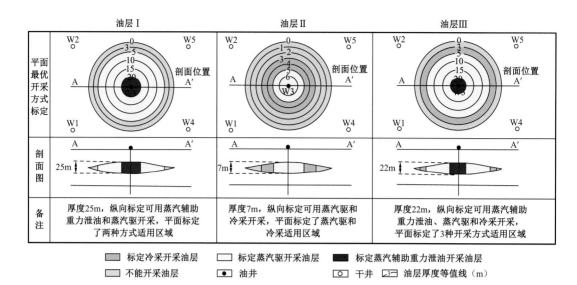

图 5-29　油层平面最优开采技术范围标定

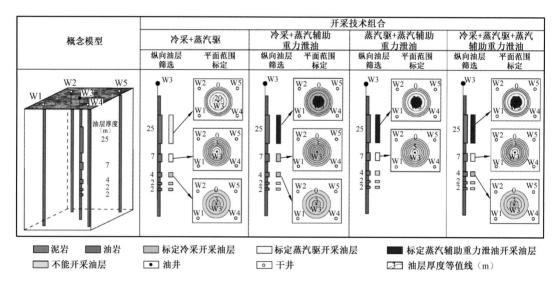

图 5-30　不同开采技术组合中各开采技术应用范围标定示意图

表 5-12　J 区块 M 层不同开采技术下可采储量数据表

开采方式		可动用地质储量（10^8t）	采收率（%）	可采储量（10^8t）	合计可采储量（10^8t）
纯冷采		40.65	10	4.06	4.06
纯蒸汽驱		38.06	40	15.23	15.23
纯 SAGD		14.79	50	7.40	7.40
最优组合方式	冷采部分	2.37	10	0.24	
	蒸汽驱部分	20.83	40	8.33	15.97
	SAGD 部分	14.79	50	7.40	

二、阿尔伯达盆地

1. 盆地基本概况

阿尔伯达盆地属于西加盆地的次盆，其西侧为科迪勒拉褶皱—逆冲带，东北部是加拿大地盾，西南部以 Sweetgrass 穹隆为界。阿尔伯达盆地主体分布在阿尔伯达省，盆地面积为 $30 \times 10^4 km^2$（图 5-31）。盆地西南构造复杂一侧，地层总厚度约 6000m。几乎从泥盆系至上白垩统均有油气藏分布。盆地内重油和油砂资源非常丰富，集中分布在盆地东翼浅部的白垩系下部，总体处于不整合面之上。重油主要聚集在 Lloydminster 及其以南地区，油砂主要聚集在 Athabasca（含 Wabasca）、Cold Lake 和 Peace River 三大油砂矿中。

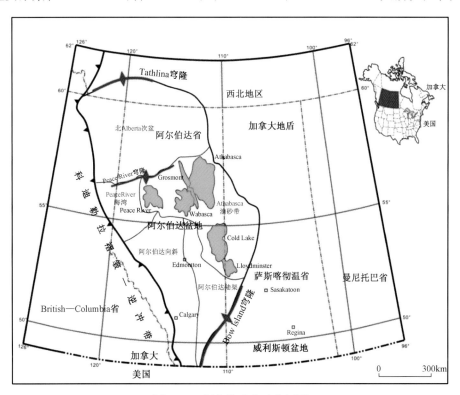

图 5-31 阿尔伯达盆地位置图

2. 勘探现状

阿尔伯达盆地富集了西加沉积盆地绝大部分的油砂资源。阿萨巴斯卡（Athabasca）是阿尔伯达盆地中最大的油砂矿，矿区面积为 75000km²，Wabiskaw—McMurray 组矿层含油砂部分占据了该区 49000km² 的面积。阿萨巴斯卡油砂矿也是唯一一出露地表的油砂矿，已进行了大规模的露天地表开采。皮斯河（Peace River）油砂矿是加拿大油砂矿中研究程度最低的，目前唯一的商业开发在壳牌公司的租借区，面积为 370km²。

据 Alberta Energy 官方数据 2014 年统计显示，该盆地的证实储量达到 $226 \times 10^8 t$。从 1999 年至 2013 年，大约有 2010 亿美元投入了油砂行业，而在 2012 年，油砂的投资达到高峰，该年油砂的投资达到了 272 亿美元，2013 年更是创出了 327 亿美元的最高纪录。由于整个西加盆地的轻质油及常规重质油大部分可采储量已采出，产量以每年 3%～4% 的速度下降，因此面临着长期的产量衰减过程，预计沥青和油砂中采出的原油产量将大幅上升，补充常规原油产量的下降量，2016 年该产量将占阿尔伯达省原油产量的 87%。尽管油价低迷，加拿大油砂在近几年的勘探活动仍然火热，这是因为加拿大很多油砂或者重油项目从初产到最后关闭，大概都会持续 30～40 年，而油砂产量也达到了 $33 \times 10^4 t/d$ 的峰值。

3. 石油地质特征

阿尔伯达盆地经历了被动大陆边缘盆地及前陆盆地两个阶段，在被动大陆边缘盆地阶段发育多套烃源岩，前陆盆地阶段形成良好的储盖组合，后期构造运动提供了油气运移的动力，各演化阶段配置良好，造就了大规模的油砂聚集。阿萨巴斯卡［含瓦巴斯卡（Wabasca）］、冷湖（Cold Lake）油砂矿和 Lloydminster 重质油藏的主要烃源岩为泥盆系—下石炭统 Exshaw 组页岩；皮斯河油砂矿油气来源广，烃源岩包含下侏罗统 Nordegg 组、三叠系 Doig 组、泥盆系—密西西比系 Exshaw 组及上泥盆统 Duvernay 组，其中 Nordegg 组和 Exshaw 组为该油砂矿最主要的烃源岩。重油和油砂主要储层为下白垩统 Mannville 群砂岩，还有一小部分重油和沥青赋存在泥盆系和石炭系碳酸盐岩中。盖层主要为 Mannville 群 Clearwater 组页岩和 Colorado 群 Joli Fou 组页岩，缺乏页岩盖层的地区封闭机制为沥青封闭。圈闭类型为构造—地层圈闭及地层—岩性圈闭，形成于晚白垩世。阿尔伯达盆地内油气的大规模生成和运移发生在中—晚白垩世之后，至始新世中期拉拉米运动结束后终止。

1）盆地演化

（1）早泥盆世—中侏罗世被动大陆边缘盆地阶段。

在被动大陆边缘盆地阶段，阿尔伯达盆地发育被动大陆边缘沉积楔形体，西厚东薄。被动大陆边缘盆地阶段沉积物以碳酸盐岩和泥岩为主。

（2）早白垩世以来前陆盆地阶段。

经过中侏罗世—早白垩世的哥伦比亚造山运动，阿尔伯达盆地形成了区域性的不整合面——前白垩系不整合面。下白垩统 Mannville 群以角度不整合覆盖在被动大陆边缘地层之上。阿尔伯达盆地白垩系重油和油砂均赋存于下白垩统 Mannville 群中。Mannville 群油砂层一般为三角洲砂体或河流砂体，部分为滨浅海滩坝砂体，早期主要为河流沉积，局部地区以坳陷或地堑式沉积为主，物源来自于东北部前寒武系和西部的隆起。进入晚期，Boreal 海开始从北部向先前的陆地海侵，形成三角洲和海湾沉积。Clearwater 组沉积时期，海侵已遍布全区，大部分地区发育海相页岩，局部滨岸地区发育滨海砂岩。在 Grand Rapids 组沉积时期，海水分别从南部和北部退出，主要为过渡沉积。

在前陆盆地发育期间，由于增生地块和北美克拉通之间的斜向碰撞，上地壳楔形体的冒地向斜—地台外部从基底剥离，向北东方向移动，经过挤压，地层变厚，其重量引起前陆盆地沉陷，相关的隆升和剥蚀可提供前陆盆地内的沉积物源。前陆逆冲褶皱带和前陆盆地中上地壳楔形体的发育终止于早—中始新世地壳拉张期。

2）石油地质特征

（1）主要烃源岩。

① Exshaw—Bakken 组和 Lodgepole 组烃源岩。

Exshaw—Bakken 组（泥盆系—密西西比系）下部发育大量富含有机质的海相烃源岩。这些地层包括黑色富含有机质的薄层：Exshaw 组、Bakken 组（上段和下段）和密西西比系底部 Lodgepole 组。

总有机碳含量平均值分别为：Bakken 组下段，12%；Bakken 组上段，17%～63%；Lodgepole 组，5%；Exshaw 组，20%。含氢指数都显示其主要为海相 II 型有机质。烃源岩厚度分别为：Bakken 组，3～10m；Exshaw 组，小于 10m；Lodgepole 组，数十米。图 5-32 显示泥盆系—密西西比系烃源岩分布和成熟度。

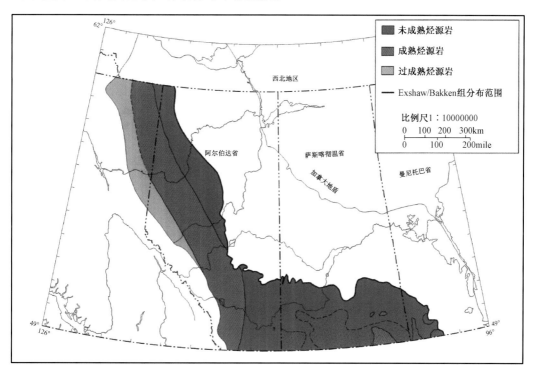

图 5-32 西加盆地泥盆系—密西西比系烃源岩分布和成熟度

② 侏罗系 Nordegg 段烃源岩。

西加盆地下侏罗统 Fernie 组 Nordegg 段为海相高产生油地层单元（图 5-33），含有暗褐色至黑色、磷酸盐含量变化较大的泥灰岩和钙质泥岩，在地球物理测井中伽马响应值高。

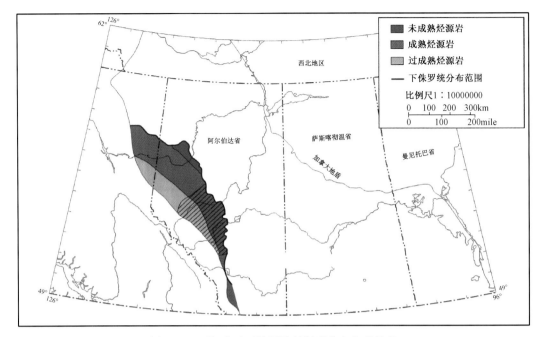

图 5-33　西加盆地下侏罗统烃源岩分布和成熟度

Nordegg 段与下伏三叠系和更老的地层呈不整合接触，为常规油气藏的烃源岩和顶部盖层。油气藏内原油性质反映了生物标志物组分和上覆 Nordegg 段烃源岩的热成熟度，显示侧向运移距离很短。

（2）储层。

阿尔伯达盆地重油和油砂大部分分布在白垩系（图 5-34），阿萨巴斯卡矿区 32% 的油砂储集在下伏的泥盆系 Grosmont 组和 Nisku 组碳酸盐岩中，但因泥盆系油砂矿层埋深较大，不具开采价值，目前未对其进行研究。

阿尔伯达盆地白垩系重油和油砂均赋存于下白垩统 Mannville 群中（皮斯河矿区为 Bullhead 群）。Mannville 群自下而上由前阿普特阶 McMurray 组、阿尔布阶 Clearwater 组和 Grand Rapids 组组成（图 5-34）。McMurray 组与下伏古生界碳酸盐岩呈角度不整合接触。Clearwater 组的底部是一个薄层的陆缘海相海绿石砂岩和页岩，称作 Wabiskaw 段。该段直接上覆在 McMurray 组之上。McMurray 组与 Wabiskaw 段通常很难分开。因而，这两个单元被认为是一个整体，共同组成了 Wabiskaw—McMurray 组矿层。

在阿萨巴斯卡地区，94% 的油砂储量储集在 Wabiskaw—McMurray 组矿层中（图 5-34），皮斯河油砂赋存在阿普特阶—阿尔布阶的 Gething 组、Ostracode 组和 Bluesky 组砂岩之中（富集层位同阿萨巴斯卡）；冷湖接近 90% 的油砂储量赋存在阿尔布阶 Clearwater 组和 Grand Rapids 组；位于盆地东部的劳埃德明斯特（Lloydminster）重质油藏则富集在 Sparky 层位（同 Grand Rapids 组）。

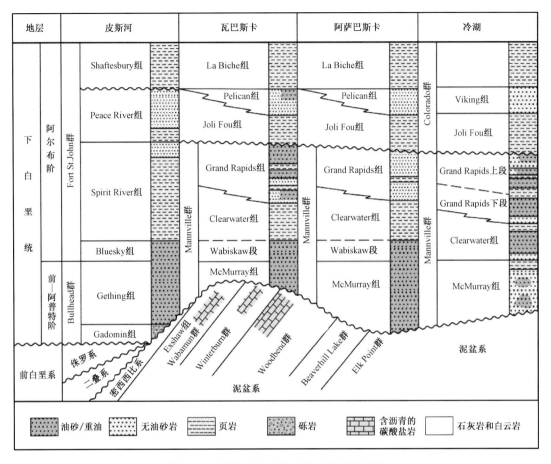

图 5-34 阿尔伯达盆地油砂矿矿层对比图

盆地储层早期主要为河流沉积，McMurray 组砂岩充填于超大型下切河谷内。在前陆盆地东西向挤压背景下，产生了多期海平面升降，形成多期下切谷，从而形成一套叠置的、相对连续的厚层砂岩堤，进而形成了良好的储层。进入沉积末期，Boreal 海开始从北部向先前的陆地海侵，形成三角洲和海湾沉积。Clearwater 组沉积时期，海侵已遍布全区，大部分地区发育海相页岩，局部滨岸地区发育滨海砂岩。在 Grand Rapids 组沉积时期，海水分别从南部和北部退出，主要为过渡沉积。

在这种沉积环境下，储层呈现出高孔隙度、高渗透率及较连续的特点，净厚度为 5～35m，孔隙度为 20%～40%，渗透率最大可达 12D，含油率最高达 18%，平均含油饱和度可达 80%，沉积相从河流相过渡到三角洲相及滨海相（表 5-13、图 5-35 至图 5-39）。无论哪个油砂矿，沥青含量随着粒度增加和细碎屑含量减少而增加。以粗粒泥质含量低的河流相为主的沉积物沥青含量最高，而远端滨外的沉积物，粒度更细，泥质含量更高，沥青含量最低。

表 5-13　阿尔伯达盆地储层性质参数表

油砂矿	主要矿层	时代	主要矿层油砂分布面积（km²）	厚度	岩相	孔隙度（%）	渗透率（D）	含油饱和度（%）	含油率（%）
阿萨巴斯卡（含瓦巴斯卡）油砂矿	Wabiskaw—McMurray 组	阿普特期—阿尔布期	49000	5～35m（净）	河流相砂岩	20～40（平均35）	3～12	最高85，最低70～75	0～18
冷湖油砂矿	Clearwater 组	阿尔布期	5610	20～30m，最大可达43m（净）	三角洲前缘和浅海砂岩	30～40	2～3	65～70	2～16
	Grand Rapids 组	阿尔布期	16030	40m	三角洲前缘和浅海砂岩	32～35	0.5～5	70～75	最高10.6，最低8.2
皮斯河油砂矿	Bluesky—Gething 组	阿尔布期	10158	砂岩毛厚度为150～200m，向北厚度增加，但单个油藏砂体小于5m	河道砂岩	25～31（平均28）	1～3	80	
劳埃德明斯特重质油藏	Sparky	阿尔布期	26000		分流河道砂和前缘席状砂	27～33	平均为2	80～85	

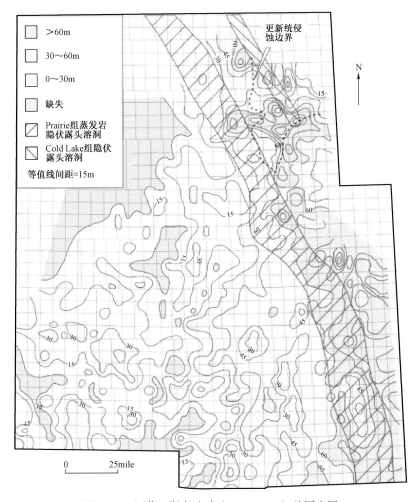

图5-35　阿萨巴斯卡油砂矿 McMurray 组总厚度图

3）圈闭

阿萨巴斯卡油砂矿区下白垩统 Wabiskaw—McMurray 组油砂矿层处于一个构造—地层圈闭中。矿层区域角度不整合地覆盖在泥盆系岩石之上，不整合面向西南方向缓倾，展现出显著的沟谷和山脊古地形（图5-40）。这种地形部分是剥蚀产生的，部分是由于下方泥盆系岩盐溶解造成沉降的结果。区域上，油砂矿区在 Mannville 群顶部层面上沿一个宽缓的背斜岭分布，背斜岭沿南南东方向从阿萨巴斯卡油砂矿区延伸到南方的劳埃德明斯特地区（图5-41）。山岭的东翼主要是泥盆系盐溶的结果。沥青在东部圈闭黏滞不动的"沥青封闭"中。在南边和西南被盐溶和下伏古生界的古地形所形成的隐蔽的背斜闭合所圈闭，局部被油砂矿区边界内的河道充填并形成侧向沉积尖灭圈闭。

在冷湖油砂区，沥青同样聚集在一个巨大的盐溶背斜中。每个矿层中，沥青因矿层砂岩的侧向沉积尖灭局部聚集在大量河流和河口河道充填的圈闭中，形成冷湖地区许多叠置的独立矿藏组合。

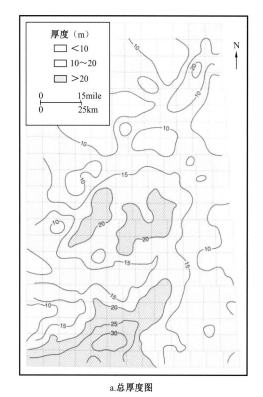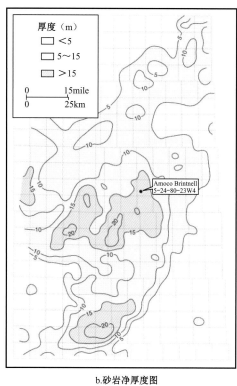

图 5-36　阿萨巴斯卡油砂矿西南部 Wabiskaw 段总厚度及砂岩净厚度图

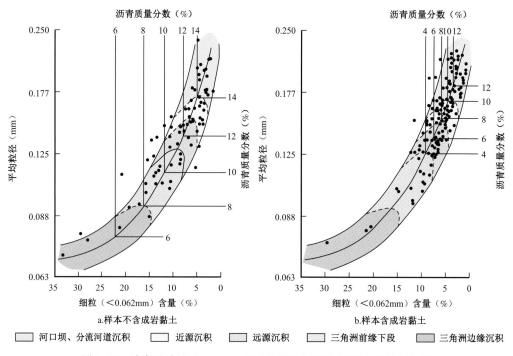

图 5-37　冷湖油砂矿 Clearwater 组平均粒径与细粒(泥质)含量交会图

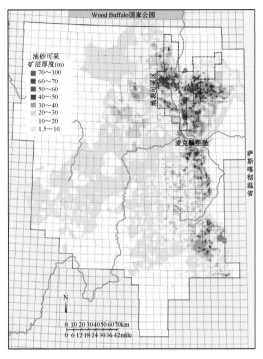

图 5-38　阿萨巴斯卡油砂矿 Wabiskaw—McMurray 组油砂可采矿层厚度分布图

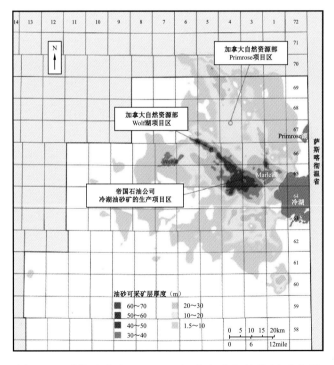

图 5-39　冷湖油砂矿 Clearwater 组油砂可采矿层厚度分布图

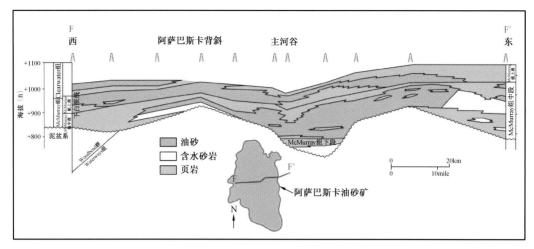

图 5-40　阿萨巴斯卡油砂矿构造剖面图

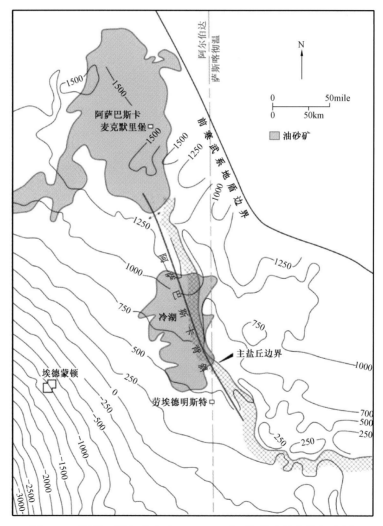

图 5-41　阿萨巴斯卡油砂矿 Mannville 群顶部构造等值线（m）图

皮斯河油砂矿区的顶部是一个向西南倾斜 0.3° 的单斜（图 5-42）。皮斯河油砂矿的顶部与 Bluesky 组顶部一致，在整个油砂矿的钻遇深度为 304.8～792.5m（海拔为 213～274m）。油砂储层隐伏于前白垩系不整合面之下的碳酸盐岩中。油砂赋存在 Bluesky 组中，少量赋存在 Ostracode 组和 Gething 组中。Shunda 组、Debolt 组和 Belloy 组碳酸盐岩沉积相几何形态复杂，孔隙结构复杂，可采性较差，现今还不能被商业开采。

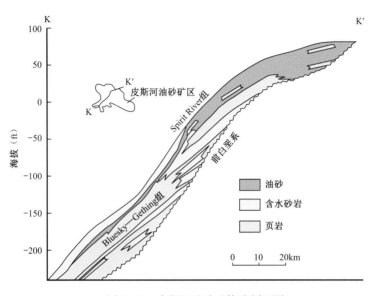

图 5-42 皮斯河油砂矿构造剖面图

4）成矿（成藏）条件和模式分析

（1）成矿（成藏）条件分析。

① 阿尔伯达盆地被动大陆边缘盆地阶段发育了多套优质烃源岩，丰富的油源为盆地内大量的常规油气、稠油和油砂资源的形成奠定了物质基础。

② 在前陆盆地演化阶段，从加拿大地盾区向前渊凹陷区发育的河流、三角洲和滨海沉积形成了良好的储盖组合，大范围连通的砂体及不整合面的发育，为油气远距离运移提供了通道。

③ 拉拉米运动时期，在前渊凹陷中，早期沉积的烃源岩在上覆地层埋藏压力的作用下，开始成熟并发生运移，与拉拉米构造运动有关的自西向东的区域规模流体流动，为油气远距离运移提供了动力条件。据推测，阿萨巴斯卡油砂矿中油气运移距离至少为 360km，皮斯河油砂矿中的油气运移路径至少为 80km。

④ 古近—新近纪前陆楔形体开始隆升，阿尔伯达盆地东北部被强烈抬升，烃源岩停止排烃，巨大的白垩系砂岩体被剥蚀，白垩系出露地表，油层遭受广泛的水洗和生物降解作用形成稠油和油砂。

（2）成矿（成藏）模式分析。

阿尔伯达盆地重质油藏和油砂矿处于盆地东部前缘隆起区和斜坡带上，为典型的斜坡降解型成矿（成藏）模式。

白垩纪时期，阿尔伯达前陆盆地西侧的落基山脉受太平洋板块向东俯冲于北美板块之下所产生的近东西向的挤压作用，盆地东北部的下白垩统 Mannville 群及其等时地层从未深埋过，几乎没有发生正常的成岩作用，原生孔隙大量保存，物性极好；盆地西部泥盆系—中侏罗统的烃源岩层系深埋，生成并排出大量的油气，沿不整合面、渗透性砂岩体自西向东远距离运移至 Mannville 群，由于埋深浅，处于氧化环境，连通地表的油层形成稠油和油砂富集层（图 5-43）。

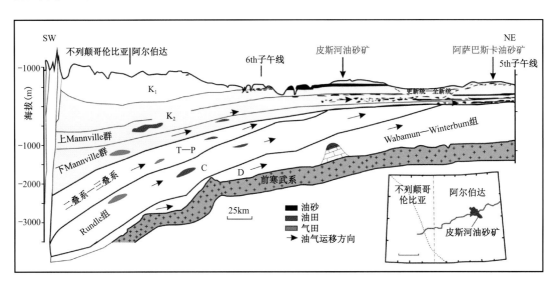

图 5-43　阿尔伯达前陆盆地油砂成矿模式

4. 资源评价及区块储量评估

通过对三个油砂矿及一个重油富集带的油品参数分析可知，油砂资源埋深较浅，厚度从几米到几十米不等，原油相对密度大，从 0.916～1.030 不等（表 5-14），主要富集在白垩系 McMurray 组、Wabiskaw 段和 Grand Rapids 组，运用体积法计算盆地油砂可采资源量为 $384 \times 10^8 t$，资源潜力巨大。具体评价参数取值见表 5-15。

表 5-14　西加盆地主要油砂区重油品质参数表

地区	深度（m）	厚度 / 平均（m）	含油率（%）	油内含硫质量分数（%）	相对密度
阿萨巴斯卡	0～760	20～100/35	9.9	4.8	1.000～1.030
冷湖	300～600	10～30/13	8	4.4	0.985～1.000
皮斯河	460～760	10～15/11	7.4	6.0	0.916～1.014
瓦巴斯卡	150～460	5～20/9	6.7	6.1	0.980～1.014

表 5-15　重油可采资源评价参数表

盆地类型	被动陆缘盆地			
评价单元名称	Mannville 成藏组合			
评价单元时代	早白垩世			
开发情况	开发			
储层岩性	砂岩			
盖层岩性	层间页岩、烃浓度封闭			
有机质类型	Ⅰ型和Ⅱ型			
沉积相	河流相、浅海相			
圈闭类型	地层、岩性			
成藏模式	古生新储			
评价参数	最小值	最大值	平均值	取值说明
储层埋深（m）	0	1500	750	3 个加拿大油砂矿
含油面积（km^2）	0	75000	40000	3 个加拿大油砂矿
储层有效厚度（m）	0	110	55	3 个加拿大油砂矿
油层有效孔隙度（%）	15	30	20	3 个加拿大油砂矿
油层平均渗透率（D）	0.02	12	2	3 个加拿大油砂矿
含油饱和度（%）				
原油重度（°API）	6	12	7	3 个加拿大油砂矿
原油密度（g/cm^3）	1	1.08	1.04	3 个加拿大油砂矿
原油黏度（mPa·s）	3000	400000	200000	45°F
原油体积系数	1.005	1.005	1.005	
可采系数（%）	5	50	10	最小：原地钻井开采 最大：露天开采、蒸馏

三、东西伯利亚盆地沥青资源评价

1. 盆地的基本概况

1）盆地位置

东西伯利亚盆地位于叶尼塞河与勒拿河（其最东端可达阿尔丹河）之间（图 5-44），在行政区域上包括克拉斯诺雅尔斯克边疆州、泰梅尔和埃文基自治州、伊尔库茨克州及萨哈自治共和国（雅库特州）。面积为 $6.30 \times 10^6 \mathrm{km}^2$，其中有油气远景地区的面积为 $3.47 \times 10^6 \mathrm{km}^2$。在原苏联和俄罗斯的经济区划上，克拉斯诺雅尔斯克边疆州与伊尔库茨克州属于东西伯利亚地区，而萨哈自治共和国属于远东地区，因此在涉及西伯利亚地台整体的地质—地球物理特征及含油性的文献中常使用"东西伯利亚和远东地区"这一词汇。东西伯利亚盆地在地理上位于俄罗斯东西伯利亚中北部，其西边是叶尼塞河，东边是勒拿河和阿尔丹河；西边及西南边与叶尼塞岭、萨彦岭及贝加尔—帕托姆山区相邻，东边与维尔霍扬斯克山脉相邻，北面是北冰洋。地台东南两侧的勒拿河和叶尼塞河是俄罗斯境内最大的两条河流，在某些河段河谷宽度达到100km，深度达到50m。除了东西伯利亚盆地的北部及中雅库特低地以外，整个地区为丘陵或低山，最高海拔为1750m（普托兰山）。

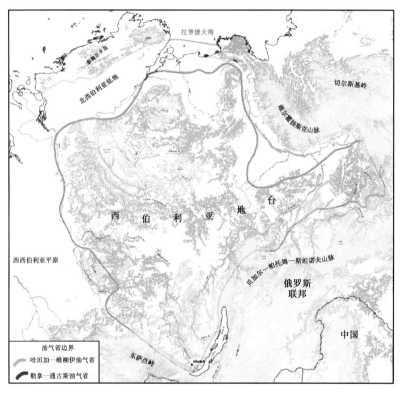

图 5-44 东西伯利亚地理位置图

2）勘探历程

从19世纪起，整个西伯利亚地台上开始各类矿产资源普查，在一些地区，发现沥青。20世纪30年代，西伯利亚地台油气勘探兴起，在 Tuolba 盆地寒武系中钻遇一口油井，日产200L重油。二战期间勘探活动停止，战后主要集中在地台南部的 Irkutsk 地区，但鲜有大发现。直到20世纪60年代，文德系—寒武系的油气勘探有了突破，随后在1975年，发现深层里菲系巴基特背斜 Kuyumba 油田。1977—1978年，东西伯利亚的勘探处于低迷阶段。1979年，USSR 通过了一项"振兴东西伯利亚"政策后展开了热火朝天的勘探活动，Yurubchen—Tokhom 油田和 Kovykta 气田相继在1985年和1987年被发现。随着原苏联的

解体，西伯利亚地台上的勘探活动基本处于停滞状态。

3）油气分布

东西伯利亚盆地南部的隆起及斜坡构造单元已被证实为富油气区，地台内已发现17个大型油气田，大量露头显示沥青矿几乎存在于地台内所有隆起构造带周缘，如阿纳巴尔隆起、阿尔丹等地区。

4）构造演化阶段

东西伯利亚盆地位于西伯利亚地台之上，其基底是由一系列太古宇陆块拼接而成，其中阿尔丹地盾、阿纳巴尔地盾及奥列尼科地盾是现今最大的3大基底露头区。在地台的南部和西南部，仍然有部分基底出露，但是绝大部分被覆盖在里菲系、文德系等沉积地层之下。

整体上，东西伯利亚盆地经历了基底固结、里菲纪地台内部和边缘裂谷作用、文德纪—古生代稳定地台沉积和中生代地台边缘坳陷沉积四大主要发育阶段。

（1）太古宙—新元古代基底固结形成阶段。

在2.1—1.8Ga之间，一系列太古宇小陆块拼接，形成了盆地的基底。

（2）里菲纪地台内部和边缘裂谷作用。

在古老克拉通陆块拼合后，西伯利亚地台经历了克拉通内拉张。随着罗迪尼亚超大陆的裂解，在整个早里菲世（1.6—1.35Ga）西伯利亚地台内部形成了一系列裂谷；中里菲世，克拉通内部继续间接性张裂，接受碳酸盐和碎屑沉积；早里菲世和中里菲世都构造稳定，在晚里菲世末，贝加尔造山运动开始，里菲系发生强烈的褶皱和剥蚀；东部沉积厚度可达到4km，大部分地区为2km。在里菲纪（1650—800Ma）古拗拉槽和随后的文德纪（670—590Ma）裂后坳陷沉积阶段，形成了地台内最主要的两套烃源岩层。其中，里菲系烃源岩主要分布在西部边缘裂谷和地台内北部—中南部坳陷区，总面积约$36.8 \times 10^4 km^2$，平均有机碳含量为0.5%~2.7%，有效烃源岩厚度达2000~7500m（图5-45）。

（3）文德纪—古生代稳定地台沉积。

贝加尔造山旋回与沉积间断后，地台再次整体沉降；海水从地台周边向中央侵入，在西侧坳陷形成厚层砂泥岩交互层，东侧形成以平缓构造背景为主的碳酸盐岩—陆表海浅水碎屑岩；至晚文德世，海侵范围扩大、海水不深（图5-46）。

文德系烃源岩有机碳含量较里菲系低，但大面积分布于地台中南部坳陷内，总面积约$175 \times 10^4 km^2$，有效烃源岩厚度为150~200m；主要为深黑色泥页岩，形成于深水欠补偿还原环境，以腐泥型和偏腐泥型为主。

长期稳定发育的背景使得地台内隆起区发育优质碳酸盐岩和砂岩储层，如里菲系碳酸盐岩储层溶洞—裂缝发育，构成拜基特隆起区尤罗勃钦—托霍姆巨型油气田（面积约$3750km^2$）的主要产层，文德系底部砂岩（图5-47）为一套沿岸沙坝沉积，是涅帕—鲍图奥巴隆起区的区域性储层。

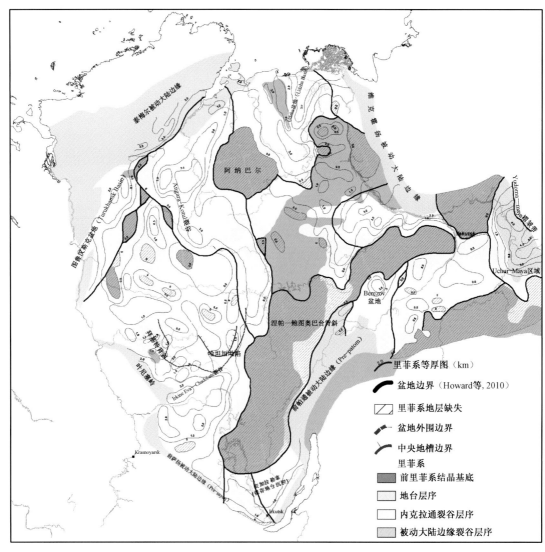

图 5-45　里菲系烃源岩分布图

寒武系南高北低，以大型障壁礁为界限，南部发育中—下寒武统膏盐岩层，发育三套区域性盐岩层，地层总厚度为 1000~2000m，稳定分布的盐岩层是现今大量古油藏得以保存的关键要素。北部发育开阔海相碳酸盐岩及泥页岩盖层。寒武系膏盐岩层构成盆地优越的区域盖层。寒武纪发育了大量烃源岩，分布在盆地的东部和北部区域，但在阿纳巴尔和阿尔丹区域，该套烃源岩未成熟。只有两个区域已经进入生油气窗，一是维柳伊盆地，其埋深达到 7000~10000m，进入了生气窗，；二是 Kureika 盆地（通古斯盆地北部），在晚古生代—三叠纪生成油气。寒武系至今没有商业油气田发现，但在南通古斯、涅帕及叶尼塞岭、勒拿—安加拉等区域发现了天然气苗，推测可能存在较好的储层。

随着加里东运动（晚寒武世—中泥盆世）的开始，南部又开始了新一轮的俯冲。奥陶纪—

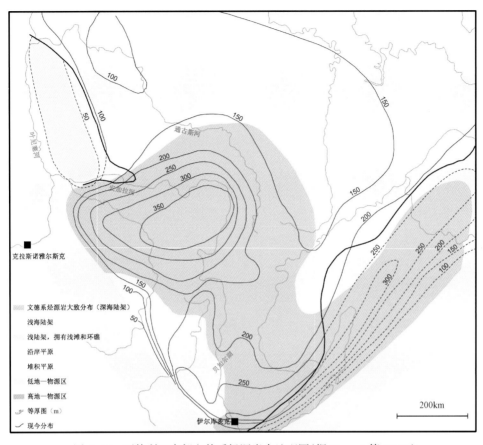

图 5-46　西伯利亚南部文德系烃源岩古地理图（据 Howard 等，2012）

泥盆纪储层主要发育在通古斯盆地，并且泥盆系也在局部发育了盖层。志留纪末—早泥盆世初，叶尼塞岭、东萨彦岭和贝加尔—帕托姆一带造山活动加强，形成一系列逆冲推覆构造，地台南部地层发生褶皱和断裂。加里东运动使得地台上的大部分区域进入沉积间断或经历剥蚀抬升。在中泥盆世—石炭纪杜内期，西伯利亚地台经历裂谷作用，伴随着大规模岩墙的侵入作用（图 5-48）。在维宪期—二叠纪末，受到乌拉尔造山带的影响，通古斯磨拉石盆地发育。涅帕隆起受到地台内部挤压，出现褶皱及逆冲。中石炭世—二叠纪，煤层及碎屑岩能达到 1000m，其沉积中心和早古生代盆地大致相同，其沉积从东南部的 400m 到西北部的 1000～1500m 不等。随后，二叠纪—三叠纪发生大规模火山活动，在通古斯的部分地层中可见凝灰岩。侏罗纪—白垩纪，地台再次经历挤压抬升。晚白垩世—古新世，整个西伯利亚地台相对稳定，叶尼塞岭持续抬升至渐新世和中新世。

2. 油砂成因

东西伯利亚盆地油砂形成的关键在于里菲纪—中生代这一演化过程。里菲系是西伯利亚地台上最重要的烃源岩，在前寒武系以及寒武系发现的油气总量 90% 以上来自里菲系烃源岩，500Ma 左右就已开始成熟生烃，是东西伯利亚盆地油砂的主力烃源岩（图 5-49）。

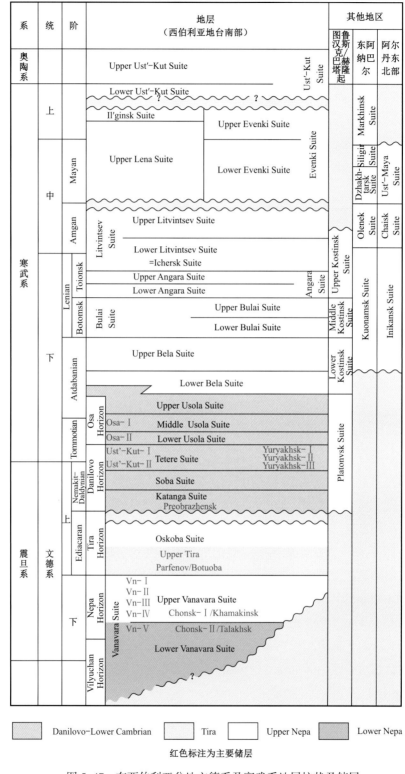

图 5-47　东西伯利亚盆地文德系及寒武系地层柱状及储层

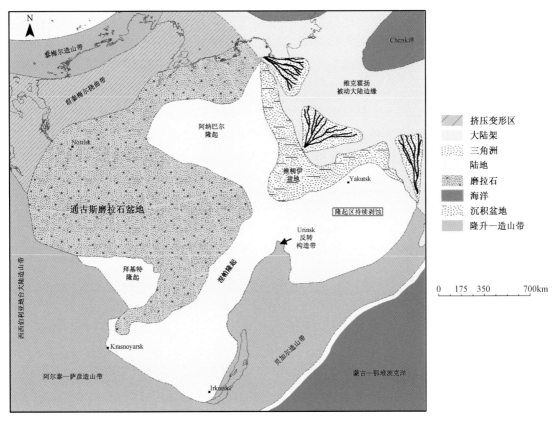

图 5-48　东西伯利亚盆地泥盆纪古地理图

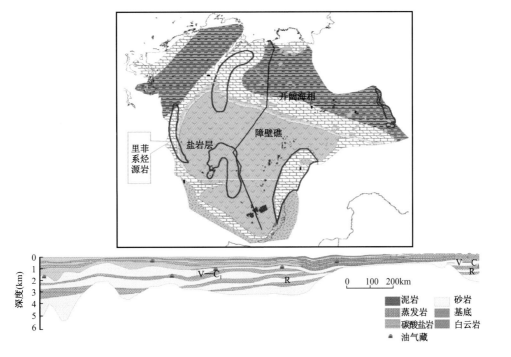

图 5-49　东西伯利亚盆地寒武纪古地理及剖面图

该套烃源岩在晚里菲世中期第一次达到主生油带，围绕古隆起形成最早一期的古油藏。之后受贝加尔运动，里菲系受到抬升和剥蚀，大部分油气藏遭到破坏。随后文德纪—古生代沉降期，里菲系烃源岩再次进入成熟期，油气运移至文德系砂岩成藏组合和文德系—寒武系碳酸盐岩中。寒武纪，盆地内的油气聚集规模达到最大。由于该时期盆地内南高北低，以大型障壁礁（阿纳巴尔—辛斯克相区）为界限，其南部发育中—下寒武统膏盐层，是整个西伯利亚地台中南部地区的有效盖层，避免了下伏里菲系—文德系—下寒武统油气遭到破坏；而障壁礁以北，主要以开阔海相泥页岩作为有效盖层（图5-50）。

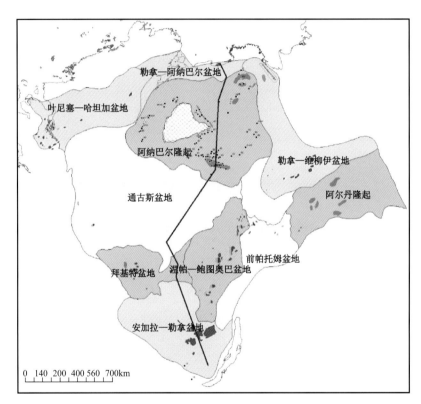

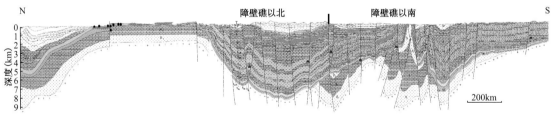

图 5-50　东西伯利亚盆地现今位置及剖面图

寒武纪以后，加里东运动、海西运动及中生代以来的新构造运动，导致地台发生多次抬升。障壁礁以南膏盐层覆盖区，油气保存完好，形成大规模常规油气聚集区；障壁礁以北，缺少盐层覆盖的阿纳巴尔隆起构造剥蚀区，则恰好是浅层稠油和沥青广泛分布的地区（图5-50）。

东西伯利亚的油砂是由于构造变动导致古油藏发生破坏散失，早期的古油藏在后期因基底断裂复活和抬升，古油藏遭受剥蚀氧化、生物降解等稠化作用形成现今的油砂矿，属于隆起构造抬升降解成矿型模式，具有形成时间早、后期蚀变时间长的特点，原油稠变程度较高。

1）油砂潜力地质评价

研究表明，东西伯利亚地区南阿纳巴尔、东阿纳巴尔和下奥列尼奥克（又可细分为奥列尼奥克带和奥列尼奥克中带）及阿尔丹隆起四个沥青聚集带的规模较大，现进行详细解剖。

（1）南阿纳巴尔沥青聚集带。

南阿纳巴尔沥青聚集带（包含马尔哈聚集带）位于阿纳巴尔台背斜的南部斜坡（图5-51），沥青出露于西利吉尔河的上游段。沥青矿呈北西向展布，面积约 $7.6 \times 10^4 km^2$，被认为是西伯利亚地台上分布面积最大的一个沥青聚集带。

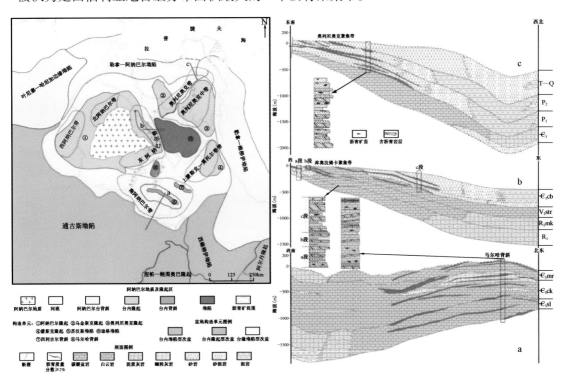

图5-51　阿纳巴尔地盾周缘沥青聚集带平面分布及连井剖面示意图

对该区探井的统计研究表明，几乎所有探井在上覆地层（深度至500m），尤其是孔隙度大于8%的岩层中均见到石油和沥青，在马尔哈背斜其深度范围可延伸至1200m（图5-51）。钻井揭示沥青深度分布范围从100～150m至1500m，含油率随着埋深的增加而增大，在700m达到最大。在该区西部探井中，100～650m井段的含油率非常低（小于1%），油或沥青仅仅赋存在极少数的洞穴和渗透性好的岩石中；在深度650～900m处含沥青岩层的含油率增大，可达2.5%，厚度可达1m；在深度1180～1475m处岩层中的含油率更高，达 4.2%，厚度可达 11m。此外，在西北部的一些新探井中也均见到了油和沥青显示，部分井在测试中还获得了低产的高黏度油。

从层位分布上看，沥青主要分布在中寒武统西利吉尔组（$\epsilon_2 sl$）、上寒武统丘库克组（$\epsilon_3 ck$）和马尔哈组（$\epsilon_3 mr$），充填于岩层的裂缝、孔洞及物性较好的石灰岩中（孔隙度为 6%～8%）。西利吉尔组沉积厚度为 300～400m，地层岩性由砂泥岩互层、鲕粒灰岩、泥质灰岩和泥灰岩组成，沥青主要分布在该组上段，含油率主要取决于岩石中裂缝的发育程度；沥青组分接近于油和软沥青（C 为 84%～85%，H 为 11.4%～12.7%，油为 65%～67%，树脂为 24%，沥青质为 9%～11%）。丘库克组岩性由鲕粒灰岩夹泥质—粉砂岩组成，沥青主要分布在物性较好的石灰岩中（孔隙度为 6%～8%）及地层上段，含油率可达 1.8%，组分以软沥青和天然沥青为主。马尔哈组沉积厚度可达 260m，地层岩性由石灰岩和白云岩组成，在地层中—上段的深褐色和黑色裂缝—海绵状孔隙型石灰岩和白云岩中可以见到非常丰富的沥青凝结物、渗流液及油膜，其含油率范围为 0.4%～19%，组分以软沥青和天然沥青为主。该地区中—上寒武统沥青砂层的厚度累计约 80m。

（2）东阿纳巴尔沥青聚集带。

东阿纳巴尔沥青矿聚集带（包含库奥拉姆卡聚集带）位于阿纳巴尔地盾东侧的斜坡区（图 5-51），沉积地层包括里菲系、文德系和寒武系，整体上构成一个向东倾斜的单斜构造，往东地层厚度可超过 3000m，中间发育少量高陡褶皱构造。在库奥拉姆卡河流附近为饱含沥青的文德系和下寒武统剥蚀区，从北往南延伸范围达 200km，呈北西—北东向展布，沥青分布面积约 6000km²。

该构造带沥青在三个层系中均有分布。里菲系含沥青岩层主要局限于构造带中部，分布规模有限。文德系含沥青岩层大面积分布于前寒武系风化剥蚀区，位于文德系上部的 $V_2 str$，厚度为 2～17m。地层岩性主要为碳酸盐岩，孔隙度一般介于 0.6%～24.5% 之间（平均孔隙度为 9%～13%），渗透率介于 0～1400mD 之间（大部分为 6～30mD），属裂缝—孔—洞型储层。岩石中的沥青含量达 0.7%～1.7%，平均值为 0.8%，局部地区达 2.2%。沥青组分的烃类主要为芳香烃类（芳香烃含量达 70%），其形成与甲基环烷油深部表生蚀变作用有关。

下寒武统恰布尔组划分出三个含沥青岩层段。下段为位于地层底部的河流或三角洲相砂砾岩层，含沥青岩层厚度为 2.8～5.0m（局部可达 10m），沥青含量为 1.2%～4.0%。中段为石灰岩和白云岩层，含沥青岩层厚度为 3～20m（平均厚度为 11m），沥青含量为 0.27～2.58%。上段为位于地层顶部的砂岩层，含沥青岩层厚度达 12m，沥青含量达 3.5%。岩层中的平均沥青组分为：油（13%～36%），树脂（21%～50%），沥青质（18%～48%），属于天然沥青（主要分布在碳酸盐岩层中）和沥青岩类（主要分布在砂岩层中）。

（3）下奥列尼奥克沥青聚集带。

下奥列尼奥克沥青聚集带位于苏汉斯坳陷东北部的奥列尼奥克和库奥—达尔登隆起区，北部与阿纳巴尔边缘坳陷相邻；奥列尼奥克河流从北往南穿过该聚集带。该聚集带可划分为奥列尼奥克中带和奥列尼奥克带两部分，其中奥列尼奥克沥青聚集带的基本特征与资源潜力前人已有比较详细的研究。

奥列尼奥克中带位于奥列尼奥克隆起的西斜坡区，南部以丘琼格金地堑的边界为界，北部和东北部以出露的二叠系岩层为界，宽度范围为5～100km。构造带的西段受基底断裂发育形成多个北西向垒堑相间的断块。含沥青岩层分布于上文德统—寒武系。

在上文德统中含沥青岩层主要分布在德边格金组、哈特斯佩特组及图尔库特组中，其中德边格金组含沥青岩层为孔隙—裂缝型白云岩（主要为硬沥青类型）；哈特斯佩特组含沥青岩层包括地层底部的砂砾岩及上覆白云岩，岩石中沥青含油率不大于1%，组分类型以硬沥青为主。图尔库特组白云岩中赋存丰富的沥青，含沥青岩层厚度为6～10m，含油率超过2%，组分主要为软沥青和天然沥青。

下寒武统含沥青岩层分布于克斯休辛组（$\in_1$ks）下段的底部砂砾岩层及上覆石灰岩与砂岩互层中，地层厚度为85～120m，总的含沥青岩层厚度介于2～20m之间，沥青含油率可达4.5%，组分为天然沥青和沥青岩类。

中—上寒武统岩层中的沥青分布主要与断裂带和风化壳有关，最富集聚集带位于深大断裂发育区；地面风化壳发育的地区，白云岩层中可见大面积分布的呈斑块状的天然沥青，含油率为0.05%～21.5%，在奥列尼奥克河左岸分布着大量的沥青脉状露头。含沥青层位包括秋耶斯萨林组、拉帕尔组和克斯休辛组，前两个组的地层总厚度为40～240m。克斯休辛组及其顶面风化壳天然沥青则更为富集，该组最大厚度为98m，岩性主要为石灰岩、泥质砂岩互层，含沥青岩层厚度为0.3～4.0m。中—上寒武统岩层中的沥青组分主要为天然沥青和沥青岩。

奥列尼奥克带位于奥列尼奥克隆起的北部斜坡（图5-51），含沥青岩层主要分布于二叠系，地层岩性包括不等粒砂岩、细砂岩、粉砂岩和泥岩等，隆起构造区地层总厚度为150～200m，往北和西北斜坡区增厚至340～750m，分布范围约4800km²。岩石孔隙度大多为15%～25%，渗透率介于10～1000mD之间，浅层沥青主要为沥青岩类，随着深度增加逐渐变为以天然沥青类为主。二叠系含沥青岩层可以细分为9个层段，其中P_1 V层的含沥青岩层厚度最大（可达45m），而P_1 Ⅶ层在区域上分布最广，含沥青岩层厚度一般为15m，含油率高达10%。整个岩层组的沥青含油率最高可达10.8%，大部分为5%，组分主要为天然沥青和沥青岩类。

（4）阿尔丹沥青聚集带。

阿尔丹沥青聚集带有5处沥青发现，主要分布于下寒武统、文德系。Tuolba聚集区重油、沥青几乎充满了整个文德系—下寒武统，下寒武统沥青单层厚度可达5m，含油率为1.5%～3%，文德系沥青主要存在于底部砂岩、白云岩中，含油率为1%～2%；Amga聚集区沥青主要存在于下寒武统及中寒武统，其单层厚度可达1.5～3.0m，含油率小于1.5%；sina聚集区沥青主要呈水平层状、脉状分布，单层厚度最高达到6m，另外Chenkiyam及

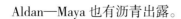

Aldan—Maya 也有沥青出露。

2）盆地的油砂潜力区优选

表 5-16 总结了该盆地重要的沥青聚集带参数，可以看出东西伯利亚盆地沥青矿分布范围广、厚度大，从里菲系—上二叠统均有分布。

表 5-16   东西伯利亚盆地全部沥青聚集带参数

构造单元	聚集带	层位	沥青矿单层厚度（m）	含油率（%）	组分
奥列尼奥克隆起	奥列尼奥克中带	V_2ht		≤1	硬沥青
		V_2db			硬沥青
		V_2tr	6~10	≥2	软沥青、天然沥青
		$\in_1ks$	2~20	≤4.5	天然沥青、沥青岩
		$\in_{2-3}$		0.05~21.5	天然沥青、沥青岩
		$\in_3ks$	0.3~4		
	奥列尼奥克带	P	1.5~45	2.0~3.4，最高可达10.8	天然沥青、沥青岩
	Kuoyka 和 Sololisk	$R, \in_3$	≤15	1.2~10	天然沥青、软沥青
	Kelimyar	J			软沥青
阿纳巴尔隆起	南阿纳巴尔	$\in_2sl$		含油率与裂缝发育程度有关	油、软沥青
		$\in_3ck$	4~5	≤1.8	软沥青、天然沥青
		$\in_3mr$	0.3~5	0.4~19	软沥青、天然沥青
	东阿纳巴尔	R_1mk	2~3		
		V_2str	2~17	0.7~1.7，局部达2.2	软沥青、天然沥青
		$\in_1cb$	2.8~5，最大10	2.0~2.2	天然沥青、沥青岩
			40	≤1.24	
			12	≤3.5	
	北阿纳巴尔	$R, \in$	10~15	1~3	天然沥青
	西阿纳巴尔	$\in, O$	16	0.5~2	天然沥青、软沥青
阿尔丹隆起	Tuolba	$\in_1$	5	1.5~3.0	重油、天然沥青
		V	1	1~2	重油、天然沥青

构造单元	聚集带	层位	沥青矿单层厚度（m）	含油率（%）	组分
阿尔丹隆起	Amga	ϵ_1, $\epsilon_2$tk	1.5～3.0	≤ 1.5	天然沥青、软沥青
	sina	ϵ_1	1～6	0.3～6.7	天然沥青、沥青岩
	Chenkiyam/Ilygir	V, ϵ_1	0.5～3	1～2	天然沥青、软沥青
	Aldan—Maya	V, R（Ust'－Yudoma 和 Aim Suites）	5	≤ 1	天然沥青、软沥青
其他	Chekurovka 和 Bulkur	ϵ_1, V	3	1.8	天然沥青、软沥青
	Chunya	O_{2-3}	8	0.2～3.6	天然沥青
	Turukhan	V, ϵ_{1-2}, S_1, R			天然沥青、软沥青
	Sigovo—Podkamennoe	V, ϵ_{1-2}, S_1, R			天然沥青、软沥青
	Angara—Lena 西北部	V_1	20	1～6	沥青

通过连井剖面（图 5-52）分析认为富含沥青的岩层孔隙度较好，大多为 15%～25%，渗透率介于 10～1000mD 之间；浅层沥青主要为沥青岩类，含油率小于 2%，随着深度增加逐渐变为以天然沥青类为主，含油率高达 10.8%，其中井 1 在深度 166m 处见到油滴。整体来看，含油率随着埋深的增加而增大，含油率大于 2% 即较好的沥青目标层；埋深至少大于 50m；沥青夹层的厚度变化大，从 1m 到几十米不等，通常大于 5m 具有开采价值。本次研究最重要的一项工作量是整体筛选出具有商业开采价值的沥青矿，主要分布在南阿纳巴尔带上寒武统马尔哈组中上段、东阿纳巴尔带下寒武统恰布尔组中上段及底部、奥列尼奥克中带上文德统—下寒武统断块地层组、奥列尼奥克带二叠系砂岩地层、北阿纳巴尔里菲系—寒武系、奥列尼克 Kuoyka 和 Sololisk 聚集带以及阿尔丹隆起 Tuolba 聚集带下寒武统—文德系，共 7 个目标层系（图 5-53、表 5-17），最终可采资源量为 61×10^8t。

表 5-17 东西伯利亚盆地有利沥青矿聚集区基本参数

构造单元	聚集带	储层时代	面积（km²）	净厚度（m）	平均含油率（%）	沥青密度（g/cm³）	沥青资源量（10^4t）
奥列尼奥克隆起	奥列尼奥克中带	P	1750	5	2.0	1.1	519.75
	奥列尼奥克带	Kessyusa 组（ϵ—V）	5850	15	3.0	1.0	7107.75
	Kuoyka 和 Sololisk	R、ϵ	1750	5	3.0	1.0	708.75

续表

构造单元	聚集带	储层时代	面积（km²）	净厚度（m）	平均含油率（%）	沥青密度（g/cm³）	沥青资源量（10⁴t）
阿纳巴尔隆起	南阿纳巴尔	ϵ_{2-3}	9100	5	2.5	1.0	3071.25
	东阿纳巴尔	Chabursk 组上段（$\epsilon_1$cb）	2400	12	3.0	1.1	2566.08
	北阿纳巴尔	R，ϵ	600	10	2.0	1.0	324.00
阿尔丹隆起	Tuolba	ϵ_1，V	3650	5	2.0	1.0	985.50
总地质资源量							15283.08
可采地质资源量（40% 计算，蒸汽驱）							6113.23

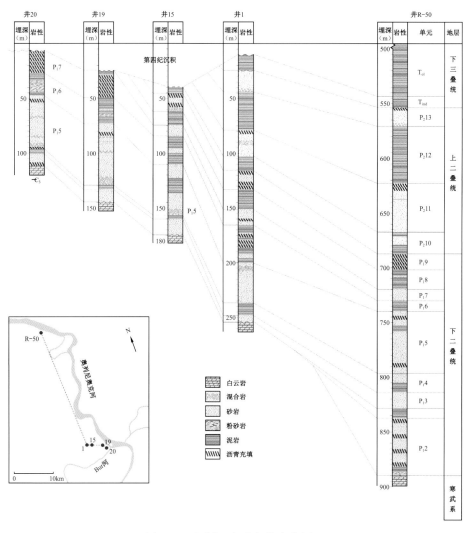

图 5-52　阿纳巴尔隆起带连井剖面

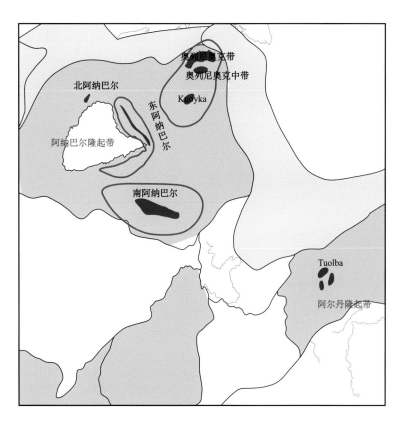

图 5-53　东西伯利亚盆地有利沥青矿聚集区分布

四、阿拉伯盆地重油可采资源评价

1. 盆地的基本概况

1）盆地位置

阿拉伯盆地位于阿拉伯板块，包括四个次盆：西阿拉伯盆地、维典—美索不达米亚盆地、中阿拉伯盆地及鲁布哈利盆地。其中，重油资源较集中于西阿拉伯盆地与中阿拉伯盆地（图 5-54）。西阿拉伯盆地全部位于阿拉伯板块的陆壳上，总面积为 624910km^2，

2）构造演化

阿拉伯盆地在漫长的地质时期，经历了漫长的构造演化和沉积沉降，大致划分为五个阶段。

（1）前寒武纪（715—610Ma）基底拼合阶段：泛非期拼合形成的刚性克拉通基底，保持了其大范围构造相对平稳，是形成宽泛被动陆缘的基础。

（2）前寒武纪—晚泥盆世（610—257Ma）被动大陆边缘阶段：期间沉积的浅海相岩层主要分布在冈瓦纳古陆北部边缘的凹陷内。

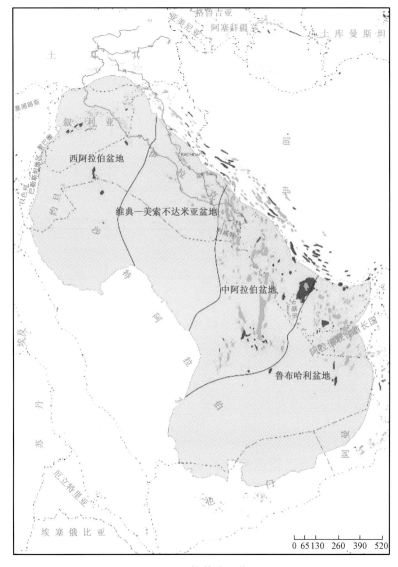

图 5-54　阿拉伯盆地位置图

（3）志留纪—石炭纪：海西运动引起的隆升和剥蚀虽然没有遍及整个盆地，但导致沉积物在这段时期内分布十分局限，直到晚二叠世碎屑岩才重新开始沉积。

（4）二叠纪—晚白垩世（257—92Ma）新特提斯洋被动陆架边缘发育阶段：随着辛梅利亚大陆和萨南达季—叙利亚区域从冈瓦纳古陆的脱离，新特提斯洋开始形成，同时板块运动使叙利亚从高纬度向低纬度漂移，造成中生界沉积地层以碳酸盐岩和蒸发岩为主，早—中白垩世裂谷在帕米赖德地堑、辛加地堑和幼发拉底地堑发育使得陆相和浅海相碎屑岩在这些区域内广泛发育。

（5）晚白垩世至今（92—0Ma）活动大陆边缘发育阶段：海侵范围扩大，盆地大部分处于浅海环境下，古近系—中新统以碳酸盐岩—蒸发岩为主。随着扎格罗斯山的隆起，

—230—

在更新世沉积了磨拉石。古特提斯和新特提斯两期持续、稳定的广阔被动陆缘沉积体系，是油气成藏的物质基础；适度的新生代前陆冲断构造及相关的陆内变形，是油气成藏的主要动力学条件。

3）已发现重油油田情况

中阿拉伯盆地发现的重油油田主要集中在盆地的北部，伊拉克和科威特境内及沙特阿拉伯和科威特之间的中立区，典型重油油田包括 Azadegan，BB1 等，伊拉克 East Baghdad 油田和 Rumaila 油田自 20 世纪 50 年代开始投入生产，生产了伊拉克的绝大部分重油。这两个油田的平均重度为 23°API，并且含硫量高达 3.4%。西阿拉伯盆地重油主要分布在叙利亚境内的辛加地堑中，大部分重油油田的规模小且产量低。

2. 盆地的重油潜力地质评价

阿拉伯盆地的重油绝大多数储藏于碳酸盐岩储层中，其中石灰岩中重油的储量占绝大多数，少量发现在白云岩中，砂岩也占一小部分。重油资源整体分布在较浅的层位。西阿拉伯次盆以白垩系和中三叠统储层为主，储量约占总储量的 87%，全部分布在 2800m 以浅的地层中；中阿拉伯次盆重油的主要储层为白垩系和侏罗系，储量约占总储量的 75%，集中分布在 800～2403m 深度范围内。

1）中阿拉伯盆地潜力地质评价

（1）烃源岩。

中阿拉伯盆地重油烃源岩包括上侏罗统及白垩系两套（表 5-18）。上侏罗统烃源岩 Tuwaiq 组和 Hanifa 组发育在盆地的中北部地区。Tuwaiq 组为一组发育在内陆架静海盆地环境下的石灰岩，TOC 为 3%～5%，最高为 12.5%。沥青含量高，HC 含量为几千微克每克。Hanifa 组 TOC 为 1.2%～5.1%，南部处于生气窗，而北部未成熟；白垩系 Sulaiy 组和 Kazhdumi 组为一套内陆架沉积体系下的泥页岩地层，是中阿拉伯盆地重油的主要烃源岩。Sulaiy 组 TOC 为 0.4%～2.7%，平均为 1.5%，干酪根类型为 Ⅱ 型，排烃时间为晚白垩世，古新世达到生烃高峰。Kazhdumi 组 TOC 为 3.1%～12.0%，平均为 11%，干酪根类型为 Ⅱ—Ⅲ型，晚渐新世达到生烃高峰。

表 5-18　中阿拉伯盆地重油技术可采资源评价表

储层	侏罗系				白垩系			
储层岩性	白云质灰岩、钙质灰岩、碳酸盐岩				石灰岩、砂岩、碳酸盐岩、鲕状灰岩			
沉积相	潮上带相、潮间带相、浅海相				浅海相			
圈闭类型	地层圈闭				地层圈闭			
评价参数	最小值	最大值	平均值	取值说明	最小值	最大值	平均值	取值说明
储层埋深（m）	1250	3280	2409	22 个油田	320	3446	2082.3	42 个油田

续表

评价参数	最小值	最大值	平均值	取值说明	最小值	最大值	平均值	取值说明
储层有效厚度（m）	8.17	159.8	41.8	6个油田	4	159.8	17.8	17个油田
油层有效孔隙度（%）	11	28	22.5	6个油田	7	29	17.6	20个油田
油层平均渗透率（mD）	0.01	6000	188.1	5个油田	7	3000	732.1	12个油田
含油饱和度（%）			81	计算获得			71.2	计算获得
溶解气油比（ft³/bbl）			100.4	6个油田	34	1500	322.4	29个油田
原油重度（°API）	15	25	22.5	22个油田	10	25	19.4	39个油田
原油密度（g/cm³）			0.918	计算获得			0.937	计算获得
原油黏度（mPa·s）	7.8	10	8.9	5个油田			6743.3	2个油田
原油体积系数			1.156	计算获得			1.124	计算获得

（2）储层。

侏罗系储层主要发育在盆地中部和东北部地区（图5-55、表5-18），以石灰岩、砂岩、碳酸盐岩为主，厚度均值可达41.8m，孔隙度为11%～28%，渗透率为0.01～6000mD。白垩系储层主要发育在盆地西北部和东北部，以石灰岩、碳酸盐岩为主，厚度均值为17.6m，孔隙度为7%～29%，渗透率为7～3000mD。

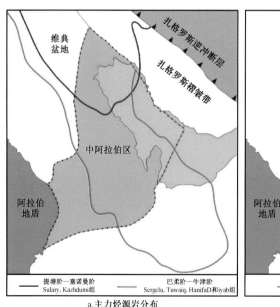
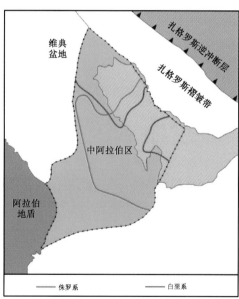

图5-55 中阿拉伯盆地主力烃源岩及储层分布

（3）成藏模式预测

在晚二叠世—古近纪，盆地发育了高有机质含量的页岩和物性良好的储层。由于古新世的板块俯冲和中新世后的造山运动挤压使地壳增厚，烃源岩埋深增加，达到生油门限，开始大量排出油气；充足的油气自侏罗系—白垩系烃源岩排出后沿大型斜坡带进行长距离运移。最后，油气运移至浅地表，盖层等作为封堵在斜坡带顶部较浅的储层聚集成藏（图 5-56）。

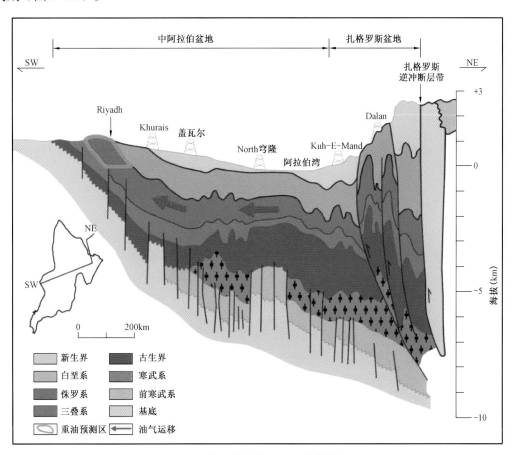

图 5-56　中阿拉伯盆地重油成藏模式图

在中阿拉伯盆地，目前已发现的重油资源主要分布于盆地北部沙特阿拉伯和科威特地区，盆地油气经过了约 1500m 的长距离运移。烃源岩生成的大量油气向斜坡带和前隆区进行长距离运移，油气在运移过程中轻组分不断逃逸，斜坡带和前隆区浅部位处于地表且与大气连通，盖层封闭性差，致使运移到此的油气进入氧化环境的储层中，遭受水洗氧化和生物降解形成重油，属于斜坡降解型重油成藏模式。

（4）有利区圈定。

通过地质特征分析发现，中阿拉伯盆地白垩系主要在盆地西北部具备生、储、盖组合。板块的碰撞、挤压作用使盆地的西北部地区地层抬升，是重油形成的最有利条件，白垩系重油有利区面积约为 8000km² （图 5-57），侏罗系重油预测面积约为 7000km² （图 5-57）。

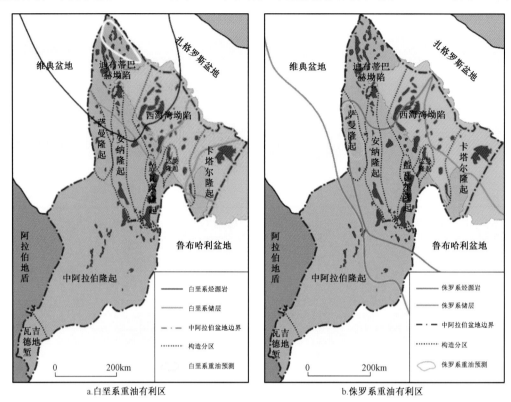

图 5-57　中阿拉伯盆地白垩系重油及侏罗系重油有利区分布图

（5）资源量计算——以白垩系重油为例。

确定各成藏组合的含油范围及参数输入后，可根据 GIS 空间图形插值法的步骤进行资源量的计算。图 5-58 至图 5-60 展示了整个白垩系成藏组合重油资源量的计算过程。白垩系的勘探程度相对较高，可通过现有资料或者地质类比等方法得到一张采收率数据点分布图，在计算中阿拉伯盆地白垩系可采资源量时，可通过地质资源量丰度图与采收率网格图进行叠加，得到可采资源量。

同样，将上述方法应用于侏罗系有利区的计算中。白垩系重油资源集中分布于有利区的西北部，侏罗系重油资源集中分布于有利区的北部和中部。加和所有网格后得到中阿拉伯盆地有利区的白垩系重油地质资源量为 290×10⁸t，可采资源量为 32×10⁸t，中阿拉伯盆地有利区的侏罗系重油地质资源量为 695×10⁸t，可采资源量为 79×10⁸t。中阿拉伯盆地重油总地质资源量约为 985×10⁸t，可采资源量约为 111×10⁸t。

2）西阿拉伯盆地潜力地质评价

（1）烃源岩。

西阿拉伯盆地发育三套主力烃源岩：白垩系 Shiranish 组、Soukhne 组及三叠系 Amanus

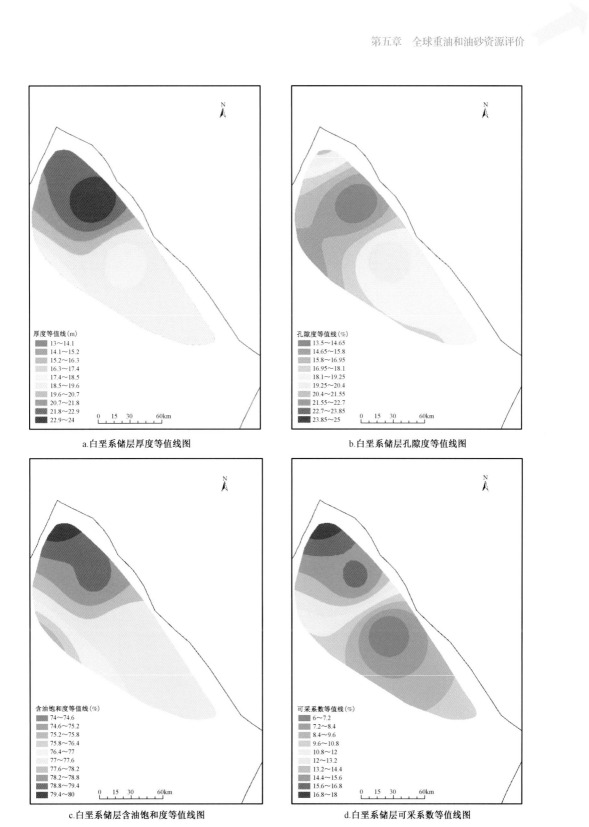

a.白垩系储层厚度等值线图

厚度等值线(m)
13～14.1
14.1～15.2
15.2～16.3
16.3～17.4
17.4～18.5
18.5～19.6
19.6～20.7
20.7～21.8
21.8～22.9
22.9～24

b.白垩系储层孔隙度等值线图

孔隙度等值线(%)
13.5～14.65
14.65～15.8
15.8～16.95
16.95～18.1
18.1～19.25
19.25～20.4
20.4～21.55
21.55～22.7
22.7～23.85
23.85～25

c.白垩系储层含油饱和度等值线图

含油饱和度等值线(%)
74～74.6
74.6～75.2
75.2～75.8
75.8～76.4
76.4～77
77～77.6
77.6～78.2
78.2～78.8
78.8～79.4
79.4～80

d.白垩系储层可采系数等值线图

可采系数等值线(%)
6～7.2
7.2～8.4
8.4～9.6
9.6～10.8
10.8～12
12～13.2
13.2～14.4
14.4～15.6
15.6～16.8
16.8～18

图5-58 白垩系成藏组合重油资源量计算过程步骤一
将数据点或等值线栅格化

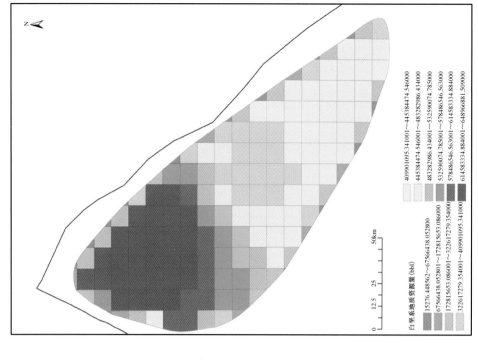

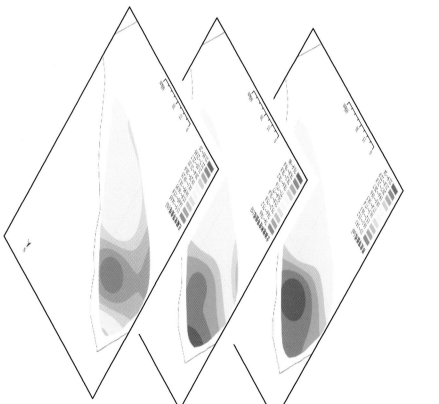

图 5-59 白垩系成藏组合重油资源量计算过程步骤二

含油范围内进行网格划分，将各网格内，将关键参数的值赋予各网格子，利用体积公式将栅格化的图世行空间叠加，利用容积积法将各网格内的值进行相乘，得到地质资源量丰度图，最终积分计算地质资源量

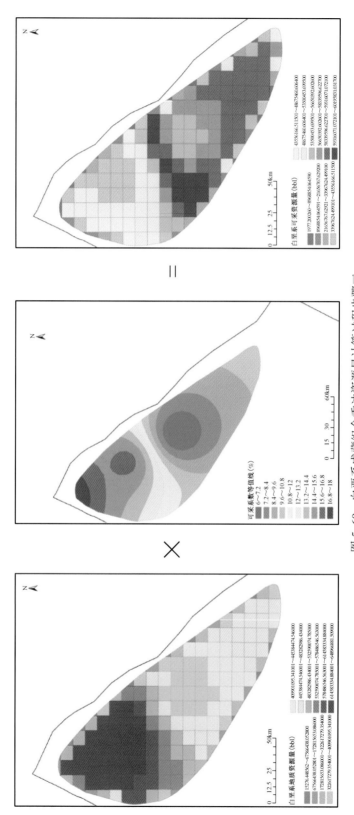

图 5-60　白垩系成藏组合重油资源量计算过程步骤三

由白垩系资源图及采收率网格图相乘，可得到可采资源量丰度图，从而得到可采资源量组，它们都为重油的形成提供油源。Shiranish 组烃源岩和 Soukhne 组烃源岩形成时代分别为康尼亚克期—马斯特里赫特期与塞诺曼期—土伦期；岩性均以海相碳酸盐岩为主；多分布于盆地中北部地区（图 5-61、图 5-62）。Shiranish 组为一套泥灰岩，干酪根类型为 II 型，TOC 含量最大值为 14.3%，主要分布在幼发拉底、辛加地堑及托罗斯—扎格罗斯褶皱带。Soukhne 组为一套沥青质泥灰岩，干酪根类型为 II 型，TOC 含量最大值为 8.6%，平均厚度为 120m，主要分布于幼发拉底地堑、帕米赖德地堑和辛加地堑。Amanus 组是一套黑色海相页岩和泥岩，干酪根类型为 I 型，TOC 含量最大值为 20%，最大厚度为 200m；主要分布于帕米赖德地堑；晚白垩世—早古新世进入生油窗，在晚中新世—上新世生成天然气和凝析油。

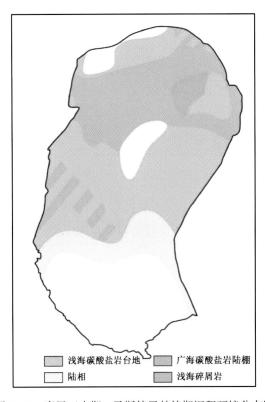

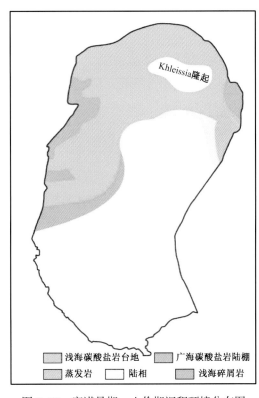

图 5-61 康尼亚克期—马斯特里赫特期沉积环境分布图　　图 5-62 塞诺曼期—土伦期沉积环境分布图

（2）储层。

西阿拉伯盆地的储层主要为中三叠统和白垩系碳酸盐岩，盆地的重油均分布在 3069m 以浅的地层，主要集中在 800~2403m 范围内。随着新特提斯洋的形成，在盆地北部开始沉积碳酸盐岩地层（图 5-63），晚白垩世之后海侵的扩张导致海相碳酸盐岩的沉积范围向南进一步扩大（图 5-64）。

西阿拉伯盆地储层分布具有多样性，不同地区具有不同的油气储层。帕米赖德地堑内只有两套储层，三叠系 Mulussa 组海相石灰岩和白云岩储存有地堑内的绝大部分油气，白

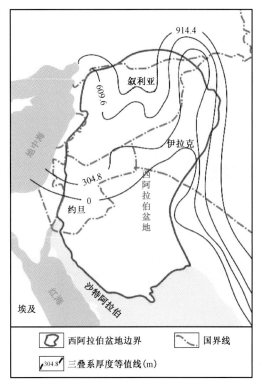

图 5-63　西阿拉伯盆地三叠系厚度等值线图

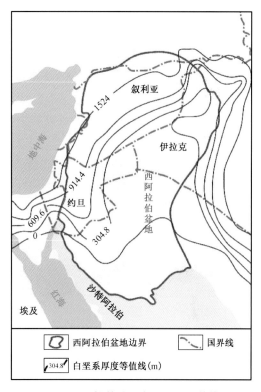

图 5-64　西阿拉伯盆地白垩系厚度等值线图

垩系 Hayane 组碳酸盐岩为次要储层，主要产轻质油，重油储量很少，如 Wahab 油田。

　　幼发拉底地堑是西阿拉伯盆地内油气富集的地区，但是目前主要产轻质油，重油的储量不多。重油主要的储层为白垩系 Judea 组浅海相石灰岩和三叠系 Mulussa 组砂岩。例如 Shaala 101，Turaib West 1 和 Kasra 101 重油油田，都位于幼发拉底地堑北部边缘。

　　辛加地堑是叙利亚地区重油最集中的地区，包含了叙利亚绝大多数的重油油田，是著名的重油产区。主要储层是中三叠统的 Kurrachine 组白云岩和白垩系 Shiranish 组灰泥岩，其次是渐新统 Chilou 组碳酸盐岩。如 Tishrine West 油田、Tishrine East 油田、Sfaiyeh 油田等，储量都很大。

　　（3）圈闭类型。

　　西阿拉伯盆地发育有拉张和挤压两种不同类型的构造样式。拉张构造主要指在陆内凹陷、断裂和被动边缘凹陷期形成的断块，拉张构造形成的时代为古生代—渐新世。挤压构造包括背斜和反转构造的上升盘等。在幼发拉底地堑和鲁特巴—塔布克地台还发育有扭拉构造。叙利亚地区的构造圈闭类型多为长条形背斜。总之，西阿拉伯地区的重油油藏都为构造圈闭型油气藏，其中大部分为背斜圈闭，少数为断块圈闭。

　　（4）成藏模式预测。

　　西阿拉伯盆地构造演化复杂，其伸展运动导致陆壳被拉开，形成一系列伸展构造和断层，并在古近纪晚期的褶皱作用中发生逆转，盆地北部地区断层极其发育。盆地油气以垂向运移为主，垂向运距可达 1km。辛加地堑产油层顶部深度的变化从 466m 到 1935m，意味着在 2200m 到 2500m 的生油窗顶部以上，大约有 1700m 的垂向运移距离。有资料显示，在古近—新近系露头中有油气渗出，证实存在有效的垂向运移，断层就是垂向运移通道（图 5-65）。

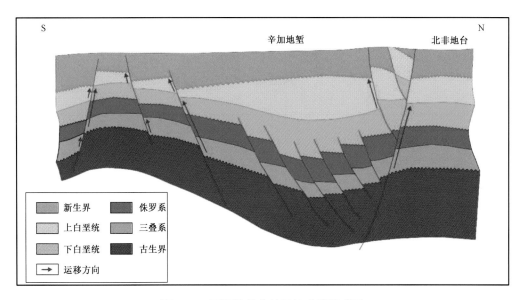

图 5-65　西阿拉伯盆地重油成藏模式图

盆地上三叠统 Amanus 组烃源岩在晚白垩世—古新世早期成熟；下白垩统 Shiranish 组烃源岩在古近纪晚期成熟，这两套烃源岩进入成熟阶段后大量生烃。西阿拉伯盆地重油带断层发育，是油气运移的主要途径，为油气的运移提供了良好的通道。大量的原油沿断裂带运移至浅层，从而遭受氧化、生物降解形成重油，并最终聚集到浅层新的圈闭中。依据这种成藏机理预测，西阿拉伯盆地的重油成藏模式为断层输导型。在已有重油发现的辛加地堑内，重油油藏主要集中分布在断层相关圈闭提供的侧向封堵处，同时也证实了此种模式的推测。

（5）有利区圈定。

预测重油产层为中三叠统和白垩系。依据烃源岩、储层、运移通道及构造有利区在盆地的分布和重油成藏模式，将西阿拉伯盆地重油有利区圈定在盆地北部，白垩系重油主要圈定在辛加地堑和幼发拉底地堑内部，白垩系重油有利区面积约为 20000km²。中三叠统重油主要圈定在帕米赖德地堑内部，预测面积约为 17000km²（图 5-66）。

（6）资源量计算。

将各个等值线图进行网格化后，基于体积法原理，分别得到白垩系有利区和中三叠统有利区的重油地质资源量和可采资源量网格图，白垩系重油资源集中分布于有利区的西北

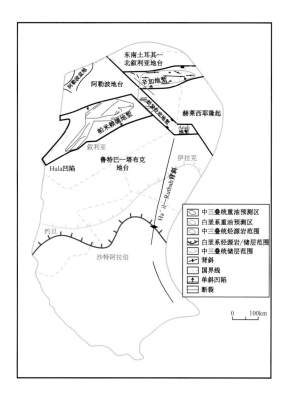

图 5-66　西阿拉伯盆地重油有利区分布图

部，中三叠统重油资源集中分布于有利区的北部和中部。加和所有网格后得到西阿拉伯盆地有利区的白垩系重油地质资源量为 $205.2 \times 10^8 t$，可采资源量为 $30.1 \times 10^8 t$，西阿拉伯盆地有利区的中三叠统重油地质资源量为 $560.3 \times 10^8 t$，可采资源量为 $83.5 \times 10^8 t$。西阿拉伯盆地重油总地质资源量约为 $765.5 \times 10^8 t$，可采资源量约为 $113.6 \times 10^8 t$。

第六章 全球油页岩资源评价

油页岩是一种高灰分的固体可燃有机矿产，原始有机质含量较高，低温干馏可获得油页岩油，一般含油率大于3.5%，发热量一般大于$4.18×10^6J/kg$。全球油页岩资源丰富，分布遍及世界各地，但是极不均匀。全球共有300多个油页岩矿藏，分布于17个国家的38个盆地。美国是油页岩油资源储量最多的国家，其油页岩油资源储量占全世界的38%。

第一节 油页岩资源评价现状

一、全球油页岩勘探开发及资源评价现状

1. 勘探开发现状

全球油页岩产量高的国家主要有爱沙尼亚、俄罗斯、巴西、中国和德国。有数据表明，世界油页岩的产量经历了两个高峰期。第二个高峰期是在1980年，产量达到$4540×10^4t$的历史高峰。此后产量基本上一路下滑，到2000年，产量只有$1600×10^4t$。在油页岩的综合利用方面，世界各个国家都非常重视油页岩的开发和利用。目前，世界上有69%的油页岩用于流化床锅炉燃烧来发热、发电，25%的油页岩经各种干馏发生炉来提炼油页岩油，只有6%的油页岩用于建筑、农业等方面。

爱沙尼亚每年开采油页岩$1500×10^4t$，主要用于燃烧发电，其油页岩油产量并不大，2011年年产量在$52.5×10^4t$左右。目前爱沙尼亚能源公司主要开采油页岩用来发电，其电站利用Galoter干馏炉可以年产$15.1×10^4t$油页岩油；此外，爱沙尼亚化学公司（VKG）拥有30多台气燃式页岩干馏炉，采用Petroter干馏工业，年产10^4t油页岩油，2011年底建产，目前年产$25×10^4t$油页岩油；爱沙尼亚基维利油页岩厂利用吉维特炉年产$6.6×10^4t$油页岩油。整体上，爱沙尼亚油页岩的开采量未来受欧盟减排的限制，用于发电的开采量将会逐渐下降，用于提炼油页岩油的比例将会上升。

美国地质调查局最近对绿河（Green River）油页岩的复查报告显示，位于Mahogany地区的绿河油页岩由于其含油率高（毕瑟斯盆地含油率为10%，尤因塔盆地含油率为6%）、储层厚（17~50m）、剥离比小、覆盖面大，具有优先开发利用的价值。科罗拉多州毕瑟斯盆地的油页岩换算成油页岩油估计有$250×10^8t$，犹他州尤因塔盆地的油页岩换算成油页岩油估计有$150×10^8t$。

美国虽然拥有最丰富的油页岩资源，一些大石油公司正在开展或计划开展地下或地

上干馏现场试验，美国一些大学和科研机构则在开展有关油页岩的应用基础研究，但至今未工业生产。以美国能源部为主的非常规资源工作组于 2007 年提出了美国油页岩油生产规模的设想，2010 年建立油页岩油工业，年产 5×10^6t 油页岩油；至 2014 年，年产 1250×10^4t；至 2020 年，年产 5000×10^4t；至 2025 年，年产 1×10^8t；并预计至 2035 年，年产 12.5×10^8t 油页岩油。

巴西石油公司（Petrobras）长期开采和干馏 Irati 矿藏的油页岩。该公司在巴西 Sao Mateaudo Suel 建有两台 Petrosix 块状页岩圆筒形干馏炉，一台直径 5.5m，日加工 2500t 油页岩；另一台直径 11m，日加工油页岩 6000t，日产油页岩油 550t、干馏气 130t、液化石油气 50t 及硫磺 32t，这是目前世界上块状页岩日处理量最大的炉子。该炉型生产成熟，且油收率可高达实验室铝甑油收率的 90%，目前两台炉子年产油页岩油共约 18×10^4t。近年来，巴西在海上发现了大型油田，对油页岩油生产无扩建计划。

俄罗斯曾有两座小规模油页岩油厂，一座在列宁格勒地区的页岩市，加工库克油页岩，另一座在东部的苏斯兰（Suzran），加工伏尔加含硫页岩，采用基维特炉型（Kiviter Retort）。由于俄罗斯有丰富的原油资源，其油页岩油产量相比微不足道，故当前两座油页岩油厂已停运。

中国目前已经成为世界上最大的油页岩油生产国，中国油页岩油产量大致每年均有所增加，2009 年生产 40×10^4t，2010 年生产 55×10^4t，2011 年生产 75.5×10^4t，2012 年生产约 70×10^4t，2013 年生产 75×10^4t，2014 年达到 80×10^4t（约 1.54×10^4bbl/d），产油量居世界第一位。目前中国有近 10 座油页岩干馏厂正在运行。

其中除了老厂扩建外，每年还有不少新厂建成投产。这主要得益于近年来国家对油页岩产业发展的政策支持及技术的日趋成熟。抚顺矿业集团建有油页岩干馏炼油厂两座，年产油页岩油 35×10^4t，但抚顺炉工艺油收率低，仅为实验室铝甑干馏收率的 65%，并建有年产 30×10^4t 的页岩灰水泥厂和年产 2.4×10^8 块的页岩灰砖厂。2010 年开始筹建油页岩和煤矸石电厂，规模为 12×10^4kW。同时筹建年处理 40×10^4t 的油页岩油化工厂，以生产石脑油、柴油、丙烯和液化气等。抚顺矿业集团进口的日处理 6000t 颗粒页岩干馏工艺装置（ATP）已建成并冷运，现等待运转。该工艺由加拿大 UMATAC 公司开发，装置的主要设备由德国 Krupp Polysius 制造。

龙口矿业集团拥有 7 对生产矿井，包括矿区本部 3 对——洼里煤矿、北皂煤矿和梁家煤矿，主要生产褐煤，副产油页岩，探明油页岩储量 7.58×10^8t。北皂和梁家矿区油页岩厚度为 2.59～4.74m，含油率平均为 14%，为当前中国油页岩品位最高的生产矿区。龙口矿业集团已投资 8 亿元建成了年处理油页岩 120×10^4t、产油页岩油 12×10^4t、副产 1.2×10^4kW 干馏气发电等装置，并计划建立页岩灰水泥厂。

甘肃窑街煤田集团公司对陕西神木三江煤化工公司开发的 SJ 型气燃式块煤干馏工艺加以改进，用于干馏窑街油页岩，建成 8 台气燃式方炉，单炉日处理块页岩 500t，2011

年已投产成功，油页岩油收率可达铝甑收率的 80%，半焦及粉末页岩用于循环流化床燃烧产气发电。同时建设年产 60×10^4 t 的水泥厂及 3000×10^4 块的免烧砖。

汪清县龙腾能源开发公司对罗子沟油页岩进行开发利用，目前已投资 8 亿元建成年产油页岩 200×10^4 t 的矿山和年产油页岩油 8×10^4 t 的炼油厂，并装机 6×10^3 kW 干馏废渣发电和 3×10^3 kW 干馏气发电及年产 6000×10^4 块灰烧结砖等装置。罗子沟油页岩含油率为 6.5%，2011 年生产油页岩油 5×10^4 t。

吉林桦甸油页岩系地下开采，含油率高达 10%，桦甸当前有 3 家民营企业，小规模开采干馏油页岩，另有国营的成大能源公司开始从事油页岩干馏炼油。吉林成大弘晟能源公司在桦甸开发了油页岩干馏新炉型（类似于巴西 Petrosix 工艺），即将油页岩干馏生成的油气冷凝去油后的干馏气在加热炉中加热后，作为热载体返回干馏炉以加热干馏油页岩，此工艺被称为全循环干馏装置。建设总规模为年加工桦甸油页岩 300×10^4 t，产油页岩油 25×10^4 t，干馏炉单炉日处理量 300t。第一期 24 台干馏装置已于 2010 年建成试产，但因加热炉设计问题需要改造而推迟了正常投产，第二期 12 台干馏装置亦已建成。

大庆油田采用大连理工大学开发的颗粒页岩固体热载体干馏新技术，筹建年加工 60×10^4 t 柳树河页岩的工业试验干馏装置，预计年产油页岩油 3×10^4 t。该项目几经评审，几经补充试验，由中国化工第二设计院设计，2013 年建成投产。

黑龙江煤化工公司自 2003 年开始与有关单位合作，建立了日处理 50t 粉末页岩流化干馏、半焦流化燃烧的中试装置，历时多年完成长期正常运转试验，目前开始筹建日加工 2000t（年加工 60×10^4 t）依利粉末页岩的干馏工业试验装置，于 2011 年委托中国石化洛阳石化工程公司进行开发设计。

中国在 2014 年有 10 座油页岩油厂，共计生产油页岩油约 78×10^4 t，其中以抚顺矿业集团的油页岩油年产量最高，达 38×10^4 t。抚顺进口的日加工 6000t 颗粒油页岩的塔瑟克大型干馏装置正在试产中，当前日进料量已达到设计值的 50%。中国石油大庆油田公司采用大连理工大学开发的工艺，建设了日加工 2000t 颗粒油页岩的固体热载体干馏工业试验装置，目前正在试运中。辽宁成大公司在新疆吉木萨尔建成了 32 台油页岩干馏全循环炉，还在筹建 48 台全循环炉。

整体上，油页岩的勘探开发利用处于起步阶段，目前只有爱沙尼亚、中国和巴西针对油页岩已经建产，其他地区尚未规模开发。

2. 开发技术现状

目前全球的油页岩开采规模并不大，尤其是资源量最多的美国，并未进行工业性开采，这主要受限于开采成本和技术，尤其是近期油价持续低迷，油页岩的开发利用前景普遍不被看好。

油页岩工业发展主要由三个因素决定：经济、环保和资源。首先是经济问题，油价目前徘徊在 30～40 美元 /bbl 之间，针对中国和巴西油页岩油的生产成本为 30～40 美元 /bbl 的情况，油页岩的开发利用与页岩气、致密油的开发利用，更缺乏经济效益，因此未来全球油气供需的平衡和油价的走势直接决定了油页岩的发展前景。第二是环保，过去油页岩干馏炼油和燃烧发电造成炼油污水和废气排放，以及燃烧烟气排放等对环境的污染较大。当前各国对环保重视力度加大，严格排放规范，促使各企业加大投资，革新工艺，采取更为环保的技术和措施，以达到"三废"排放的要求。第三是资源，对于具体的油页岩开发项目而言，首要的条件是有探明的足够可采的油页岩储量。如果是用于炼油页岩油，油页岩的铝甄油收率应高于 8%～10%（井下开采）或 6%～8%（露天开采）；如果用于燃烧发电，油页岩的热值应高于 3400kJ/kg。

近年来，各个国家致力于改进和提高油页岩的开发利用技术，力争使油页岩资源在操作性和生产成本上比常规石油资源更加具有竞争力。为了确保油页岩资源的可持续性发展，应该提高油页岩资源的综合利用程度，将干馏炼油、燃烧发电、金属提取和建材加工结合起来，形成联合生产。此外，还要考虑到环境保护问题，减少炼油污水和废气、烟气的排放，满足"三废"烟气的排放标准。总之，油页岩资源的开发利用日益受到重视，为了最终达到工业化生产的目标，从勘探开采、研究试验到可行性研究等均需进行提高和创新。

油页岩的开发主要有两种方式：直接开采和开发新技术。直接开采又包括露天开采和井下开采。露天开采适合埋藏较浅的矿床开采，成本低，安全系数高；井下开采有竖井、水平坑道采矿两种方式，适合开采埋藏较深的矿床。开发新技术包括原位处理和干馏技术。由于埋藏较深、厚度较薄的油页岩矿不适合采用地表或深部开采的方法，因此可以通过原位处理技术制成干酪根油。原位处理又包括真实原位、模拟原位、混合法三种技术。通过在油页岩原始沉积的地层加热油页岩原地处理法减少和缩减了将油页岩开采到地面并进行裂解的必要性。在真实的原位处理过程中，对于靠近地表的油页岩不需要采到地面而只需原地加热。早期的处理方法是在裂解温度下灼烧油页岩储层一端的油页岩，从而生成流体和气体。目前更多的方法聚焦于采用加热油页岩层而不是灼烧油页岩层。模拟原位法是通过压裂油页岩层来改善热传递和促进油页岩层流体的流动，从而改善原地灼烧处理的裂解和油页岩油提取的效率。在模拟原位方法中，油页岩层被压裂。在该方法中，部分油页岩层被灼烧作为热源。混合法是近来提出的一种新的方法，它是地表法和原位法的一种综合，通过在地面采出近地表油页岩，然后在由机械挖成的矿石坑道中缓慢加热。近几年来壳牌石油公司研发的油页岩地下转换工艺（简称 ICP）技术是一种新的油页岩开采方法，通过加热、裂解、冶炼等步骤将石油从地下油页岩中就可以直接提取出来，做到对环境的最大保护。ICP 开采油页岩的基本原理是在地下对油页岩矿层进行加热和裂解，促使其转化为高品质的油或气，再通过相关通道将油、气分别提取出来；将这些高品质的油、气采集到地面进行加工后，可生产出石脑油、煤油等成品油。

地下原位开采油页岩主要存在三个问题：（1）干酪根必须转化为可流动的石油和天

然气。需要在相当大的区域内供给足够的热量，以使高温分解在合理的时间内发生，从而完成该转化过程。（2）在包含干酪根、可能具有极低渗透性的油页岩中，必须增加渗透性。（3）干馏后的油页岩必须不会造成不适当的环境或经济负担。因此，国内外许多大公司和科研机构都在进行这方面的研究，并已初见成效。当今研究相对比较成熟的有壳牌 ICP 技术、埃克森—美孚 Electrofrac™ 技术和 EGL 公司原位开采技术。但只有壳牌的 ICP 技术进行了现场试验，尚未有相关技术用于工业生产。世界各国针对油页岩原位开采也进行了专门的研究和分析（表 6-1）。

表 6-1   世界各国油页岩原位开采技术对比表

加热方式	工艺技术	优点	缺点	是否现场试验
电加热	壳牌 ICP 技术	电加热技术受热均匀	电加热工艺复杂，故障多，难排除	是
		加热温度低	耗电多，波及面积小，成本高	
		建立冷冻墙，保护地下水资源	温度场呈球状分布，损失大	
		可开发深层、低含油率油页岩	油气迁移动力小，采收率较低	
	美孚技术	采用压裂技术，提高孔隙度	能耗高	否
		加热速率快	容易造成地下水污染	
	IEP 燃料电池技术	受热均匀	工艺复杂，难以控制	否
		能量自给自足	成本高，经济效益低	
流体加热	EGL 技术	热传递效率高	易造成闭环系统短路，难以控制	否
		能量自给自足	系统较复杂，成本较高	
	雪佛龙技术	采用压裂技术，提高孔隙度	油页岩加热后，裂缝易闭合	否
		成本低		
	Petro Probe 技术	能量自给自足	易造成闭环系统短路	否
		开发地层深	空气流速难以控制	
	IGL 技术	成本低，污染小	工艺较复杂	否
		开发地层深		
辐射加热	Raytheon 联合辐射技术	加热速率快	工艺复杂，难控制，造价较高	否
		采油率高	容易造成地下水污染	

干馏技术是指先将开采出来的油页岩矿石进行破碎，然后分选至符合要求的粒度和块度，再放入干馏炉内，在隔绝空气的条件下，经过干燥、预热、加热至 450~600℃ 等一系列程序，即可裂解出油页岩油，残留的页岩部分经过气化、氧化—还原，生成页岩废渣

排出炉外。世界上多个国家通过干馏技术开采油页岩，如美国、巴西、中国、澳大利亚、俄罗斯、爱沙尼亚等。

地表处理通常有两种方法：（1）地下开采地表干馏。在该处理过程中，油页岩矿石被采出来传送到地面粉碎，然后在地面干馏器中加热以生成气体和流体，经过这个阶段处理后的油页岩被就地销毁或运送到别的处理区。（2）地表开采地表干馏。在该过程中，油页岩矿石被地表敞口采矿机开采、冲洗，进而在干馏器中处理。

地面干馏技术生产出了目前世界上所有的油页岩油。应用干馏技术生产油页岩油的国家主要有美国、巴西、中国、澳大利亚、俄罗斯、爱沙尼亚等。国内油页岩干馏工艺主要采用抚顺干馏炉工艺，抚顺炉在中国抚顺已经有 70 多年的工业应用历史。地表干馏技术世界各国采用的干馏炉不同，应用的工艺也各有所长（表 6-2）。

表 6-2 世界主要国家油页岩干馏工艺状况

项目	中国			爱沙尼亚		巴西 Petrosix	加拿大 ATP
	抚顺炉	桦甸炉	方形炉	Galoter	Kiviter		
处理量（t/d）	100	300	300	3000	100	6000	6000
进料粒度（mm）	10～75	6～50	30～120	0～25	25～100	8～50	0～16
炉形	垂直圆筒形	垂直圆形	方形	圆筒回转形	垂直圆筒形	垂直圆筒形	圆筒回转形
过程	油页岩热解半焦气化	油页岩热解半焦冷却	油页岩热解半焦冷却	油页岩热解半焦燃烧	油页岩热解半焦冷却	油页岩热解半焦冷却	油页岩热解半焦燃烧油品加氢
热载体	低热值气	高热值气	低热值气	页岩灰	低热值气	高热值气	页岩灰
油收率（%）	65	80	70	85～90	75～80	85～90	85～90
产品	燃料油、低热值气、页岩灰	燃料油、高热值气、半焦	燃料油、低热值气、半焦	燃料油、化工品、高热值气、页岩灰	燃料油、低热值气、页岩灰	燃料油、高热值气、半焦	燃料油、超低硫轻油、低热值气、页岩灰

3. 油页岩可采资源评价研究现状

体积法是固体矿产资源储量的估算方法。层状油页岩矿体的体积是用油页岩矿体的斜面积乘以矿体的真厚度求得，这种方法适用于中高勘探程度地区。现在对世界上很多的油页岩矿藏还都知之甚少，因此需要投入更多勘探和研究工作。以前想知道油页岩的资源量到底有多少都是建立在少数油页岩矿藏资料的基础上，对其他矿藏的品位、质量进行估计，推测的成分很大。尽管过去 10 年，特别是在加拿大、澳大利亚、爱沙尼亚、以色列和美国等地区有了一些新发现，提供了很多新的信息，但是总体来讲，现在的情况较过去还是没有很大的改善。

由于评价单元各不相同，因此世界油页岩资源评价难度很大。美制和英制单位对矿藏品位的度量也不同，如加仑每吨油页岩（gal/t）、升每吨油页岩（L/t）、桶每吨（bbl/t）、千兆焦耳（GJ）单位质量油页岩等。为了统一起见，此次研究中的油页岩资源量用公制吨（t）来表示，与美制单位的桶（bbl）相当。品位用升每吨油页岩（L/t）来表示。如果资源只是以体积的形式来表达（如 bbl，L，m^3 等），那么必须知道油页岩油的密度，才能换算到质量单位吨。根据改进的 Fisher 方法计算的油页岩油相对密度从 0.85 到 0.97 不等。如果油页岩油的相对密度未知，那么就采用 0.910 来估计资源量。

二、本次油页岩评价采用的技术

对油页岩的可采性进行了针对性研究，建立了油页岩技术可采资源可采系数的取值标准，进而确定了以体积法和类比法为核心的油页岩可采资源评价技术流程。

本次对油页岩可采性的技术分析主要是通过对油页岩技术可采系数的研究来完成。油页岩技术可采系数是评价单元油页岩资源中现有和未来可预见的技术条件下可以采出部分应占的比例，一般用百分数表示。油页岩可采系数是将油页岩资源转化为油页岩可采资源量的关键参数，建立不同地质条件和不同资源类型的油页岩技术可采系数的取值标准具有重要意义。

由于油页岩开采技术与煤炭开采技术相类似，因此，油页岩可采系数的研究可以借鉴煤炭规范中所规定的煤炭矿井及露天开采回采率标准。油页岩资源评价最基本的单元为勘查区（含预测区），而煤炭开采回采率分为矿井回采率、采区回采率和工作面回采率。油页岩可采系数大致与煤炭矿井回采率相对应。但是，煤炭规范中只确定了采区回采率和工作面回采率标准，而且，煤炭规范中确定回采率标准只考虑开采方式和煤层厚度因素，需要进一步完善。因此，在油页岩资源评价中不能照搬煤炭回采率，需要建立油页岩技术可采系数标准。

1. 油页岩可采系数的影响因素分析

（1）开采方式：油页岩开采方式分露天开采和地下开采。开采方式不同，油页岩可采系数不同，通常露天开采比地下开采技术可采系数高。确定开采方式的主要参数是剥采比（露天矿井开采每吨煤所需剥离的废石量），埋深、厚度和倾角等是计算剥采比的主要因素。

（2）产层厚度：油页岩厚度分薄层（0.7～1.3m）、中厚层（1.3～3.5m）和厚层（大于3.5m），地下开采的特定采高（一般2m）决定了薄层油页岩回采率高，厚层油页岩回采率低。

（3）产层倾角：分缓倾斜（小于25°）、倾斜（25°～45°）和急倾斜（大于45°）。一般缓倾斜易采，回采率高；急倾斜难采，回采率低。

（4）地质类型：包括地质构造复杂程度（简单、中等和复杂）、油页岩稳定程度（稳定、较稳定和不稳定）和开采技术条件（水文地质、工程地质和环境地质）。地质类型分简单、中等和复杂三种。通常地质类型为简单的，油页岩回采率高；地质类型为复杂的，油页岩回采率低。

2. 油页岩可采系数取值标准的建立

（1）露天开采可采系数基数的厘定：中国煤矿露天开采回采率一般在 90% 以上，露天煤矿经济剥采比计算回采率取值为 85%～95%，参照煤炭露天回采率实际情况，地质类型确定为简单、中等和复杂的露天开采技术可采系数基数分别为 95%，90% 和 85%。

（2）地下开采可采系数基数的确定：国家规定煤炭采区井下开采厚煤层、中厚煤层和薄煤层，回采率分别不低于 75.00%，80.00% 和 85.00%。

（3）不同资源类型可采系数的厘定：不同资源类型在采矿权价款评估中要采取不同的可信度系数。油页岩资源评价中，在确定不同资源类型的可采系数时，也应采取不同的可信度系数。

第二节　油页岩形成条件

油页岩等腐泥岩的形成过程分三个阶段：原始物质先转变为腐胶质，再转化为腐泥，然后转化为腐泥岩。根据油页岩的分布特征及组合规律，归纳总结出油页岩形成的有利条件包括：相对稳定的构造条件、有利的沉积环境（水动力较小、水体较深）、温暖的气候条件（物源充足）及恰当的水介质条件（表6-3）。

表 6-3　油页岩形成的地理环境与条件

构造条件	盆地构造类型	陆台内部坳陷为主,山前和山后坳陷次之
	构造活动性质	稳定下降运动
	构造运动旋回中的位置	主要处于构造运动旋回中的中、晚期
沉积条件	盆地水体类型	湖盆、沼泽地、海水半封闭的盆地
	沉积岩相	处于稳定水体的中心地带
	沉积物组合	主要为黏土质岩石
古气候条件		温暖潮湿
水介质条件	咸度	咸水或淡水
	酸碱度	中性、弱碱性
	还原环境	强一弱

一、构造条件

油页岩形成的构造条件与地质发展史的稳定区域和稳定阶段紧密联系。相对稳定的构造条件要求盆地构造运动稳定，且多位于盆地稳定水体的中心地带。构造运动上较长时期的稳定有利于有机质的沉积及保存，因此大多数的油页岩都形成于地球构造相对稳定的时期，或构造活动相对稳定的阶段；而位于盆地沉积的中心地带，由于水体较深，使有机质处于还原条件下，以保护有机质不会被氧化分解，因此全球油页岩多形成于前陆盆地的前渊深坳陷带、稳定沉积的克拉通盆地中心及裂谷盆地发育的中后期阶段。

不少油页岩形成于坳陷盆地中，如中国松辽盆地油页岩，以及鄂尔多斯盆地油页岩。这些含有油页岩的盆地，其构造活动微弱，沉积物常以细碎岩屑为主。也有一些特殊情况，油页岩形成于山前坳陷或山间坳陷中，如伊犁盆地的二叠系油页岩，但它们都与当时所处的构造活动的相对稳定阶段或盆地中的稳定部分相适应。

二、沉积条件

如前所述，油页岩按沉积形成的盆地水体性质可分为沼泽成、湖成和海成三类。油页岩有时单独存在，有时则见于含煤或含油盆地。与含油盆地共生者多是湖成和海成油页岩；与含煤盆地共生者可能在形成油页岩时是湖成，亦有学者认为油页岩与煤伴生时是沼泽成因。

1. 海成油页岩

海成油页岩出现在浅海和滨海区，以及半封闭的海盆地区。海成油页岩国外很多，诸如澳大利亚的 Julia—Creek 矿区、加拿大的 Manituba 矿区、爱沙尼亚著名的库克油页岩、约旦 Lajuun 油页岩及美国的 Eastern Devonian 油页岩等。在中国，陕南汉中地区的下志留统油页岩属海成油页岩，其中富含石油浸润的硅质岩和硅质油页岩。

2. 湖成油页岩

在美国有着世界上储量最大的绿河（Green River）油页岩。在中国，湖成油页岩分布最广，如鄂尔多斯盆地上三叠统油页岩和侏罗系油页岩，东北地区海拉尔盆地下白垩统油页岩等。油页岩层中常夹有动物化石和油砂。有的学者认为，广东茂名盆地的油页岩属湖成，但较多的学者认为属于滨海沼泽相，且由于靠近海岸，曾受海水侵袭，故油页岩内含有海藻等海生生物化石。

3. 沼泽成油页岩

有的学者认为抚顺盆地古近—新近系油页岩属沼泽成因，其下为煤层，其上则为绿色页岩所盖。有的学者则从大量的植物化石推断抚顺沉积盆地曾为一水面较平静的湖泊，其周围有广阔的平原。还有的学者提出抚顺盆地的形成经历了从沼泽过渡到湖泊两个沉积阶

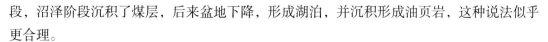

段，沼泽阶段沉积了煤层，后来盆地下降，形成湖泊，并沉积形成油页岩，这种说法似乎更合理。

有利的沉积环境首先要有一个较稳定的水体环境，以利于有机质的沉积；其次，沉积物应处于缺氧的还原性条件下，有机质才不会被氧化分解。以美国绿河油页岩为代表的大湖盆和以爱沙尼亚库克油页岩为代表的浅海环境就是油页岩沉积的有利环境：水体稳定，水动力不大，且水体有一定的深度，有利于有机质的保存。

三、古气候条件

温暖的气候有利于生物生长，提高沉积物中的有机质含量，为油页岩的形成提供物质基础，更容易形成高含油率油页岩。如爱沙尼亚库克油页岩沉积的奥陶纪，气候条件可概括为：地热低平，海水广布，藻类及菌类繁盛。由于无脊椎动物十分繁盛，为其油页岩沉积提供了充足的有机质来源，含油率高达 20%。研究可以根据油页岩内岩石矿物组合、孢粉和古生物组合特征来确定油页岩形成的古气候条件。

1. 根据油页岩内岩石矿物组合特征确定油页岩形成的古气候条件

通过大量的研究表明，黏土矿物组合及含量是研究气候的一种良好的指示计（Singer，1979，1984；Deconinck 等，2000；Thiry，2000）。一般认为，高岭石是在潮湿气候、酸性介质中由长石、云母和辉石经强烈淋滤形成（汤艳杰，2002），因此气候温暖潮湿有利于高岭石的形成和保存（Singer，1980；Singer，1984；Chamley，1989；蓝先洪，1990）。而在沉积地层中，高质量分数的蒙皂石是与寒冷的气候联系在一起的，且其质量分数随气候变暖而降低；蒙皂石的减少，高岭石的增多，表明气候向暖湿方向发展。故可以根据油页岩中黏土矿物的含量来判断油页岩形成时的古气候条件。

2. 根据油页岩的孢粉和古生物组合特征确定油页岩形成的古气候条件

利用孢粉资料探讨各个地质历史时期的古气候是国内外普遍应用的有效方法。孢粉是植物的繁殖器官，是从其母体植物产生的，反映或代表了其母体植物的生态特征。植物素有"温度计"之称，不同的植物群落生长在不同的气候条件和地理环境之中，随着环境的变化，植物群也随之发生更替或演变，就地带性植物而言，植被类型是一定气候区域的产物。

四、水介质条件

与油页岩形成有直接联系的是水介质条件，因为形成油页岩的有机质的富集和保存，需要一定的水介质、酸碱度和氧化—还原条件。

根据油页岩中的沉积物和生物化石群的种属等，可判断其原始生成物质当时所处的水介质条件。海成油页岩是在弱碱性或碱性水质的还原性环境中形成的；湖成油页岩可以是淡水湖成，也可以是咸水湖成，它们是在弱碱性或碱性的淡水或微咸水的条件下，在还原性环境中形成。

第三节　油页岩资源评价与分布

本次评价了全球 38 个盆地 42 套层系的油页岩技术可采资源。评价结果揭示全球油页岩地质资源量为 $8345 \times 10^8 t$，可采资源量为 $2099 \times 10^8 t$（图 6–1）。

一、全球油页岩可采资源量大区分布

全球油页岩可采资源量北美、俄罗斯和欧洲位居前三位，其油页岩可采资源量共计 $1623 \times 10^8 t$，占全球油页岩可采资源量的 77.3%；其中北美油页岩可采资源量为 $699 \times 10^8 t$，占全球油页岩可采资源量的 33.3%；俄罗斯油页岩可采资源量为 $570 \times 10^8 t$，占全球油页岩可采资源量的 27.2%；欧洲油页岩可采资源量为 $354 \times 10^8 t$，占全球油页岩可采资源量的 16.9%（图 6–2、表 6–4）。

表 6–4　全球油页岩可采资源量大区分布统计表

大区	技术可采资源量（$10^8 t$）	地质资源量（$10^8 t$）	平均可采系数（%）	可采资源占比（%）
北美	699	3279	21.31	33.3
俄罗斯	570	1927	29.61	27.2
欧洲	354	2334	15.15	16.9
南美	150	280	53.64	7.1
亚洲	120	137	87.72	5.7
中东	102	176	58.12	4.9
非洲	68	115	59.49	3.2
大洋洲	36	97	37.02	1.7
总计	2099	8345		100

二、全球油页岩可采资源量国家分布

全球油页岩主要分布在 17 个国家，其中美国、俄罗斯、白俄罗斯油页岩可采资源量位居前三位，油页岩可采资源量合计 $1422.78 \times 10^8 t$，占全球油页岩可采资源量的 67.78%；目前油页岩商业开发产量第一的中国油页岩可采资源量为 $119.98 \times 10^8 t$，占全球油页岩可采资源量的 5.72%；巴西油页岩可采资源量为 $149.93 \times 10^8 t$，占全球油页岩可采资源量的 7.14%；爱沙尼亚油页岩可采资源量为 $20.19 \times 10^8 t$，占全球油页岩可采资源量的 0.96%（图 6–3、表 6–5）。

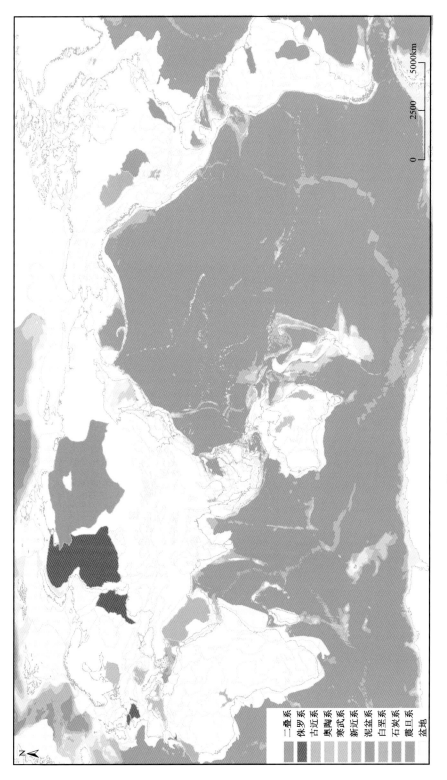

图 6-1　全球油页岩富集盆地分布图

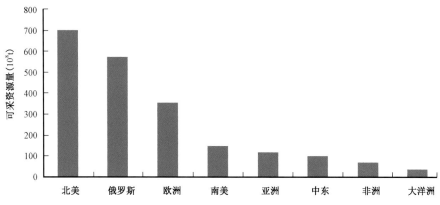

图6-2　全球油页岩可采资源量大区分布统计直方图

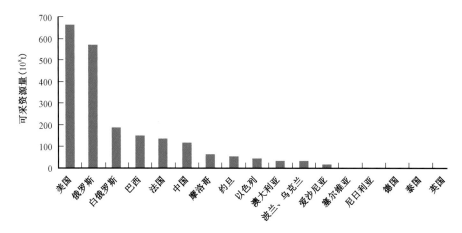

图6-3　全球油页岩可采资源量国家分布统计直方图

表6-5　全球油页岩可采资源量国家分布统计表

序号	国家	可采资源量 （10^8t）	地质资源量 （10^8t）
1	美国	663.40	3138.05
2	俄罗斯	570.42	1926.54
3	白俄罗斯	188.96	899.83
4	巴西	149.93	279.54
5	法国	139.67	1396.83
6	中国	119.98	136.60
7	摩洛哥	65.95	111.83
8	约旦	55.78	72.58

续表

序号	国家	可采资源量 （10^8t）	地质资源量 （10^8t）
9	以色列	46.62	103.60
10	澳大利亚	35.85	96.84
11	波兰、乌克兰	35.36	140.71
12	爱沙尼亚	20.19	26.56
13	塞尔维亚	2.74	6.84
14	尼日利亚	2.22	2.78
15	德国	2.10	4.20
16	泰国	0.07	0.25
17	英国	0.01	0.01

三、全球油页岩可采资源量盆地分布

全球油页岩可采资源主要分布在 30 个盆地内，皮申斯盆地、伏尔加—乌拉尔和尤因塔盆地的油页岩可采资源量合计达 789.26×10^8t，占全球油页岩可采资源量的 37.60%；皮申斯盆地油页岩可采资源量为 300.34×10^8t，占全球油页岩可采资源量的 14.31%；伏尔加—乌拉尔盆地的油页岩可采资源量为 263.25×10^8t，占全球油页岩可采资源量的 12.54%；尤因塔盆地的油页岩可采资源量为 225.67×10^8t，占全球油页岩可采资源量的 10.75%（图 6-4、表 6-6）。

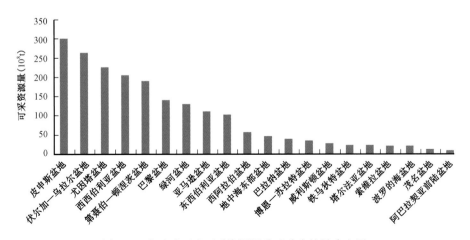

图 6-4　全球油页岩可采资源量盆地分布统计直方图

表 6-6 全球油页岩可采资源量盆地分布统计表

序号	盆地名称	盆地类型	可采资源量 （10^8t）
1	皮申斯盆地	前陆盆地	300.34
2	伏尔加—乌拉尔盆地	前陆盆地	263.25
3	尤因塔盆地	前陆盆地	225.67
4	西西伯利亚盆地	大陆裂谷盆地	204.58
5	第聂伯—顿涅茨盆地	前陆盆地	188.96
6	巴黎盆地	克拉通盆地	139.67
7	绿河盆地	前陆盆地	129.08
8	亚马逊盆地	克拉通盆地	110.92
9	东西伯利亚盆地	克拉通盆地	102.58
10	西阿拉伯盆地	被动陆缘盆地	55.78
11	地中海东部盆地	被动陆缘盆地	46.62
12	巴拉纳盆地	克拉通盆地	39.02
13	博恩—苏拉特盆地	克拉通盆地	34.08
14	威利斯顿盆地	克拉通盆地	27.07
15	铁马狄特盆地	前陆盆地	22.77
16	塔尔法亚盆地	被动陆缘盆地	22.59
17	索维拉盆地	被动陆缘盆地	20.60
18	波罗的海盆地	克拉通盆地	20.19
19	茂名盆地	大陆裂谷盆地	12.76
20	阿巴拉契亚前陆盆地	前陆盆地	8.30
21	阿尔伯达盆地	前陆盆地	8.10
22	潘农盆地	前陆盆地	2.73
23	贝努埃海槽盆地	大陆裂谷盆地	2.22
24	上莱茵地堑盆地	大陆裂谷盆地	2.10
25	抚顺盆地	大陆裂谷盆地	1.90
26	乔治娜盆地	克拉通盆地	1.77
27	桦甸盆地	大陆裂谷盆地	0.42
28	蒙克顿盆地	被动陆缘盆地	0.18
29	湄南盆地	弧后盆地	0.07
30	韦塞克斯盆地	大陆裂谷盆地	0.01

四、全球油页岩可采资源量层系分布

全球油页岩可采资源量分布在 11 个层系中，侏罗系、古近—新近系、白垩系位居前三位，这三个层系的油页岩可采资源量总计达 $1585 \times 10^8 t$，占全球油页岩可采资源量的 75.51%；其中侏罗系油页岩可采资源量为 $648 \times 10^8 t$，占全球油页岩可采资源量的 30.87%；古近—新近系油页岩可采资源量为 $579 \times 10^8 t$，占全球油页岩可采资源量的 27.58%；白垩系油页岩可采资源量为 $358 \times 10^8 t$，占全球油页岩可采资源量的 17.06%（图 6–5、表 6–7）。

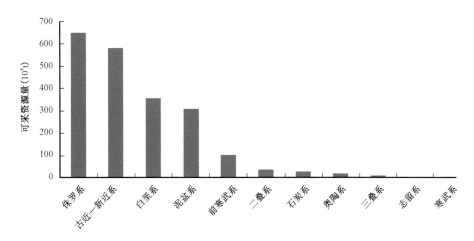

图 6–5　全球油页岩可采资源量层系分布统计直方图

表 6–7　全球油页岩可采资源量层系分布统计表

排序	富集层系排序	可采资源量（$10^8 t$）	可采资源占比（%）
1	侏罗系	648	30.87
2	古近—新近系	579	27.58
3	白垩系	358	17.06
4	泥盆系	308	14.67
5	前寒武系	103	4.91
6	二叠系	39	1.86
7	石炭系	27	1.29
8	奥陶系	20	0.95
9	三叠系	10	0.48
10	志留系	5	0.24
11	寒武系	2	0.10
	总计	2099	100

第四节　重点盆地油页岩资源评价实例

依据全球油页岩可采资源潜力及勘探开发程度，筛选出皮申斯盆地、尤因塔盆地、波罗的海盆地、亚马逊盆地及巴拉纳盆地作为油页岩资源评价实例，介绍其基本地质特征和资源潜力。

一、皮申斯盆地油页岩

1. 基本地质特征

皮申斯盆地是绿河油页岩最为发育的盆地，位于美国科罗拉多州西北部，北西—南东长约 160km，南北宽 64~80km，面积达 $1.86 \times 10^4 km^2$。传统意义上，美国绿河油页岩覆盖的地区统称大绿河盆地，又可细分为皮申斯盆地、尤因塔盆地和绿河盆地。皮申斯盆地北部以 Axial 隆起为界，东部为 White River 隆起，东南为 Sawatch 隆起，西南为 Uncompahgre 隆起，西部 Douglas Creek 隆起把尤因塔盆地和皮申斯盆地分割，整体为一不对称的大型盆地（图 6-6）。

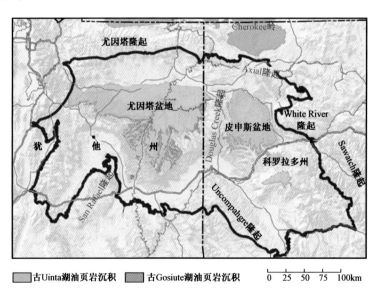

图 6-6　皮申斯盆地构造位置图

皮申斯盆地主要发育白垩系和古近—新近系，在盆地边缘三叠系—白垩系也均有出露。盆地中心沉积地层底部为上白垩统 Mesa Verde 群砂岩，其上为与古新统 Fort Union 组相似的 Ohio Creek 砾岩和一套砂岩、页岩与煤层的混合地层。在该套地层之上，为 Wasatch 组河流相砂岩。Wasatch 组之上为古近系—始新统的绿河页岩（图 6-7）。

绿河页岩为一套富含有机质的泥灰岩，绿河组油页岩一般为浅棕色、灰棕色和黑灰色—黑色，成层状层理（Dyni，2006）。绿河组油页岩属于 I 型干酪根。在尤因塔盆地的最深

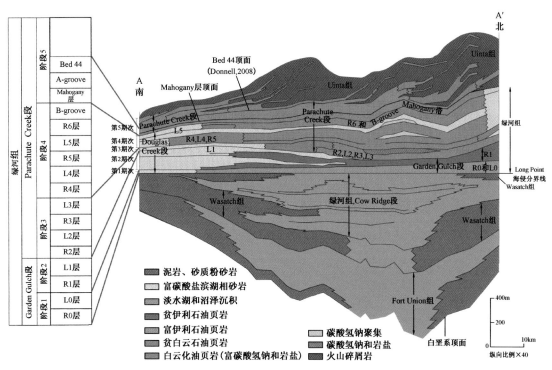

图 6-7　皮申斯盆地绿河页岩南北向地层分段及伴生矿物沉积示意图

低谷处，绿河组下段的镜质组反射率在生油、生气窗内（$R_o > 0.60\%$）；但是在尤因塔—皮申斯油气区内的其他地方，包括皮申斯盆地的最深低谷处，绿河组是不成熟的（Vito 和 Roberts，2003）。在垂向上根据含油率的高低划分不同的贫富矿带。通常含油率大于 11.22%（30gal/t）的油页岩称为富矿带，用"R"表示，含油率为 3.74%～11.22%（10～30gal/t）的称为贫矿带，用"L"表示。

　　按照岩性不同，绿河页岩被分为 Parachute Creek 段、Garden Gulch 段、Douglas Creek 段和 Anvil Points 段四段，Anvil Points 段仅发育在盆地北部及东北边缘。整体富油页岩段以前三段为主，厚度分别为 60～600m，80～300m，140m，其中的 Parachute Creek 段是油页岩主要发育段，该段的 Mahogany 层是主要油页岩层。绿河组底部为 Douglas Creek 段，由砂岩、页岩和石灰岩组成；中部为 Garden Gulch 段，发育黑色黏土质页岩和泥灰岩，部分富含有机质。Parachute Creek 段超覆于 Garden Gulch 段之上，是皮申斯盆地主力油页岩，也是该盆地最有利的油页岩目标层，该套地层在盆地中心厚达 610m，盆地边缘为 398m 厚。该段的 Mahogany Ledge 地层油页岩最为发育。Mahogany 层的顶部和底部分别为以"A"和"B"命名的沟槽所限，这些沟槽由于碳含量低，抗风化能力弱而呈槽状。在地下，这两个沟槽都呈现出了较低的抗风化能力。Mahogany 层的地层厚度随位置不同而不同，在盆地边缘附近厚约 30.5m，在盆地北部中心位置，厚约 61m。Mahogany 层油页岩的品质较好，在最好的层段，产油率超过 92L/t（20gal/t），在盆地的中心部位，有产油率超过 138L/t（30gal/t）

的页岩，其厚度大约为 39m。在 Mahogany 带之上，是一层厚 91～152m 的油页岩，该层是盆地南部最厚的层段，由于该层与上覆的 Uinta 组在盆地北部相互穿插，上部的层位较薄，不足 91m。整体上，绿河组可划分为 17 个层段，其中 13 个层段发育优质油页岩。

2. 可采资源潜力评价

利用本次评价采用的含油率法计算油页岩的资源量，将油页岩厚度等值线图与含油率等值线图进行叠合，计算皮申斯盆地的可采资源量为 300.34×10^8t。油页岩平均厚度达 312m，平均含油率为 8.3%，平均可采系数为 21%，在盆地的北部资源潜力较大（图 6-8、图 6-9）。

二、尤因塔盆地油页岩

1. 基本地质特征

尤因塔盆地位于犹他州东北部，与皮申斯盆地被 Douglas Creek 隆起分开。西部和西北被高原和 Wasatch 山脉东部斜坡所限，北部以尤因塔山脉为界，为一东西向延长伸展的不对称盆地。在白垩纪早期以落基山弧后前陆盆地演化为主，发育一套海相地层；白垩纪末到古近纪则以基底卷入前陆盆地变形作用形成的破裂前陆盆地为主，发育一套陆相地层。尤因塔盆地绿河组分布面积达 14000km^2，但高品质的油页岩分布面积只有 3900km^2，集中分布在盆地的东北部（图 6-10）。

布拉德利（1931）将绿河组划分为 Parachute Creek 段、Douglas Creek 段、Garden Gulch 段和 Evacuation Creek 段。Evacuation Creek 段后被确定为 Parachute Creek 段的一部分。Mahogany 层是 Parachute Creek 段的主力沉积层，是尤因塔盆地绿河组油页岩的主要富集层，有效厚度约为 30.5m，在盆地的沉积中心附近，油页岩层厚 15m，平均含油率达 115L/t（25gal/t）。

尤因塔盆地与皮申斯盆地的沉积演化具有相似的特点，在早期，尤因塔盆地与皮申斯盆地是连通为一体的盆地，发育大的尤因塔湖，始新统绿河页岩发育在尤因塔湖，后期 Douglas Creek 隆起将尤因塔湖一分为二，形成了两个小淡水湖泊。绿河页岩向中央隆起厚度变薄，向远离隆起的西北和东北角增厚。

2. 可采资源潜力评价

采用含油率法计算油页岩的资源量，将尤因塔盆地油页岩厚度等值线图与含油率等值线图进行叠合，计算尤因塔盆地的可采资源量为 225.67×10^8t。油页岩平均厚度达 200m，平均含油率为 6.5%，平均可采系数为 21%，盆地的东北部是 Mahogany 层油页岩富集的区域，有效厚度约为 30.5m，含油率高达 13%，是该盆地最有利的目标区域（图 6-11 至图 6-13）。

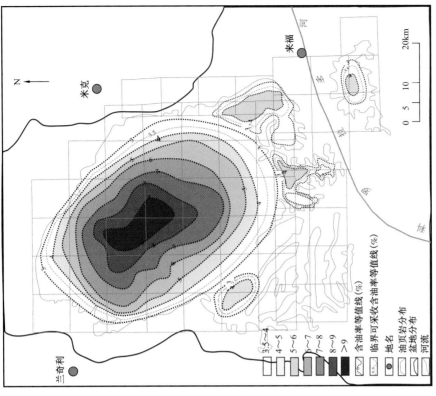

b.含油率等值线图

图 6-8　皮申斯盆地油页岩厚度等值线图和含油率等值线图

a.厚度等值线图

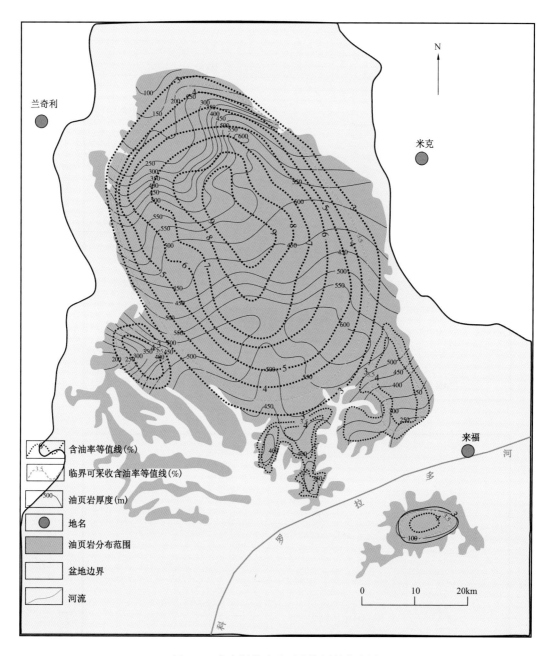

图 6-9　皮申斯盆地油页岩资源量分布图

三、波罗的海盆地油页岩

1. 基本地质特征

波罗的海盆地油页岩沉积面积达 50000km²，东西延伸分布，延伸 130～140km；油页岩主要发育在爱沙尼亚和俄罗斯境内，以库克油页岩为主，目前发育爱沙尼亚、塔帕和列宁格勒三个油页岩矿（图 6-14）。

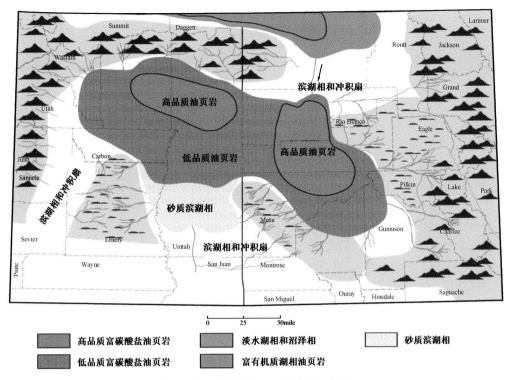

图 6-10　尤因塔盆地油页岩沉积相图

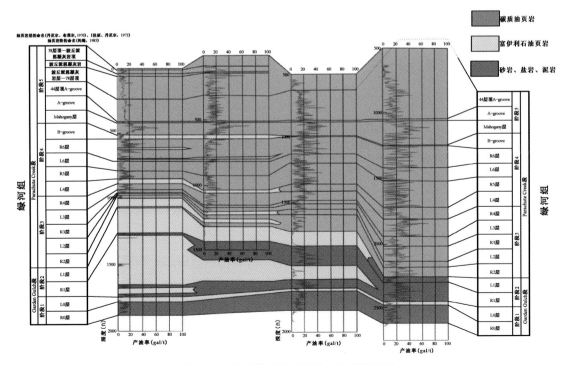

图 6-11　尤因塔盆地油页岩含油率柱状图

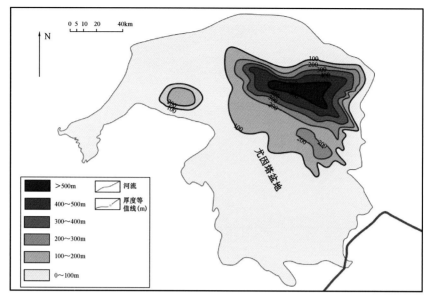

图 6-12　尤因塔盆地油页岩厚度等值线图

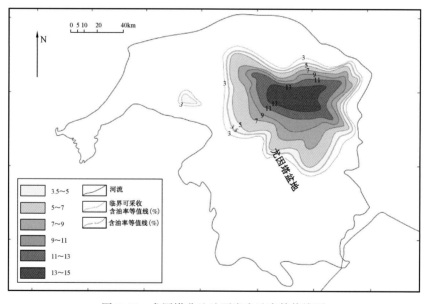

图 6-13　尤因塔盆地油页岩含油率等值线图

在 20 世纪 50 年代初期，爱沙尼亚在油页岩研究和利用方面已经取得很大进展，其在地质学、采矿工艺和油页岩化学工艺有关的研究一直在不断进行，直到今天，关于油页岩的资源评价资料积累了不少，但并未建立完善的油页岩发育模式和相关的理论体系，尽管地质学家做了不少努力，但关于库克沉积的形成至今还没有真正得到解决。主要的问题是有机质来源、有机质分解程度和沉积条件。许多学者认为海藻是该地区油页岩有机质的最初来源，在奥陶纪，含水盆地内海藻繁盛，海藻类生物在当时为地球大气提供氧气和为其

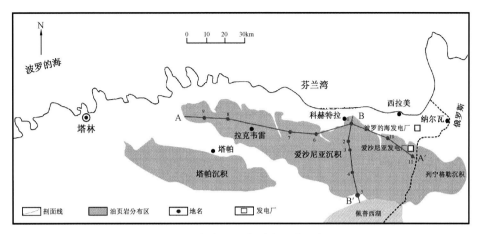

图 6-14　库克油页岩覆盖区域示意图

他生物创造有利生存环境方面扮演了重要角色。关于形成干酪根的最初物质海藻，其进一步的演化有不同的观点。地质学家 Zalesski（1917）认为库克沉积的油页岩是来源于当今已经灭绝的微生物。1950 年，一些油页岩地球化学学家反驳了 Zalesski 的观点，他们认为库克油页岩原始有机质随着时间发生剧烈改变，因为藻类结构不可能被识别出来，很有可能库克沉积是由至今仍存在的海洋动植物所形成。

爱沙尼亚油页岩主要用于燃烧发电，爱沙尼亚能源集团公司（Eesti Energia）是世界上最大的油页岩燃烧发电企业，2011 年其油页岩产量为 52.5×10^4t；该公司拥有爱沙尼亚和波罗的海两座油页岩发电站，为爱沙尼亚提供 94% 的电力供应。

爱沙尼亚电站还拥有两台葛洛特颗粒页岩干馏炉（Galoter，亦命名为 UTT3000），每台日加工 0～25mm 颗粒油页岩 3000t，年产 16.1×10^4t 油页岩油。爱沙尼亚化学集团公司（VKG）为民营企业，拥有 30 多台气燃式块状页岩圆筒形干馏炉，单炉日加工油页岩 300～1000t。VKG 公司引进俄罗斯原子能设计院的葛洛特颗粒页岩固体热载体干馏技术并加以改进，建成一台工业炉，命名为 Petroter 干馏工艺，设计日处理油页岩 3000t，预计年产 10×10^4t 油页岩油，已于 2011 年底建成试产。当前 VKG 公司年加工 200×10^4t 爱沙尼亚库克油页岩，年产油页岩油 25×10^4t，加工成多种产品出售，包括燃料油、沥青、石油焦、酚类及树脂等。爱沙尼亚基维利油页岩油厂（Kivioli Oil Plant）为民营企业，年加工库克油页岩约 45×10^4t，年产油页岩油约 6.6×10^4t，有数台基维特炉持续生产。由于欧盟规定爱沙尼亚在 2012 年后，其 SO_2 年排放总量不能超过 2.5×10^4t，而目前爱沙尼亚电站 SO_2 的年排放量已超出此数值的 2.5 倍，因此爱沙尼亚政府于 2009 年决定逐步减少油页岩电站的发电量，至 2025 年从现有的占全国总用量的 90% 减为 38%，而用风能、气能、核电能等来代替。因此可以预计，爱沙尼亚油页岩的开采量会逐年下降，并逐渐增大用于提炼油页岩油的比例。

　　爱沙尼亚库克油页岩具有单层厚度小（2～3m）、有机碳含量高、含油率高（47%）、埋深浅（10～90m）、横向厚度展布稳定、倾角小、有利于开采的特点，是迄今为止，全球规模最大的进行商业开发的油页岩矿。主力层位为爱沙尼亚东北部的 Kukruse 段中下部，该段自上而下划分为 7 个层位（A—F_2）和 7 个石灰岩夹层（图 6-15）。

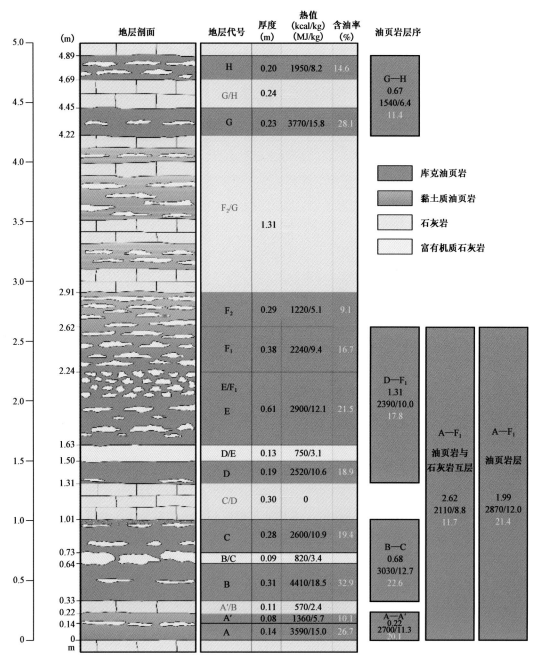

图 6-15　库克油页岩典型柱状图（Pohja—Kivioli 露天矿场）

库克油页岩最深处的 A 层，含有较多的黏土，厚度达到 20cm。从下一个油页岩层（A'段）开始，各个油页岩层之间被不连续的、3～4cm 厚的、透镜状的碳酸盐岩隔开。A'层为薄层（6～7cm），含黏土。A'和 B 层被厚度为 15～18cm 的蓝灰色泥质灰岩隔开，称之为"蓝色石灰岩"。B 层是最厚的油页岩层，该层拥有最高的干酪根含量（可达 50%），在沉积盆地中心，厚度可达 0.75～0.80m；向盆地边缘厚度逐渐减薄。B 层通常识别为典型的爱沙尼亚油页岩。B 层和上覆的 C 层被长条状、透镜状的米黄色石灰岩所分开，该分隔层厚度为 10～12cm。在 C 层，其干酪根含量比 B 层稍微低一点，其厚度大约为 30cm，在该层段的上部四分之一部分有许多蠕虫洞穴（生物痕迹化石），这些洞穴直径为 0.5cm，里面充满了钙质岩石，它们使得岩层剖面出现白点的现象，称之为"马皮岩"。分隔 C 与 D 层的是一套石灰岩层，该套石灰岩质纯，厚度为 20～25cm。该套石灰岩将 C 层和 D 层分为两个等厚的层，因此有一个著名的名字——"孪生石灰岩"。在所有矿层和地面凿孔中，该层是比较容易识别和追踪的，同时，对于所有的产层而言，该套石灰岩层是良好的标志层。直接覆盖在"孪生石灰岩"层之上的 D 层以厚度为 20cm 的含微量泥质油页岩为主要特征。

由于干酪根含量的增加，位于 D 层和 E 层之间的石灰岩层呈浅褐色。该套岩层比较坚硬，厚度分布不均，偶尔还会出现尖灭现象，平均厚度为 15cm。由于其具有独特的颜色，该层常被称为"粉红石灰岩"。E 层的干酪根含量（45%）在所有油页岩产层中仅次于 B 层，位居第二。在该层瘤状灰岩含量也较低，其平均厚度为 40cm。该层比 B 层稍微红一些，在岩层中化石碎屑分布也比较均匀。再往上，有三套没有明显界限的油页岩层，从下往上依次为 E\F$_1$，F$_1$ 和 F$_2$。E\F$_1$ 层不是典型的石灰岩内部夹层。在该层内部，库克沉积和有机质石灰岩块分布极不规律。瘤状灰岩形状极不规律，具有一定角度；在其中有很多充满方解石和黄铁矿的小孔。在该层内部几乎不可能将石灰岩块和库克沉积区分开。在该层中石灰岩大概占了 50%。由于压实作用，该层比较硬，因此被称为"魔鬼的皮肤"。F$_1$ 层也比较富集干酪根，含量大概在 40%，在水平层面上有六七个间断的石灰岩层。F$_1$ 层厚度达到 60～70cm。在 F$_1$ 和 F$_2$ 这两个层之间没有明显的界限，在 F$_2$ 层上部 30cm 这个层段干酪根含量逐渐向上减少。同时，该层也比较富含瘤状灰岩。

综上所述，库克油页岩单层厚度为 1.8～3.0m（图 6-16），与之夹层的石灰岩厚度分布在 0.6～0.7m 之间。在盆地的北部，库克油页岩沉积层段接近地表，油页岩可露天开采和浅层开采。底部有机碳含量高，最大含油率可达 47%，埋深浅（10～90m）（图 6-17），横向厚度稳定，倾角小，发热量高，从北向南其沉积深度逐渐增大，增大速率为 3.5m/km，归因于爱沙尼亚沉积基底向南逐渐加深（图 6-18 至图 6-20）。

2. 可采资源潜力

利用本次评价采用的含油率法计算油页岩资源量，将波罗的海盆地油页岩厚度等值线图与含油率等值线图进行叠合，计算波罗的海盆地的可采资源量为 20.19×10^8t。油页岩平均厚度达 2m，油页岩平均密度为 1.65t/m³，平均含油率为 23%，平均技术可采系数为 75%。

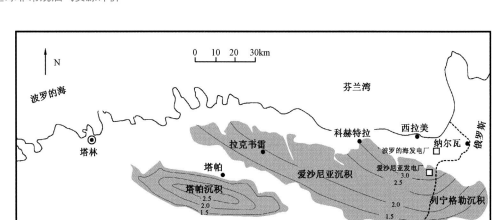

图 6-16 爱沙尼亚库克油页岩等厚图

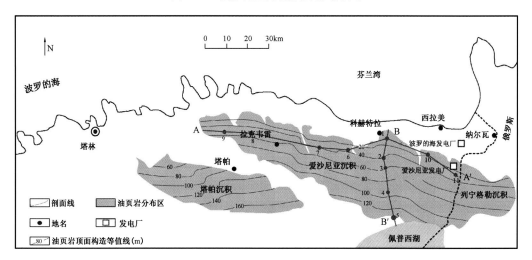

图 6-17 爱沙尼亚库克油页岩埋深等值线图

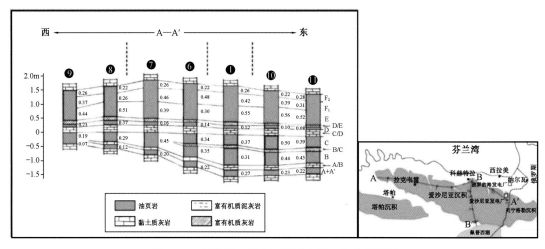

图 6-18 爱沙尼亚库克油页岩东西向连井剖面图

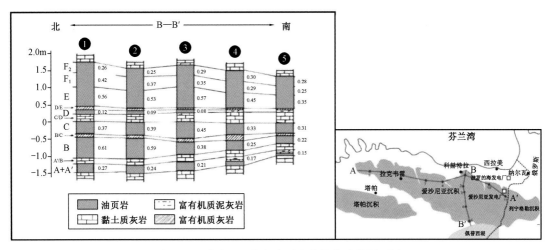

图 6-19 爱沙尼亚库克油页岩南北向连井剖面图

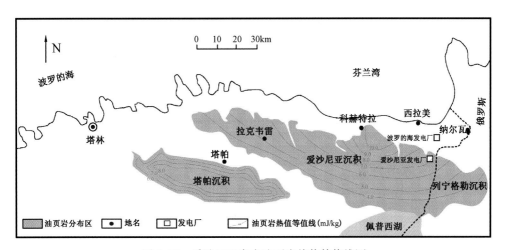

图 6-20 爱沙尼亚库克油页岩热值等值线图

四、亚马逊盆地油页岩

1. 基本地质特征

南美巴西亚马逊盆地位于巴西东北部内陆，介于南纬 1°～5°、西经 51°～60° 之间。盆地以西由 Purus 隆起将其与 Solimoes 盆地分隔，以东紧邻 Gurupa 隆起。该盆地是一个北东东走向的狭长形盆地（图 6-21），总面积约 $130×10^4km^2$。该盆地为一稳定沉降的克拉通盆地，南北方向分别为由前寒武系结晶岩系组成的 Guarpore 及 Guyana 地盾，其上发育古生界—新生界，显生宙盆地内沉降形成多期沉积旋回，即奥陶系—志留系、泥盆系—下石炭统和石炭系—二叠系，并且广泛发育薄的白垩系—新近系盖层，沉积物总厚度超过 7000m。三叠纪—侏罗纪，因构造运动使地层抬升而受到剥蚀，因而盆地存在不整合构造，缺失三叠系及侏罗系。晚泥盆世沉积的 Barreirinha 组形成于深水陆棚，水体安静，水深较大，裸蕨植物繁盛，原始有机质来源充足；其沉积时期，整体为构造坳陷下沉期，形成了油页岩发育的有利条件。

亚马逊盆地 Barreirinha 组油页岩主要分布在盆地的西部，东部由于火山岩作用，有机质成熟，中部埋深过大，西部埋深相对较浅，因此该盆地油页岩资源集中分布在盆地的西部地区（图 6-22 至图 6-24）。

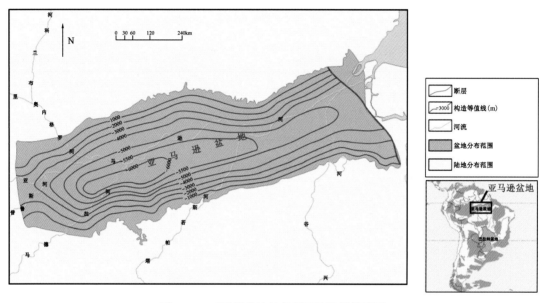

图 6-21　亚马逊盆地基底顶面构造等值线图

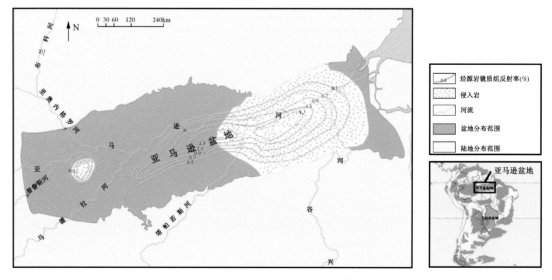

图 6-22　亚马逊盆地烃源岩成熟度等值线图

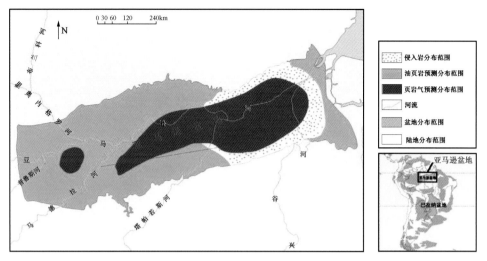

图 6-23　亚马逊盆地油页岩预测分布范围图

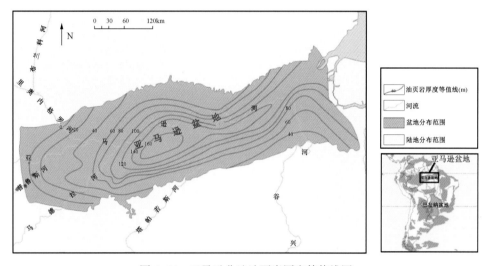

图 6-24　亚马逊盆地油页岩厚度等值线图

2. 可采资源潜力

利用本次评价采用的含油率法计算油页岩资源量，将亚马逊盆地油页岩厚度等值线图与含油率等值线图进行叠合，计算亚马逊盆地的可采资源量为 $110.92 \times 10^8 t$，油页岩平均厚度达 290m，平均含油率为 23%，平均可采系数为 66%。

五、巴拉纳盆地油页岩

1. 基本地质特征

巴拉纳盆地为一大型克拉通坳陷盆地，面积约 $119 \times 10^4 km^2$，横跨巴西南部、巴拉圭和阿根廷三个国家，在巴西部分的面积达 $75 \times 10^4 km^2$；是发育古生界、石炭系—二叠系和侏罗系—白垩系三套地层的叠合盆地，沉积中心厚度超过 5500m（Zalan 等，1990）。从下奥陶统—白垩系由一个非常薄的风成沉积、河流沉积和新生代冲积扇覆盖。面积约占三分之二的巴西部分（$75 \times 10^4 km^2$）被上侏罗统—下白垩统玄武岩熔岩、辉绿岩岩墙和岩床覆盖。在盆地中央火成岩总厚度可达 1700m。盆地内部发育的三叠系—白垩系主要是湖泊、河流和风成沉积物，并覆盖一个侵入非常广泛的玄武岩流。裂谷侧面隆起，与大西洋和火山活动的开启有关。

巴西石油公司早在 1972 年就投资建设了 Petrosix 型干馏炉，该炉为圆筒形，可以加工块状油页岩，直径为 5.5m，日加工油页岩量为 2000t。又于 1991 年建设了一台直径为 11m的 Petrosix 型干馏炉，日加工油页岩量为 6000t。Petrosix 型干馏炉为两段式，上部为干馏段，下部为半焦冷却段，油收率高，为铝甑收率的 90%，但页岩半焦潜热未被利用。目前，巴西石油公司日加工 9000t 油页岩，年产油页岩油为 $20 \times 10^4 t$。

该盆地油页岩主要分布在二叠系的 Irati 组。二叠系 Irati 组在盆地中央被侏罗系和白垩系覆盖，烃源岩处于过成熟阶段，但在盆地东部边缘，则处于未成熟阶段，油页岩发育。

2. 可采资源潜力

巴拉纳盆地 Irati 组油页岩主要分为上下两层，厚度分别为 6.5m 和 3.2m，整体厚度在平面的展布比较稳定（图 6-25）。该盆地油页岩面积约 $7400km^2$，平均厚度达 9.7m，平均含油率为 7.6%（图 6-26），可采系数为 35%，可采资源量为 $39.02 \times 10^8 t$。

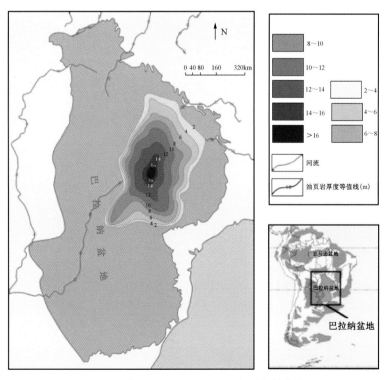

图 6-25　巴拉纳盆地 Irati 组油页岩厚度等值线图

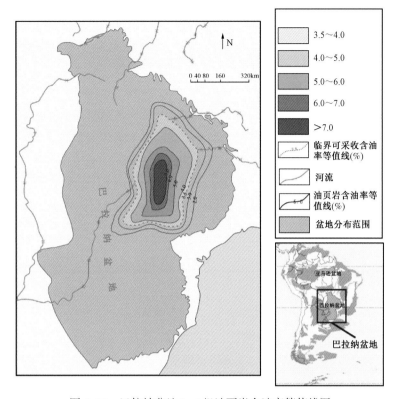

图 6-26　巴拉纳盆地 Irati 组油页岩含油率等值线图

第七章　全球致密气和煤层气资源评价

致密气与煤层气两类非常规资源在北美、澳大利亚、中国都有成熟的盆地进行工业开采。据统计，全球范围内绝大部分致密气都源自煤层，二者多具共生关系。本次评价的重点是针对主要含煤盆地开展这两类非常规气的资源评价。

第一节　致密气资源评价

一、致密气成藏特征

致密气是烃源岩向致密储层排烃并缺少二次运移的结果。致密气藏分布区气源丰富、储层致密、源储相通、储盖一体、气水倒置、压力异常。致密气区具有以下典型特征：（1）大面积源储共生，圈闭界限不明显；（2）非浮力聚集，水动力效应不明显；（3）油水分布复杂，异常压力，裂缝高产；（4）以非达西渗流为主；（5）以短距离运移为主；（6）以微—纳米级孔喉连通体系为主。

致密油气的成藏需要特定的地质条件，包括：（1）大面积分布的致密储层；（2）广覆式分布能够有效排烃的优质烃源岩；（3）连续分布且紧密接触的致密源储层；（4）保持初始油气分散分布状态的稳定构造条件。

根据以上认识，分析符合丰富致密油气分布盆地的条件如下。

1. 稳定的构造背景

从国外典型致密砂岩气藏构造条件看，致密砂岩气藏一般发育在深部凹陷、构造下倾方向或下部层位及构造向斜深部位，形成气水倒置的模式，烃源岩生烃条件与储层岩性特征为主要控制因素，受构造影响相对较小，但也必须满足一定的要求，致密砂岩气藏的出现不要求常规构造圈闭的存在，气藏发育区的构造演化可以是较为稳定的持续沉降，也可以出现多次升降，油气藏内部的共同特征是：除"甜点"或"甜点层"以外，所处盆地位置的构造面貌简单，地层倾角小，断裂、裂缝及微裂缝发育不足以破坏致密气的平衡状态，同时盆地具有一定的规模。国内外成功开发的致密砂岩气藏也都满足这样的构造条件（表7-1）。

表 7-1　世界主要致密砂岩气田储层基本特征表

油田	Blanco	Elmworth	Hoadley	Jonah	Milk River	Wattenberg	苏里格
面积（km²）	3467	5000	4000	97	17500	2600	37850
构造倾角（°）	0～6	1	0.5	2	＜0.1	＜0.1	＜1
储层厚度（m）	122～274	152～183	20～30，最大 37	853～1280	61～91	23～45	31
产层厚度（m）	0～49	61～91	6～15，最大 25	340.8～488.0	9.1	3～15	5～10
孔隙度（%）	4～14，平均 9.5	8～12	8～14，最大 20	8～14	10～26，平均 14	8～12	8.5
渗透率（mD）	0.3～10.0	0.5～5000	0.5～10，最大 200	0.01～1	＜1，最大 250	0.005～0.050	0.4～36
含水饱和度（%）	10～70，平均 29	30～50	25～40	30～47		44	50～75
可采储量（10⁸m³）	4813	4813	1841	654	3114	566～934	6209

1）地层倾角平缓

地层倾角对致密砂岩气成藏的影响与浮力作用有关。地层倾角越大，则所受浮力越大。在原来水平地层状态下可能形成的致密砂岩气藏不一定能在地层倾斜一定角度后继续维持原来的赋存状态。油气运移过程中浮力为动力，毛细管力为阻力。当地层发生倾斜后，运移动力增加，原来致密储层中存在或新进入致密储层中的天然气将发生明显的顺层运移，削弱了天然气进入或在致密储层中保存的能力，促进了气水存在的分层性，即由于各致密层孔渗物性差异而产生了天然气饱和度的分布差异（表 7-1）。

2）内部断裂及裂缝发育对致密油气成藏的影响

致密储层内部断裂及裂缝发育对致密油气成藏有着复杂的影响。首先断裂是一种破坏性因素，断裂及其附属产生的一系列裂缝可以导致致密砂岩气藏分布的不连续，甚至将致密砂岩气藏完全破坏掉；其次在断裂规模不大，伴生裂缝限于储层内部的条件下，局部出现的裂缝是"甜点"发育的基础。

3）一定规模的分布范围和埋藏深度

从致密砂岩油气藏的形成来说，负向构造单元还需要有一定的规模大小和范围，以保证在盆地内有足够的非断裂或非裂缝干扰区，保证足够数量的天然气生成和运移至致密储层中。此外，负向构造单元还需要一定的埋深条件，用以保证足够规模致密砂岩气藏的形成和保存。当气藏埋深较浅时就有可能破坏气藏存在的力学平衡条件。

2. 特定的沉积、成岩条件

对致密砂岩的形成起主导作用的是沉积作用和成岩作用，早期以沉积作用为主，而中、后期则以成岩作用为主。沉积、沉降迅速，碎屑物质成分复杂，分选不好，泥质含量高，后期成岩作用又比较强烈的沉积、成岩条件，有利于致密砂岩层的形成，相应的陆相沉积环境为滨浅湖相、沼泽相、河流沼泽相及三角洲相等。

3. 有较强的生排烃条件

天然气要大量生成并排入致密砂岩储层，要求气生成量大，生成速率高，产生的排烃压力足够大。基本上所有的生烃岩都可以作为致密气的来源，如海、陆相暗色泥岩、页岩、煤系地层、碳酸盐岩等，一般具有厚度大、层位多、分布范围广、演化程度高等特征。大面积的烃源岩能够保证更加充足的气源供给。纵向交互式分布的砂泥岩地层排烃条件好，生成的天然气能及时、顺畅地排入邻近的致密砂岩储层中。

二、全球评价结果

本次评价了全球 44 个盆地 62 套层系的致密气可采资源。评价结果揭示全球致密气地质资源量为 $95.16 \times 10^{12} m^3$，可采资源量为 $15.89 \times 10^{12} m^3$（图 7-1）。

1. 全球致密气可采资源量大区分布

全球致密气可采资源量亚洲、北美和欧洲位居前三位，其致密气可采资源量共计达 $15.03 \times 10^{12} m^3$，占全球致密气可采资源量的 94.59%；其中亚洲致密气可采资源量为 $9.11 \times 10^{12} m^3$，占全球致密气可采资源量的 57.33%；北美致密气可采资源量为 $5.15 \times 10^{12} m^3$，占全球致密气可采资源量的 32.41%；欧洲致密气可采资源量为 $0.77 \times 10^{12} m^3$，占全球致密气可采资源量的 4.85%（图 7-2、表 7-2）。

表 7-2 全球致密气可采资源大区分布统计表

大区	可采资源量（$10^{12} m^3$）	地质资源量（$10^{12} m^3$）	平均可采系数（%）	可采资源占比（%）
亚洲	9.11	41.80	21.79	57.33
北美	5.15	39.73	12.96	32.41
欧洲	0.77	6.42	12.00	4.85
俄罗斯	0.34	2.83	12.00	2.14
中东	0.22	1.82	12.00	1.38
南美	0.15	1.31	12.00	0.94
大洋洲	0.10	0.86	12.00	0.63
非洲	0.05	0.39	12.00	0.31
总计	15.89	95.16		100

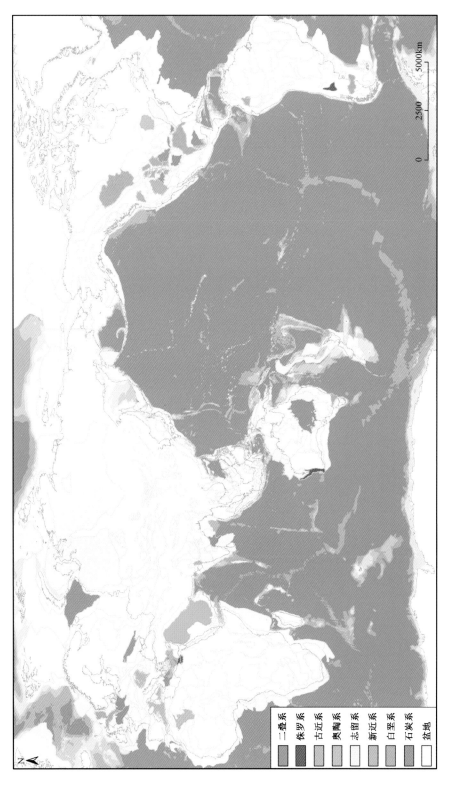

图 7-1　全球致密气富集盆地分布图

二叠系
侏罗系
古近系
奥陶系
志留系
新近系
白垩系
石炭系
盆地

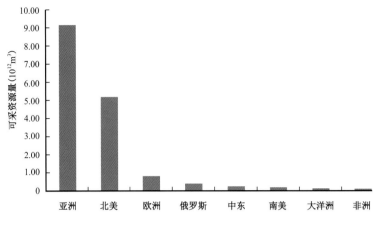

图 7-2　全球致密气可采资源大区分布统计直方图

2. 全球致密气可采资源量国家分布

全球致密气主要分布在 19 个国家，其中中国、美国和加拿大三个国家致密气可采资源量位居前三位，致密气可采资源量合计达 $14.15 \times 10^{12} \text{m}^3$，占全球致密气可采资源量的 89.05%；中国致密气可采资源量为 $9 \times 10^{12} \text{m}^3$，占全球致密气可采资源量的 56.64%；美国致密气可采资源量为 $4.46 \times 10^{12} \text{m}^3$，占全球致密气可采资源量的 28.07%；加拿大致密气可采资源量为 $0.69 \times 10^{12} \text{m}^3$，占全球致密气可采资源量的 4.34%（图 7-3、表 7-3）。

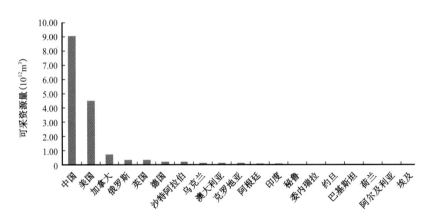

图 7-3　全球致密气可采资源国家分布统计直方图

表 7-3　全球致密气可采资源国家分布统计表

序号	国家	可采资源量（10^{12}m^3）	地质资源量（10^{12}m^3）
1	中国	9.00	40.91
2	美国	4.46	33.95
3	加拿大	0.69	5.78

序号	国家	可采资源量($10^{12}m^3$)	地质资源量($10^{12}m^3$)
4	俄罗斯	0.34	2.83
5	英国	0.32	2.69
6	德国	0.19	1.56
7	沙特阿拉伯	0.18	1.48
8	乌克兰	0.13	1.09
9	澳大利亚	0.10	0.86
10	克罗地亚	0.10	0.79
11	阿根廷	0.07	0.62
12	印度	0.07	0.60
13	秘鲁	0.04	0.35
14	委内瑞拉	0.04	0.33
15	约旦	0.04	0.33
16	巴基斯坦	0.04	0.29
17	荷兰	0.03	0.28
18	阿尔及利亚	0.02	0.20
19	埃及	0.02	0.19

3. 全球致密气可采资源量盆地分布

全球致密气可采资源主要分布在 38 个盆地内（中国除外），阿巴拉契亚、阿尔伯达和圣胡安盆地的致密气可采资源量合计达 $3.38 \times 10^{12}m^3$，占全球致密气可采资源量的 21.27%。阿巴拉契亚盆地致密气可采资源量为 $1.54 \times 10^{12}m^3$，占全球致密气可采资源量的 9.69%；阿尔伯达盆地的致密气可采资源量为 $1 \times 10^{12}m^3$，占全球致密气可采资源量的 6.29%；圣胡安盆地的致密气可采资源量为 $0.84 \times 10^{12}m^3$，占全球致密气可采资源量的 5.3%（图 7-4、表 7-4）。

表 7-4 全球致密气可采资源盆地分布统计表

序号	盆地名称	盆地类型	可采资源量($10^{12}m^3$)
1	阿巴拉契亚盆地	前陆盆地	1.54
2	阿尔伯达盆地	前陆盆地	1.00
3	圣胡安盆地	前陆盆地	0.84

序号	盆地名称	盆地类型	可采资源量（$10^{12}m^3$）
4	绿河盆地	前陆盆地	0.53
5	海湾盆地	前陆盆地	0.43
6	蒂曼—伯朝拉盆地	前陆盆地	0.34
7	英荷盆地	大陆裂谷盆地	0.32
8	尤因塔盆地	前陆盆地	0.32
9	阿纳达科盆地	前陆盆地	0.20
10	德国西北盆地	大陆裂谷盆地	0.19
11	中阿拉伯盆地	被动陆缘盆地	0.18
12	皮申斯盆地	前陆盆地	0.17
13	第聂伯—顿涅茨盆地	前陆盆地	0.13
14	潘农盆地	前陆盆地	0.10
15	密歇根盆地	克拉通盆地	0.08
16	粉河盆地	前陆盆地	0.07
17	哥伦比亚盆地	前陆盆地	0.06
18	埃罗曼加盆地	克拉通盆地	0.06
19	风河盆地	前陆盆地	0.06
20	丹佛盆地	前陆盆地	0.05
21	圣乔治盆地	被动陆缘盆地	0.05
22	普图马约盆地	前陆盆地	0.04
23	阿科玛盆地	前陆盆地	0.04
24	马拉开波盆地	前陆盆地	0.04
25	西阿拉伯盆地	被动陆缘盆地	0.04
26	克里希纳—戈达瓦里盆地	被动陆缘盆地	0.04
27	珀斯盆地	被动陆缘盆地	0.04
28	印度河盆地	前陆盆地	0.04
29	坎贝盆地	大陆裂谷盆地	0.04
30	北海盆地	克拉通盆地	0.03
31	内乌肯盆地	前陆盆地	0.03

续表

序号	盆地名称	盆地类型	可采资源量（10^{12}m^3）
32	黑武士盆地	前陆盆地	0.03
33	阿赫奈特盆地	克拉通盆地	0.02
34	北埃及盆地	被动陆缘盆地	0.02
35	东大盆地	大陆裂谷盆地	0.02
36	悖论盆地	前陆盆地	0.01
37	吉普斯兰盆地	裂谷盆地	0.01
38	大角盆地	前陆盆地	0.01

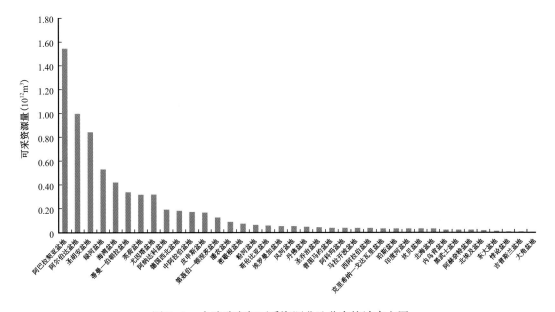

图 7-4　全球致密气可采资源盆地分布统计直方图

4. 全球致密气可采资源量层系分布

全球致密气可采资源量主要分布在 7 个层系中，二叠系、白垩系和志留系位居前三位，这三个层系的致密气可采资源量总计达 $12.17 \times 10^{12}\text{m}^3$，占全球致密气可采资源量的 76.59%。其中二叠系致密气可采资源量为 $6.92 \times 10^{12}\text{m}^3$，主要来自中国鄂尔多斯盆地苏里格气田二叠系，占全球致密气可采资源量的 43.55%；白垩系致密气可采资源量为 $3.53 \times 10^{12}\text{m}^3$，占全球致密气可采资源量的 22.22%；志留系致密气可采资源量为 $1.72 \times 10^{12}\text{m}^3$，占全球致密气可采资源量的 10.82%（图 7-5、表 7-5）（中国数据引自中国第四次资源评价）。

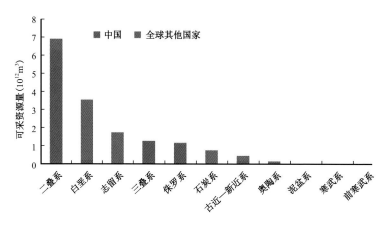

图 7-5　全球致密气可采资源层系分布统计直方图

表 7-5　全球致密气可采资源层系分布统计表

排序	富集层系排序	可采资源量（$10^{12}m^3$）			可采资源占比（%）
		中国	其他国家	总计	
1	二叠系	6.31	0.61	6.92	43.55
2	白垩系	0.20	3.32	3.52	22.22
3	志留系		1.72	1.72	10.82
4	三叠系	1.25		1.25	7.87
5	侏罗系	1.08	0.08	1.16	7.30
6	石炭系	0	0.75	0.75	4.72
7	古近—新近系	0.16	0.27	0.43	2.71
8	奥陶系		0.14	0.14	0.88
9	泥盆系			0	0
10	寒武系				0
11	前寒武系				0
	总计	9.00	6.89	15.89	100

第二节　煤层气资源评价

一、全球评价结果

本次评价了全球 38 个煤层气盆地的 46 个含煤层系，评价结果揭示，全球煤层气地质资源量为 $80.6 \times 10^{12} m^3$，可采资源量为 $49.25 \times 10^{12} m^3$（图 7-6）。

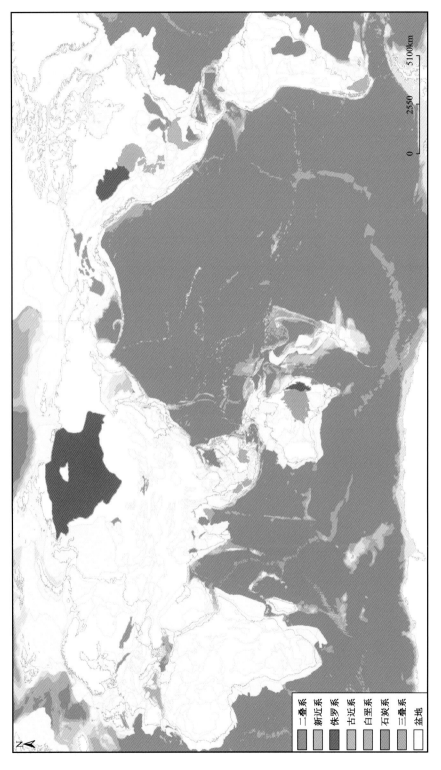

图 7-6 全球煤层气富集盆地分布图

二叠系
新近系
侏罗系
古近系
白垩系
石炭系
三叠系
盆地

5100km
2550
0

N

二、全球煤层气可采资源量大区分布

全球煤层气可采资源量北美、俄罗斯和亚洲位居前三位，煤层气可采资源量共计达 $45.43 \times 10^{12} m^3$，占全球煤层气可采资源量的 92.25%。其中北美煤层气可采资源量为 $17.02 \times 10^{12} m^3$，占全球煤层气可采资源量的 34.56%；俄罗斯煤层气可采资源量为 $14.77 \times 10^{12} m^3$，占全球煤层气可采资源量的 29.99%；亚洲煤层气可采资源量为 $13.64 \times 10^{12} m^3$，占全球煤层气可采资源量的 27.70%（图 7-7、表 7-6）。

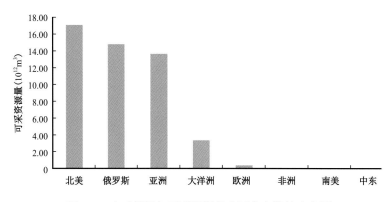

图 7-7　全球煤层气可采资源量大区分布统计直方图

表 7-6　全球煤层气可采资源量大区分布统计表

大区	煤层气		平均可采系数（%）	可采资源占比（%）
	技术可采资源量（$10^{12} m^3$）	地质资源量（$10^{12} m^3$）		
北美	17.02	28.55	59.61	34.56
俄罗斯	14.77	24.00	61.54	29.99
亚洲	13.64	20.67	65.99	27.70
大洋洲	3.35	5.83	57.46	6.80
欧洲	0.39	1.30	30.00	0.79
非洲	0.05	0.17	28.82	0.10
南美	0.03	0.08	36.59	0.06
中东			0	0
总计	49.25	80.6		100

三、全球煤层气可采资源量国家分布

全球煤层气主要分布在 14 个国家，其中俄罗斯、中国和加拿大三个国家煤层气可采资源量位居前三位，煤层气可采资源量合计达 $33.43 \times 10^{12} m^3$，占全球煤层气可采资源量的 67.88%。俄罗斯煤层气可采资源量为 $13.14 \times 10^{12} m^3$，占全球煤层气可采资源量的 26.68%；中国煤层气可采资源量为 $11 \times 10^{12} m^3$，占全球煤层气可采资源量的 22.34%；加拿大煤层气可采资源量为 $9.29 \times 10^{12} m^3$，占全球煤层气可采资源量的 18.86%（图 7-8、表 7-7）。

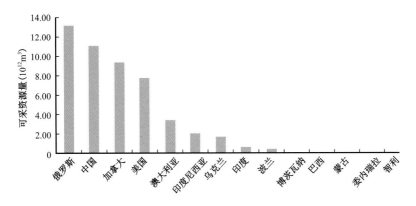

图 7-8　全球煤层气可采资源量国家分布统计直方图

表 7-7　全球煤层气可采资源量国家分布统计表

国家	可采资源量（$10^{12} m^3$）	地质资源量（$10^{12} m^3$）
俄罗斯	13.14	21.50
中国	11.00	12.74
加拿大	9.29	14.30
美国	7.73	14.25
澳大利亚	3.35	5.83
印度尼西亚	2.01	6.68
乌克兰	1.63	2.50
印度	0.62	1.23
波兰	0.39	1.30
博茨瓦纳	0.05	0.17
巴西	0.02	0.05
蒙古	0.01	0.03
委内瑞拉	0.01	0.02
智利		0.01

四、全球煤层气可采资源量盆地分布

全球煤层气可采资源主要分布在 38 个盆地内（中国除外），阿尔伯达盆地、库兹涅茨克盆地和东西伯利亚盆地的煤层气可采资源量合计达 $22.43 \times 10^{12} m^3$，占全球煤层气可采资源量的 45.54%。阿尔伯达盆地煤层气可采资源量为 $9.29 \times 10^{12} m^3$，占全球煤层气可采资源量的 18.86%；库兹涅茨克盆地的煤层气可采资源量为 $8.52 \times 10^{12} m^3$，占全球煤层气可采资源量的 17.30%；东西伯利亚盆地煤层气可采资源量为 $4.62 \times 10^{12} m^3$，占全球煤层气可采资源量的 9.38%（图 7-9、表 7-8）。

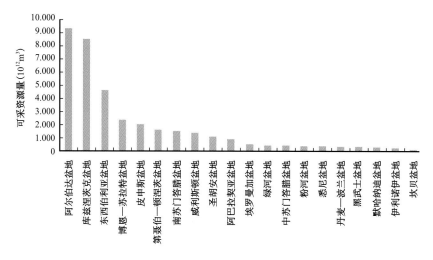

图 7-9　全球煤层气可采资源量盆地分布统计直方图

表 7-8　全球煤层气可采资源量盆地分布统计表

序号	盆地名称	盆地类型	可采资源量（$10^{12} m^3$）
1	阿尔伯达盆地	前陆盆地	9.290
2	库兹涅茨克盆地	裂谷盆地	8.520
3	东西伯利亚盆地	克拉通盆地	4.620
4	博恩—苏拉特盆地	克拉通盆地	2.400
5	皮申斯盆地	前陆盆地	2.050
6	第聂伯—顿涅茨盆地	前陆盆地	1.630
7	南苏门答腊盆地	弧后盆地	1.560
8	威利斯顿盆地	克拉通盆地	1.400
9	圣胡安盆地	前陆盆地	1.110
10	阿巴拉契亚盆地	前陆盆地	0.930

续表

序号	盆地名称	盆地类型	可采资源量（$10^{12}m^3$）
11	埃罗曼加盆地	克拉通盆地	0.540
12	绿河盆地	前陆盆地	0.450
13	中苏门答腊盆地	弧后盆地	0.450
14	粉河盆地	前陆盆地	0.420
15	悉尼盆地	被动陆缘盆地	0.410
16	丹麦—波兰盆地	裂谷盆地	0.390
17	黑武士盆地	前陆盆地	0.370
18	默哈纳迪盆地	被动陆缘盆地	0.350
19	伊利诺伊盆地	前陆盆地	0.300
20	坎贝盆地	大陆裂谷盆地	0.150
21	拉顿盆地	前陆盆地	0.150
22	尤因塔盆地	前陆盆地	0.140
23	阿拉斯加盆地	前陆盆地	0.140
24	海湾盆地	前陆盆地	0.110
25	丹佛盆地	前陆盆地	0.090
26	阿科玛盆地	前陆盆地	0.070
27	克里希纳—戈达瓦里盆地	被动陆缘盆地	0.065
28	萨特普拉盆地	大陆裂谷盆地	0.050
29	卡拉哈里盆地	被动陆缘盆地	0.049
30	巴拉纳盆地	克拉通盆地	0.020
31	南戈壁盆地	裂谷盆地	0.013
32	马拉开波盆地	前陆盆地	0.006
33	麦哲伦盆地	前陆盆地	0.003
34	库泰盆地	大陆裂谷盆地	0.003
35	巴里托盆地	弧后盆地	
36	瓦尔迪维亚盆地	弧前盆地	
37	阿劳科盆地	弧前盆地	
38	凯尔特盆地	大陆裂谷盆地	

五、全球煤层气可采资源量层系分布

全球煤层气可采资源量分布在 6 个层系中（中国数据引自中国第四次资源评价），侏罗系、石炭系和白垩系位居前三位，这三个层系的煤层气可采资源量总计达 $42.25 \times 10^{12} m^3$，占全球煤层气可采资源量的 85.79%。其中侏罗系煤层气可采资源量为 $23.16 \times 10^{12} m^3$，占全球煤层气可采资源量的 47.03%；石炭系煤层气可采资源量为 $13.38 \times 10^{12} m^3$，占全球煤层气可采资源量的 27.17%；白垩系煤层气可采资源量为 $5.71 \times 10^{12} m^3$，占全球煤层气可采资源量的 11.59%（图 7–10、表 7–9）。

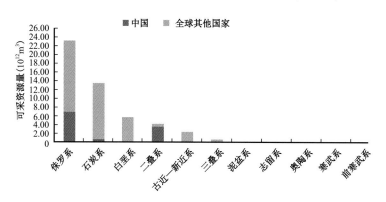

图 7–10 全球煤层气可采资源量层系分布统计直方图

表 7–9 全球煤层气可采资源量层系分布统计表

排序	富集层系	可采资源量（$10^{12} m^3$）			可采资源占比（%）
		中国	其他国家	总计	
1	侏罗系	6.85	16.31	23.16	47.03
2	石炭系	0.62	12.76	13.38	27.17
3	白垩系	0.05	5.66	5.71	11.59
4	古近—新近系	3.47	0.70	4.17	8.47
5	二叠系	0.01	2.28	2.29	4.65
6	三叠系	0	0.54	0.54	1.10
7	泥盆系	0	0	0	0
8	志留系				0
9	奥陶系				0
10	寒武系				0
11	前寒武系				0
	总计	11.00	38.25	49.25	100

第八章　全球非常规油气资源分布

第一节　非常规油气资源潜力

本次共评价重油、油砂、致密油、油页岩、页岩气、致密气和煤层气共 7 个矿种的全球 363 个盆地 476 个成藏组合的可采资源量。评价结果揭示全球非常规油可采资源量为 $4421 \times 10^8 t$（含中国 $212 \times 10^8 t$），其中重油 $1267 \times 10^8 t$，油砂 $641 \times 10^8 t$，致密油 $414 \times 10^8 t$，油页岩 $2099 \times 10^8 t$；全球非常规气可采资源量为 $227 \times 10^{12} m^3$（含中国 $32 \times 10^{12} m^3$），其中页岩气 $161 \times 10^{12} m^3$，致密气 $17 \times 10^{12} m^3$，煤层气 $49 \times 10^{12} m^3$（图 8-1、表 8-1、表 8-2）。

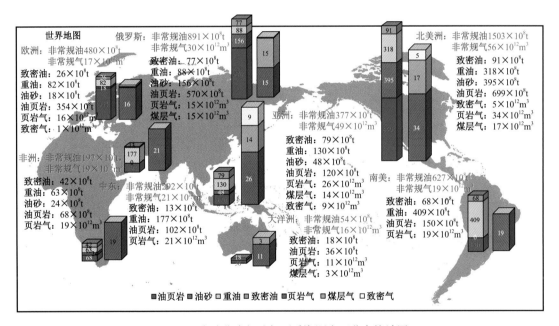

图 8-1　全球非常规油气可采资源大区分布统计图

表 8-1　全球非常规油地质资源与可采资源评价总表　　　　单位：$10^8 t$

大区	资源量									
	重油		油砂		致密油		油页岩		非常规油	
	可采	地质	可采	地质	可采	地质	可采	地质	可采	地质
北美	318	3177	395	3947	91	2540	699	3279	1503	12943
俄罗斯	88	449	156	599	77	1555	570	1927	891	4530

续表

大区	资源量									
	重油		油砂		致密油		油页岩		非常规油	
	可采	地质	可采	地质	可采	地质	可采	地质	可采	地质
南美	409	4092	0	0	68	1954	150	280	627	6326
欧洲	82	224	18	54	26	700	354	2334	480	3312
亚洲	130	502	48	273	79	2050	120	137	377	2962
中东	177	1208	0	0	13	357	102	176	292	1741
非洲	63	186	24	140	42	1191	68	115	197	1632
大洋洲	0	0	0	0	18	871	36	97	54	968
总计	1267	9838	641	5013	414	11218	2099	8345	4421	34414

表 8-2　全球非常规气地质资源与可采资源评价总表　　　　单位：10^{12}m^3

大区	资源量							
	页岩气		致密气		煤层气		非常规气	
	可采	地质	可采	地质	可采	地质	可采	地质
北美	34	136	5	40	17	28	56	204
亚洲	26	108	9	42	14	21	49	171
俄罗斯	15	53	0	3	15	24	30	80
中东	21	94	0	2	0	0	21	96
非洲	19	73	0	0	0	0	19	73
南美	19	75	0	1	0	1	19	77
欧洲	16	67	1	3	0	1	17	74
大洋洲	11	44	2	4	3	6	16	51
总计	161	650	17	95	49	81	227	826

一、全球非常规石油评价结果

全球非常规石油地质资源量总计 $34414 \times 10^8\text{t}$，可采资源量为 $4421 \times 10^8\text{t}$。

1. 大区分布

北美、俄罗斯和南美大区位居前三位；北美大区非常规石油地质资源量和可采资源量都居全球首位，这与其非常规石油勘探开发快速发展及丰厚的资源基础密切相关。其油砂、重油、油页岩和致密油的地质资源量和可采资源量都居全球前列。南美地质资源量位居第二，而可采资源量位居第三，产生这种差异的原因主要是由于南美的重油地质资源量较大，而可采资源量较小；俄罗斯地质资源量排第三，可采资源量排第二，主要归功于其油页岩可采资源量较大（图8-2）。

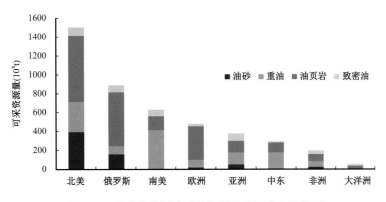

图8-2　全球非常规油可采资源量大区分布柱状图

2. 国家分布

非常规石油可采资源主要集中分布在54个国家，前10位是美国、俄罗斯、加拿大、委内瑞拉、巴西、中国、白俄罗斯、沙特阿拉伯、法国和墨西哥，占全球总量的82.4%。其中，美国非常规石油可采资源量为926×10^8t，占全球总量的21%，以油页岩、重油和致密油为主；俄罗斯非常规石油可采资源量为892×10^8t，占全球总量的20.2%，以油页岩、油砂和致密油为主；加拿大非常规石油可采资源量为397×10^8t，占全球总量的9%，以油砂和致密油为主；委内瑞拉非常规石油可采资源量为353×10^8t，占全球总量的8%，以重油为主；中国非常规石油可采资源量为212×10^8t，占全球总量的4.8%，以油页岩和致密油为主。美国、俄罗斯和加拿大三个国家非常规石油可采资源量占全球总量的50%。油页岩占全球非常规石油可采资源比例最大，为47.5%，其次为重油，占全球总量的28.7%，油砂和致密油分别占全球总量的14.5%和9.4%（图8-3）。

3. 盆地分布

非常规石油可采资源主要富集在全球的216个盆地内，前10位依次为阿尔伯达、西西伯利亚、伏尔加—乌拉尔、皮申斯、东委内瑞拉、尤因塔、第聂伯—顿涅茨、东西伯利亚、中阿拉伯和巴黎盆地，占全球总量的57.2%。阿尔伯达盆地非常规石油可采资源量为405×10^8t，占全球总量的9.2%，以油砂为主；西西伯利亚盆地非常规石油可采资源量为312×10^8t，占全球总量的7.1%，以油页岩和致密油为主；伏尔加—乌拉尔盆地非常规石油可采资源量为305×10^8t，占全球总量的6.9%，以油页岩和油砂为主；皮申斯盆地非常

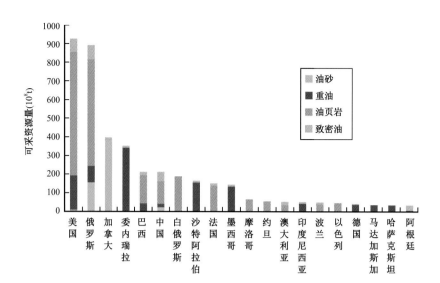

图 8-3　全球非常规石油可采资源潜力前 20 名国家分布直方图

规石油可采资源量为 301×10^8 t，占全球总量的 6.8%，以油页岩为主；东委内瑞拉盆地非常规石油可采资源量为 262×10^8 t，占全球总量的 5.9%，以重油为主（图 8-4）。

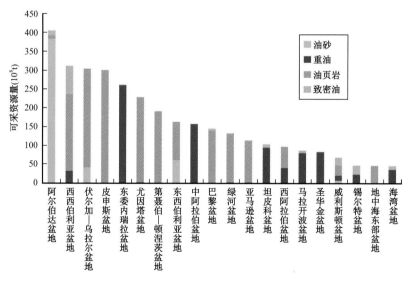

图 8-4　全球非常规石油可采资源潜力前 20 名盆地分布直方图

4. 盆地类型分布

对非常规油气富集盆地类型的统计揭示，非常规石油资源主要分布在前陆盆地、克拉通盆地、被动陆缘盆地、裂谷盆地、弧前盆地和弧后盆地内。前陆盆地非常规石油最为富集，可采资源量为 2556×10^8 t，占全球总量的 58%；其次为克拉通盆地，可采资源量为 720×10^8 t，占全球总量的 16%；被动陆缘盆地和裂谷盆地可采资源量分别为 481×10^8 t 和 474×10^8 t，分别约占全球总量的 11%；弧前盆地和弧后盆地可采资源量分别

为 128×10^8 t 和 63×10^8 t，分别占全球总量的 3% 和 1%。其中，重油集中分布在东委内瑞拉前陆盆地、马拉开波前陆盆地、坦皮科和阿拉伯被动陆缘盆地；油砂集中分布在阿尔伯达前陆盆地和东西伯利亚克拉通盆地内；致密油主要分布在内乌肯前陆盆地、威利斯顿克拉通盆地、西西伯利亚裂谷盆地内；油页岩集中分布在皮申斯前陆盆地、伏尔加—乌拉尔前陆盆地、尤因塔前陆盆地、第聂伯—顿涅茨前陆盆地、巴黎克拉通盆地、西西伯利亚裂谷盆地和阿拉伯被动陆缘盆地内（图 8-5）。

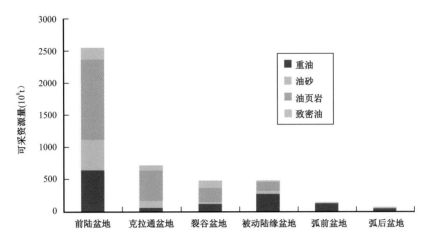

图 8-5　全球非常规石油可采资源富集盆地类型分布直方图

5. 层系分布

非常规石油可采资源主要富集在中生界和新生界。古近—新近系、白垩系和侏罗系的非常规石油可采资源量为 3418×10^8 t，占全球总量的 77.3%。其中古近—新近系潜力最大，非常规石油可采资源量为 1433×10^8 t，占全球总量的 32.4%，以重油和油页岩为主；白垩系可采资源量为 1120×10^8 t，占全球总量的 25.3%，以油砂、重油和油页岩为主；侏罗系可采资源量为 865×10^8 t，占全球总量的 19.6%，以油页岩和重油为主；泥盆系可采资源量为 379×10^8 t，占全球总量的 8.6%，以油页岩和致密油为主；前寒武系可采资源量为 164×10^8 t，占全球总量的 3.7%，以油页岩为主（图 8-6）。

二、全球非常规天然气评价结果

全球非常规天然气地质资源总计 826×10^{12} m³，可采资源为 227×10^{12} m³。

1. 大区分布

地质资源排名前三位的为北美、亚洲和中东，其中北美和亚洲以页岩气和致密气为主；中东大区以页岩气为主。可采资源排名前三位的分别为北美、亚洲和俄罗斯，北美以页岩气和煤层气为主，亚洲页岩气、煤层气和致密气的可采资源潜力都比较大；俄罗斯的页岩气和煤层气可采资源潜力相当，致密气潜力较小（图 8-7）。

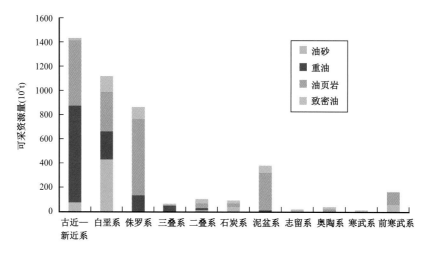

图 8-6　全球非常规石油可采资源富集层系分布直方图

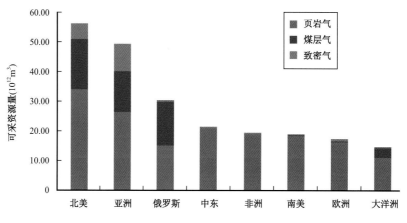

图 8-7　全球非常规天然气可采资源大区分布柱状图

2. 国家分布

非常规天然气可采资源主要集中分布在 37 个国家，排名前 10 位的是美国、中国、俄罗斯、加拿大、澳大利亚、伊朗、沙特阿拉伯、阿根廷、利比亚和巴西，其可采资源量占全球总量的 76.8%。其中，美国非常规天然气可采资源量为 $39 \times 10^{12} m^3$，占全球总量的 17.2%，以页岩气为主；中国非常规天然气可采资源量为 $31 \times 10^{12} m^3$，占全球总量的 13.7%，以页岩气、煤层气和致密气为主；俄罗斯非常规天然气可采资源量为 $29 \times 10^{12} m^3$，占全球总量的 12.8%，以页岩气和煤层气为主；加拿大非常规天然气可采资源量为 $16 \times 10^{12} m^3$，占全球总量的 7%，以煤层气和页岩气为主；澳大利亚非常规天然气可采资源量为 $15 \times 10^{12} m^3$，占全球总量的 6.4%。美国、中国、加拿大和澳大利亚四个国家的非常规天然气可采资源量占全球总量的 57%。页岩气占全球非常规天然气可采资源比例最大，为 70.9%，其次为煤层气，占全球总量的 21.6%，致密气可采资源量占全球总量的 7.5%（图 8-8）。

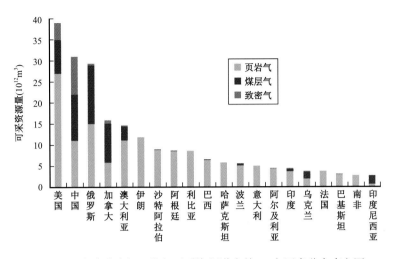

图 8-8 全球非常规天然气可采资源潜力前 20 名国家分布直方图

3. 盆地分布

非常规天然气可采资源主要富集在全球 147 个盆地内，排名前 10 位的依次为阿尔伯达、扎格罗斯、阿巴拉契亚、东西伯利亚、海湾、中阿拉伯、三叠—古达米斯、库兹涅茨克、坎宁和巴拉纳盆地，占全球总量的 43.3%。阿尔伯达盆地非常规天然气可采资源量为 $16 \times 10^{12} m^3$，占全球总量的 7%，以煤层气和页岩气为主；扎格罗斯盆地非常规天然气可采资源量为 $12 \times 10^{12} m^3$，占全球总量的 5.3%，以页岩气为主；阿巴拉契亚盆地非常规天然气可采资源量为 $11.5 \times 10^{12} m^3$，占全球总量的 5.1%，以页岩气为主；东西伯利亚盆地非常规天然气可采资源量为 $10.3 \times 10^{12} m^3$，占全球总量的 4.5%，以页岩气和煤层气为主（图 8-9）。

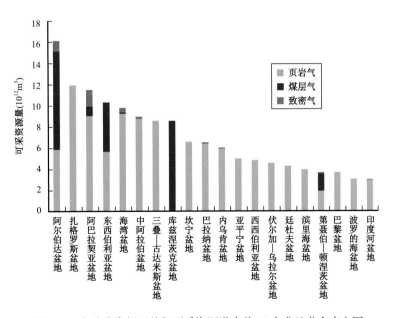

图 8-9 全球非常规天然气可采资源潜力前 20 名盆地分布直方图

4. 盆地类型分布

非常规天然气资源主要分布在前陆盆地、克拉通盆地、裂谷盆地、被动陆缘盆地和弧后盆地内。前陆盆地非常规天然气最富集，可采资源量为 $125 \times 10^{12} m^3$，占全球总量的55%；其次为克拉通盆地，可采资源量为 $58 \times 10^{12} m^3$，占全球总量的26%；裂谷盆地非常规天然气可采资源量为 $26 \times 10^{12} m^3$，占全球总量的11%；被动陆缘盆地和弧后盆地最少，可采资源量分别为 $16 \times 10^{12} m^3$ 和 $1 \times 10^{12} m^3$，分别占全球总量的7%和1%。其中页岩气主要分布在扎格罗斯前陆盆地、阿巴拉契亚前陆盆地、海湾前陆盆地、三叠—古达米斯克拉通盆地、坎宁克拉通盆地、西西伯利亚裂谷盆地及中阿拉伯被动陆缘盆地内；煤层气主要分布在阿尔伯达前陆盆地、东西伯利亚克拉通盆地和库兹涅茨克裂谷盆地内；致密气主要分布在阿巴拉契亚前陆盆地、阿尔伯达前陆盆地内（图8-10）。

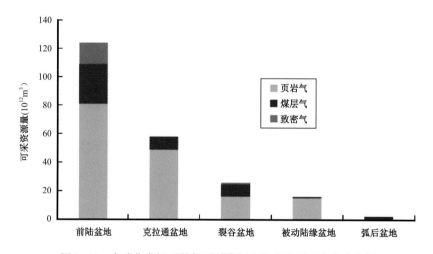

图8-10　全球非常规天然气可采资源富集盆地类型分布直方图

5. 层系分布

非常规天然气广泛分布于中生界和古生界。主要分布在侏罗系、白垩系、志留系、石炭系和二叠系，以页岩气和煤层气为主。侏罗系非常规天然气可采资源量为 $44 \times 10^{12} m^3$，占全球总量的19.4%，以页岩气为主，其次为煤层气和致密气；白垩系非常规天然气可采资源量为 $36 \times 10^{12} m^3$，占全球总量的15.9%，以页岩气和煤层气为主；志留系非常规天然气可采资源量为 $30 \times 10^{12} m^3$，占全球总量的13.2%，以页岩气和致密气为主；二叠系和泥盆系非常规天然气可采资源量均为 $18 \times 10^{12} m^3$，各自占全球总量的8%，以页岩气为主（图8-11）。

三、全球非常规油气富集层系分析

本次评价与以往评价最大的不同就是评价精确到了盆地的某一个层系。本次评价共完

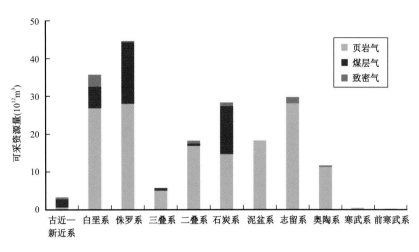

图 8-11　全球非常规天然气可采资源富集层系分布直方图

成 476 个非常规油气富集层系的评价。通过这些富集层系的评价，可以从层系所在地层的时代和赋存的盆地类型两方面进行初步的分析。首先全球非常规油气富集层系与全球主要烃源岩发育的 6 套地层一一对应，分别为白垩系、侏罗系、二叠系、石炭系、泥盆系和志留系。从富集层系数目统计表明：新生界以油页岩和致密油为主；中生界的白垩系和侏罗系则以页岩气、致密油为主；古生界的二叠系到志留系，致密油层系随着层位的变老逐渐减少，页岩气层系逐渐增多。从层系的可采资源潜力统计表明：新生界以未成熟的烃源岩油页岩为主；中生界到古生界以页岩气为主，中生界的下白垩统和上侏罗统致密油潜力大，古生界二叠系、石炭系以页岩气为主。上述非常规油气的富集层系规律与全球烃源岩的发育期次一致，富集层系数目和可采资源潜力大小也充分反映了这一特点（图 8-12、图 8-13）。从非常规油气富集的盆地个数与盆地类型的关系及可采资源量与盆地类型的分析可以看出，非常规油气主要富集在前陆盆地和克拉通盆地内（图 8-14、图 8-15）。

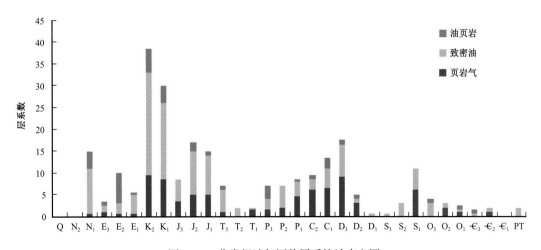

图 8-12　非常规油气评价层系统计直方图

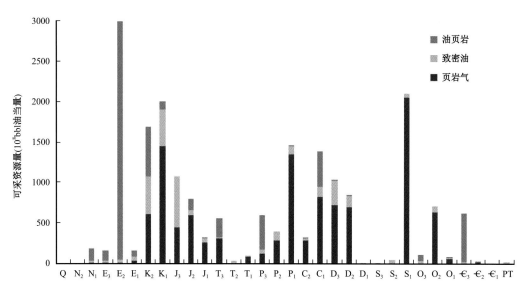

图 8-13　非常规油气可采资源量层系分布统计直方图

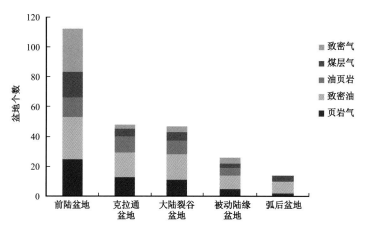

图 8-14　非常规油气富集盆地类型统计直方图

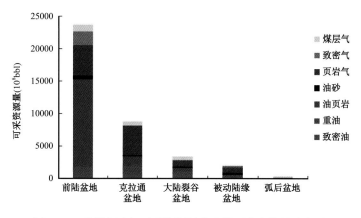

图 8-15　非常规油气可采资源量盆地类型分布统计直方图

第二节　非常规油气形成与分布的地质认识

随着油气开采技术的不断进步，很多10年前还属于非常规领域的油气，现在基本认为是常规油气了，例如委内瑞拉的一些重油区和北美的致密气，原因是开采这些油气的技术，如油层加热技术、水平井与压裂技术等，已被认为是当前很多油气区普遍采用的正常技术了。因此，按照"开采技术的普遍性"标准划分出的全球常规油气与非常规油气，并没有真正意义上的地质含义。在完成了全球主要盆地7个矿种的非常规油气资源评价后，需要对这些油气的分布特征和富集主控因素进行总结，必须回归到地下含油气系统这一地质单元中加以分析，从油气生成、运移、聚集和保存的全过程加以审视。

人们主观意志判定的容易开采的常规油气与很难开采的非常规油气在地质单元中是客观有序聚集和分布的。富有机质烃源岩与不同类型储集体储集空间随埋深演化，油气在时间域按照生成早晚持续充注，在空间域按照距离远近有序分布（图8-16），成因上相互关联、空间上共生，构成统一的常规—非常规油气聚集体系。一是成因有序性：地下油气从源到圈闭过程，决定了烃源岩区以滞留型非常规油气为主，运移路径上以改造和残留的重油、沥青为主，圈闭发育区以常规油气聚集为主，从浅到深分布有远源的常规油气、近源的致密油气、源内的页岩油气。二是空间分布有序性：盆地边缘或斜坡分布有常规构造和岩性—地层油气藏，凹陷斜坡或沉积中心聚集有非常规致密油气和页岩油气。三是微观分布有序性：储层物性随埋深增加而变差，浅部位高孔渗区聚集常规油气，深部位低孔渗区聚集致密油气，中间过渡部分为常规—非常规油气的混合聚集区。如阿尔伯达前陆盆地山前凹陷发育烃源岩（图8-17），聚集页岩油气和致密气；东部斜坡及隆起带，发育常规油气藏

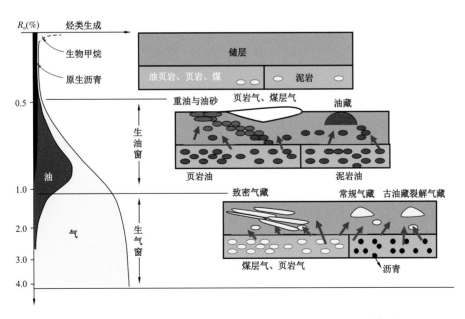

图8-16　油气分布的成因有序性分布示意图（据Tissot，1978，修改）

及重油、沥青矿。四川盆地发育超万亿立方米级三类常规气与三类非常规油气，三类常规气为震旦系灯影组碳酸盐岩缝洞型气藏、寒武系龙王庙组和石炭系孔隙型白云岩气藏、二叠系—三叠系碳酸盐岩礁滩型气藏，三类非常规油气为志留系龙马溪组与寒武系筇竹寺组页岩气、上三叠统须家河组致密气、侏罗系致密油（图8-18）。

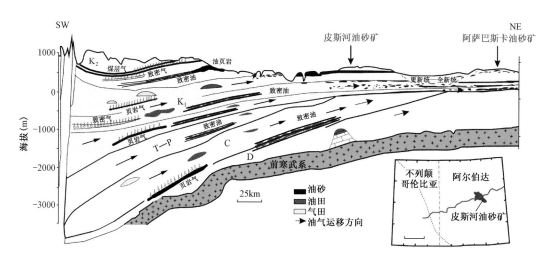

图8-17　阿尔伯达盆地油气"有序性"分布示意图

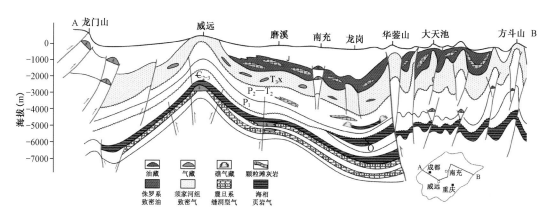

图8-18　四川盆地油气"有序性"分布示意图（据邹才能，2012）

依据非常规油气通常富集在烃源岩和后期遭受破坏的储集岩层中的特点，将其划分为源控型和层控型。源控型资源是主要由一套或多套泥（碳质）页岩控制，储集在低孔隙度低渗透率（孔隙度小于12%、覆压基质渗透率小于0.1mD）页岩、煤层、粉砂岩、砂岩或碳酸盐岩等致密层中，源内滞留或源间储集的油气，具有大规模连续聚集、无圈闭界限、几乎无自然产能等特点。致密油、页岩气、煤层气、致密气和油页岩都属于源控型，其形成主要受优质烃源岩控制，具有源储一体或近源富集的特征。层控型资源主要为富集在封盖条件差的储层中，经历了水洗和生物降解而发生稠变作用的石油，具有从生油凹陷区向斜坡区或者构造高点运移、聚集的特征，且常规石油和天然气、中质油和重油、油砂依次分层分布，重油和油砂都属于层控型资源。

一、源控型资源的形成与分布

致密油、页岩气、煤层气、油页岩的形成主要受全球 6 大烃源岩控制，为源控型资源。

（碳质）泥页岩作为优质的烃源岩，当含有足够的未排出烃类时，就成为一类储层而形成源控型资源。本次研究的重点是非常规油气资源评价，而非储量评价，故源控型资源在此具有广义上的含义，类似于致密油的定义，由一套或多套（碳质）泥页岩控制的，储集在低孔隙度低渗透率（孔隙度＜12%、覆压基质渗透率＜0.1mD）的页岩、煤层、粉砂岩、砂岩或碳酸盐岩等致密层中，源内滞留或源间储集的油气，具有大规模连续聚集、无圈闭界限、几乎无自然产能等特点。

因此，依据全球主要烃源岩分布即可定位这些潜在资源。在地质历史上，全球区域性优质烃源岩主要形成于 6 个地质时期：（1）志留纪（430—409 Ma）；（2）晚泥盆世（374—362 Ma）；（3）宾夕法尼亚纪（石炭纪）—晚二叠世（318—299 Ma）；（4）晚侏罗世（175—161 Ma）；（5）白垩纪（145—99 Ma）；（6）渐新世—中新世（34—5 Ma）（图 8-19）。全球古海平面的升降控制了层序的分布，而层序类型决定烃源岩有机质含量及储集性能，最大海泛面顶部对应凝缩层段（CS）、海侵体系域（TST），有机质富集，发育了 6 套烃源岩；而这 6 套烃源岩控制了常规油气的生成，也是源控型非常规油气富集的主体层系（图 8-19）。

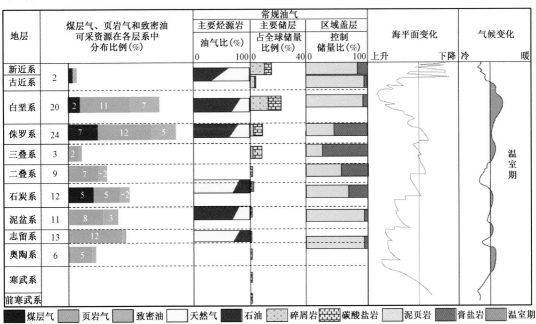

图 8-19　源控型非常规资源与常规油气 6 套烃源岩资源占比分析图

油气比为该套烃源岩生成的油气中油资源量与气资源量比例

志留系烃源岩主要发现在中东、北非、美国（二叠、阿纳达科和密歇根盆地）和中国的四川、塔里木盆地。除密歇根盆地的碳酸盐岩外，志留系的烃源岩主要为发育在海洋平台的黑色泥页岩。这些烃源岩为中东的志留系—二叠系碳酸盐岩储层、北非的古生界—三叠系砂岩及四川盆地二叠系—三叠系一些礁滩体气藏提供了气源。全球志留系烃源岩主要含Ⅰ型和Ⅱ型干酪根。志留纪经历了温暖气候和高海平面，这有利于在靠近富含营养的海洋上升流附近地区以较高的有机质生产速率沉积黑色泥页岩。这些泥页岩里生产的烃类主要是天然气，部分原因是其深埋藏至生气窗（150～200℃）。志留系页岩气目前在中国重庆焦石坝已经实现北美以外首次商业开采，志留系龙马溪组一期探明地质储量超过 $1000 \times 10^8 m^3$，已建产能 $50 \times 10^8 m^3$；在川南、贵州等地页岩气钻探中也获得较好的发现，有望成为全球最大的页岩气资源潜力区。

泥盆纪延续了志留纪沉积的环境条件，相对于志留纪要变差一些。泥盆系烃源岩位于北美（阿尔伯达、威利斯顿、二叠、阿纳达科、密歇根、伊利诺伊和阿巴拉契亚盆地）、南美（亚马逊和玻利维亚）、澳大利亚、北非（阿尔及利亚和利比亚）、东欧和乌拉尔盆地。发育在较浅海洋平台上的泥盆系泥页岩和泥灰岩含Ⅰ型和Ⅱ型干酪根，生成了大量的石油并保存在泥盆系和石炭系储层中。但是在澳大利亚，泥盆系烃源岩（如在坎宁盆地中）含生成天然气的Ⅲ型干酪根。对泥盆纪沉积物的碳同位素分析表明，在该时期发生过许多缺氧事件（缺氧沉积）。宾夕法尼亚的下泥盆统 Marcellus 组泥页岩和美国威利斯顿盆地的上泥盆统 Bakken 组泥页岩是此种环境下沉积的黑色泥页岩实例。泥盆系页岩受海平面升降较为频繁的控制，形成短时期内页岩层段夹碳酸盐岩或砂岩层段的特征，成为北美地区源间致密油富集的特色。

厚煤层发现在世界许多地区的石炭系（密西西比系—宾夕法尼亚系）和二叠系中。上古生界烃源岩富含Ⅲ型干酪根和煤质，生成的天然气储集在二叠系—三叠系储层中，形成煤层气资源。上古生界煤层气富集区分布在美国 Mid-Continent 盆地（威利斯顿—二叠盆地）、阿巴拉契亚盆地、北海南部地区、俄罗斯里海—乌拉尔盆地北部、中国、澳大利亚和非洲南部地区。近期有机地球化学研究表明，位于美国落基山脉和不列颠群岛部分地区同等年龄的岩石为主要含壳质煤素质（一种Ⅱ型干酪根）的易生油泥页岩，也可以形成致密气油气。受煤层控制的另一类资源是致密气，无论是海陆交互区还是河湖相沼泽环境，与煤系共生的碎屑岩体系通常是一类物源复杂、分选很差的致密层，最典型的是中国鄂尔多斯盆地石炭系—二叠系与煤系共生的一套致密砂岩中聚集了目前中国发现储量规模最大的气田。

根据已探明的油气资源统计，超过三分之二的已知石油资源来自侏罗系—白垩系的烃源岩中，也使白垩系成为源控型非常规油气资源最为富集的层系。从晚侏罗世到白垩纪末期，温暖气候盛行且海平面较高，浮游生物十分丰富，海侵增大了沉积物流和缺氧事件，上升洋流丰富了海洋沉积物的有机质含量。这些条件相加，在中东、里海地区、西伯利亚西部、北海和墨西哥湾（Haynesville 组泥页岩）形成全球质量最佳的上侏罗统—中白垩统烃源岩。这些岩石主要是含Ⅱ型和Ⅲ型干酪根的海相泥页岩和泥灰质石灰岩，并在为相关盆地上侏罗统—白垩系油气储层提供烃源的同时，自身作为储层，汇集资源形成非常规油气最富集的层系。

白垩纪结束时地球发生了一个严重的大灭绝事件，不仅造成恐龙、菊石和大量蕨类植物灭绝，而且还包括大量的浮游生物物种。当新生代开始时，新的演化路线会随着时间慢慢形成，世界气候经历变冷的趋势，海平面较低。新生代振荡的海平面导致了海退和海侵，控制着浅部的海洋沉积。新生代还具有一个特征是发生了大陆碰撞，形成在白垩纪的海洋盆地进一步变宽。这些构造和气候变化影响了新生代沉积盆地。

新生界烃源岩形成在许多盆地和不同的构造—沉积环境中，包括裂谷盆地。多数渐新统—中新统烃源岩是碎屑泥页岩，形成于陆上—深水环境的大型三角洲体系。新生界烃源岩，尤其是位于三角洲和前陆盆地中的烃源岩主要包含Ⅱ型和Ⅲ型干酪根。这些烃源岩中的Ⅲ型干酪根和煤质指示天然气的生成，并不是世界上所有中新统储层中的天然气都是热成因的，其中有些是生物成因气。这个时期形成的富含有机质页岩，常常由于埋藏浅而未经受热演化过程，成为原始有机质保留形成的油页岩，如全球质量最好的美国皮申斯绿河页岩矿。中国也发现有古近—新近系页岩矿，如茂名、抚顺页岩矿，开采历史非常悠久。

这 6 个地层代表了全球最好的烃源岩发育时期，形成的烃源岩在各个盆地间既有相似的历史又有不同，在质量上与其他地质时期也有异同。但这不影响这 6 个时期对源控型非常规油气资源的控制作用。

有一点必须指出，在有利的泥页（碳质）岩中预测潜在非常规油气富集区，需要结合盆地所在板块构造、地球动力学和重建古环境条件分析，以及有机物聚集、破坏和演化之间复杂的相互作用关系分析，来确定有利的非常规油气富集区。总体上，源控型非常规油气资源的富集受烃源岩内有机物富集的控制，高富集区发生在有机质生产量最大、破坏最小、碎屑或生物成因物质的稀释作用最优的地方，这些条件都能保证沉积物沉积一定的厚度，利于储集油气形成规模富集。

二、层控型资源的形成与分布

重油与油砂是大规模油气运聚后留下的残余型资源，可利用的资源主要分布在中—新生代盆地，为层控型资源。

全球重油和油砂资源的形成主要受所处的大地构造背景、盆地类型、烃源岩和储层规模及后期稠变作用，或者保存作用所控制，概括起来表现为大型沉积盆地主体具备平缓构造区、源储呈面状接触、长距离运移、稠变作用强、浅埋藏、非构造油藏，新生代以来形成并具备晚期天然气充注的特征。

　　油砂的形成时间是首要的，既然是残余型资源，必然遭受严重的蚀变改造，经历的时间越晚，保留下来的量就越多。全球油砂资源 95% 以上都分布在白垩系之后的地层中，只有东西伯利亚盆地油砂聚集在古生界中，虽然数量巨大，但整体含油率较低，可采性较差。白垩纪以来发生较大规模的油气运移与主要烃源岩分布时代有关，新生代油气的持续生成和充注是提高油砂可动性的必要条件。所以油砂具有必要的晚期形成特征。

　　其次，要形成规模聚集的油砂，必须在盆地内发生长距离的运移。在东委内瑞拉和阿尔伯达盆地，石油从前渊带生烃凹陷运移到斜坡带聚集，经历了较长的运移距离，整个运移距离约数百千米。运移通道以断层和不整合连通的层状砂体为主。从生烃凹陷向斜坡带的石油运移以断层和不整合为主，自斜坡带向重油与油砂聚集带，石油运移以不整合和层内砂岩为主，断层在石油聚集的过程中起贯通储层的作用。上白垩统和古近系的高孔隙度、高渗透率砂岩是优势横向运移路径。石油运移具有从深部到中部再到浅层的阶梯状运移特征，随着运移距离的增加，原油的性质也随之发生变化，在运移路径上，从凹陷区向重油与油砂带，呈现出天然气、正常油、中质油、重油和油砂依次分布的特征（图 8-16）。所以油砂具有典型的层控特征。

　　无论是南美的重油和油砂，还是北美的油砂矿，必须是埋藏较浅的。东委内瑞拉盆地的重油埋深为 100～2000m，阿尔伯达盆地的油砂埋深则更浅，基本都小于 200m，更有大部分直接出露地表。主要盖层为上白垩统和古近—新近系浅海相泥岩，层间泥岩和沥青塞也对局部的聚集起控制作用。由于储层埋深较浅，在浅层油藏盖层的封闭性能变差的情况下，易于使富氧地表水进入油藏，加剧石油降解和稠变。稠变作用是石油从生成到成藏过程中所发生的使原油变稠的各种物理化学作用，其最主要的作用是使原油的密度变大，黏度增加。稠变机制包括生物降解作用、水洗作用、氧化作用及蒸发分馏作用。石油的聚集和逸散是一个动态平衡的过程，石油在长距离运移过程中轻组分不断逃逸，再加上生物降解作用，原油逐渐稠变，所需的封堵条件逐渐降低，石油的聚集和逸散量达到平衡，整个成藏过程趋于稳定，从而在斜坡带形成重油和油砂。所以，埋藏浅是形成油砂的有利条件，而非必要条件。全球的重油、油砂资源基本都富集在 3000m 以浅的地层中，重油多分布在 2000～2500m 之间，油砂多分布于 1000～1500m 之间。重油、油砂技术可采资源量在 500～1000m 之间分布最多，是由于埋藏浅较好开采，可选用采收率较高的技术。

　　从以上分析可知，美洲前陆盆地重油和油砂成藏配置优越，各盆地具有优质的烃源岩，从早中新世开始，石油由西部或北部的生油凹陷生成并向东部或南部长距离运聚，生成的大规模石油由断层、不整合和连通砂岩长距离和阶梯式运移到盆地斜坡这一长期处于正向上升背景的良好聚集场所，储集在具有优越储盖组合的斜坡地区，在运移和聚集过程中经历了以生物降解为代表的多种稠变机制的作用。多种因素的共同作用造就了现今全球最大的重油和油砂聚集区。

三、常规与非常规资源之间的紧密联系

致密气是最接近常规油气的一类资源，属于常规与非常规资源之间的过渡型资源。北美和中国是目前致密气开发利用规模大且实现商业化的地区。从国内外致密砂岩气勘探、开采的历史来看，总是先发现常规气藏，在开发过程中，逐渐发现气藏储层物性普遍很致密，而且平面上非均质性很强，需要水平井压裂改造才能获得商业产量。通过气藏描述，得到学者和部门普遍认可的致密砂岩气盆地（气田）主要集中于北美，包括阿尔伯达盆地（埃尔姆沃斯、牛奶河、霍德利三大气田），以及美国的圣胡安、尤因塔、皮申斯、绿河、粉河、风河等盆地。中国鄂尔多斯、四川盆地也已发现丰富的致密砂岩气资源。

这些致密气藏储层物性总体偏差，其中的常规砂岩储层，孔隙度大于10%，渗透率为0.1～10mD；非常规致密砂岩储层，孔隙度小于10%，渗透率小于1mD。两者之间的过渡型储层占很大比例（图8-20）。相对高渗透率储层控制的常规气藏规模小，含气饱和度较高，但呈孤立状分布。致密砂岩普遍含气，含气饱和度低，但连续分布。这类由少量常规气藏和占大多数的致密气藏构成的气藏群多形成于大型坳陷盆地的腹部，为构造平缓区、斜坡区和部分向斜区。

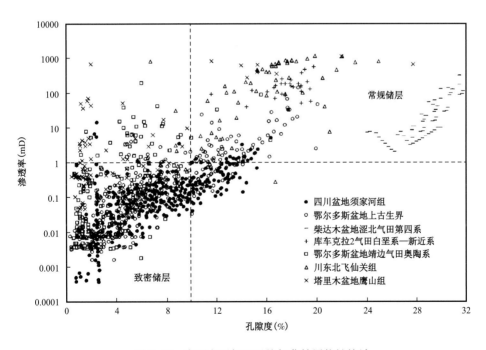

图8-20　中国主要气田天然气藏储层物性统计

储层的致密性是由其沉积环境决定的，只有在海陆过渡相区或大型河湖交互相区，沉积物源充足且分选、结构成熟度较差，易形成大面积交互分布的砂泥岩组合，尤其是与煤系的大面积交互，这也是统计发现全球50%以上致密气主要源自煤系泥岩的原因。含煤地层埋藏后易产生腐殖酸，沉积物成岩早期具有酸性水介质条件。在这种成岩环境条件下，

沉积物在成岩早期不易形成抗压和易溶性颗粒胶结物（特别是碳酸盐胶结物），主要形成一些黏土类自生矿物，岩石抗压实能力较弱，原生孔隙损失严重，易形成致密砂岩储层。挤压环境下的前陆盆地斜坡区是致密气形成分布的主要地区，与致密储层的形成机理有关，压性环境下总体是对储层压实作用的增强，相比张性环境下，类似沉积相带同等埋藏深度下的砂岩储层成岩作用和压实作用要强烈一些，形成的致密砂岩储层分布更广。

煤系地层中煤层、碳质泥岩与致密砂岩层的大面积接触也是形成致密气藏的重要方式，煤系烃源岩具有全天候生气的特征，伴随煤岩的演化作用，在热演化的各阶段都有大量天然气的生成，除了满足煤系的吸附之外，大部分以扩散方式进入致密砂岩层中聚集，过程缓慢，储层物性的非均质性可造成明显的聚集浓度差，造成"甜点"富气，致密层含气。总体上，构成常规气藏（"甜点区"）和致密气混合共存的格局。

四、可采性主要控制因素

1. 页岩气

通过大量国内外实例解剖研究，认为页岩气资源形成与富集的主控因素可概括为"三高、两大、两适中"。"三高"是指高有机质丰度（TOC > 3%），高热演化程度（R_o > 1.8%），高异常压力（压力系数 > 1.3）；"两大"是指集中段厚度大（一般要大于 30m）；分布面积大（大于数千平方千米）；"两适中"是指构造幅度要适中，具备低幅度隆起背景，埋藏深度适中（一般埋深为 1500～3500m）。这样的地质环境下，可形成页岩气富集区。同时，随着页岩气开采经验的不断总结提升，大量实例证实，影响页岩气采收率的直接因素是页岩中游离气饱和度及页岩的可压裂性。

实测数据和样品分析证实，页岩气生产过程中，主要产出的是孔隙中的游离气，游离气饱和度越高，采收率越高。页岩中富气的主要原因是压力和孔隙度，并非是有机碳的吸附能力。据实测数据，Barnett 组页岩（TOC=5%）3000m 地下含气饱和度范围为 2.8～5.6 m^3/t，Haynesville 组页岩（TOC=5%）3000m 地下含气饱和度高于 8.5m^3/t，单井产量比 Barnett 组页岩高，Haynesville 组页岩较 Barnett 组页岩有机碳含量较低，但具更高的压力和孔隙度。说明除了有机质吸附气，更多气存在于页岩无机孔隙中。对 Wise 县 Mildred Atlas 1 井及 Kathy Keel 3 井 Barnett 组页岩气生产数据分析后发现，在气藏压力下（26.21MPa），吸附气的体积含量占总气体体积含量的 35%～50%，大量实验测试数据显示，该地区 Barnett 组页岩含气量的平均水平是 2.41m^3/t 的吸附气和 2.97m^3/t 的游离气，分别占总气体体积含量的 45% 和 55%。这也表明，Barnett 组页岩气藏中有 40%～60% 的天然气以吸附态赋存于页岩中，比早期研究的数据大很多，说明 Barnett 组页岩比以前认为的有更大的资源潜力。在没有大量排烃之前，液态烃就已赋存于页岩内（有机碳对液态烃具有吸附作用），随着温度的升高，液态烃发生裂解，生成更轻的气体烃类，这些气体烃类同样以吸附态赋存于富含有机质的页岩内。即：页岩气的吸附气量表明其资源潜力，游离气量代表其可采性大小。

控制页岩气采收率的另一个关键因素是可压裂性，早期研究就已经揭示，页岩中石英等脆性矿物含量大于 40% 的层段，压裂效果最好，产量高、生产周期长。近期研究表明，页岩层段水平应力差比值对控制压裂产生的裂缝有明显的效果，差比值越小，越容易产生裂缝。水平应力差比值用 DHSR 表示，$DHSR=(\sigma_H-\sigma_h)/\sigma_H$，其中 σ_H 代表最大水平主应力值，σ_h 代表最小水平主应力值。当水平应力差比值小于 10% 时，能形成复杂裂缝或网络缝，易获高产；当水平应力差比值为 10%～25% 时，高净压力下可形成较为复杂的裂缝，可获中高产；当水平应力差比值大于 50% 时，则不能形成复杂裂缝，产量普遍低（图 8-21）。这一特征在中美主要页岩气产区都有同样的表现（图 8-22）。

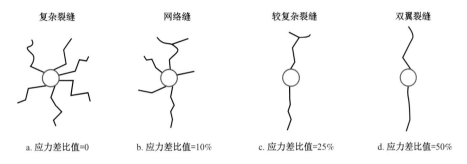

图 8-21　水平应力差比值与裂缝形态关系图

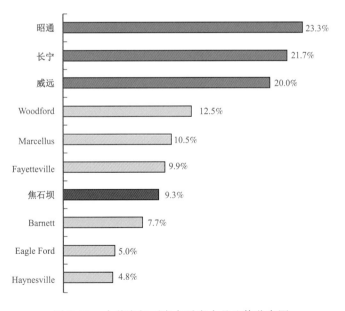

图 8-22　中美海相页岩水平应力差比值分布图

在目前较为成熟的水平井压裂改造技术条件下，全球各区页岩气可采性具有非常明显的一致性。页岩气分布区内，"甜点"采收率为 50%～60%，"非甜点区"采收率为 10%～15%。

2. 致密油气

致密油气可采性主要受烃源岩质量和热演化程度控制。致密油气主体上是滞留于烃源岩内部的油气，其可动性大小直接反映资源的可采性。烃源岩中油气的可动性取决于油气总量的多少及其品质，有机质丰度越高、类型越好，处于生油气窗内生成的油气总量越多，一般腐泥型干酪根最好，形成于海相沉积环境的致密油区一般在页岩组合中都会发育碳酸盐岩类夹层，是提高致密油可采性的重要因素。湖相泥页岩发育区以中国鄂尔多斯盆地三叠系延长组最典型，同样优质的泥岩烃源岩与较高石英等脆性矿物含量致密砂岩层的交互促成致密油富集区和商业开采区的形成。

可以从有机碳含量（TOC）、岩石热解参数（$S_1 + S_2$）、氯仿沥青"A"等方面来评价致密层中原油的可动性。有机碳是指岩石中存在于有机质中的碳。考虑到碳元素一般占有机质的绝大部分，且含量相对稳定，故残余有机碳一直被认为是反映有机质丰度的最好指标。本次研究致密油气可动性分级评价标准主要建立在这一基础上。

直接反映泥页岩含油量的地球化学指标首推氯仿沥青"A"含量和残留烃量（S_1）。但由于干酪根不仅是生成油气的主要母质，也是吸附油气的主要介质，所以将反映干酪根含量最直观、有效的指标TOC值和上述两项指标结合，可以更好地对致密油气可动性进行分级评价。

依据TOC与热解S_1散点图，热解S_1随TOC增大而增大，增大的过程具有三分性，分为稳定低值段、上升段和稳定高值段，据此，画出TOC与S_1散点图外包络线，在三段分界处画出TOC界限，作为致密油分级资源评价的TOC分级标准，稳定低值段称为分散（无效）资源（Ⅲ级资源），上升段为低效资源（Ⅱ级资源），稳定高值段为富集资源（Ⅰ级资源）。以稳定低值段和上升段分界处和上升段中点所对应的热解S_1为界，画出S_1界限，作为热解S_1分级标准。大量盆地泥页岩有机岩石分析数据表明，不同盆地岩石矿物组成的差异性导致这样的分级界限不会是统一的标准，有待于继续深入研究。

通过对阿尔伯达盆地白垩系烃源岩地球化学分析数据的统计，建立了TOC与热解S_1的对应关系（图8–23）。研究结果表明，热解S_1随TOC的增大总体上呈上升趋势。阿尔伯达盆地白垩系烃源岩上述地球化学参数表现出明显的三分性特征；当TOC大于2.40%时，S_1为相对稳定的高值；当TOC小于0.60%时，S_1保持稳定低值；当TOC介于0.60%～2.40%之间时，S_1呈现明显的上升趋势。从含油性与有机质丰度的关系图还能确定致密油资源分级相应的S_1界限标准。其中致密油分散资源与低效资源的分界线（界限1）S_1值为1.30mg/g，低效资源与饱和资源的分界线（界限2）S_1值为6.00mg/g。因此，阿尔伯达盆地白垩系烃源岩致密油资源可分为Ⅰ、Ⅱ、Ⅲ三个等级。

威利斯顿盆地上泥盆统—下石炭统烃源岩S_1与TOC的关系同样体现出三分性（图8–24），但分界点的TOC值为4.00%和10.00%，对应的S_1的分界线分别为2.00mg/g和6.00mg/g，高于阿尔伯达盆地白垩系，这与该盆地干酪根类型和沉积环境有关。美国其他含油性盆地

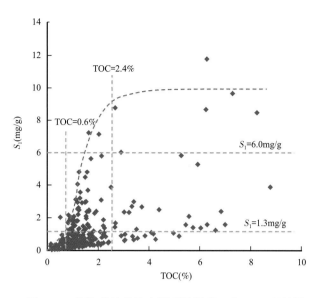

图 8-23　阿尔伯达盆地白垩系烃源岩 S_1 与 TOC 相关图

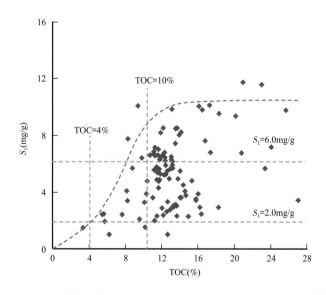

图 8-24　威利斯顿盆地上泥盆统—下石炭统烃源岩 S_1 与 TOC 相关图

致密油源岩在含油量（S_1）与 TOC 关系图上同样表现出三分性（图 8-25、图 8-26），只是由于物源、沉积环境及矿物（包括有机质）组成的差异性，不同烃源岩含油量三分的分界点有所不同（表 8-3），其中二叠盆地二叠系 Wolfcamp 组分界点的 TOC 值分别为 0.90% 和 3.00%，S_1 分别为 0.60mg/g 和 2.50mg/g，低于威利斯顿盆地；丹佛盆地白垩系分界点的 TOC 值分别为 3.20% 和 11.00%，S_1 分别为 1.2mg/g 和 3.5mg/g，低于威利斯顿盆地，而高于二叠盆地；阿纳达科盆地二叠系烃源岩致密油分级资源潜力分界点 TOC 值分别为 5.0% 和 17.0%，S_1 分别为 0.8mg/g 和 3.0mg/g。

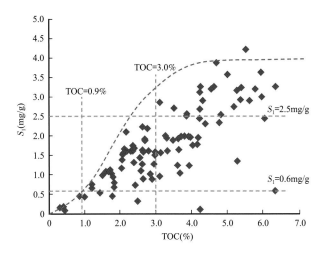

图 8-25　二叠盆地 Wolfcamp 组烃源岩 S_1 与 TOC 相关图

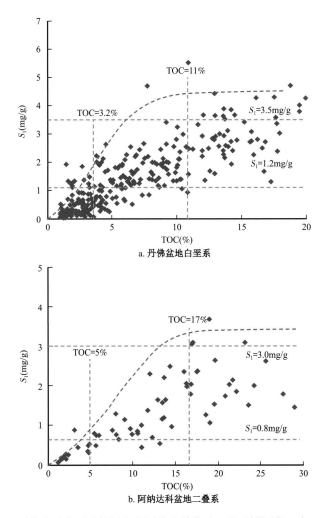

a. 丹佛盆地白垩系

b. 阿纳达科盆地二叠系

图 8-26　丹佛盆地白垩系烃源岩和阿纳达科盆地二叠系烃源岩 S_1 与 TOC 相关图

　　拉美地区的坎宁盆地、北非的锡尔特盆地、欧洲的波罗的海盆地和澳大利亚的中马格达莱纳盆地也存在这一规律（图 8-27、图 8-28），S_1 与 TOC 的关系同样体现出三分性，可分为富集资源（饱和资源）、分散资源（低效资源）和欠饱和资源（无效资源）。以锡尔特盆地为例，其主要的致密油源岩为白垩系 Sirte 页岩，S_1 随 TOC 的增大表现出明显的三段性特征：当 TOC 较高（＞2.00%）时，S_1 为相对稳定的高值；当 TOC 较低（＜0.50%）时，S_1 保持稳定低值；当 TOC 为 0.50%～2.00% 时，S_1 则呈现明显的上升趋势。从含油性与有机质丰度的关系图还能确定致密油资源分级评价相应的 S_1 界限标准，对应的界限分别为 0.50mg/g 和 3.00mg/g（表 8-3）。

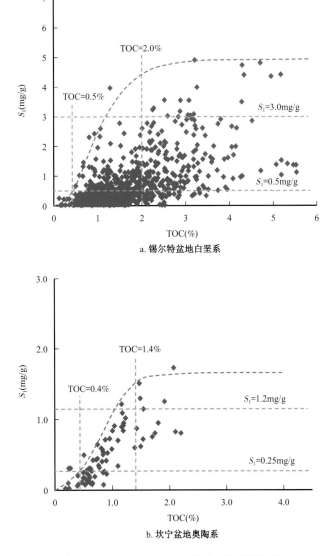

a. 锡尔特盆地白垩系

b. 坎宁盆地奥陶系

图 8-27　锡尔特盆地白垩系烃源岩和坎宁盆地奥陶系烃源岩 S_1 与 TOC 相关图

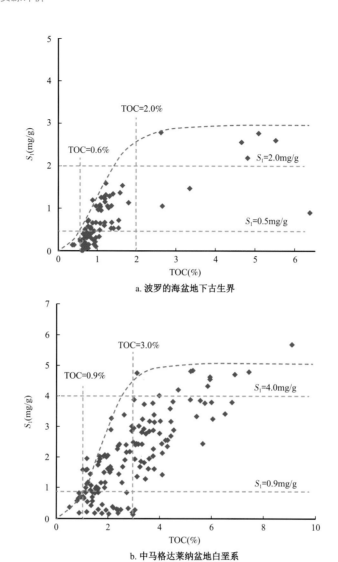

a. 波罗的海盆地下古生界

b. 中马格达莱纳盆地白垩系

图 8-28　波罗的海盆地下古生界烃源岩和中马格达莱纳盆地白垩系烃源岩 S_1 与 TOC 相关图

表 8-3　国外部分盆地致密油源岩含油量三分性的分界值

大区	盆地(凹陷)	烃源岩年代地层	TOC(%)		S_1(mg/g)	
			界限 1	界限 2	界限 1	界限 2
北美	阿尔伯达	白垩系	0.60	2.40	1.30	6.00
	威利斯顿	上泥盆统—下石炭统	4.00	10.00	2.00	6.00
	二叠	二叠系	0.90	3.00	0.60	2.50
	丹佛	白垩系	3.20	11.00	1.20	3.50
	阿纳达科	二叠系	5.00	17.00	0.80	3.00

续表

大区	盆地（凹陷）	烃源岩年代地层	TOC(%)		S_1(mg/g)	
			界限1	界限2	界限1	界限2
拉美	坎宁	下古生界	0.40	1.40	0.25	1.20
北非	锡尔特	白垩系	0.50	2.00	0.50	3.00
欧洲	波罗的海	下古生界	0.60	2.00	0.50	2.00
澳大利亚	中马格达莱纳	白垩系	0.90	3.00	0.90	4.00

注：界限1为致密油分散资源与低效资源的分界；界限2为致密油低效资源与富集资源的分界。

用 TOC 界限标准与用 S_1 界限标准所得到的结果会有一定的差别。鉴于 S_1 无法反映油中重质部分的含量，热解 S_1 观测值低于实际的残留油量，且受成熟度影响大，而 TOC 值相对比较稳定，因此应以 TOC 标准作为资源分级评价的主要依据。

3. 重油或油砂

重油或油砂是油气聚集在优质砂岩储层中遭受蚀变改造，形成的残留型资源，总体上只能对地表—埋藏较浅的资源有效开采。重油或油砂的开采技术主要可以划分为地下原地开采和地上露天开采两种，地上露天开采主要为油砂的露天开采，也是目前在加拿大油砂区应用比较广泛的一种开采方式；地下原地开采方式包括出砂冷采技术、蒸汽吞吐和蒸汽驱技术、蒸汽辅助重力泄油技术等。

重油或油砂采用不同的开采技术其采收率差别很大。根据中国石油在委内瑞拉奥里诺科重油带 M 区块和加拿大西加盆地 M 区块油砂实际生产获得的采收率数据，本次研究将重油或油砂冷采采收率标定为 10%，蒸汽驱采收率标定为 40%，SAGD 采收率标定为 50%。

要评价重油或油砂的可采资源，首先要根据不同开采技术油层筛选标准（包括油层埋深、单一油层厚度、孔隙度和含油饱和度等四个参数）。如采用冷采开采时，要求油藏埋深大于 300m，油层厚度大于 3m，孔隙度大于 25%，含油饱和度大于 50%。而采用蒸汽驱开采时，要求油层埋深介于 100~1700m 之间，太浅钻井技术达不到，太深则油层温度较高，蒸汽驱失去了原有的加热作用；油层厚度要求大于 5m，否则采用水平井注蒸汽时，水平井钻井技术达不到。对于 SAGD 技术来说，要求油层埋深介于 100~1000m 之间，对于深度的要求也主要出自钻井技术要求和温度的要求，厚度要求大于 20m（通常 SAGD 采用双水平井，厚度要求至少 20m，目前随着钻井技术的进步厚度下限可以降低为 15m）。依据标准来选择适合的重油或油砂开采技术来标定采收率，计算单一开采技术下重油或油砂可采资源量，然后计算不同开采技术组合可采资源量及区块最大可采量。

采用上述方法计算不同开采方式下该区块能够开采出来的地质储量，更加注重区块采用的开采技术，以及该技术应用时对油藏参数的优选。实际生产中为了提高重油或油砂资源采收率，通常用冷采＋蒸汽驱、冷采＋SAGD、蒸汽驱＋SAGD等多种组合方式进行开采，因此需要计算不同开采技术组合条件下重油或油砂的可采资源量，不同开采技术的油藏筛选标准和采收率不同，为了最大限度地开采地下重油或油砂资源，要对单一油层的最优开采技术进行标定。以最终采收率为判别标准，界定单一油层最优开采技术顺序：SAGD（采收率为50%～75%）、蒸汽驱（采收率为35%～50%）、冷采（采收率为8%～15%）。单油层纵向开采技术标定：根据最优开采技术排序，针对不同开采技术组合，对单井逐层进行最优开采技术标定。单油层平面开采技术适用范围标定。绘制单油层平面展布图，依据开采技术的适用标准对单油层进行平面最优开采技术适用范围标定。按照纵向和平面标定结果，按开采技术分别计算动用量及可采量，将所有油层的动用量和可采量累加即可得到区块在该技术组合条件下的可采量。

第三节　结论与建议

一、全球非常规油气资源丰富，具备大规模开发利用的技术条件

根据本次评价，全球非常规油气资源丰富，其中非常规石油可采资源量为 $4421 \times 10^8 t$（其中重油资源 $1267 \times 10^8 t$、油砂 $641 \times 10^8 t$、油页岩 $2099 \times 10^8 t$、致密油 $414 \times 10^8 t$），非常规天然气可采资源量为 $227 \times 10^{12} m^3$（其中页岩气 $161 \times 10^{12} m^3$、致密气 $17 \times 10^{12} m^3$、煤层气 $49 \times 10^{12} m^3$）。全球非常规与常规油气资源都受大型富油气盆地控制，北美、南美、俄罗斯是非常规油气资源最丰富的地区，中东、非洲和亚洲的非常规油气资源规模和开发利用前景也逐渐引起人们的关注，即使在欧洲页岩气和致密油、煤层气、致密气等开采受到限制发展，但对其资源潜力的评价仍变得越来越乐观。在常规油气发现的盆地，不断会有各种非常规油气的发现，而且规模都很可观。如北非锡尔特盆地、三叠—古达米斯盆地的致密油资源，按照新掌握的地质数据初步评价其总量位居全球前列；南非的卡鲁盆地页岩气资源也被发现可能位居世界前列；中阿拉伯盆地的重油资源与其常规油气资源一样非常巨大，不可忽视。总之，资源评价揭示的地质规律非常明显，只要有烃源岩存在的盆地，就有非常规油气；常规油气资源富集的盆地，非常规油气资源同样富集。全球非常规油气资源总量是常规油气的5～8倍，如果考虑天然气水合物，非常规油气资源总量还将剧增。这对于未来满足全球油气需求非常重要。

全球非常规油气勘探开发技术的创新与突破客观上为其发展奠定了坚实的基础。在非常规油气成藏基础理论、资源勘探预测及资源开采技术方面均取得了较大进展，储层预测技术、裂缝发育带预测技术、井网优化技术、油气井产能论证技术、分层压裂改造技术及水平井钻井技术等非常规油气藏勘探开发的关键技术已经比较成熟。非常规勘探

开发技术的创新与突破，使全球非常规油气资源高效、低成本开采成为可能，并推动了非常规油气资源量的持续增长。2014年全球非常规油产量达到 $3.5 \times 10^8 t$，占总油产量的8%，近10年已累计产 $15 \times 10^8 t$；全球非常规气年产量 $0.94 \times 10^{12} m^3$，占总气产量的27%；美国致密油2014年年产量达到 $1.74 \times 10^8 t$，占其石油产量的33%，非常规气产量达到 $5300 \times 10^8 m^3$，占全美国年产气量的70%以上。

北美非常规油气发展已经形成较为典型的模式与经验，成为其他地区发展的促进动力，虽不能完全复制，但在有效方向的指引下也有成功的实例。2014年7月，经国土资源部审定，中国石化所属的涪陵页岩气田新增探明地质储量 $1067.5 \times 10^8 m^3$，是国内首个成功进入商业开发的页岩气田。截至2014年12月22日，气田已完成2014全年新建 $20 \times 10^8 m^3$ 产能的任务。涪陵页岩气的成功开发使中国成为继美国、加拿大之后世界上第三个实现页岩气商业开发的国家。乐观估计，从2011年到2030年，全球页岩气供应将增长3倍，致密油供应增长将超过6倍，两者到2030年将合力占据全球能源供应量的近1/5。

总之，北美致密油、页岩气引发的全球技术革命和世界能源格局变化，以及中国页岩气突破性进展，将成为全球非常规油气资源开发热潮的导火索，伴随着非常规油气资源开发浪潮的迭起，非常规油气资源开发领域成为新的"吸金石"，大量金融资本源源不断涌入该领域，为非常规油气资源的开发注入了新的活力，全球能源经济、能源金融将再现新的热点。目前，全球已经形成了以美国非常规油气、加拿大油砂和委内瑞拉重油等为典型的非常规油气勘探开发模式和经验，中国已具备先进的致密油和页岩气工业化开采先进技术和管理模式，将对中国油公司海外非常规油气发展提供有益的借鉴。

二、全球油气供需趋势将制约非常规油气的发展

综合多家机构（IEA，2013；EIA，2013；OPEC，2013；BP，2014）预测结果，预计未来20～30年内，全球石油消费比例明显降低，新能源消费比例明显上升，煤炭消费比例略降，天然气消费比例略升，其中石油将占26%～28%、天然气将占23%～26%、煤炭将占25%～28%、新能源将占19%～24%，总体呈现"四分天下"格局，2035年左右，油气在一次能源中仍将保持主体地位。油气等化石能源发展将受到世界经济增缓、油气价格涨跌、科技进步快慢、政治战争动荡、新能源接替速度等5个关键因素影响，油气产量的峰值和油气生命周期也可能随之变化。

世界自然基金会日前发布报告称，全球能源行业正在发生多个重大改变。化石能源的终结时代已经开启，越来越多的国家正在转向发展可再生能源。报告认为，投资者正在纷纷撤出对化石燃料的投资，能源转型已在全球范围内成为现实。2013年和2014年连续两年，全球可再生能源的新增装机容量均超过化石能源和核能的新增装机容量总和。据介绍，可再生能源的价格随着技术进步迅速下降，从而大大增强了市场竞争力。以太阳能为例，在一些阳光充足的国家，$1kW \cdot h$ 太阳能电力的价格已从数十年前的1欧元下降到不足10欧

分，将来甚至可能下降到 2 欧分。能源行业有两大新模式值得注意，一是分布式发电，现在的大型发电厂将被数十亿的小型可再生能源发电装置取代，贫穷国家的电力匮乏有望得到彻底解决；二是数字技术在能源行业的运用将使得分布式的发电装置能稳定满足人们的电力需求。在一次能源结构中，化石能源被太阳能、风能、水能等逐步替代的势头越来越强，实效性也在增加，这将大大削减对油气的需求。

与"化石能源终结已启动"相对应的是，全球常规油气资源和剩余可采储量却不断增加，目前常规油气资源采出程度仅为 25%，非常规油气资源采出程度还微不足道。未来几年，全球油气供需难以保持平衡，供大于求的形势会更加严峻，未来国际原油价格将长期维持较低状态已成为可能。而非常规油气在平均油价 70 美元 /bbl 之下，很难实现大规模利用。地下有大量剩余常规油气资源的遏制，地上有可替代能源的阻挡，全球非常规油气的发展将困难重重，替代常规油气的底气不足。

三、高成本与环保隐患将制约非常规油气的发展

非常规油气资源业务投入大、周期长，经济效益短期内难以体现。非常规油气资源开发利用的成本包括前期技术研发成本和后期的勘探、开采、储藏等环节的成本，其中开采环节的成本最高，直接制约了非常规油气资源的广泛推广。此外，在技术取得突破性进展之前，鉴于高额的开发成本，缺乏市场动力，非常规油气资源的开发强烈依赖于政府的财政补贴与优惠政策，必将影响非常规油气资源开发的可持续性。根据 PFC 咨询公司对不同地区常规陆上和浅水、深水、重油、油砂、页岩 / 致密油、天然气合成油 / 煤制油等项目的全周期保本成本（项目达到盈亏平衡所需的涵盖整个勘探和生产周期的全部成本）的测算，并按 10% 贴现率进行项目经济性评价分析，加拿大地下开采油砂、美国页岩 / 致密油的平均成本分别为每桶 72 美元和 75 美元。其中，地下开采油砂项目及露天开采油砂项目的成本区间分别为 69～80 美元 /bbl、75～110 美元 /bbl，即当油价降到 80 美元 /bbl 左右时，油砂开采将基本无利可图。

此外，非常规油气生产面临严重的环境污染隐患。非常规油气资源也是化石燃料，因此，其在使用环节会不可避免地带来环境污染问题，加之非常规油气资源开采过程的特殊性，其生产过程带来的环境隐患也高于常规油气资源。如油砂在冶炼和使用环节可能会影响地下水质量、破坏地表植被、消耗大量能源、释放温室气体等。从油砂中提取的原油在其整个产品寿命周期会释放出比传统原油多 10%～30% 的温室气体。据统计，2009 年加拿大的温室气体排放量比 1990 年增长了近 30%，预计温室气体的排放将从 2011 年的 4700×10^4t/a 上升到 2020 年的 9500×10^4t/a 左右，2046 年将达 15600×10^4t/a。加拿大政府在油砂开采项目方面受到阻力最大的是来自环保的压力，特别是当地原住居民的强烈抗议已导致多家国际大油公司的油砂项目被迫放弃。全球储量最大的油砂资源正在缩减利用规模。

页岩气、致密油气、煤层气等在进行水平井开发作业时，都需要大型酸化压裂以达到

增产稳产效果。就产生了一个潜在的更重要的环境影响因素：消耗大量淡水和回流水的处理。压裂液在高压下注入，可溶解地层中部分矿物质和盐，之后在生产过程中被带到地表。回流水可含有高达 250000×10^{-6} mg/L 的盐，还可能含有页岩层中常见的放射性元素。部分挥发性有机化合物也会随着回流水来到地表。因此，回流水在地表必须得到妥善处理以防泄漏污染环境。因为减阻剂和其他一些化学物质不溶于盐水，所以大多数水压裂液必须使用淡水。目前情况下，部分用于压裂的淡水将在水循环中消失，因为有些会残留在地层里或者被排入深污水处理井中。在干旱地区，这将是一个重要问题，若在全球范围内进行水力压裂，也将导致一个重要的全球问题。页岩钻井过程中，重型设备的运输以及页岩集约开发所产生的噪声和空气污染是最难控制的环境影响因素。大型设备的来往频率与钻机的移动频率有关，更与用于压裂的压泵卡车数量有关。其他潜在的空气污染源是来自地面设施、管线或者管道中的污染物泄漏。页岩油井能生产天然气，有时产气量还非常大。天然气必须从油中分离出来并通过管线运输到天然气收集场所或天然气厂。输油管线可能是泄漏天然气的源头。油罐中的石油也会向大气释放挥发性化合物。以上这些环境隐患，欧洲众多国家，包括俄罗斯在内，甚至在印度和印度尼西亚等亚洲国家，未等非常规油气商业开采成功，都提前出台了严格的环保禁令，基本不允许发展非常规油气。目前，中国石油海外非常规油气业务主要集中在加拿大、澳大利亚等发达国家，以及委内瑞拉、厄瓜多尔等重点油气资源国，除勘探开发技术风险外，非常规油气勘探开发仍然面临着政治风险、原住民风险、税收风险、劳工风险等非技术风险。例如，加拿大与澳大利亚属于典型的"小政府、大社会"发达国家，原住民在油砂资源获取、油气管道建设等方面都有较高的发言权，油砂及煤层气项目建设必须首先取得原住民的许可。此外，以上项目运营中也面临着成本上升、组织管理等方面的风险。

　　中国大规模投入开采鄂尔多斯致密油气和四川盆地页岩气，虽然创新形成并发展了先进的技术和管理模式，实现了突破，但同时也带来开采成本的大幅度增加，低油价下很难获得足够的经济效益。同时，也产生了对环境的不利影响，当这些不利效应得不到足够的重视或者产生很多社会问题之后，就会阻碍非常规油气的发展。

四、建议

1. 坚持基础研究，储备优势技术与专有人才

　　鉴于全球非常规油气地位的重要性，作为国际性能源公司，仍需坚持在非常规油气地质勘探与开发利用方面的基础研究，做好技术和专业人才的长期储备。加强技术创新与研发支持，建立专门的非常规油气生产研究支持机构，积极支持有条件的重点大型企业到国外设立制造中心、研发中心和营销中心；建立科研协作机制，通过相关央企、高科技企业、军工企业之间的协作，突破非常规油气发展的重大关键技术；对非常规油气产业关键技术

研发出台财政补贴和税收优惠等优惠政策；鼓励重点大型企业引进、培养急需的国内外非常规油气领域高层次人才。地质研究上，应重点围绕致密油气、页岩气富集的大盆地，开展"甜点富集区"形成与分布的研究，通过现有海外非常规项目及国际合作研究，发展致密储层有效性评价、含油气饱和度检测等关键技术，能够快速实现对可采储量的分级评价，为经济评价提供可靠的地质基础，储备一些经过独立研究评价得到的资源富集区；开发上要重点研发、试验环保高效型储层压裂改造技术与产品，形成自主知识产权的专利和装备；工程上要逐步突破大型钻采设备和工艺国外封锁的瓶颈，创新发展适合于不同国家土地权和环保条件的作业模式。做好中长期利用海外非常规油气资源的技术和人才准备。

2. 依靠国家战略推动非常规油气业务发展

要把利用全球非常规油气资源作为推动国家战略实施的举措来推动，其意义不仅在于争取能源合作，更重要的是实现国家利益的最大化，只有与国家的能源外交相结合，才能抓住海外发展非常规油气资源的有利时机，通过能源外交推动中国与非常规油气资源国的能源合作，通过有针对性地签订政府间双边、多边条约，建立投资保护、税收、外汇、海关、劳务许可、标准等领域的协调机制，保护中方企业在油气资源国的投资利益，防止资源国调整油气合作政策，影响海外油气项目正常运行和合理收益。如前述本次评价优选西西伯利亚盆地致密油作为战略选区的首选，一方面可以获取俄罗斯的丰富油气资源，输送国内技术和服务，企业获利，为保障国家能源安全作出贡献；另一方面，可以帮助普京实现"俄罗斯致密油革命"，巩固和发展中俄战略伙伴关系。通过积极开展与俄方的广泛接触与谈判，可以对中亚各资源国起到威慑与警示作用，进而放宽对中国公司油气合作的苛刻限制，为获取中亚各国油气资源再创好时机、好环境。

3. 加强国际合作，推动海外非常规油气业务发展

非常规油气开采需要高难度的专业技术，前期投入巨大，投资回报所需时间较长，加之环保要求高，建议通过收购非常规油气资源国当地公司，或者与当地公司或外国公司合作等方式，加大非常规油气资源获取力度，联合开展生产运营。通过合作，学习国际大石油公司在非常规油气资源运营方面的先进模式经验，学习日本、韩国等小股东项目的管理运作经验，遵守国际惯例、坚持合规运营，提高当地化相应能力，探索建立参与非常规油气开发的管理体系与运作机制。大力推动银企合作，增强海外投资的资金保障能力；合理利用外汇储备，研究制订外汇储备转资源储备方案，适当与重大油气项目相挂钩；积极推动石油交易货币多元化进程，逐步推动能源贸易人民币结算；加大财税等支持政策，拓展境外项目资本市场直接融资渠道。建议设立海外风险勘探基金，对海外非常规油气的风险勘探项目给予全额资金支持，风险勘探沉没的资金从海外油气风险勘探基金核销，风险勘探成功则将投资转作国家资本金，资金来源可以是企业所得税返还或国有资本经营收益返还。

4. 强化现有海外项目经营管理，确保经济效益

中国油公司目前正在运行海外非常规油气项目，涉及加拿大油砂、致密气与页岩气，委内瑞拉重油，澳大利亚煤层气，美国致密油气等，都面临较大的经济风险，未来发展挑战很多。作为国际油公司，融入全球油气市场，就必须按市场规律办事，实施国际化运营和专业化管理，这是提升海外非常规业务竞争力的根本途径和必然要求。多年来的发展与运营实践表明，无论是常规油气项目还是非常规油气项目，凡是按照国际惯例开展项目管理的，项目的进度、质量和投资回报往往能够达到较好的效果；凡是采取相对透明、专业化的多方联合作业运作的，项目往往能够取得预期收益；凡是实施实质性市场化公开竞标的，项目投资成本往往能够得到有效控制。国际化、专业化是海外发展质量效益的根本保障。

坚持以效益为核心和互利共赢的理念不动摇。始终坚持以效益为核心，并实现与合作伙伴的互利共赢，是海外非常规油气业务可持续发展的关键因素。海外非常规油气投资最大的风险就是领域新、不可控因素多，海外非常规油气业务的可持续发展，除了把握住发展机遇外，更重要的是始终坚持效益标准和互利共赢。效益标准的原则必须始终贯穿于战略分析、项目开发、规划计划、经营策略等各项工作环节中，才能保证运作的有效性；互利共赢的理念必须始终体现在带动本地发展、参与社会公益事业、培养本土人才等实际行动中，才能赢得资源国的信任和支持，形成良好的互惠互利求发展势头。

5. 强化非常规油气业务专业管理型人才培养

海外非常规油气资源利用是中国油公司在近年来国际化发展中新涉足的一个崭新的领域，缺乏专业的项目管理人才保障和技术支持，同时，还必须加强对相关法律、法规和各种技术规范等的熟练掌控程度。非常规油气项目管理型人才必须在具体实践中培养，海外业务以经济效益为中心，通过开展经营策略研究，积极谋划和优化非常规油气项目开发的规划、方案、投资和费用，从而指导项目积极稳妥地推进各项工作。同时，积极学习和借鉴其他公司的经验和教训，逐渐掌握非常规油气开发的关键技术和核心要领，确保项目成功运营，逐步形成一支熟悉海外油气业务，精通非常规油气开发与经营的管理型人才团队，这是发展海外非常规油气的根本保障。

参 考 文 献

A K Singhal，S K Das，S M Keggitt W，et al. 1998. Sagd 和 Vapex 方法的油藏筛选 . 国外油田工程，03：12–13+16.

Alexey L Piskarev，杨玲，严又生 . 1999. 西西伯利亚北部与油气田有关的重磁异常特征 . 国外油气勘探，03：375–384.

В А 康托罗维奇，商振平，单金榜 . 2000. 西西伯利亚东南部下侏罗统含油气条件及远景 . 新疆石油地质，03：241–252+258.

С В 叶尔绍夫，В А 卡扎宁柯夫，Ю Н 卡罗郭金，等 . 2001. 西西伯利亚尼欧克姆组崩塌沉积带的含油气性 . 新疆石油地质，02：77–178+90.

C K Morley，等 . 1990. 东非裂谷中的转换带及其与裂谷中油气勘探的关系 . A A P G Bulletin，74（8）：68–78.

Ch 鲍梅罗尔，等著 . 芮仲清，袁相国译 . 1990. 地层学和古地理学原理与方法 . 北京：科学出版社 .

Н В Лопатин，王勋第 . 1995. 西西伯利亚盆地秋明组原油与粘土有机质的同位素地球化学特征 . 地质地球化学，03：24–28.

J M Vargo，李美江 . 1994. 苏伊士湾的油层集中在掀斜断块上 . 国外油气勘探，6（3）：277–282.

Laurier L Schramm，宋育贤 . 1997. 调油热采技术的进展 . 国外油田工程，10：12+32.

M M Kholief，王国纯 . 1987. 苏伊士湾中新统蒸发岩序列中生油岩的新证据 . 海洋地质译丛，02：15–17.

M M Salkla，T K Dutta，盛国英 . 1981. 印度阿萨姆盆地高蜡原油生油层的沉积环境 . 地质地球化学，06：1–2.

Mahmot Da M Aref，吴富强，赵亚果 . 1998. 判断地下油气聚集的一种标志——生物成因碳酸盐岩 . 天然气勘探与开发，21（2）：25–29.

R M Butler Q Jiang，胥洪成 . 2000. WAPEX 方法在水平井网中的应用 . 吐哈油气，02：89–95.

Richard I Gibson，金福锦 . 1994. 西西伯利亚裂谷体系的构造样式及其对油气聚集的影响 . 美国勘探地球物理学家学会第 64 届年会论文集 . 南京石油物探研究所 .

Shoupakova A，Kirjukhina T A. 1997. 重新评价扎格罗斯褶皱带的圈闭潜力 . 冲断推覆带勘探最新英文文献摘要，47.

SY/T6164–1995. 1995. 碎屑岩油气藏地质特征描述方法 . 中国石油天然气总公司 .

В С Сурков.，А А ТроФимукидр，杨绪充 . 1984. 西西伯利亚台坪的三叠纪断裂系及其对地台型中新生代盖层的构造和含油气性的影响 . 国外油气勘探，05：3–7.

E A Konunebnq，冯秀芳，黄天敬 . 1995. 根据蒂曼—伯朝拉含油气省地震勘探资料研究井间储集层的容量 . 天然气勘探与开发，02：84–89.

Λ Н 马卡洛夫 . 1964. 在乌斯丘尔特高原空气吹洗钻进的经济效果 . 探工零讯，Z1：22.

О О 阿布罗西莫娃，Е В 别洛娃，И А 伊万诺夫，等 . 2000. 西西伯利亚地台东南部古生界油气田成因与结构 . 新疆石油地质，06：531–533+520.

Т А Ботнева，Э М Грайзер，王勋弟 . 1990. 伏尔加—乌拉尔含油气区泥盆系及下石炭统石油成因类型的成分特征 . 地质科学译丛，03：74–77.

安作相，胡征钦 . 1991. 中亚含油气地区的若干油气地质问题 . 国外油气勘探，06：1–13.

奥雷格·泰拉科夫，朱超 . 1999. 独联体煤层气开发利用现状 . 中国煤层气，（2）：26–28.

白国平 . 2007. 波斯湾盆地油气分布主控因素初探 . 中国石油大学学报，31（3）：28–38.

拜文华，刘人和，李凤春，等 . 2009. 中国斜坡逸散型油砂成矿模式及有利区预测布 . 地质调查与研究，

33（03）：228-234.

彼得·戴维，顾京义 . 1996. 世界能源消费和能源资源的前景 . 国际石油经济，4（6）：6-9.

曹军，钟宁宁，邓运华，等 . 2014. 下刚果盆地海相烃源岩地球化学特征、成因及其发育的控制因素 . 石油天然气工业，04：91-102.

曹正林，孙秀建，张小军，等 . 2010. 柴达木盆地西南区岩性油气藏勘探方法与技术 . 天然气地质学，02：54-59+139.

常振恒，陈中红，张玉体，等 . 2007. 渤海湾盆地东濮凹陷原油地球化学特征研究 . 石油实验地质，29（2）178-187.

车长波，杨虎林，李富兵，等 . 2008. 非常规油气资源勘探开发政策思考 . 天然气工业，28（12）：4-6，133-134.

陈波，韩定坤，罗明霞，等 . 2006. 江汉盆地白垩系油气藏特征与勘探潜力 . 石油天然气学报，06：46-58.

陈尔跃 . 2006. 辽河稠油井下改质催化体系的研制与应用 . 大庆石油学院 .

陈荣林，叶德燎 . 2006. 滨里海盆地与塔里木盆地油气地质特征的类比 . 中国西部油气地质，2（3）：261-266.

陈铁铮 . 2007. 超稠油油藏双水平 SAGD 优化设计 . 辽宁石油化工大学学报，27（2）：20-23.

陈文学，吕雪雁，周生友，等 . 2014. 北萨哈林盆地油气成藏主控因素及有利区带分析 . 石油实验地质，36（5）：589-596.

陈新，牛嘉玉，等 . 1990. 准噶尔盆地西北缘地表油砂调查及开采可行性研究 . 内部资料 .

陈学海，卢双舫，薛海涛，等 . 2011. 地震属性技术在北乌斯丘尔特盆地侏罗系泥岩预测中的应用 . 中国石油勘探，02：67-71+88.

陈懿，杨昌明 . 2008. 国外煤层气开发利用的现状及对我国的启示 . 中国矿业，17（4）.

陈应泰，刘文彬 . 1992. 国外油页岩综合利用的进展 . 地球科学进展，7（2）：48-50.

陈毓川，常印佛，裴荣富，等 . 2005. 中国新生代成矿作用（上册）. 北京：地质出版社 .

陈元千 . 2000. 油田可采储量计算方法 . 新疆石油地质，21（2）：130-137.

程绍志，胡常忠，刘新福 . 1998. 稠油出砂冷采技术 . 北京：石油工业出版社 .

戴金星，倪云燕，吴小奇 . 2012. 中国致密砂岩气及在勘探开发上的重要意义 . 石油勘探与开发，39（3）：257-264.

单玄龙，罗洪浩，孙晓猛，等 . 2010. 四川盆地厚坝侏罗系大型油砂矿藏的成藏主控因素 . 吉林大学学报（地球科学版），40（04）：897-902.

董清水 . 1998. 煤炭资源概论 . 长春：长春科技大学 .

杜春国，王建君，汪平，等 . 2012. 阿塞拜疆油气工业综述 . 国际石油经济，08：81-90+119.

杜金虎，何海清，杨涛，等 . 2014. 中国致密油勘探进展及面临的挑战 . 中国石油勘探，19（1）：1-9.

杜鹏，何登发，张光亚 . 2011. 西西伯利亚盆地北部大气田的形成条件和分布规律 . 中国石油勘探，（3）：23-30.

杜鹏，何登发，张光亚 . 2011. 西西伯利亚盆地北部大气田的形成条件和分布规律 . 中国石油勘探，03：23-30+67+6-7.

杜玉成，刘燕琴 . 2003. 某油页岩尾渣制备优质煅烧高岭土的研究 . 矿冶，12（1）：56-59.

段海岗，陈开远，史卜庆 . 2007. 南里海盆地泥火山构造及其对油气成藏的影响 . 石油与天然气地质，28（3）：337-344.

段海岗，潘校华，罗曼，等 . 2009. 南里海盆地下库拉凹陷异常高压与油气成藏 . 石油勘探与开发，36（4）：

487–493.

段海岗，周长迁，张庆春，等．2014.中东油气富集区成藏组合特征及其勘探领域．地学前缘，03：118–126.

俄西北联邦区自然资源概况．2005.采矿技术，5（4）：123–124.

俄西北联邦区自然资源概况．采矿技术，2005，5（4）：123–124.

法贵方，康永尚，商岳男，等．2012.全球油砂资源富集特征和成矿模式．世界地质，01：120–126.

法贵方，袁圣强，王作乾，等．2012.伏尔加—乌拉尔盆地石油地质特征及勘探潜力分析．特种油气藏，05：46–50+153.

范柏江，刘成林，庞雄奇，等．2011.渤海湾盆地南堡凹陷断裂系统对油气成藏的控制作用．石油与天然气地质，32（2）：192–206.

范士彦，汤振清．2001.埃塞俄比亚亚尤煤田阿齐堡—宋堡区油页岩特征．煤田地质与勘探，29（1）：5–7.

房照增．2000.独联体国家煤层气开发现状．中国煤炭，26（4）：59–33.

冯有良．2005.断陷盆地层序格架中岩性地层油气藏分布特征．石油学报，26（4）：17–22.

抚顺石油一厂等．1960.中国页岩油工业．北京：石油工业出版社．

傅雪海，秦勇，韦重韬．2008.煤层气地质学．北京：中国矿业大学出版社，179–188.

高计县，田昌炳，张为民，等．2013.波斯湾盆地中白垩统 Mishrif 组碳酸盐岩层特征及其发育模式．地质科学，48（1）：304–316.

高健．2003.世界各国油页岩干馏技术简介．煤炭加工与综合利用，2：44–46.

高金尉，何登发，童晓光，等．2014.北极含油气域大油气田形成条件和分布规律．中国石油勘探，01：75–90.

高敏，何登发．2011.南里海盆地大油气田的形成条件与分布特征．新疆石油地质，32（5）：569–574.

顾文文，李文．2006.委内瑞拉重油资源开发现状及前景．国际石油经济，5：28–33.

顾义．2000.塔里木盆地北部塔河油田油气藏成藏机制．石油实验地质，04：20–25.

关德师，牛嘉玉，郭丽娜，等．1995.中国非常规油气地质．北京：石油工业出版社．

关德师，牛嘉玉，郭丽娜，等．1996.中国非常规油气地质．北京：石油工业出版社．

桂林．2008.单113块特超稠油开采技术应用与实施．省立大学职工大学学报，22（2）：51–52.

郭德琳．2003.中国与委内瑞拉能源合作的潜力．拉丁美洲研究，（2）：26–30.

郭秋麟，陈宁生，吴晓智，等．2013.致密油资源评价方法研究．中国石油勘探，（2）：67–76.

郭永强，刘洛夫，朱毅秀，等．2006.阿姆达林盆地油气地质特征与有利区带预测．新疆石油地质，02：130–134.

郭泽清，刘卫红，冯刚．2011.柴达木盆地三湖地区岩性气藏分布规律和有利区块预测．天然气地质学，04：69–75.

国家煤炭网．Available At（http：//www.statecoal.com/info/detail/31-1387.html）.

国家能源局．2011.SY/T 6832–2011 致密砂岩气地质评价方法．北京：石油工业出版社．

韩雷．2011.北乌斯丘尔特盆地构造及沉积演化规律研究．科学技术与工程，28：6946–6951.

韩中安．1991.世界地理（上册）．长春：东北师范大学出版社．

郝晶，王为民，李思宁，等．2013.稠油开采技术的发展．当代化工，42（10）：1434–1436.

郝鹏飞．2014.宽扎盆地油气地质特征．海洋地质前沿，05：31–35.

何红梅，徐德平，张香兰．2002.油页岩的开发与利用．洁净煤技术，8（2）：44–47.

何雨丹，魏春光．2014.中亚阿姆河盆地构造演化及其对油气藏的控制作用．地球物理学进展，03：179–183.

贺鸿冰，何登发，温志新，等．2012.乌拉尔前陆盆地带大油气田形成条件与分布规律．新疆石油地质，02：256-261.

贺正军，张光亚，王兆明，等．2015.俄罗斯远东北萨哈林盆地油气分布及成藏主控因素．地学前缘，01：295-304.

侯满堂．2001.固体矿产资源评价项目中资源量的估算，陕西地质，19（2）：98-103.

侯满堂．2001.固体矿产资源评价项目中资源量的估算．陕西地质，19（2）：98-103.

侯平，田作基，郑俊章，等．2014.中亚沉积盆地常规油气资源评价．地学前缘，03：56-62.

侯祥麟．1984.中国页岩油工业．北京：石油工业出版社．

胡朝元，张一伟，等．1990.油气勘探及实例分析．北京：石油工业出版社．

胡见义，牛嘉玉．1994.中国重油沥青资源的形成与分布．石油与天然气地质，15（2）：105-112.

胡千庭．2003."先抽后采"是确保煤矿安全高效生产的重要条件．煤炭科学研究总院重庆分院，11.

胡守志，张冬梅，唐静，等．2009.稠油成因研究综述．地质科技情报，02：97-100.

胡文海，陈冬晴秀．1995.美国油气田分布规律和勘探经验．北京：石油工业出版社．

胡文瑞，翟光明，雷群，等．2008.非常规油气勘探开发新领域与新技术．北京：石油工业出版社．

胡元现，M Chan，S Bharatha.2004.西加拿大盆地油砂储层中的泥夹层特征．地球科学，29（5）：550-554.

话爱岗，关增森，关辉．2007.非洲油气资源及主要生产国概述．天然气技术，03：94-97+102.

基恩·利弗菲尔德．1999.英国煤层气开发现状．中国煤层气，6：7-9.

贾承造，郑民，张永峰．2012.中国非常规油气资源与勘探开发前景．石油勘探与开发，39（2）：129-136.

贾承造，邹才能，李建忠，等．2012.中国致密油评价标准、主要类型、基本特征及资源前景．石油学报，33（03）：343-350.

贾承造．2007.煤层气资源储量评估方法．北京：石油工业出版社．

贾怀存，王春修，王中凡，等．2013.前苏联地区油气资源勘探潜力及利用前景．资源与产业，01：30-34.

贾小乐，何登发，童晓光，等．2011.全球大油气田分布特征．中国石油勘探，3（1）：11-7.

贾小乐，何登发，童晓光，等．2014.中阿拉伯盆地Khuff-Sudair组油气藏地质特征及成藏模式．新疆石油地质，03：369-374.

贾小乐，何登发．2011.波斯湾盆地大气田的形成条件与分布规律．中国石油勘探，03（2）：8-22.

姜颖，柳忠泉，王大华．滨里海盆地乌拉尔区块盐上成藏主控因素分析．石油天然气学报（江汉石油学院学报），29（3）：350-352.

解吉高，刘春成，刘志斌，等．2015.下刚果盆地北部中新统深水浊积岩储层及含油性地震预测．石油学报，01：37-44.

金福锦．1994.欧美地层名称对照表．中学术期刊电子发布，06（6）：777-778.

金之钧，李有柱，李明宅，等．2000.油气聚集成藏理论．北京：石油工业出版社．

金之钧，王志欣．2007.西西伯利亚盆地油气地质特征．北京：中国石化出版社．

金之钧，王志欣．2007.西西伯利亚盆地油气地质特征．北京：中国石化出版社．

金之钧，张金川．1999.深盆气藏及其勘探对策．石油勘探与开发，26（1）：4-5.

金之钧，张金川．2002.油气资源评价方法的基本原则，石油学报，23（1）：19-23.

金之钧，张金川．2002.油气资源评价方法的基本原则，石油学报，23（1）：19-23.

金之钧，张金川．2002.油气资源评价方法的基本原则．石油学报，23（1）：19-23.

康永尚，邱楠生，吴文旷，等．2000.柴达木盆地西部油气成藏流体动力系统分析．石油学报，05：23-26+5.

康友军，王铁冠．2007．塔里木盆地塔东 2 井寒武系稠油分子化石与油源分析．中国石油大学学报，06：26-30．

康玉柱，凌翔．2011．中国松辽—渤海湾盆地油气勘探老区资源潜力分析．地质勘探，31（12）：1-4．

库什尼鲁克，贝克，巴尔托兴斯卡娅．1987．东欧地台西南边缘的石炭纪．П.П.季莫菲耶夫主编．李濂清译．煤田及其形成条件．北京：地质出版社．

匡立春，吕焕通，齐雪峰．2005．准噶尔盆地岩性油气藏勘探成果和方向．石油勘探与开发，06：37-42+70．

匡立春，唐勇，雷德文，等．2012．准噶尔盆地二叠系咸化湖相云质岩致密油形成条件与勘探潜力．石油勘探与开发，39（6）：657-667．

匡立春，薛新克，邹才能，等．2007．火山岩岩性地层油藏成藏条件与富集规律——以准噶尔盆地克—百断裂带上盘石炭系为例．石油勘探与开发，03：34-39．

李国玉，金之韵，等．2005．世界含油气盆地图集（上，下册）．北京：石油工业出版社．

李鸿业．1995．世界主要产煤国煤层气资源开发前景．中国煤层气，（2）：35-38．

李建新，杨斌，何丽普．1993．准噶尔盆地西北缘稠油成因和原油早期成烃机制的探讨．新疆石油地质，14（3）：239-249．

李江海，程海燕，赵星，等．2009．残余洋盆的大地构造演化及其油气意义．地学前缘（中国地质大学，北京大学），16（4）：40-51．

李明诚，李先奇，尚尔杰．2001．深盆气预测与评价中的两个问题．石油勘探与开发，28（2）：6-7．

李明辉，宋迎来，行登恺，等．1990．近海重油开采．国外油田工程，06（3）：76-80．

李鹏华．2009．稠油开采技术现状及展望．油气田地面工程，02：13-14．

李丕龙，庞雄奇，陈冬霞，等．2004．济阳坳陷砂岩透镜体油藏成因机理与模式．中国科学 D 辑地球科学，34（增刊 I）：143-151．

李全．2014．伊拉克西部西阿拉伯盆地油气勘探潜力初探．科技与企业，24：79．

李素梅，姜振学，董月霞，等．2008．渤海湾盆地南堡凹陷原油成因类型及其分布规律．现代地质，22（5）：817-823．

李万平．1997．亚洲地区国家石油公司发展动向．国际石油经济，05（4）：50-52．

李维安．2008．西西伯利亚北极地区的巨大油气资源．国外油田工程，12：44．

李濂连，刘震，徐樟有，等．2007．柴达木盆地油气藏特征分析及对油气勘探的意义．石油与天然气地质，28（1）：18-34．

李旭．2006．世界煤层气开发利用现状．煤炭加工与综合利用，（6）：41-45．

梁狄刚，冉隆辉，戴弹申，等．2011．四川盆地中北部侏罗系大面积非常规石油勘探潜力的再认识．石油学报，32（1）：8-17．

梁英波，赵喆，张光亚，等．2014．俄罗斯主要含油气盆地油气成藏组合及资源潜力．地学前缘，21（3）：38-46．

刘伯谦．1999．油页岩在国家能源结构中的地位．中国能源，2：19-21．

刘文章．1983．关于我国稠油分类标准的初步研究．石油钻采工艺，01：41-50．

刘文章．1990．从第四届国际稠油技术会议看稠油技术的发展．石油钻采工艺，01：57-60+92．

刘亚明，谢寅符，马中振，等．2014．南美北部前陆盆地重油成藏特征及勘探前景．地学前缘（中国地质大学（北京）；北京大学），21（3）：134-144．

刘延莉．2014．塞内加尔盆地油气地质特征及勘探潜力．地质与资源，02：104-109．

刘彦成，王健，李拥军，等.2010.稠油开采技术的发展趋势.重庆科技学院学报，12（4）：17-23.

刘招君，柳蓉.2005.中国油页岩特征及开发利用前景分析.地学前缘，12（3）：315-323.

刘招君，柳蓉.2005.中国油页岩特征及开发利用前景分析.地学前缘，12（3）：315-323.

龙首敏，庄建远，王国丽.2008.油砂沥青或超（特）稠油露天开采与井下开采.油气田地面工程，27（10）：51-52.

卢双舫，黄文彪，陈方文，等.2012.页岩油气资源分级评价标准探讨.石油勘探与开发，39（2）：249-256.

路艳丽，张海泉，乔子真.2005.柴达木盆地正星介爆发点与上油砂山组底界的确定.新疆石油地质，26(4)：462-464.

吕宝凤，杨永强，李丽.2010.柴达木盆地断裂体系划分及其成盆动力学意义.西北地质，04：149-157.

罗志立.1998.中国含油气盆地分布规律及油气勘探展望.新疆石油地质，19（6）：442-451.

骆满生，张克信，徐亚东，等.2013.青藏高原中新世构造岩相古地理.地质通报，01：31-43.

马锋，王红军，张光亚，等.2014.致密油聚集特征及潜力盆地选择标准.新疆石油地质，35（2）：243-247.

马锋，张光亚，田作基，等.2014.北美常规油气富集特征与待发现资源评价.地学前缘，21（3）：91-100.

马洪，李建忠，杨涛，等.2014.中国陆相湖盆致密油成藏主控因素综述.石油实验地质，36（6）：668-677.

马林，唐仲松，刘韦唯.2012.徒步丈量马达加斯加.中国石化报.

马强.2012.稠油热采油田硫化氢生成机理研究.吐哈油气，17（3）：274-278.

马中振，陈和平，谢寅符，等.2013.基于开采技术的重油-油砂可采储量计算方法.石油勘探与开发，40(5)：599-604.

毛翔，李江海，杨静懿.2013.环北极沉积盆地结构与构造演化特征——来自环北极地质长剖面的证据.极地研究，03：294-303.

孟巍，　　　谢锦男，等.2006.超稠油油藏中直井与水平井组合SAGD技术优化地质设计.大庆石油学院学报，30（2）：44-47.

苗耀，桑树勋，林会喜，等.2007.渤海湾盆地石炭二叠系微量元素特征及其指相意义.沉积与特提斯地质，04：29-34.

聂凤军，江思宏，赵省民.2000.关于矿产资源评价的若干问题.中国地质，3：22-25.

牛嘉玉，刘尚奇，等.2002.稠油资源地质与开发利用.北京：科学出版社.

农衡才.2005.越南红河平原煤田地质概述.南方国土资源，1：16-18.

庞雄奇，李素梅，金之钧，等.2004.渤海湾盆地八面河地区油气运聚与成藏特征分析木.中国科学（D辑：地球科学），S1：154-163.

裴振洪.2004.非洲区域油气地质特征及勘探前景.天然气工业，24（1）：29-33.

钱家麟.1983.中国页岩油工业.华东石油学院.

钱鑫，黄文华，喻克全.2002.准噶尔盆地西北缘稠油油藏蒸汽吞吐后期提高开发效果的方法.新疆石油学院学报，04：59-64.

秦宏，姜秀民，孙键，等.1997.中国油页岩的能源利用.节能技术，（12）：17-19.

秦建中，李志明，刘宝泉，等.2007.海相优质烃源岩形成重质油与固体沥青潜力分析.石油实验地质，03：68-73+79.

邱振，邹才能，李建忠，等.2013.非常规油气资源评价进展与未来展望.天然气地球科学，24（2）：238-246.

曲斌等.2001.EOR在轻油和重油开采中的应用.国外油田工程，17（6）：1-3.

曲玉辰.2014.浅薄层稠油热采新工艺关键技术探讨.化工管理，11：238.

全国地层委员会编 . 1981. 中国地层指南及中国地层指南说明书 . 北京：科学出版社 .

全国地质资料局 . 1956. 全国矿产产地资料汇编：油页岩 .

任建业，李思田 . 1998. 东北亚断陷盆地系与北美西部盆岭省伸展作用对比 . 地质科技情报，03：8-1.

任战利，李文厚，梁宇，等 . 2014. 鄂尔多斯盆地东南部延长组致密油成藏条件及主控因素 . 石油与天然气地质，（2）：190-198.

芮捍东 . 2009. 渤海湾盆地东营凹陷原生岩性油藏含油性影响因素分析与定量预测 . 石油实验地质，31（3）：221-226.

萨基诺夫，热捷索夫著 . 刘德琛等译 . 1987. 缓倾斜厚煤层双工作面采煤法 . 北京：煤炭工业出版社 .

石智军，董书宁 . 2008. 澳大利亚煤层气开发现状 . 煤炭科学技术，36（5）.

史斗，郑军卫 . 2000. 我国能源发展战略研究 . 地球科学进展，15（4）：406-414.

世界煤炭工业发展报告课题组 . 1999. 乌克兰煤炭工业 . 煤炭科学技术，27（8）：51-53.

世界煤炭工业发展报告课题组 . 1999. 英国煤炭工业 . 煤炭科学技术，（27）：48-50.

宋魁 . 1990. 新编苏联知识手册 . 哈尔滨：黑龙江人民出版社 .

苏尔盖 . 1995. 乌克兰煤炭工业的发展前景 . 中国煤炭，3：72-74.

苏文，余正伟 . 2010. 委内瑞拉油气资源投资整体评价 . 中外能源，15（10）：12-17.

孙茂远，朱超 . 2001. 国外煤层气开发的特点及鼓励政策 . 中国煤炭，27（2）.

孙为国 . 2004. 如何面对严峻的石油形势 . 化工之友，（2）：36-36.

孙欣，刘文革，孙庆刚 . 2006. 澳大利亚煤矿区煤层气开发利用现状及中澳合作前景 . 中国煤层气，3（4）.

塔斯肯，李江海，李洪林，等 . 2014. 中亚与邻区盆地群构造演化及含油气性 . 现代地质，03：573-584.

汤良杰，金之钧，漆家福，等 . 2002. 中国含油气盆地构造分析主要进展与展望 . 地质论评，48（2）：182-191.

汤良杰，张一伟，金之钧，等 . 2004. 塔里木盆地—柴达木盆地的开合旋回 . 地质通报，23（3）：254-260.

唐民安，李江涛，孙宝玲 . 2001. 鄂尔多斯盆地南部彬县—宜君地区中生界油气地质特征及勘探前景 . 河南石油，15（4）：4-6.

童晓光，郭建宇，王兆明，等 . 2014. 非常规油气地质理论与技术进展 . 地学前缘，21（1）：9-20.

童晓光，李浩武 . 2015. 阿根廷内乌肯盆地 Vaca Muerta 组页岩油地质特征与勘探开发潜力 . 中国石油勘探，06：72-83.

童晓光，张光亚，王兆明，等，2014. 全球油气资源潜力与分布 . 地学前缘，03：1-9.

童晓光 . 2012. 非常规油的成因和分布 . 石油学报，33&1：20-26.

瓦尔特，吕尔 . 1989. 焦油（超稠油）砂和油页岩 . 北京：地质出版社 .

瓦尔特·吕尔 . 1986. 焦油（超重油）砂和油页岩（中译本）. 北京：地质出版社 .

外含油气盆地勘探开发丛书国编委会 . 1992. 伏尔加—乌拉尔含油气盆地 . 北京：石油工业出版社 .

万玉金，韩永新 . 2013. 美国致密砂岩气藏地质特征与开发技术 . 北京：石油工业出版社 .

汪双清，王培荣 . 2001. 绿河油页岩中的开链醇化合物 . 沉积学报，19（3）：474-480.

王安，闫长辉，李月丽，等 . 2010. 西西伯利亚地区碳酸盐岩储层连续压裂模拟研究 . 国外油田工程，04：18-20.

王炳山，余继锋，等 . 2001. 黄县盆地褐煤与油页岩的泥炭沼泽类型分析 . 煤田地质与勘探，29（5），1-3.

王丹辉，宋艳梅 . 2013. 俄罗斯天然气勘探开发及出口贸易进展浅析 . 中外能源，10：13-19.

王宏，林方成，李兴振，等 . 2012. 缅甸中北部及邻区构造单元划分及新特提斯构造演化 . 中国地质，04：912-922.

王慧中，梅洪明．1998．东营凹陷沙三下亚段油页岩中古湖泊学信息．同济大学学报，26（3）：315-319.

王京，刘琨．2014．俄罗斯最新石油资源数据解析及生产前景分析．国际石油经济，10：53-62+111.

王连岱，沈仁福，吕凤军，等．2014．滨里海盆地石油地质特征及勘探方向分析．大庆石油地质与开发，23（2）：17-20.

王朋岩，刘凤轩，马锋，等．2014．致密砂岩气藏储层物性上限界定与分布特征．石油与天然气地质，02：238-243.

王少春，门相勇，钱铮，等．2011．渤海湾盆地武清凹陷含油气系统的复合性特征与有利勘探区带．天然气工业，31（11）：66-69+131.

王慎余，许家朋，王振海．1992．我国油页岩资源开发利用状况及发展对策．中国地质经济，（2）：16-19.

王盛鹏．2013．三塘湖盆地致密油地质评价及有利探区．北京：中国矿业大学（北京）.

王素花，郑俊章，高书琴．2014．俄罗斯石油资源现状及开发潜力．国际石油经济，03：65-72+121.

王文祥．1996．伯朝拉煤田的早二叠世的区域构造单元．煤炭技术，01：31-36+38.

王晓慧，陈绍国．1996．北美西部、准噶尔盆地西北缘及龙门山逆掩推覆构造带油气地质条件类比．天然气勘探与开发．1-9.

王旭．2006．辽河油区稠油开采技术及下步技术攻关方向探讨．石油勘探与开发，04：97-103.

王学忠．2006．低品位小油砂体开发对策研究．断块油气田，02：61-62+96-97.

王一帆，白国平．2014．中阿拉伯盆地油气分布规律和主控因素研究．沉积与特提斯地质，02：104-112.

王永莉，刘招君，荆惠林，等．2005．桦甸盆地古近系桦甸组油页岩矿床沉积特征．吉林大学学报，（6）：720-731.

王永诗，常国贞，彭传圣，等．2004．从成藏演化论稠油形成机理——以济阳坳陷罗家地区为例．特种油气藏，04：29-32+126-127.

王屿涛，徐长胜，王静．1999．准噶尔盆地石南油气田成藏史分析．石油勘探与开发，01：48-51+5+14.

王志国，马一太，李东明，等．2004．稠油开采注汽过程能量转换分析模型及评价准则．大庆石油学院学报，05：30-32+35+105-106.

王忠生，法贵方，原瑞娥，等．2012．基于 SPE PI 蝴 S 准则下的油砂资源/储量划分与评估．大庆石油地质与开发，31（3）：73-78.

魏明安．2002．油页岩综合利用途径探讨．矿冶，11（2）：32-34.

魏兆亮，刘全稳，程有义，等．2006．渤海湾盆地天然气聚集差异性探讨．天然气工业，03：67-69+12.

吴官生．1997．东北亚沉积盆地中油气分布状况．国外油气勘探，9（6），714-721.

吴国政，皇甫广龙，马启贵．1998．俄罗斯大型油气田地质与开发概略．大庆石油地质与开发，06：53-54.

吴瑞棠，张守信．1989．现代地层学．武汉：中国地质大学出版社.

肖坤叶，赵健，余朝华，等．2014．中非裂谷系 Bongor 盆地强反转裂谷构造特征及其对油气成藏的影响．地学前缘，03：179-187.

肖其海．1995．油页岩灰填充母粒的研制．塑料科技，2：5-8.

谢方克，殷进垠．2004．哈萨克斯坦共和国油气地质资源分析．地质与资源，01：59-64.

徐春华，徐佑德，邱连贵，等．2001．油气资源评价的现状与发展趋势．海洋石油，4：1-5.

徐开礼，朱志澄．1989．构造地质学．北京：地质出版社.

徐树宝，王素花．东西伯利亚含油气盆地石油地质特征和资源潜力．石油科技论坛，32-37.

许红，马惠福，蒲庆南，等．2001．油气资源评价基本概念与定量评价方法．海洋地质动态，17（10）：4-7.

许志刚．2013．浅析现阶段重油开采技术的应用．中国石油和化工标准与质量，11：129.

薛宝山，张树林．2014.宽扎盆地岩岩发育特征及其与油气成藏关系．天然气地球科学，02：85-91.

薛峰．2006.中东地区的构造发育史和构造格局．中国科技信息，01：56.

薛瑞新．2008.国内外稠油开采技术研发趋势．科技创新导报，27：25.

薛永安，余宏忠，项华．2007.渤海湾盆地主要凹陷油气富集规律对比研究．中国海上油气，03：3-6.

闫澈，姜秀民．2000.中国油页岩的能源利用研究．中国能源，（9）：24-26.

闫澈，姜秀民．2000.中国油页岩的能源利用研究．中国能源，（9）：24-26.

严绪朝，郝鸿毅，等．2007.国外煤层气的开发利用状况及其技术水平．石油科技论坛，第6期．

杨波，徐长贵，牛成民．2011.墙角型陡坡带岩性圈闭油气成藏条件研究——以渤海湾盆地石南陡坡带中段BZ3区古近系东营组为例．古地理学报，13（4）：434-442.

杨超，陈清华，任来义，等．2012.柴达木盆地构造单元划分．西南石油大学学报，34（1）：25-33.

杨华，李士祥，刘显阳，等．2013.鄂尔多斯盆地致密油、页岩油特征及资源潜力．石油学报，34（1）：1-10.

杨静懿，李江海，毛翔．2013.北极地区盆地群油气地质特征及其资源潜力．极地研究，03：304-314.

杨丽丽，李培，潘继平，等．2014.对东非区油气资源的认识与思考．中国国土资源经济，11：52-54+62.

杨敏英．2001.从英国煤炭工业发展历程看我国煤炭企业的战略调整．数量经济技术经济研究，8：9-14.

杨起．1989.煤地质学进展．北京：科学出版社．

杨涛，张国生，梁坤，等．2012.全球致密气勘探开发进展及中国发展趋势预测．中国工程科学，14（6）：64-68.

杨文孝，等．1986.新疆准噶尔盆地及其外围盆地油气资源评价．内部资料．

杨锡禄，周国铨．1995.中国煤炭工业百科全书：地质·测量卷．北京：煤炭工业出版社．

杨永才，孙玉梅，李友川，等．2013.波斯湾盆地烃源岩地球化学特征与油气分布规律．海洋地质前沿，29（5）：36-46.

杨永才，张树林，孙玉梅，等．2013.西非宽扎盆地烃源岩分布及油气成藏．海洋地质前沿，03：33-40.

姚泾利，邓秀芹，赵彦德，等．2013.鄂尔多斯盆地延长组致密油特征．石油勘探与开发，40（2）：150-158.

叶德燎，易大同．2004.北海盆地石油地质特征与勘探实践．北京：石油工业出版社．

叶和飞，罗建宁，李永铁，等．2000.特提斯构造域与油气勘探．沉积与特提斯地质，01：1-27.

游君君，叶松青，刘招君，等．2004.油页岩的综合开发与利用．世界地质，23（3）：261-265.

于廷云，孙桂大．1994.抚顺油页岩灰分检测与利用的可能性．抚顺石油学院学报，14（1）：12-14.

于新（驻哈萨克斯坦经商参处）．2008.哈萨克斯坦矿产资源及投资简介．

于新（驻哈萨克斯坦经商参处）．2008.哈萨克斯坦煤炭生产概况．

岳鹏升，王平，郁东良，等．2011.柴达木盆地北缘下中侏罗统沉积特征及其石油地质意义．海洋地质前沿，27（11）：38-44.

曾允孚，夏文杰．1986.沉积岩石学．北京：地质出版社．

张大江，黄第藩，李晋超．1987.克拉玛依原油的生物降解．石油勘探与开发，04：11-19.

张海泉，孙镇城，景民昌，等．2006.正星介（Cyprideis）初现面对柴达木盆地上油砂山组和下油砂山组分界的意义．中国石油勘探，06：118-126+14.

张寒，朱光有．2007.利用地震和测井信息预测和评价烃源岩——以渤海湾盆地富油凹陷为例．01：60-64.

张宏民，程林松，梁玲．2002.稠油油藏热活性水驱数值模拟．新疆石油地质，23（1）：52-56.

张金川，金之钧．2000.美国落基山地区深盆气及其基本特征．国外油气勘探，12（6）：651-657.

张可宝，史卜庆．2007.东非地区沉积盆地油气潜力分析．天然气地球科学，18（6）：869-871.

张雷，杨朝红 .1998. 我国可持续发展的能源开发战略 . 中国软科学，（3）：74–79.

张立东 .2012. 北乌斯丘尔特盆地构造演化及基本石油地质特征 . 内蒙古石油化工，03：133–134.

张立东 .2012. 南里海盆地构造演化及基本石油地质特征 . 内蒙古石油化工，04：34–35.

张林晔，包友书，刘庆，等 . 盖层物性封闭能力与油气流体物理性质关系探讨 .

张守信 .1989. 理论地层学 . 北京：科学出版社 .

张万选 .1994. "油气资源评价"的发展与展望 . 断块油气田，1（1）：38–40.

张文昭 .1995. 中国含油气盆地的演化 . 中国矿业，6（4）：1–7.

张震，李浩武，段宏臻，等 .2012. 扎格罗斯盆地新生界 Asmari—Gachsaran 成藏组合地质特征及成藏模式 .
石油与天然气地质，33（2）：190–199.

赵丽莎，吴小川，易晨曦，等 .2013. 稠油开采技术现状及展望 . 辽宁化工，42（4）：363–368.

赵群，王红岩，刘人和，等 .2008. 挤压型盆地油砂富集条件及成矿模式倡 . 天然气工业，28（4）：
121–126.

肇永辉 .2000. 我国油页岩的主要性质及利用 . 沈阳化工，29（1）：37–39.

郑德温，方朝合，李剑，等 .2008. 油砂开采技术和方法综述 . 西南石油大学学报，30（6）：105–108.

郑俊章，周海燕，黄先雄 .2009. 哈萨克斯坦地区石油地质基本特征及勘探潜力分析 . 中国石油勘探，
02：80–86+8.

中石油经济技术研究院 .2007. 世界非常规油气资源及分布 . 北京：石油工业出版社 .

周总瑛，唐跃刚 .2004. 我国油气资源评价现状与存在问题 . 新疆石油地质，25（5）：554–556.

朱桂林 .2007. 渤海湾盆地东营凹陷第三纪同沉积构造控砂控油作用 . 石油实验地质，29（6）：545–553.

朱杰，车长波，柳广弟，等 .2006. 渤海湾盆地石油地质储量和产量增长趋势的预测 . 油气地质与采收率，
06：22–24+112.

朱毅秀，张伟 .2008. 北乌斯丘尔特含油气区油气地质特征 . 内蒙古石油化工，21：124–126.

朱志澄 .1984. 逆冲推覆构造研究的进展和动向 . 地质科技情报—武汉地质学院 .

朱志澄，宋鸿林，等 .1990. 构造地质学 . 武汉：中国地质大学出版社 .

朱作京，李发荣 .2007. 加拿大油砂开采技术初探 . 国外油田工程，23（1）：21–23.

邹才能，陶士振，侯连华，等 .2013. 非常规油气地质 .2 版 . 北京：地质出版社 .

邹才能，杨智，张国生，等 .2014. 常规—非常规油气"有序聚集"理论认识及实践意义 . 石油勘探与开发，
41（1）：14–27.

邹才能，张光亚，陶士振，等 .2010. 全球油气勘探领域地质特征、重大发现及非常规石油地质 . 石油勘
探与开发，37（2）：129–145.

邹才能，张国生，杨智，等 .2013. 非常规油气概念、特征、潜力及技术——兼论非常规油气地质学 . 石
油勘探与开发，40（4）：385–399.

邹才能，朱如凯，吴松涛，等 .2012. 常规与非常规油气聚集类型、特征、机理及展望：以中国致密油和
致密气为例 . 石油学报，33（2）：173–187.

A A Al-Fares，M Bouman，P Jeans. A new look at the Middle to Lower Cretaceous stratigraphy，offshore Kuwait.
Pete Jeans Exploration Consultant.

A B Cadle，B Cairncross，A D M Christie，DL. 1993. The Karoo Basin of South Africa：type basin for the coal-
bearing deposits of southern Africa. Journal of Coal Geology.

A C Hutton，R Feldtmann. 1996. Influence of palaeotopography on the distribution of coal in the Western
Coalfield，Sydney basin，Australia：comparison with South African coals. Journal of African Earth Sciences，

Vol. 23，No. 1，pp. 45–59.

A J，Suarez S R，Welsink H J，et al. Petroleum basins of South America. American Association of Petroleum Geologists，Memoir 62，p. 741–756.

A S Alsharhan，K Magara. The Jurassic of the Arabian Gulf Basin：facies，depositional setting，and hydrocarbon habitat. Canadian Society of Petroleum Gelogists，Memoir 17，pps. 397–412.

Abbo A S，Safer V M. 1965. Sand and shale correlation in the Zubair and Rumaila oil fields. 5th Arab Petroleum Congress. The Secretariat General of the League of Arab States，Cairo. 48（B–3）.

Abdallah Al–Zoubi，Uri ten Brink. 2002. Lower crustal low and the role of shear in basin subsidence：an example from the Dead Sea basin. Earth and Planetary Science Letters，201（2）：447–448.

Abdollahie Fard，M Sepehr†，S Sherkati. 2011. Neogene salt in SW Iran and its interaction with Zagros folding. Geol. Mag，148（5–6）：854–867.

Abdul K S，Younis W R. 1984. Difflugia species from the sediments of the Mesopotamian region，southern Iraq. Journal Geological Society of Iraq，16–17，98–102.

Abdul Kareem，B M，Al Rekabi，Y R. 1990. Diagenetic history of the Mishrif Formation（Middle Cretaceous）. Southern Iraq Abstracts 13th International Sedimentological Congress，13（1）.

Abdula S. 1995. Development of the Mozambique and Ruvuma Sedimentary Basins，Offshore Mozambique. Sedimentary Geology，7–41.

Abegg F，Anderson L. 1997. The acoustic turbid layer in muddy sediments of Eckernforde Bay，Western Baltic：methane concentration，saturation and bubble characteristics. Marine Geology 137，137–147.

Abouelresh M O，Slatt R M. Lithofacies and sequence stratigraphy of the Barnett Shale in east–central Fort Worth Basin，Texas. AAPG Bulletin，2012，96（1）：1–22.

Abouna Saghafi. 2001. Coal seam gas reservoir characterisation. Gas from Coal Symposium，1–14.

Abrams M A，Apanel A M，Timoshenko O M，et al. 1999. Oil families and their potential sources in the northeastern Timan–Pechora Basin. Russia. Bulletin American Association of Petroleum Geologists，83（4）：553–577.

Abu–Ali M，Littke R. 2005. Paleozoic petroleum systems of Saudi Arabia：a basin modeling approach. GeoArabia：Middle East Petroleum Geosciences，10（3）：162.

Ad Hoc Group of Experts on Coal Mine Methane. 2009. Hazard– emission– source of Energy services for greenhouse gas mitigation projects. Geneva.

Adam A Sopron ，Hungary. 1992. Crustal and upper mantle research in Pannonian Basin by electromagnetic induction ：a review. Journal of China University of Geosciences，00：96–108.

Adam Nur Bawono. 2007. The integration of CBM into PNG pipeline system. Proceeding Simposium Nasional IATMI.

Adamovic J，Coubal M. 1999. Intrusive geometries and Cenozoic stress historyof the northern part of the Bohemian Massif. Geolines，Prague 9，5–14.

Adams C. 2008. Geochronology of Paleozoic Terranes at the Pacific Ocean margin of Zealandia，13：250–258.

Adamson. 1998. Breakage of oil shale by mining. Oil Shale，15（2）：186–205.

Afonso J C. 1994. Hydrocarbon distribution in the Irat í shale oil. Fuel，73：363–366.

Agencia Nacional de Hidrocarburos. 2005. Middle Magdalena Valley，MMV Basin. Republic of Colombia，p. 8.

Agnew F. 1955，Facies of Middle and Upper Ordovician rocks of Iowa. AAPG Bulletin，1703–1752.

Agus Pujobroto, Pajar Wisnu Wardhono, Suhedi. 2006. Geological characteristic of low rank coal at Banjarsari South Sumatera.

Ahmad W, Alam S. 2007. Organic geochemistry and source rock characteristics of Salt Range Formation, Potwar Basin, Pakistan. Pakistan Journal of Hydrocarbon Research, v. 17, p. 37–59.

Akkiraz M S, Kayserl M S, Akgun F. 2008. Palaeoecology of coal–bearing Eocene Sediments in Central Anatolia (Turkey) based on quantitative palynological data. Turkish Journal of Earth Sciences, (17): 317–360.

Akrout D, Affouri H, Ahmadi R, et al. 2011. Source rock characterization and petroleum systems in North Ghadames Basin, Southern Tunisia. Resource Geology, 61 (3), 270–280.

Alan Cook, Bukin Daulay. 2000. The Indonesian coal industry. The Australian Coal Review.

Alberta Field Pilot to Test CO_2 Enhanced Coalbed Methane Recovery. www. energy. gov. ab. ca, 2006.

Aldahik, H Wilkes, B Horsfield, et al. 2007. Oil families in the Eurphrates Graben, Syria. 23rd International Meeting on Organic Geochemistry.

Alekseev. 2003. Coal methane: potential energy prospects for Kazakhstan, Alekseev E G, R K Mustaffin and N S Umarhajleva, presented to Unece Ad Hoc Group of experts on coal in sustainable development, Almaty. Available at (http: //www. unece. org/ie/se/pp/coal/mustafin. pdf).

Aleksin A G, Khromov V T, Melik P N V, 1995. Lithologic and stratigraphic traps, Timan–Pechora oil–gas province (Translation from Poiski Zalezhey Nefti i Gaza v Lovushkakh Neantiklinal'nogo Tipa: Moscow, Nedra). Petroleum Geology, 29 (1–2): 16–25.

Aleksin A G, Kuznetsov S V, Borisov A V, et al. 1982. Poiski neantiklinal'nykh lovushek nefti i gaza v devonskikh otlozheniyakh yugo–zapadnoy chasti timano–Pechorskoy provintsii (Oil and gas prospection in non–anticlinal traps of Devonian formations of southwestern Timan–Pechora). Geologiya Nefti i Gaza, 06: 48–52.

Aleksin G A, Karetnikov L G, Kuz'mina Ye M, et al. 1998. Oil and gas exploration in the north European part of the USSR Petroleum Geology. Dr. James Clarke, McLean, VA, United States, 17 (10): 142–153.

Alfredson P G. 1985. Review of oil shale research in Australia. 18th Oil Shale Symp. Proc. Colorado School of Mines Press, 162–175.

Aliyev M M, Chizhova V A, Krylov N A, et al. 1983. Palaeogeographic studies in petroleum geology; achievements and prospects. Proceedings 11th World Petroleum Congress (Actes et Documents–11eme Congres Mondial du Petrole), 11 (2): 161–16.

Allen M, Armstrong H. 2008. Arabia–Eurasia collision and the forcing of Mid–Cenozoic global cooling. Palaeogeography, Palaeoclimatology, Palaeoecology, 52–58.

Allen P, Posamentier W. 1993. Sequence stratigraphy and facies model of an incised valley fill: the Gironde Estuary, France. Journal of Sedimentary Petrology 63, 378–391.

Aluko N. 2001. Coalbed methane extraction and utilisation. Department of Trade and Industry.

Amthor J E, Friedman G M. 1992. Early– to late–diagenetic dolomitization of platform carbonates: Lower Ordovician Ellenburger group, Permian Basin, West Texas. Journal of Sedimentary Petrology, 62 (1): 131–144.

Ana Ionescu. 2003. Romania Moesian platform Dabuleni region H20 Drilling Eocene ditch whip algal species. Journal of paleontology, 01: 44–49.

Andrews R D. 2009. Production decline curves and payout thresholds of horizontal Woodford wells in the Arkoma Basin, Oklahoma (Part 2). Shale Shaker, 60 (3): 103–112.

Anil Khadse, Mohammed Qayyumi, Sanjay Mahajani, Preeti Aghalayam. 2007. Underground coal gasification: a new clean coal utilization technique for India. Energy 32, 2061–2071.

Anil M Pophare, Vinod A Mendhe, A Varade. 2008. Evaluation of coal bed methane potential of coal seams of Sawang Colliery, Jharkhand, India. Earth Syst. Sci, 2 (117): 121–132.

Anirbid Sircar. 2000. A review of coalbed methane exploration and exploitation. Current Science, 79 (4): 404–407.

Anna Wysocka, Anna Swierczewska. 2005. Tectonically-controlled sedimentation of Cenozoic deposits from selected basins along the Vietnamese segment of the Red River Fault Zone. Acta Geologica Polonica, Vol. 55, No. 2, pp. 131–145.

Antsiferov A V, Tirkel M G, Khoklov M T, et al. 2004. Gas occurrence in the Donbas coal deposits. Naukova Dumka, Kiev. 232 Pp (In Russian).

Armstrong W. 2001. Effective design and mandgement of firedamp drainage. Contract Research Report.

Associates G. 1992. Petroleum geology and exploration potential in the Former Soviet Republics. Russia: Gustavson Associates.

Avid B, Purevsuren B. 2001. Chemical composition of organic matter of the Mongolian Khoot oil Shale. Oil Shale, 18 (1): 15–23.

B Cairncross, A B Cadle. 1988. Palaeoenvironmental control on coal formation, distribution and quality in the Permian Vryheid Formation, East Witbank Coalfield, South Africa. International Journal of Coal Geology, Elsevier.

B Cairncross. 2001. An overview of the Permian (Karoo) coal deposits of southern Africa. Journal of African Earth Sciences, Elsevier.

Bachu S, Ramon J C, Villegas ME, et al. 1995. Geothermal regime and thermal history of the Llanos Basin, Colombia. American Association of Petroleum Geologists, Bulletin, vol. 79, p. 116–129.

Bal A A, Burgisser H M, Harris D K, et al. 1992. The Tertiary Phitsanulok Lacustrine Basin, Thailand. National Conference on Geological Resources of Thailand, Department of Mineral Resources, Bang.

Ballice L. 2002. Classification of volatile products of temperature-programmed copyrolysis of TurkiSh Soma lignite and Goynuk Oil Shale. Oil Shale, 19 (1): 57–73.

Banerjee A, Pahari S, Jha M, et al. 2002. The effective source rocks in the Cambay Basin, India. American Association of Petroleum Geologists, v. 86, no. 3, p. 433–456.

Bayer U, Altheimer E, Deutschle W. 1985. Environmental evolution in shallow, epicontinental seas: sedimentary cycles and bed formation: in Bayer, U. and Seilacher, A., ed., Sedimentary and evolutionary cycles, Springer-Verlag, Berlin Heidelberg, p. 347–348.

Benamrane O, Messaoudi M, Messelles H. 1993. Geology and hydrocarbon potential of the Oued Mya Basin, Algeria. Presented at the AAPG International Confrence and Exhibition, The Hague, Netherlands: AAPG. Retrieved from Bennett P J, Philpchuk, Freeman A. 2010. Arthur Creek "Hot Shale": A Bakken unconventional oil analogy in the Georgina Basin of Northern Territory, Australia. American Association of Petroleum Geologists, Search and Discovery Article #80125, December 31, 2.

Bergen F V, Krzystolik P, Wageningen N V, et al. 2009. Production of gas from coal seams in the Upper Silesian Coal Basin in Poland in the post-injection period of an ECBM pilot site. International Journal of Coal Geology, (77): 175–187.

Beroiz C, Permanyer A. 2011. Hydrocarbon habitat of the Sedano Trough, Basque Cantabrian Basin, Spain.

Journal of Petroleum Geology, 34（4）, 387–409. doi: 10. 1111/j. 1747–5457. 2011. 00511. x.

Bettina Pierre–Gilles. 2005. Economics of coalbed methane development in Canada.

BGR. 2009. Reserves, resources and availability of energy resources. Hanover, Germany; Federal Institute for Geoscicences and Natural Resources, 86.

Bhabesh C Sarkar, Bashab N Mahanta, Kalyan Saikia, et al. 2007. Geo–environmental quality assessment in Jharia coalfield, India, using multivariate statistics and geographic information system. Environ Geol, 51: 1177–1196.

Bhandari L L, Chowdhary L R, 1975. Stratigraphic analysis of Kadi and Kalol Formations, Cambay Basin, India. American Association of Petroleum Geologists, v. 59, no. 5, p. 856–871.

Bibler C J, Marshall J S, Pilcher R C. 1998. Status of worldwide coal mine methane emissions and use. International Journal of Coal Geology, （35）: 283–310.

Bierman, Stephen, Bloomberg. com/news/2011–01–02. 2011. Russian oil output hits post–soviet record in 2010.

Bill Gunter. 2004. Alberta Research Council. Alberta Field Pilot to Test CO_2 Enhanced Coalbed Methane Recovery.

Binarko Santoso, Bukin Daulay. Comparative petrography of ombilin and bayah coals ralated to their origin.

Binoy K Saikia, R K Boruah, P K Gogoi. 2007. FT–IR and XRD analysis of coal from Makum coalfield of Aaasm. Earth Syst. Sci. 116, No. 6, pp. 575–579.

Bishop M G. 2001. South Sumatra Basin Province, Indonesia: the Lahat/Talang Akar–Cenozoic total petroleum system. U S Geological Survey, Open–File Report 99–50–S.

Blasingame T A, Clarkson C R, Freeman C M, et al. 2008. Production analysis and forecasting of shale gas reservoirs: case history approach, SPE 119897.

BMI–Business Monitor International. Oil & gas Americas–market overview–Q3 2011 report.

Boldizsar T. 1965. Terrestrial heat and geothermal resources in Hungary. IAV Inernational Symposium on Volcanology（New Zealand）.

Boote D R D, Clark–Lowes D D, Traut M W. 1998. Palaeozoic petroleum systems of North Africa. Geological Society, London, Special Publications, 132（1）, 7 –68. doi: 10. 1144/GSL. SP. 1998. 132. 01. 02.

BP. Statistical review of world energy. ［2014–06–01］. http: //www. bp. com/statistics.

Brabham P J. 1988. Goulty N R Seismic refraction profiling of rockhead in the coal measures of northern England. Quarterly Jouneral of Engineering Geology, London, （21）: 201–206.

Braunberger W F, Hall R L. 2001. Ammonoid faunas from the Cardium Formation（Turonian–Coniacian, Upper Cretaceous）and contiguous units, Alberta, Canada: I. Scaphitidae. Canadian Journal of Earth Sciences, 38（3）: 333–346.

Brent Lakeman, Alberta Research Council. 2005. Enhanced coalbed methane recovery project in Alberta, Canada.

Brett C E, C A Ver Straeten. 1995. Middle Devonian（Eifelian）carbonates, northern and central Appalachian Basin: sequence stratigraphic framework. AAPG Bulletin, v. 79: 1410–1411.

Brew G, Barazangi M, Al Maleh, et al. 2001. Tectonic and geologic evolution of Syria. GeoArabia: Middle East Petroleum Geosciences, 6（4）: 573–611.

British High Commission. 2006. Analysis and evaluation of CDM prospects for coal bed methane（CBM）projects in India.

Brizhanyev A M, Galazov R A, 1987. Regularities of methane location in the Donets Basin. Information of Cnieiugol（Central Research and Design Institute of Economics and Scientific — Technical Information of Coal

Industry of the USSR）, Vol. 6. CNI Ugol, Moscow, pp1–48（In Russian）.

Brunner D, Ponce J R. 2000. Methane drainage at the minerals monclova mines in the Sabinas Coal Basin, Coahuila, Mexico. Resource Enterprises.

Brunner D, Schwoebel J. 2007. In-mine methane drainage strategies. American Longwell Magazine, 5.

Buchardt, Bjorn, Arne Nielsen, et al. 1997. Alun Skiferen i Skandinavien. Geologisk Tidsskrift 3: 1–30.

Burgess P M, Gurnis M, Moresi L N. 1997. Formation of North America cratonic sequences by interaction between mantle, eustatic and stratigraphic processes. Bulletin of the Geological Society of America, 109（12）: 1515–1535.

Burlin Y K, Sokolov B A. 2000. Sedimentary basins and hydrocarbon resources in Russia. Earth Science Frontiers, 7（4）: 351–361.

Business Monitor International. 2011. Oil & gas Americas–market overview–Q3.

C B Coetzee . 1976. Mineral resources of the Republic of South Africa. Govt. Printer.

C J Bibler, J S Marshall, R C Pilcher. 1998. Status of worldwide coal mine methane emissions and use. International Journal of Coal Geology, Elsevier.

C J Boreham, B Horsfield, H J Schenk. 1999. Predicting the quantities of oil and gas generated from Australian Permian coals, Bowen Basin using pyrolytic methods. Marine and Petroleum Geology, 16, 165–188.

C J Boreham, S D Golding, M Glikson. 1998. Factors controlling the origin of gas in Australian Bowen Basin coals. Org. Geochem, Vol. 29, No. 1–3, 347–362.

C J Campbell. 2002. The assessment and importance of oil depletion, energy exploration & exploitation, 20（6）: 407–436.

C P Snyman, W J Botha . 1993. Coal in South Africa. Journal of African Earth Sciences, Elsevier.

C Rodrigues, C Laiginhas, M Fernandes, et al. 2003. The role of coal "cleat system" in Coalbed Methane Prospecting/Exploring: A new approach. bdigital. ufp. pt.

C&C CReservoirs, Field Evaluation Report. 2002.

Cadman S J, Pain L, Vuckovic V. 1994. Australian petroleum accumulations report 10: Perth Basin, Western Australia. 116 p.

Casarta L J, Salo J P, Tisnawidjaja S, et al. 2004. Wiriagar deep: the frontier discovery that triggered tangguh LNG. In Noble, R A, et al（eds.）. Proceedings Deepwater & Frontier Exploration in Asia & Australasia, Jakarta, Indonesia Petroleum.

Catuneanu O, et al. 2005. The Karoo Basins of South–Central Africa. Elsevier, Journal of African Earth Sciences 43, 211–253.

Chandan Chakraborty, Sanjoy Kumar Ghosh, Tapan Chakraborty. Depositional record of tidal–flat sedimentation in the Permian Coal measures of central India: Barakar Formation, Mohpani Coalfield, Satpura Gondwana Basin. Gondwana Research, 6（4）: 817–827.

Charlton T R. 2004. The petroleum potential of inversion anticlines in the Banda Arc. American Association of Petroleum Geologists, vol. 8, no. 5, p. 565–585.

Chatellier J, Urban M. 2010. Williston Basin and Paris Basin, same hydronamics, same potential for unconventional resources? AAPG Search and Discovery Artivle #10291.

Chaudhuri A, Rao M V, Dobriyal J P, et al. 2010. Prospectivity of Cauvery Basin in deep syn–rifeet sequences, SE India. American Association of Petroleum Geologists, Search and Discovery Ar.

Cheikh Bécaye Gaye, Moctar Diaw, Raymond Malou. 2013. Assessing the impacts of climate change on water resources of a West African trans-boundary river basin and its environmental consequences (Senegal River Basin). Sciences in Cold and Arid Regions, 01: 144-160.

Chelini V, Muttoni A, Mele M, et al. 2010. Gas shale reservoir characterization: a North Africa case. Proceedings of SPE Annual Technical Conference and Exhibition. Presented at the SPE Annual Technical Conference and Exhib.

Chen Zhuoheng, Kirk G Osadetz. 2013. An assessment of tight oil resource potential in the Upper Cretaceous Cardium Formation, Western Canada Sedimentary Basin. Petroelum Exploration and Development, 40 (3): 320-328.

Cheng Ri-hui, Wang Teng-fei, Shen Yan-jie, et al. Architecture of volcanic sequence and its structural control of Yingcheng Formation in Songliao Basin.

Chevallier B, Bordenave M L, 1986. Contribution of geochemistry to the exploration in the Bintuni Basin, Irian Jaya. Indonesia Petroleum Association, 15th Annual Convention Proceedings, p. 439-460.

Chow N, J Wendte, L D Stasiuk. 1998. Productivity versus preservation controls on two organic-rich carbonate facies in the Devonian of Alberta: sedimentological and organic petrological evidence. Bulletin of Canadian Petroleum Geology, 43: 433-460.

Chulick G S, Mooney W D. 2002. Seismic structure of the crust and uppermost mantle of North America and adjacent oceanic basins: a synthesis. Bulletin of the Seismological Society of America, 92 (6): 2478-2492.

Chungkham, Prithiraj. 2009. Paris Basin offers opportunities for unconventional hydrocarbon resources. first break 27.

Clark D, Heaviside J, Habib K. 2004. Reservoir properties of Arab carbonates[J]. Al Rayyan Field offshore Qatar. Geological Society, 2004, 23: 232.

Cleal C J. 1997. The palaeobotany of the upper Westphalian and Stephanian of southern Britain and its geological significance. Review of Palaeobotany and Palynology, (95): 227-253.

Cleal C J. 2007. The Westphalian-Stephanian macrofloral record from the South Wales coalfield, UK. Geol. Mag, (3): 465-486.

Coal Mine Methane Recovery In Ukraine. Business plan for a development project at Komsomolets Donbassa Mine. 27pp.

Coal Occurences and Potential Coalbed Methane Exploration Area in Alberta, EUB 网站. 2006.

Colin R Ward, Malcolm Bocking, Chuan-De Ruan. 2001. Mineralogical analysis of coals as an aid to seam correlation in the Gloucester Basin, New South Wales, Australia. International Journal of Coal Geology, 47, 31-49.

Colin R Ward, Zhongsheng Li, Lila W Gurba. 2005. Variations in coal maceral chemistry with rank advance in the German Creek and Moranbah Coal Measures of the Bowen Basin, Australia, using electron microprobe techniques. International Journal of Coal Geology, 63, 117-129.

Condit D D. 1919. Oil shale in western Montana, southeastern Idaho, and adjacent parts of Wyoming and Utah. U S Geological Survey Bull. 15-40.

Cook A C, Sherwood N R. 1989. The oil shale of eastern Australia. Proc. 1988 Eastern Oil Shale Symp. Institute for Mining and Minerals Research, Univ. Kentucky, 185-196.

Cornford, Chris, Olav Christie, et al. 1988. Source rock and seep oil maturity in Dorset, Southern England. Organic Geochemistry 13, no. 1-3: 399-409.

Crampton S L, P A Allen. 1995. Recognition of fore bulge unconformities associated with early stage foreland basin development: example from the North Alpine foreland basin. AAPG Bulletin, 79: 1495-1514.

Creaney S，Q R Passey. 1993. Recurring patterns of total organic carbon and source rock quality within a sequence stratigraphic framework. AAPG Bulletin，77：386–401.

Creedy D P，Garner K，Holloway S，et al. 2001. A review of the worldwide status of coalbed methane extraction and utilisation. Wardell Armstrong，7.

Crown Minerals. 2010. New Zealand Petroleum Basins. New Zealand Government，Ministry of Economic Development，108 p.

CSUG. 2006. Unconventional gas in Canada：past，present，future. PJVA.

Cuevas Leree，Antonio1，Rogelio Muñoz-Cisneros2，et al. A new Upper Oligocene Oil.

Culbertson W C. 1980. Oil shale resources and geology of the Green River Formation in the Green River Basin，Wyoming. U S Department of Energy Laramie Energy Technology Center LETC/RI–80/6，222–235.

Curiale J，Lin R，Decker J. 2005. Isotopic and molecular characteristics of Miocene-Reservoired Oils of the Kutei Basin，Indonesia. Organic Geochemistry，v. 36，p. 405–424.

D M Javie. 2010. Shale gas：making gas and oil from shale resource systems. Dalas Geological Society.

Davidson L，Beswetherick S，Craig，et al. 2000. The structure，stratigraphy and petroleum geology of the Murzuq Basin，Southwest Libya. Geological Exploration in Murzuq Basin（pp. 295–320）. Amsterdam：Else.

Davies G R，Nassichuk W W. 1988. An early Carboniferous（Viséan）lacustrine oil shale in Canadian Arctic Archipelago. American Association of Geologists，72：8–20.

Davood Shart Ali，Bahman Soliemani，Hasan Amiri Bakhtiar. 2010. Depositional environment of the Asmari Reservoir Cap rock in Karanj Oil Field，SW Iran. Department of Geology. Islamic Azad University-Mashad Branch，Iran，26–28.

Dawson D，Grice K，Alexander R. 2005. Effect of maturation on the indigenous δD signatures of individual hydrocarbons in sediments and crude oils from the Perth Basin（Western Australia）. Organic Geochemistry，vol. 36，p. 95–104.

Dawson F M. 2010. Unconventional gas in Canada opportunities and challenges. Canadian Society for Unconventional Gas.

Dechongkit P，Prasad M. 2011. Recovery factor and reserves estimation in the Bakken petroleum system（analysis of the Antelope，Sanish and Parshall fields）. SPE 149471.

DeMis W D，Milliken J V. 1993. Shongaloo field：a recent Smackover（Jurassic）discovery in the Arkansas-Louisiana State Line Graben. Gulf Coast Association of Geological Societies Transactions，43：109–119.

DGMK. 2003. Tight-gas-reservoirs-erdgas fur die zukunft. Erdol Erdgas Kohle，（NO. 7）.

DOE. 2009. US department of energy. http：//en. wikipedia. org/wiki/ United States Department of Energy.

Dolton，Gordon. 2006. Pannonian Basin Province，Central Europe（Province 4808）– petroleum geology，total petroleum systems，and petroleum resource assessment. USGS Bulletin 2204–B.

Donnell J R. 1961. Tertiary geology and oil-shale resources of the Piceance Creek Basin between the Colorado and White Rivers，northwestern Colorado. U S Geological Survey Bull. 1082–L，835–891.

Donnell J R. 1980. Western United States oil-shale resources and geology. Synthetic Fuels from Oil Shale. Institute of Gas Technology，Chicago，17–19.

Doust H，Noble R A. 2008. Petroleum systems of Indonesia. Marine and Petroleum Geology，v. 25，p. 103–129.

Downey M W，Threet J C，Morgan W A. 2000. Petroleum provinces of the twenty-first century：chapter 11：exploration opportunities in the Greater Rocky Mountain Region，U S A. AAPG Memoir，74：201–240.

Dr. Kieu Kim Truc. 2007. Coal Supply Outlook in Vietnam.

Duc Le Cas. 2004. The case of coal. Citeseer.

Dutton S P. 2008. Calcite cement in Permian deep-water sandstones, Delaware Basin, west Texas: origin, distribution, and effect on reservoir properties. AAPG Bulletin, 92 (6): 765-787.

E Buschkuehle, Frances J Hein, Matthias Grobe. An overview of the geology of the Upper Devonian Grosmont carbonate bitumen deposit, Northern Alberta, Canada.

E Reinsalu. 1998. Is Estonian oil shale beneficial in the future?. Oil Shale, 15 (2): 97-101.

Ebrahim Ghasemi-Nejada, Martin J Headb, Mehrangiz Nader. 2009. Palynology and petroleum potential of the Kazhdumi Formation (Cretaceous: Albian-Cenomanian) in the South Pars field, northern Persian Gulf. Marine and Petroleum Geology, 26: 805-816.

Economic and Social Council. 2003. Introduction to the global coal mine methane industry. Economic Commission for Europe, 9.

Eden Energy LTD. 2008. South Wales (U. K.) coal bed methane exploration update. Australian Securities Exchange Announcement, 7.

EIA. 2003. Transportation energy data book-world petroleum consumption by fuel database. Energy Information Administration&Oak Ridge National Laboratory.

EIA. 2011. Review of emerging resources: US Shale gas and shale oil plays. http://wwweiagov/analysis/studies/usshalegas/pdf/usshaleplayspdf.

EIA. 2011. World shale gas resources: An initial assessment of 14 regions outside the United States. Washington D C: EIA.

EIA. 2013. Technically recoverable shale oil and shale gas resources: an assessment of 137 Shale Formations in 41 countries outside the United States. http://www. eia. gov/analysis/studies/worldshalegas.

EIA. 2014. Annual energy outlook 2014. http://www. eia. gov/forecasts/AEO/pdf/0383%282014%29. pdf.

Energy information administration. 2011. Review of emerging resources: US shale gas and shale oil plays. http://www. eia. gov /analysis /studies /usshalegas /.

Ersity of Kansas Center for Research, Inc. 2009. Analysis of critical permeability, capillary pressure, and electrical properties for mesaverde tight gas sandstones from Western U S Basins. Office of Fossil Energy U S. http://www. kgs. ku. edu/mesav-erde/datalist. html.

F S P van Buchem, P Razin, P W Homewood, et al. 2002. Stratigraphic organization of carbonate ramps and organic-rich intrashelf basins: Natih Formation (Middle Cretaceous) of Northern Oman. AAPG Bulletin V. 86, No. 1, pp. 21-53.

F W Gale, R M Reed, Jon Holder. 2007. Natural fractures in the Barnett Shale and their importance for hydraulic fracture treatments. AAPG Bulletin, 91 (4): 603-622.

Fadhil N Sadooni. 1997. Stratigraphy and petroleum prospects of Upper Jurassic carbonates in Iraq. Petroleum Geoscience, 03: 233-243.

Falcon Oil & Gas, Ltd. , Form 51-102F1, 2011. Management's discussion and analysis for the three months ended March 31, 2011, prepared June 29.

Faucon B. 2011. Technical woes, insecurity may delay libya oil restart-experts. Wall Street Journal. Retrieved from http://online. wsj. com/article/BT-CO-20110723-700763. html.

Faure K, Cole D. 1999. Geochemical evidence for lacustrine microbial blooms in the vast permian main karoo,

Parana，Falkland Islands and Haub Basins of Southwestern Gondwana. Palaeogeogr，Palaeocl.，152（3–4）：189–213.

Federal Energy Regulatory Commission. 1978. Natural gas policy act of 1978. Washington：Federal Energy Regulatory Commission.

Flores R M. 2004. Coalbed methane in the Powder River Basin，Wyoming and Montana：an assessment of the Tertiary–Upper Cretaceous coalbed methane total petroleum system. USGS Digital Data Series DDS–69–C，http：//geology. cr. usgs. gov/pub/dds/dds–069–c/.

Foose R，Manheim F. 1975. Geology of Bulgaria：a review. The American Association of Petroleum Geologists Bulletin 59，no. 2：303–335.

Frances J Hein. 2006. Heavy oil and oil（Tar）sands in North America：an overview & summary of contributions. Natural Resources Research，15（2）：67–84.

Franklin P M. 2008. Coal mine methane project development：global update. Unece Ad Hoc Group of Experts on Coal Mine Methane，11.

Frodsham K，Gayer R A. 1997. Variscan compressional structures within the main productive coal–bearing strata of South Wales. Journal of the Geological Society，London，（154）：195–208.

G E Gorin，L G Racz，M R Walter. 1982. Late Precambrian–Cambrian sediments of Huqf Group，Sultanate of Oman. AAPG Bulletin，V. 66，No. 12，pp. 2609–2627.

G Henrici–Olive，S Olive. 1976. The fischer–tropsch synthesis：molecular weight distribution of primary products and reaction mechanism. Chemie International Edition in，interscience. wiley. com.

G Pusch. 2005. Integrated research contributions for screening the tight gas potential in the Rotliegendes Formation of North–Germany. Oil Gas European Magazine（NO. 4）.

Gale J F W，Robert M Reed，Jon Holder. 2007. Natural fractures in the Barnett Shale and their importance for hydraulic fracture treatments. AAPG，91（4）：603–622.

Galloway W E，Bebout D G，Fisher W L，et al. 1991. //Salvador A. The gulf of Mexico Basin，the geology of North America. The Geological Society of America，11：245–324.

Galtier J. 2005. Plant taphonomy and Paleoecology of late Pennsylvanian intramontane wetlands in the Graissessac–Lodeve Basin（Languedoc，France）. Research Report Palaios，（20）：249–265.

Gao Y Q，Liu L，Hua W X. 2009. Petrology and isotopic geochemistry of Dawsonite–Bearing Sandstones in Hailaer Basin，Northeastern China. Applied Geochemistry，vol. 24，p. 1724–1738.

Gary G Lash，Terry Engelder. 2011. Thickness trends and sequence stratigraphy of the Middle Devonian Marcellus Formation，Appalachian Basin：implications for Acadian foreland basin evolution. AAPG Bulletin，95（1）：61–103.

Gavshin V，Zakharov V. 1996. Geochemistry of the Upper Jurassic–Lower Cretaceous Bazhenov Formation，West Siberia. Economic geology，91（1）：122–133.

Gayer R，Garven G，Rickard D. 1998. Fluid migration and coal–rank development in foreland basins. Geology，（8）：679–682.

Gayer R，Rickard D. 1994. Colloform gold in coal from southern Wales. Geology，（22）：35–38.

Geerdtz P，Vogler M. ，Davaa B，et al. 2006. Evolution of the Tamtsag Basin/NE–Mongolia–part I：Basin Fill. Poster，TSK 11 Goettingen.

Gene Powell. 2008. The Barnett Shale in the Fort Worth Basin–a growing giant. Powell Barnett Shale Newsletter，

25：7–10.

Geology, Coal Resource and CBM potential of Ardey Coal Zone in the Buck Lack Area, EUB 网站 . 2006.

Gonzales–Pineda, J Francisco, Juan M Alvarado–Vega. 2004. Geological framework of the Mesozoic Plays of the Tampico_Misantla Basin. AAPG Annual Meeting 04/18–21, Dallas Texas.

Gorgonio Fuentes–Cruz, Eduardo Gildin, Peter P Valko. 2014. Analyzing production data from hydraulically fractured wells：the concept of induced permeability field. SPE, 163843.

Goswami S. 2008. Marine influence and incursion in the Gondwana basins of Orissa, India: a review. Palaeoworld, v. 17, no. 1, p. 21–32.

Goulty N R, Thatcher J S, Findlay M J, et al. 1990. Expermental investigation of crosshole seismic techniques for shallow coal exploration. Quarterly Journal of Engineering Geology, （23）：217–228.

Grassroots Lwadership & Action. 2003. Coalbed methane development：boon or bane foe rural residents? Western Organization of Resource Councils, 3.

Green Gas. 2007. Case study：green gas DPB, Czech Republic integrated, large scale mine gas management. Methane to Markets Parternship Expo, Beijing, China, 10.

Grieve R. A. 1982. The record of impact on earth：implications for a major Cretaceous/Tertiary impact event. Geol. Soc. Am. , Spec. Pap. 190, 25– 37.

Grinberg A, Keren M. 2000. Production of electricity from Esraeli oil shale with PFBC technology. Oil Shale, 17（4）：307–312.

Gromeka V I. 1990. Kompleksnyye metody osvoyeniya resursov neftii gaza Uralo Povolzh'ya（Complex methods of development of oil and gas resources of the Volga Urals）. 143.

Guang you Zhu, Shui chang Zhang, Barry Jay Katz, et al. 2014. Geochemical features and origin of natural gas in heavy oil area of the Western slope, Songliao basin. China. Chemie der erde , 74：63–75.

Guion P D. 1987. Palaeochannels in mine workings in the High Hazles coal（Westphalian B）, Nottinghamshire coalfield, England. Journal of the Geological Society, London, （144）：471–488.

Gumati Y D, Kanes W H, Schamel S. 1996. An evaluation of the hydrocarbon potential of the sedimentary basins of Libya. Journal of Petroleum Geology, 19（1）, 95–112. doi：10. 1111/j. 1747– 5457. 1996. tb00515. x.

Gumati Y D, Schamel S. 1988. Thermal maturation history of the Sirte Basin, Libya. Journal of Petroleum Geology, 11（2）, 205–218. doi：10. 1111/j. 1747–5457. 1988. tb00814. x.

Gumati Y D. 1992. Lithostratigraphy of oil–bearing tertiary bioherms in the Sirte Basin, Libya. Journal of Petroleum Geology, 15（2）, 305–318. doi：10. 1111/j. 1747–5457. 1992. tb00874. x.

Gurdeep Singh. 1988. Impact of coal mining on mine water quality. International Journal of Mine Water, Vol. 7, No. 3, pp 49–59.

Guzman–Vega M A, M R Mello. 1999. Origin of oil in the Sureste Basin, Mexico. AAPG Bulletin, V. 83（7）：P. 1068–1095.

Gülec K, Önen A. 1993. Turkish oil shales：reserves, characterization and utilization. Proc. 1992 Eastern Oil Shale Symp. Univ. Kentucky, Institute for Mining and Minerals Research, 12–24.

H A Wanas. 2011. The Lower Paleozoic rock units in Egypt：an overview. Geoscience Frontiers, 04：21–37.

H Arro, A Prikk, T Pihu. 2003. Calculation of qualitative and quantitative composition of Estonian oil shale and its combustion products. Fuel, 82（18）：2179–2195.

H Demirel, S Guneri. 2000. Cretaceous carbonates in the Adiyaman Region, SE Turkey：an assessment of burial history and source-rock potential. Journal of Petroleum Geology, Volume 23, Issue 1, pp. 91–106, 281 S. Soylu, M. N. Yalcin, B. Horsfield, H. J.

Haines P W. 2004. Depositional facies and regional correlations of the Ordovician Goldwyer and Nita Formations, Canning Basin, Western Australia, with implications for petroleum exploration. Western Australia Geological Survey, Record 2004/7, 45p.

Hart Energy Research Group. 2010. Heavy crude oil: a global analysis and outlook to 2035. All rights reserved Hart Energy.

Hart Energy Research Group. 2011. Heavy crude oil: a global analysis and outlook to 2035. Hart Energy, 1–191.

Hartenergy. 2011. Global shale oil study. https: //stratasadvisors. com.

Hartenergy. 2015. North American shale quarterly. https: //stratasadvisors. com.

Hartley A J. 1993. A depositional modal for the Mid-Westphalian A to late Westphalian B coal measures of South Wales. Journal of the Geological Society, London, （150）: 1121–1136.

Hartley A J. 1993. A depositional model for the Mid-Westphalian A to late Westphalian B Coal Measure of South Wales. Joural of the Geological Society, London, （150）: 1121–1136.

Harvey, Toni, Joy Gray. 2010. The unconventional hydrocarbon resources of Britain's Onshore Basins-shale gas. U K Department of Energy and Climate Change.

Heather A W Kaminsky, Thomas H Etsell, Douglas G Ivey, et al. 2008. Characterization oh heavy minerals in the Athabasca Oil sands, available online at www. sciencedirect. com. Minerals Engineering, 21: 264–271.

Hertle M, Littke R. 2000. Coalifucation pattern and thermal modelling of the Permo-Carboniferous Saar Basin （SW-Germany） International Journal of Coal Geology, （42）: 273–296.

Hetenyi M, Wein A B, Sajgo C, et al. 2002. Variations in organic geochemistry and lithology of a carbonate sequence deposited in a backplatform basin （Triassic, Hungary）. Organic Geochemistry, （33）: 1571–1591.

Hinsberg V J, Zinngrebe E, Wijs H D, et al. 2007. Thermo-chronology of the Barlat metamorphic basement unit: evidence for a Stephanian thermal event linked to Sb mineralization in the Haut Allier, France. Journal of the Geological Society, London, （164）: 292–404.

Holditch S A. 1979. Factors affecting water blocking and gas flow from hydraulically fractured gas wells. Pet. Tech, （No. 12）.

Holopainen H. 1991. Experience of oil Shale combustion in Ahlstrom pyroflow CFB-boiler. oil Shale, 8（3）: 194–209.

Hosgormez H, Yalcin M N, Cramer B, et al. 2002. Isotopic and molecular composition of coal-bed gas in the Amasra region （Zonguldak basin- western Black Sea）. Organic Geochemistry, （33）: 1429–1439.

Huang xi, Gordon T, Rom W N. 2006. Interaction of iron and calcium minerals in coals and their roles in coal dust-induced health and environmental problems. Reviews in Mineralogy & Geochemistry, （64）: 153–178.

Hudecek V, Urban P. 2004. New methods of categorization of coal seams prone to coal and gas outbursts. Acta Montanistica Slovaca, 9（3）: 192–198.

Hughes D B, Norbury D R. 1996. Plenmeller opencast coal site: a geotechnical and planning case study. Quarterly Journal of Engineering Geology, （29）: 133–146.

I M Jansson, S Mcloughlin, V Vajda, et al. 2008. An Early Jurassic flora from the Clarence-Moreton Basin, Australia. Review of Palaeobotany and Palynology, 150, 5–21.

I T Uysal, S D Golding, M Glikson. 2000. Petrographic and isotope constraints on the origin of authigenic carbonate minerals and the associated fluid evolution in Late Permian coal measures,Bowen Basin(Queensland), Australia. Sedimentary Geology136, 189–206.

IEA. 2011. World energy outlook. Washington D C： IEA.

IEA. Natural gas information 2012［IEA/OECD］.

IHS. 2014. Going global：predicting the next tight oil revolution. http：//www. ihs. com/products/cera.

IHS. 2014. Unconventional frontier：prospects for tight oil in North America. http：//wwwihscom/products/cera.

IHS Energy. 2009. Basin Monitor.

Inamdar A，Malpani R，Atwood K，et al. 2010. Evaluation of stimulation techniques using microseismic mapping in the Eagle Ford Shale. SPE Tight Gas Completions Conference，San Antonio，Texas. SPE 136873.

Indian Government. 2008. Cauvery Basin. New Exploration Licensing Policy Ⅶ，8 p.

Intevep S A，Aparatado. 1986. Generation and migration of hydrocarbos in the Maracaibo Basin，Venezuela：an integrated basin study. Organic Geochemistry，V. 10（1–3）p. 261–279.

J B Curtis. 2002. Fractured shale–gas systems. AAPG Bulletin, 86（11）：1921–1938.

J M J Terken,N L Frewin,S L Indrelid. 2001. Petroleum systems of Oman,charge timing and risks. AAPG Bulletin V. 85，No. 10，pp. 1817–1845.

Jaanus Purga. 2004. Today's rainbow ends in Fushun. Oil Shale，Vol. 21，No. 4，pp. 269–272.

Jaber J O，Mohen M S，Amr M. 2001. Where to with Jordanian oil shale. Oil Shale，13（4）：315–334.

Jaber J O，Probert S D，Badr O. 1997. Prospects for the exploitation of Jordanian oil shale. oil Shale，14（4）：565–578.

Jabour H，Nakayama K. 1998. Basin modeling of Tadla Basin，Morocco，for hydrocarbon potential. AAPG Bulletin，72（9），1059–1073.

Jarvie D M，B L Claxton，F Henk，et al. 2001. Oil and shale gas from the Barnett Shale，Ft. Worth Basin，Texas. AAPG Annual Meeting Program，10：A100.

Jarvie D M，Coskey R J，Johnson M S，et al. 2011. The geology and geochemistry of the Parshall Area，Mountrail County，North Dakota//Robinson J W，LeFever J A，Gaswirth S B. The Bakken–Three Forks petroleum system in the Williston Basin. Rocky Mountain Association of Geologists Bakken Guidebook，Chapter 9：229–268.

Jarvie D M，Hill R J，Ruble T E，et al. 2007. Unconventional shale–gas systems：the Mississippian Barnett Shale of north–central Texas as one model for thermogenic shale–gas assessment. AAPG Bulletin，91（4）：475–499.

Jarvie M D. 2012. Shale resource systems for oil and gas：part 2 shale–oil resource systems//Breyer J A. Shale reservoirs：giant resources for the 21st century. AAPG Memoir 97：89–119.

Jarvie，Daniel. 2010. Shale plays：making gas and oil from shale resource systems. Presentation to the Dallas Geological Society，May 12.

Jian Caoa，Yijie Zhangb，Wenxuan Hua，et al. 2005. Margin of the Junggar Basin，northwest China. People's Republic of China，01（05）.

John R Mitchell. 2010. Horizontal drilling of deep granite wash reservoirs，Anadarko Basin，Oklahoma and Texas. Shale Shaker，62（2）：118–167.

John W Buza. 2010. An overview of heavy oil carbonate reservoirs in the Middle East. AAPG，New Orleans，Louisiana.

John W Shirokoff，† Mohammad N Siddiqui，Mohammad F Ali. 1997. Characterization of the structure of Saudi

Crude Asphaltenes by X-ray diffraction. Energy & Fuels, 11: 561-565.

Johnson D. 2003. Reservoir characterization of the Barnett Shale: Barnett Shale Symposium, Ellison Miles Geotechnology Institute at Brookhaven College, Dallas, Texas. http: //www. energyconnect. com/pttc/archive/ barnettshalesym /2003barn.

Joseph D McLean, Peter K Kilpatrickl. 1997. Effects of Asphaltene solvency on stability of water-in-crude-oil emulsions. Journal of colloidandinterface science, 189: 242-253 .

K Borowski. 2005. The Natih petroleum system of North Oman. Mining Academy Freiberg.

Karahanoglu N, A Eder, H I Illeez. 1996. Mathematical approach to hydrocarbon generation history and source rock potential in the Thrace Basin, Turkey. Marine and Petroleum Geology 12, no. 6: 587-596.

Kathleen B Pigg, Stephen McLoughlin. 1997. Anatomically preserved Glossopteris leaves from the Bowen and Sydney basins, Australia. Review of Palaeobotany and Palynology, 97, 339-359.

Kattaov, Lokk U. 1998. Historical review of the kukersite oil shale exploration in Estonia. Oil Shale, 15 (2): 102-110.

Kawata Y, Fujita K. 2001. Some predictions of possible unconventional hydrocarbon availbability until 2100. SPE Asia Pacific Oil and Gas Conference and Exhibition 68755, 1-10.

Kent A Bowker. 2007. Barnett Shale gas production, Fort Worth Basin: issues and discussion. AAPG Bulletin, 91 (4): 523-533.

Khayredinov N S, Mukhametshin V S. 1990. Identifikatsiya nizkoproduktivnykh zalezhey nefti s karbonatnykh kollektorakh s ispol'zovaniyem kompleksnykh geologicheskikh parametrov (Identifying low productive petroleum deposits in carbonate reservoirs with the application of complex geologic parameters). Izvestiya Vysshikh Uchebnykh Zavedenii Neft'i Gaz, 06: 9-14.

Kliti Grice, PhilIppe Schaeffert, Lorenz Schwark et al. 1997. Molecular indicators of palaeoenvironmental conditions in an immature Permian shale (Kupferschiefer, Lower Rhine Basin, north-west Germany) from free and S-bound lipids. Elsevier Science Ltd Printed in Great Britain, 25 (3|4): 131-147.

Knutson C F, et al. 1990. Developments in oil shale in 1985. AAPG, 69 (10): 1882-1889.

Knutson C F, et al. 1990. Developments in oil shale in 1989. AAPG, 74 (10B): 372-379.

Kontorovich A E, Surkov V S, Nesterov I, et al. 1984. Petroleum potential of the west Siberian Superprovince// Proceedings of the proceedings of the 27th International Geological Congress. Oil and Gas Fields. Vsp, 13: 73-83.

Kontorovich A, Moskvin V, Bostrikovo, et al. 1997. Main oil source formations of the West Siberian Basin. Petroleum Geoscience, 3 (4): 343-358.

Korzhubaev A G, Filimonova I V, Eder I V. 2011. Oil and gas eurasia, Russia's oil production and global developments. No5.

Kotarba M J, Clayton J L, Rice D D, et al. 2002. Assessment of hydrocarbon source rock potential of Polish bituminous coals and carbonaceous shales. Chemical Geology, (184): 11-35.

Kotarba M J, Rice D D. 2001. Composition and origin of coalbed gases in the Lower Silesian basin, southwest Poland. Applied Geochemistry, (16): 895-910.

Kotur S Narasimhan, A K Mukherjee, S Sengupta, et al. Coal bed methane potential in India. Fuel, 77 (15): 1865-1866.

Koysamran S, Comrie-Smith N. 2011. Basin modeling of Block L26/50, Eastern Khorat Plateau, Northeast Thailand. Department of Mineral Fuels, Ministry of Energy, Bangkok, Thailand. The 4th Petroleum Forum:

Approaching to the 21st Petroleum Concession Biddin.

Kribek B, Strand M, Bohacek Z. 1998. Geochemistry of Miocene lacustrine sediments from the Sokolov coal basin （Czech republic） International Journal of Coal Geology, （37）: 207–233.

Kuuskraa V A, Meyers R F. 1983. Review of world resources of unconventional gas. //Conventional and unconventional world natural gas resourcesed. Delahaye, MGrenon. IIASACollab. Proc. Ser. CP–83–S4. Int. Inst. Appl. Syst. Anal. （IIASA）, Lax–enburg. Austria, pp409–58.

L Atkins, O Danquah, P Williams. 2011. Global shale gas study. Hart Energy Research Group.

L S Jeffrey. 2005. Characterization of the coal resources of South Africa. Journal of the South African Institute of Mining, saimm. co. za

L Uibopuu. 1998. The story of oil sale mining research. Oil Shale, 15（2）: 206–209.

Ladwein H. 1998. Organic geochemistry of Vienna Basin: model for hydrocarbon generation in overthrust belts. The American Association of Petroleum Geologists Bulletin 72, no. 5: 586–599.

Lancaster D E, S McKetta, P H Lowry. 1993. Research findings help characterize Fort Worth Basin's Barnett Shale. Oil & Gas Journal, 59–64.

Law B E, J B Curtis. 2002. Introduction to unconventional petroleum systems. American Association of Petroleum Geologists Bulletin, （NO.11）.

Law B E, Johnson R C. 1989. Structural and stratigraphic framework of the Pinedale Anticline, Wyoming, and the multiwell experiment site, Colorado, in Geology of tight gas reservoirs in the Pinedale anticline area, Wyoming, and at the multi–well experiment site, Colorado. U S Geological Survey Bulletin, 1886: B1–B11.

Law B E, Spencer C W, Bostick N H. 1980. Evaluation of organic matter, subsurface temperature and pressure with regard to gas generation in Low–Permeability Upper Cretaceous and Lower Tertiary sandstones in Pacific Creek area, sublette and sweetwater counties, Wyoming. The Mountain Geologist, （17）: 223–35.

Law B, Ahlbrandt T, Hoyer D. 2010. Source and reservoir rock attributes of Mesoproterozoic Shale, Beetaloo Basin, Northern Territory, Australia. American Association of Petroleum Geologists, Search and Discovery Article # 110130.

Law B, G Ulmishek, J Clayton, et al. 1998. Basin–centered gas evaluated in Dnieper–Donets basin, Donbas foldbelt, Ukraine. Oil and Gas Journal.

Leckie D A, Smith D G. 1992. Regional setting, evolution, and depositional cycles of the Western Canada Foreland Basin//Macqueen R W, Leckie D. A Foreland basin and fold belts. AAPG Memoir, 55: 9–46.

Lehne K Rojas, K Mccarthy, S D Taysor. 2011. Correlation of fluid properties ang geochemical parameters hevy oil viscosity and density on trans–regional scale. Edmonton, Alberta, 1–5.

Lertassawaphol P. 2008. Spatial distribution and relationship of petroleum reservoirs in the Fang Oil Field, Amphoe Fang, Changwat Chiang Mai. Department of Geology, Chulalongkorn University, 106 p.

Li Z X, Zhao P, Sun Z X, et al. 2010. A study on maturation Evolution of Lower Silurian Marine hydrocarbon source rocks and thermal history in the southern Part of the Jianghan Basin. Chinese Journal of Geophysics, v. 53, p. 240–251.

Lillis P G. 2013. Review of oil families and their petroleum systems of the Williston Basin. Mountain Geologist, 50 （1）: 5–31.

Lindguist, Sandra J, U S Geological Survey Open File Report 99–50G. The Timan–Pechora basin Province of Northwest Arctic Russia: Domanik–Paleozoic Total Petroleum System.

Liu Honglin, Wang Hongyan, Liu Renhe, et al. 2009. Shale gas in China: new important role of energy in the 21st century. 2009 International Coalbed Methane & Shale Symposium, University of Alabama, Tuscaloosa, May 3–7, 7 p.

Livacarri R F. 1991. Role of crustal thickening and extensional collapse in the tectonic evolution of the Sevier–Laramide Orogeny, Western United States. Geology, 19（11）: 1104–1107.

Logan P, Duddy I. 1998. An investigation of the thermal history of the Ahnet and Reggane Basins, Central Algeria, and the consequences for hydrocarbon generation and accumulation. Geological Society, London, Special Publications, 132（1）, 131–155.

Longman M W, Luneau B A, Landon S M. 1998. Nature and distribution of Niobrara lithologies in the Cretaceous Western Interior Seaway of the Rocky Mountain Region. The Mountain Geologist, Rocky Mountain Association of Geologists, 35（4）: 137–170.

Longman M W, Luneau B A, Landon S M. 1998. Nature and distribution of Niobrara lithologies in the Cretaceous Western Interior Seaway of the Rocky Mountain Region. The Mountain Geologist, Rocky Mountain Association of Geologists, 35（4）: 137–170.

Lorenz U, Grudzinski Z. 2000. Selection of coal for small district–heating station in Poland as a method of avoiding investment in flue–gas desulphurization. Applied Energy, （65）: 403–408.

M Faiz, A Saghafi, N Sherwood, et al. 2007. The influence of petrological properties and burial history on coal seam methane reservoir characterisation, Sydney Basin, Australia. International Journal of Coal Geology, 70, 193–208.

M H Zareenejad, M Ghanavati, A Kalantri Asl. 2014. Production data analysis of horizontal wells using vertical well decline models, a field case study of an oil field. Petroleum Science and Technology, 32: 418–425.

M J Holland, A B Cadle, R Pinheiro, et al. Depositional environments and coal petrography of the Permian Karoo sequence: Witbank Coalfield, South Africa.

M R Kamali, M R Rezaee. 2003. Burial history reconstruction and thermal modeling at kuhemond, swiran. Journal of Petroleum Geology, 26（4）: 451–464.

Macqueen R W, Leckie D. 1992. A foreland basin and fold belts// Leckie D A, Smith D G. Regional setting, evolution, and depositional cycles of the Western Canada Foreland Basin, AAPG Memoir, 55: 9–46.

Majewska Z, Stefanska G C, Majewski S, et al. 2009. Binary gas sorption/desorption experiment on a bituminous coal: Simultaneous measurements on sorption kinetics, volumetric strain and acoustic emmission. International Journal of Coal Geology, （77）: 90–102.

Makhous M, Galushkin Y I. 2003. Burial history and thermal evolution of the southern and western Saharan basins: Synthesis and comparison with the eastern and northern Saharan basins. AAPG Bulletin, 87（11）, 1799–1822. doi: 10. 1306/06180301123.

Mallick R K, Raju S V, Gogoi D K. 1997. The Langpar–Lakadong petroleum system, Upper Assam Basin, India. Indian Journal of Petroleum Geology. Indian Petroleum Publishers, Dehra Dun, India, 6（2）: 1–18.

Mallick R K, Raju S V, Mathur N. 1997. Geochemical characterization and genesis of Eocene crude oils in a part of Upper Assam Basin. India. In: Swamy S N, Dwivedi P（ed）. Proceedings 2nd international petroleum conference and exhibition Petrotech'97, 391–402.

Mani K S, Kaul S K. 1985. Exploration prospect in basement rock of Upper Assam. Petroleum Asia Journal. Himachal Times Group Publication, Dehra Dun, India, 8（2）: 32–36.

Mansour S Kashfi. 1980. Stratigraphy and environmental sedimentology of Lower Pars Group（Miocene）, South-Southwest Iran. AAPG, 2095-2107.

Mansour S Kashfi. 1990. Experimental modealing of role of gravity and lateral shortening in Zagros Mountain Belt: discussion. The American Association of Petroleum Geologists Bulletin, 74（4）: 513-514.

Marroquı́n I D, Bruce S Hart. 2004. Seismic attribute-based characterization of coalbed methane reservoirs: An example from the Fruitland Formation, San Juan basin, New Mexico. AAPG Bulletin, 88（11）: 1603-1621.

Masters C D, Geological US. 1993. Survey petroleum resource assessment procedures. AAPG, 77（3）: 452-453.

Masters J A. 1979. Deep basin gas trap, Western Canada. AAPG Bulletin, 63（2）: 152-181.

Matheson S G. 1987. A summary of oil shale resources and exploration in Queensland during 1986-87. Proc. 4th Australian workshop on oil shale, Brisbane, Dec. 3-4. CSIRO Division of Energy Chemistry, Menai, NSW, Australia, 3-7.

Mathur N, Raju S V, Kulkarni T G. 2001. Improved identification of pay zones through integration of geochemical and log data: a case study from Upper Assam Basin, India. American Association of Petroleum Geologists, v. 85, no. 2, p. 309-323.

Mattews R D. 1983. The Devonian-Mississippian oil shale resource of the United States. J. H. ary（ed.）. 16th Oil Shale Symp. Proc. Colorado School of Mines Press, 14-25.

Meissner F F, Thomasson M R. 2001. Exploration opportunities in the Greater Rocky Mountain region// Downey M W, Threet J C, Morgan W A. Petroleum provinces of the twenty-first century. AAPG Memoir, 74: 201-239.

Meissner F F. 1984. Cretaceous and Lower Tertiary coals as sources for gas accumulations in the Rocky Mountain area. //J Woodward, F F Meissner, J L Clayton. Hydrocarbon source rocks in the Greater Rocky Mountain Region: Denver. Rocky Mountain Association of Geologists, 410-431.

Mello M R, Koutsoukos E A M, Mohriak W U, et al. 1999. Selected petroleum systems in Brazil. AAPG Memoir 60.

Melton B. 2008. A geological and geophysical study of the Sergipe-Alagoas Basin. TAMU.

Michael Creech. 2002. Tuffaceous deposition in the Newcastle Coal Measures: challenging existing concepts of peat formation in the Sydney Basin, New South Wales, Australia. International Journal of Coal Geology, 51, 185-214.

Michael Dawson. 2005. An important new resource unconventional gas in Canada. BC Oil and Gas Conference 2005, Fort St. John.

Michael Gatens. MGV energy, subsidiary of quicksilver resources, coalbed methane potential in Alberta.

Milliken K L, Esch W L, Reed R M, et al. 2012. Grain assemblages and strong diagenetic overprinting in siliceous mudrocks, Barnett Shale（Mississippian）, Fort Worth Basin, Texas. AAPG Bulletin, 96（8）: 1553-1578.

Mitt. Osterr. Geol. Ges. 1992. Guidebook Part 1: Outline of Sedimentation, Tectonic Framework and Hyrdocarbon Occurrence in Estern Lower Austria. 85.

Mohinudeen Faiz, Phil Hendry. 2008. Microbial activity in Australian CBM reservoirs. AAPG Annual Convention, San Antonio, TX.

Montgomery S L, D M Jarvie, K A Bowker, et al. 2005. Mississippian Barnett Shale, Fort Worth Basin, north-central Texas: gas-shale play with multi-trillion cubic foot potential. AAPG Bulletin, v. 89（2）: 155-175.

Montgomery S L. 1997. Permian Bone Spring Formation: sandstone play in the Delaware Basin, PartI-slope. AAPG Bulletin, 81: 1239-1258.

Mora A, Mantilla M, de Freitas M. 2010. Cretaceous paleogeography and sedimentation in the Upper Magdalena and Putumayo Basins, Southwestern Colombia. American Association of Petroleum Geologists, Search and Discovery Article #50246.

Mosle B, Kukla P, Stollhofen H, et al. 2009. Coal bed methane production in the Munsterland Basin, Germany-past and future Geophysical Research Abstracts.

Muller A B, Strauss H, Froder C H, et al. 2006. Reconstructing the evolution of the latest Pennsylvanian-earliest Permian Lake Odernheim based on stable isotope geochemistry and palynofacies: a case study from the Saar-Nahe Basin, Germany. Science Direct Palaeogeography, (240): 204-224.

Muntendam-Bos A. 2009. Inventory non-conventional gas. TNO Built Environment and Geosciences. http: // www. google. com/url?sa=t&source=web&cd=13&ved=0CB4QFjACOAo&url=http%3A%2F%2Fwww. ebn. nl%2 Ffiles%2Febn_report_final_090909. pdf&ei=zEQJTdGaJMP58AbB7ISyAw&usg=AFQjCNFS6.

Murthy M V K, Padhy P K, Prasad D N. 2011. Mesozoic hydrogeologic systems and hydrocarbon habitat, Mandapeta-Endamuru Area, Krishna Godavari Basin, India. American Association of Petroleum Geologists, v. 95, no. 1, p. 147-167.

Mwangi:, G Thyne, D Rao. 2013. Extensive experimental wettability study in sandstone and carbonate-oil-brine systems. Part 1-Screening Tool Development: International Symposium of the Society of Core Analysts held in Napa Valley, California, USA. http: //www. scaweb. org/assets/papers/ 2013_papers/SCA2013-084. pdf.

N Alnaji. 2006. Sequence stratigraphy of the Hanifa Formation. SEPM.

N Mathur, S V Raju, T G Kulkarni. 2001. Improved identicatio fin of pay zones through integration of geochemical and log data: a case study from Upper Assam basin. India, 85 (2): 309-323.

N Sadooni, A S Alsharhan. 2003. Stratigraphy, microfacies, and petroleum potential of the Mauddud Formation (Albian- Cenomanian) in the Arabian Gulf basin. AAPG Bulletin, 87 (10): 1653-1680.

Nana Suwaran, Bambang Hermanto. Coalbed methane potential and coal characteristics.

Natural Gas in Coal Orientation. 2006. www. energy. gov. ab. ca.

New Energy and Industrial Technology Department Organization. 2006. Study on the supply and demand prospects for coal in East Siberia and the far east of Russia and on the export potential.

News Release. 2009. Expansion of contingent resources Gazonor, France. European Gas Limited.

News Release. 2009. Granting of production permit. European Gas Limited.

News Release. 2009. Presentation annual general meeting. European Gas Limited.

Niu Jiayu, Hu Jianyi. 1999. Formation and distribution of heavy oil and tar sands in China. Marine and Petroleum Geology, 16: 85-95.

Nordeng S H, Helms L D. 2010. Bakken source system-Three Forks Formation assessment. North Dakota Department of Mineral Resources, 22.

Nordeng S H, LeFever J A. 2011. Comparing production to structure over the course of Bakken development: the diminishing significance of the "sweet spot" in exploration//Robinson J W, LeFever J A, Gaswirth S B. The Bakken-Three Forks petroleum system in the Williston Basin. Rocky Mountain Association of Geologists Bakken Guidebook, Chapter 13, 365-376.

Nordeng S. 2010. A brief history of oil production from the Bakken Formation in the Williston Basin. North Dakota Geological Survey Newsletter, 37 (1): 5-9.

Northrop David A. 1990. The multiwell experiment -a field laboratory in tight gas sandstone reservoirs. Journal of Petroleum Technology, (No. 6).

Novak Attila, Adam Antal. 2008. Relation between "interplate" earthquakes and electric conductors in the Pannonian-basin (Hungary). Beijin of China.

O G J. 2000. p. 38, see also http: //www. ogj. com/articles/2011/03/lukoil-eyes-siberian. html.

Oleksandr Ivakhnenko, Saniya Kanafina, Valeriy Korobkin, et al. 2011. Abstract: potential of gas and oil shale resources in Kazakhstan: geological, geophysical and petrophysical aspects. Presentation at the EGU General Assembly.

Oplustil S, Psenicka J, Libertin M, et al. 2009. A middle Pennsylvanian (Bolsovian) peat-forming forest preserved in situ in volcanic ash of the whetstone horizon in the Radnice basin, Czech republic. Review of Palaeobotany and Palynology, (155): 234-274.

Orangi A, Nagarajan N R, Honapour M M, et al. 2011. Unconventional shale oil and gas-condensate reservoir production, impact of rock, fluid, and hydraulic fractures. SPE 140536.

Orangi, N R Nagarajan, M M Honarpour, et al. Unconventional shale oil and gas-condensate reservoir production, impact of rock, fluid, and hydraulic fractures. SPE 140536.

P D Gamson, B B Beamish. 1992. Coal type, microstructure and gas flow behaviour of Bowen Basin coals. Coalbed Methane Synposium, 43-66.

P Leturmy, C Robin. 2010. Tectonic and stratigraphic evolution of Zagros and Makran during the Mesozoic-Cenozoic. Geological Society of London.

Parveen Kumar Sharma, Gurdeep singh. 1992. Distribution of suspended particulate matter with trace element composition and apportionment of possible sources in the Ranianj coalfield, India. Environmental Monitoring and Assessment 22: 237-244.

Per Michaelsen, Robert A Henderson. 2000. Facies relationships and cyclicity of high-latitude, Late Permian coal measures, Bowen Basin, Australia. International Journal of Coal Geology, 44, 19-48.

Prospects for CBM (CMM) Industry Development In Ukraine, V Lukinov, National Academy of Sciences of Ukraine. 2005. Presented at the methane to markets regional workshop. Beijing, China. Available At (www. methanetomarkets. org/events/2006/ coal/docs/beijing. pdf).

R H Matjie, J R Bunt, J H P Van Heerden. 2005. Extraction of alumina from coal fly ash generated from a selected low rank bituminous South African coal. Minerals Engineering, Elsevier.

R H Woronuk. Canadian Gas Potential Committee. 2001. Canadian natural gas resource.

R J. Hwanga, T Heidrickb, B Mertanib, et al. 2002. Correlation and migration studies of North Central Sumatra oils. Organic Geochemistry, 33: 1361-1379.

R P Singh, R N Yadav. 1995. Subsidence due to coal mining in India. The Fifth International Symposium on Land Subsidenc. IAHS Publ. no. 234: 207-214.

Ranajit K Sarkar, Om P Singh. A note on the heat flow studies at Sohagpur and Raniganj coalfields, India. Acta Geophysica Polonica, 53 (2): 197-204.

Raymond C, Pilcher, Michael M, et al. 2000. Recent trends in recovery and ues of coal mine methane. Raven Ridge Resources Incorporated, 9.

Rein Hanni. 1996. Energy and valuble material by-product from firing Estonian oil shale. Waste Management, 13 (2): 97-99.

Reinsalu. Criteria and size of Estonian oil shale reserves 111-133.

Richard F, Meyer Emil D, Attanasi. 2003. Heavy Oil and natural bitumen—strategic petroleum resources. U S

Department of the Interior U S Geological Survey.

Richard K Lattanzio. 2014. Canadian oil sands: life cycle assessments of greenhouse gas emissions. Congressional Reserch Service, R42.

Richard S J Tozer, Albert P Choil, Jeffrey T Pietras, et al. 2014. Athabasca oil sands: megatrap restoration and charge timin. AAPG Bulletin, 98（3）: 429–447.

Richard Weaver, Andrew P Roberts, Rachel Fecker, et al. 2004. Tertiary geodynamices of Sakhalin fabrics and paleomagnetic data. Tectonophysics, 379: 25–42.

RMH Smith. 1990. A review of stratigraphy and sedimentary environments of the Karoo Basin of South Africa. Journal of African Earth Sciences, Elsevier.

Roberto Aguilera. 2014. Flow units: From conventional to tight–gas to shale–gas to tight–oil to shale–oil reservoirs. SPE Reservoir Evaluation and Engineering, （No. 2）.

Rogner H H. 1997. An assessment of world hydrocarbon resources. Annual Review of Energy and the Environment.

S K Chattopadhyay, Binay Ram, R N Bhattacharya, et al. 2014. Oil and natural gas corporation limited, sub–surface. In–Situ Combustion Process in Santhal Field of Cambay Basin, Mehsana, 17–21.

S Qing Sun. 1995. Dolomite reservoirs: porosity evolution and reservoir characteristics. AAPG Bulletin, 79（2）: 186–204.

Saghafi M Faiz, D Roberts. 2007. CO_2 storage and gas diffusivity properties of coals from Sydney Basin, Australia. International Journal of Coal Geology, 70, 240–254.

Sahadeb De, Arup K Mitra. Reclamation of mining–generated wastelands at Alkusha–Gopalpur abandoned open cast project, Raniganj Coalfield, eastern India.

Samuel H Limerick, Z Inc/EIA. 2004. Coalbed methane in the United States: a GIS study.

Sanghamitra Ray, Tapan Chakraborty. 2002. Lower Gondwana fluvial succession of the Pench–Kanhan valley, India: stratigraphic architecture and depositional controls. Sedimentary Geology 151, 243–271.

Schachter N. 2005. The German mining industry and its contribution to the European raw material supply. Germin Mining Association.

Schafer A, Hilger D, Gross G, et al. 1996. Cyclic sedimentation in Tertiary Lower–Rhine Basin（Germany）– the Liegendrucken of the brown–coal open–cast Fortuna mine. Sedimentary Geology, （103）: 229–247.

Shirley P Dutton, Lynton S Land. 1988. Cementation and burial history of a low–permeability quartzarenite, Lower Cretaceous Travis Peak Formation, East Texas. Geological Society of America Bulletin. （NO. 8）.

Shirley P Dutton. 1988. Controls on reservoir quality in tight sandstones of the Travis Peak Formation, East Texas. SPE Formation Evaluation, （No. 1）.

Shreerup Goswami. 2006. Record of Lower Gondwana megafloral assemblage from Lower Kamthi Formation of Ib River Coalfield, Orissa, India. J. Biosci. 31（1）, 115–128.

Simonetto E, Raucoules D, Carnec C. 2005. Interferometry of spatial radar images for post–mining surveillance: experiment feedback ［J］. Post–Mining, 11: 16–17.

Simunek Z, Martinek K. 2009. A study of late Carboniferous and early Permian plant assemblages from the Boskvoice Basin, Czech republic. Review of Palaeobotany and Palynology, （155）: 275–307.

Snow Nick. 2012. EIA releases 2010 US oil, natural gas reserve estimates. Oil and Gas Journal, （No. 8）.

Snow, Nick. 2012. Golden rules for global gas. Oil and Gas Journal, （No. 6）.

Society of Petroleum Engineers. 2005. Comparison of selected reserves and resource classifications and associated definitions. Oil and Gas Reserves Committee （OGRC）, 1–87.

Spears D A, Sezgin H I. 1985. Mineralogy and geochemistry of the subcrenatum marine band and associated coal-bearing sediments, Langsett, South Yorkshire. Journal of Sedimentary Petrology, （55）: 570–578.

Spears D, M Amin. Geochemistry and mineralogy of marine and non-marine Namurian black shales from the Tansley Borehole, Berbyshire. Sedimentology 28: 407–417.

Spencer C W, Law B E. 1981. Overpressured Low-Permeability gas reservoirs in the Green River, Washaki, and Great Divide Basins, Southwestern Wyoming. AAPG Bulletin.

Spencer C W. 1989. Review of characteristics of low-permeability gas reservoirs in western United States. AAPG Bulletin, 73 （5）: 613–629.

Srodon J, Clauer N, Banas M, et al. 2006. K-Ar evidence for a Mesozoic thermal event superimposed on burial diagenesis of the Upper Silesia Coal Basin. Clay Minerals, （41）: 669–690.

Stephen R Larter, Ian M Head. 2014. Oil sands and heavy oil: origin and exploitation. Elements, 10: 277–284.

Steven Schamel, Fran Hein, Debra Higley. 2013. EMD oil （Tar） sands committee. EMD Oil （Tar） Sands Committee Commodity Report-April, 1–32.

Stevens S H, Hadiyanto. 2004. Indonesia: coalbed methane indicators and basin evaluation. SPE 88630, Society of Petroleum Engineers Asia Pacific Oil & Gas Conference and Exhibition, Perth, Australia, 18–20.

Storchmann K. 2005. The rise and fall of German hard coal subsidies. Energy Policy, （33）: 1469–1492.

Stovba S M, Stephenson R A. 1999. The Donbas foldbelt: its relationships with the uninverted donets segment of the Dniepr-Donets Basin, Ukraine. Tectonophysics 313, 59–83.

T Jones, F X Susilo, D E Bignell, et al. 2003. A N Gillison and P Eggleton Ecology, 40: 380–391.

Theloy C, Sonnenberg S A. 2013. Integrating geology and engineering: implications for production in the Bakken Play, Williston Basin. SPE 168870.

Timothy M Kusky, Talaat M Ramadan, Mahmoud M Hassaan, et al. 2011. Structural and tectonic evolution of El-Faiyum Depression, North Western Desert, Egypt based on analysis of Landsat ETM+, and SRTM data. Journal of Earth Science, 01: 79–104.

Toomik. 1998. Environmental heritage of oil shale mining. Oil Shale, 15 （2）: 170–183.

Treadgold G, Campbell B, McLain W, et al. 2011. Eagle Ford prospecting with 3-D seismic data within a tectonic and depositional system framework. The Leading Edge, 30 （1）: 48–53.

Turner B R, Richardson D. 2004. Geological controls on the sulphur content of coal seams in the Northumberland Coalfield, Northeast England. International Journal of Coal Geology, （60）: 169–196.

Tuttle M L W, Lillis Paul G, Clayton Jerry L. 1999. USGS report. Molecular Stratigraphy of the Devonian Domanik Formation, Timan-Pechora Basin, Open-File Report 99–379.

U S Department of Energy, Energy Information Administration. 2011. Pakistan overview.

U S Department of Energy, Energy Information Administration. 2011. Thailand country overview.

U S Department of Energy, Energy Information Administration. 2011. World shale gas resources: an initial assessment of 14 regions outside the United States.

U S Department of Energy. 2011. World shale gas resources: an initial assessment of 14 regions outside the United States. Evaluation conducted by Advanced Resources International, Inc., April, 365 p.

U S Department of the Interior. 2008. Assessment of undiscovered oil and gas resources of the Timan-Pechora Basin Province. Russia, U S Geological Survey, 2008–3051.

U S Department of the Interior. 2009. An estimate of recoverable heavy oil resources of the Orinoco oil belt. Venezuela，U S Geological Survey，2009–3028.

U S Environmental Protection Agency Coalbed Methane Outreach Program. 2009. Global overview of CMM opportunities. Methane to Markets，1.

U S Environmental Protection Agency（EPA）. 2009. Global overview of CMM opportunities. 191.

U S Environmental Protection Agency（USEPA）. 1999. Guidebook on coalbed methane Drainage for underground coal mines. Department of Energy and Geo–Environmental Engineering，4.

U S Environmental Protection Agency. 1996. Reducing methane emissions from coal mines in Russia：a handbook for expanding coalbed methane recovery and use in the Kuznetsk Coal Basin.

U S Environmental Protection Agency. 2009. Analysis of international best practices for coal mine methane recovery and utilization. Rational Energy Ues and Ecology and Battelle Memorial Institute，1.

Ukraine Coalbed Methane Project（GEF）. 1998. 6 Pp.

Ulmishek G F，US Geological Survey Bulletin 2201–B. 2001. Petroleum geology and resources of the North Caspian Basin，Kazakhstan and Russia.

Ulmishek G F. 2003. Petroleum geology and resources of the West Siberian Basin，Russia. USGS Bullutin，2201–G：9–20.

Ulmishek G，V Bogino，M Keller，et al. Structure，stratigraphy，and petroleum geology of the Pripyat and Dnieper–Donets Basins，Byelarus and Ukraine. In Interior Rift Basins，125–156. AAPG Memior 59. American Association of Petroleum Geologists. 19.

Uncontional Gas and Oilsand，EUB 网站 . 2006.

Unconventional energy resources：2013 review. Natural Resources Research，（No. 1）.

Underdown R，Redfern J. 2008. Petroleum generation and migration in the Ghadames Basin，north Africa：a two–dimensional basin–modeling study. AAPG Bulletin，92（1），53–76.

Uren C M，J J Zambrano，M R Yrigoyen. 1995. Petroleum basins of southern South America：an over view. In A J Tankard，R Suarez S，H J Welsink. Petroleum basins of South America. AAPG Memoir 62 p. 63–77.

USGS，US Department of the Interior，US Geological Survey，Fact Sheet 2008–3051. 2008. Assessment of undiscovered oil and gas resources of the Timon–Pechora Basin Province，Russia 2008.

USGS. 2009. Oil and gas，USA. http：//energy. usgs. gov/oilgas. html.

USGS. 2009. Oil and gas，USA. http：//energy. usgs. gov/oilgas. html.

Utah Heavy Oil Program Institute for Clean and Secure Energy. 2007. The university of Utah，a technical，economic，and legal assessment of north American heavy oil，oil sands，and oil shale resources，unconventional oils research repor. Utah Heavy Oil Program.

V Lauringson. 1998. Estimation of factors influencing the productivity of LHD machines in Estonian oil shale mines. Oil Shale，15（2）：165–169.

Valgma. 1998. An evaluation of technological overburden thickness limit of oil shale open casts by using draglines. Oil Shale，15（2）：134–146.

Van Balen R，van Bergen F，de Leeuwen C，et al. 2000. Modelling the hydrocarbon generation and migration in the West Netherlands Basin. The Netherlands. Netherlands Journal of Geosciences，79（1），29–44.

Vandna Pathak，A K Banerjee. 1992. Mine water pollution studies in chapha incline，umaria coalfield，eastern Madhya Pradesh，India. Mine Water and The Environment，VoL 11，No. 2，pp. 27– 36.

Viniegra, Francisco O, Carlos Castillo-Tejero. Golden Lane Fields, Veracruz, Mexico. AAPG Special Volumes, Volume M14: Geology of Giant Petroleum Fields, P. 309-325.

vishun D Choubey. Hydrogeological and environmental impact of coal mining, Jharia Coalfield, India. Environ Geol Water Sci Vol. 17, No. 3, 185-194.

Viso M H, Hamor T. 2007. Sulphur and carbon isotopic composition of power supply coals in the Pannonian Basin, Hungary. International Journal of Coal Geology, （71）: 425-447.

Visser J N J. 1992. Deposition of the Early to Late Permian Whitehill Formation During Sea-Level Highstand in a Juvenile Foreland Basin. S. Afr. Geol. 95, 181-193.

Vosen P. 2002. Subsidence modeling and forecasting. 2nd Mineo Worshop.

W D GILL2, M A ALA. 1972. Sedimentology of Gachsaran formation（lower Pars series）, southwest Iran. The American Association of Petroleum Geologists Bulletin , 56（IO）: 1965-1974.

W Norman Kenta, Udayan Dasguptab. 2004. Structural evolution in response to fold and thrust belt tectonics in northern Assam. A key to hydrocarbon exploration in the Jaipur anticline area, 21: 785-803.

W T Griswold. 1908. Structure of theberea oil sand in the flushing quadangle. Washingon Government Printing Office.

Walter B Ayers Jr. 2001. Coalbed gas systems, resources, and production and a review of contrasting cases from the San Juan and Powder River basins. AAPG Bulletin, v. 86, no. 11, pp. 1853-1890.

Wendt J, Kaufmann B, Belka Z, et al. 2006. Sedimentary evolution of a Palaeozoic basin and ridge system: the Middle and Upper Devonian of the Ahnet and Mouydir（Algerian Sahara）. Geological Magazine, 143（03）, 269. doi: 10. 1017/S001675680600.

Wendy J Palen, Thomas D Sisk, Maureen E Ryan, et al. 2014. Energy: consider the global impacts of oil pipelines. Nature News&Comment.

William Andrew Morgan. American association of petroleum geologists. Petroleum provinces of the twenty- first century.

World Shale Gas Resources. 2011. An initial assessment of 14 regions outside the United States. EIA.

Wright W R. 2011. Pennsylvanian paleodepositional evolution of the greater Permian Basin, Texas and New Mexico. Depositional systems and hydrocarbon reservoir analysis. AAPG Bulletin, 95（9）: 1525-1555.

Xue S, Balusu R. 2000. Capture gas from longwall goafs. CSIRO Exploration and Mining.

Yahi N, Schaefer R, Littke R. 2001. Petroleum generation and accumulation in the Berkine basin, eastern Algeria. AAPG Bulletin, 85（8）, 1439-1467.

Yalcin M N, Inan S, Gurdal G, et al. 2002. Carboniferous coals of the Zonguldak basin（northwest Turkey）: implications for coalbed methane potential. AAPG Billetin, （86）: 1305-1328.

Youngson D. 2007. Coal bed methane. FD Capital, 1.

Yurewicz D A, Advocate D M, Lo H B, et al. 1998. Source rocks and oil families, Southwest Maracaibo Basin （Catatumbo Subbasin）, Colombia. American Association of Petroleum Geologists, Bulletin, vol. 82, p. 1329-1352.

Yuri Z N, Eder V, Zamirailova A. 2008. Composition and formation environments of the Upper Jurassic-Lower Cretaceous black shale Bazhenov Formation（the central part of the West Siberian Basin）. Marine and Petroleum Geology, 25（3）: 289-306.

Z Al-Qodah. 2000. Adsorption of dyes using shale oil ash. Wat. Res, 34（17）: 4295-4303.

Zanin Y N, Eder V G, Zamirailova A B G, et al. 2010. Models of the REE distribution in the black shale Bazhenov Formation of the West Siberian marine basin, Russia. Chemie der Erde-Geochemistry, 70 (4): 363-376.

Zdanaviciute O, Lazauskiene J. 2007. The petroleum potential of the Silurian Succession in Lithuania. Journal of Petroleum Geology, 30 (4), 325-337. doi: 10. 1111/j. 1747-5457. 2007. 00325. x.

Zhao W Z, Zou C N, Chi Y L, et al. Sequence stratigraphy, seismic sedimentology, and lithostratigraphic plays: Upper Cretaceous, Sifangtuozi Area, Southwest Songliao Basin, China. American Association of Petroleum Geologists, v. 95, p. 241-265.

Zhongsheng Li, Peter M Fredericks, Llew Rintoul, et al. 2007. Application of attenuated total reflectance micro-Fourier transform infrared (ATR-FTIR) spectroscopy to the study of coal macerals: examples from the Bowen Basin, Australia. International Journal of Coal Geology, 70, 87-94.

Zhou Shuqing, Huang Haiping, Liu Yuming. 2008. Biodegradation and origin of oil sands in the western Canada sedimentary basin. Pet. Sci., 05: 87-94.

Zou Caineng, Zhang Guosheng, Yang Zhi, et al. 2013. Concepts, characteristics, potential and technology of unconventional hydrocarbons: On unconventional petroleum geology, scienedirect. Petrolexplor, 40 (4): 413-428.

Zumberge J E. 2014. Petroleum geochemistry of Upper Jurassic Bazhenov shale source rocks and corresponding crude oils, West Siberian Basin, Russia//Unconventional Resources Technology Conference (URTEC). Colorado: 1369-1376.

Авлееваа М, Зосяа Н О. 2004. Скоплениях (Залежах) Своьодных Газов В Угленосных Отложеносных Отложениях Юго-Западного Доньасса. Уголь Украины, 11: 28-32.

Ализаевт Е, Турчанин Г И. 2002. Оценка Производственного Потенциала Угольной Промышленностз Украины. Уголь Украины, 2-3: 6-9.

Безпфлюг В А, Майер Ю. 2007. Оценка Состояния Змиссионных Проектов По Шахт ному Газу. Уголь Украины, 7: 44-45.

Грядущий Б А, Майдуков Г Л, Пивняк Г Г. 2008. Угольные Месторождения Украинны Как Источник Углеводородного Топлива. Уголь Украины, 4: 3-8.

Зберовскийв В. 2004. Развитие Геотех нопогий Доьычи Метана Угопьньных Месторождений. Уголь Украины, 7: 16-19.

Килимник ВГ. 2003. Арошлое и ъудущее угольной отрасли россии. Уголъ Украины, 3: 46-48.

Красник В Г, Торопуин О С. 2005. Стояние и Лерспективы аоъычи шах тного метана в украине. Уголъ Украины, 11: 16-18.

Кущ О А, Кирюков В В, Кузнецова Л Д. 2007. Фазовыесостояния Ископаемых Каменных Углей И Их Метаногененерация. Уголь Украины, 11: 40-41.

Матрофайло М Н, Шульга В Ф, Костик И Е. 2008. О Разработке Угольных Пластов Львовско-Волынского Бассейна В Зонах Расщеплений. Уголь Украины, 10: 40-42.

Орлов А В, Бурлуцкий Н С. 2004. Природные И Тех ногенные Залежи Метана Уголъных Месторождений Северо Восточного Доньасса. Уголъ Украины, 3: 34-35.

Павлзвс Д, Золоташков И, Паниотован Г. 2004. Подсчет Запасов Своьодных Скоплёний Мётана Б Углёвмещающих. Уголь Украины, 7: 42-44.

Паъпоъ И О，Бурлуцкий Н С. 2003. Сдвиги И Сдвиговые Зоны Донецко Макеевского Района. Уголъ Украины，7：37–39.

Посудиевский А Б，Посудиевский Р А. 2002. Прогнозирование Локальных Скоплений Газа В Угольных Пластах. Уголь Украины，2–3：64–66.

Привалов А В，Саксеноферр Ф，Шпигель К. 2004. Перспективы Оьнаружения Залежей Постинверсионного Метана В Доньассе：Результаты Анализа Фишн–Трековых Данных. Уголь Украины，9：12–17.

Черныйг И，Черныйв Г，Бардашм В. 2005. Разработка Угольно–Газовых Месторождений Доньасссса На Ьольших Глуьинах. Уголь Украины，（5）：16–21.